普通高等教育"十二五"系列教材

U0393828

建设工程合同管理

主　编　董　巍
副主编　柯燕燕
编　写　曹祥军
主　审　成　虎

中国电力出版社
CHINA ELECTRIC POWER PRESS

内 容 提 要

本书为普通高等教育"十二五"系列教材。全书共分9章，在结构体系上由工程合同基础、工程合同管理和工程合同综合策划三部分构成。三个部分相互联系，共同构成整个工程合同管理的理论和方法体系。本书在编写过程中关注国内相关制度和标准合同示范文本的调整变化，及时补充新的信息，根据住房和城乡建设部、国家工商行政管理总局修订后的《建设工程施工合同（示范文本）》（GF-2013-0201）条款编纂而成。

本书可作为高等院校工程管理等专业的教材，也可供相关工程技术人员参考。

图书在版编目（CIP）数据

建设工程合同管理/董巍主编. —北京：中国电力出版社，2014.4（2022.5重印）

普通高等教育"十二五"规划教材

ISBN 978－7－5123－5528－6

Ⅰ.①建… Ⅱ.①董… Ⅲ.①建筑工程-经济合同-管理-高等学校-教材 Ⅳ.①TU723.1

中国版本图书馆 CIP 数据核字（2014）第 024417 号

中国电力出版社出版、发行

（北京市东城区北京站西街 19 号　100005　http://www.cepp.sgcc.com.cn）

北京天泽润科贸有限公司印刷

各地新华书店经售

*

2014 年 4 月第一版　　2022 年 5 月北京第五次印刷

787 毫米×1092 毫米　16 开本　18.25 印张　449 千字

定价 **33.00** 元

前　言

工程建设是一项综合性技术经济活动，涉及面广，工期长，加上新型材料不断出现，技术发展速度快，质量要求高，项目实施较为困难。同时，工程的参加单位和协作单位多，一个工程往往涉及业主、承包商、设计单位、监理单位、材料供应商、设备供应商、银行等十几家甚至几十家单位，如果工程实施中有一家单位工作出现失误，就可能对其他多方工作产生干扰。因此，在工程实施中必须加强各方的配合协作工作。而合同正是各项目参加者的连接纽带，通过签订合同能够将参加工程建设的各方有机结合起来，合理确定各方的权利和义务关系，规范各方的行为，保证工程的顺利实施。

我国经济体制改革的重点之一就是建立社会主义市场经济体制，逐步完善市场经济法规，形成良好的市场运行秩序。至今为止，我国已制定了大量法律法规，逐步将我国经济建设纳入法制轨道。工程建设是经济发展的重要组成部分，由于工程建设涉及面广，内容复杂，所以所涉及的法律法规也错综复杂，既有程序法，也有实体法，既涉及经济方面的，也涉及行政管理方面的。自1998年以来，《中华人民共和国合同法》、《中华人民共和国建筑法》、《中华人民共和国招标投标法》等法律法规逐步实施，在工程建设领域逐步推行业主负责制、工程招标投标制、工程监理制、合同管理制等基本制度，并制定、推广应用建设工程勘察、设计、监理、施工等系列标准合同示范文本。在工程项目全寿命期过程中，众多项目参与方之间形成了大量的合同法律关系，合同成为市场主体进行交易的依据。由此，建设市场主体的行为呈现更加规范化、法制化的趋势，建筑企业逐步走向国际市场，合同管理在行业管理、企业经营及工程项目管理中的地位和作用日益突出。与工程合同管理相关的知识和能力亦已成为注册建造师、监理工程师、造价工程师等专业人士知识结构和能力结构的重要组成部分。

根据全国高校工程管理专业指导委员会制订的工程管理专业本科培养方案和课程大纲，工程合同管理是该专业主干课程和核心课程，主要研究建设工程的法律问题和工程项目的合同管理问题，明确要求学生掌握工程合同的基本原理和方法，具有从事工程项目招标、投标和合同拟定及管理的能力。通过本课程的教学，学生应能掌握《中华人民共和国合同法》的基本理论和方法，熟悉建设工程招标投标法律制度，掌握工程建设领域内重要合同的基本内容，熟悉并掌握工程合同索赔的理论、方法和实务，了解国际通用工程施工合同条件（FIDIC）的运作方法。

全书在结构体系上由工程合同基础、工程合同管理和工程合同综合策划三部分构成。第一部分（第1、2章）是工程合同基础，着重于工程市场和工程合同的相关法律基础的主要内容；第二部分（第3～8章）是工程合同管理的关键和重点，着重于工程合同管理的制度、方法、体系和合同履行全过程的管理程序，以及工程合同索赔管理的理论、方法和实践；第三部分（第9章）为工程合同总体策划，是提高部分，可根据教学需要选择是否讲授。三个部分相互联系，共同构成整个工程合同管理的理论和方法体系。本书在编著过程中关注国内相关制度和标准合同示范文本的调整变化，及时补充新的信息，第5章的建设工程施工合同内容系根据住房和城乡建设部、国家工商行政管理总局修订后的《建设工程施工合同（示范文本)》（GF-2013-0201）条款编纂而成。

本书由董巍进行总体策划、构思并负责统编定稿。全书共分9章，其中第1、3、5、9章由董巍编写；第2、4章由柯燕燕编写；第7章由曹祥军、董巍编写；第6、8章由柯燕燕、董巍编写。

本书在编写过程中，得到东南大学成虎教授的大力支持和帮助，从确定全书框架和重点内容到文稿的审阅都给予无私的指导。同时，本书的编著还查阅、检索和参考了许多工程合同管理方面的信息、资料和有关专家的文章和著述（在参考文献中列出，如有遗漏实非编著组的本意，请及时提出），并在此一并表示感谢。

由于建设工程合同管理在我国仍处于探索的阶段，工程合同管理的理论、方法和运作还需要在工程实践中不断丰富、发展和完善，加之作者水平所限，本书疏漏之处在所难免，敬请读者、同行批评指正，以便日后加以完善。

董 巍

2013 年 11 月

目　　录

第1章　概　　述

———— 本章摘要 ————

　　本章从界定建设工程合同管理中涉及的建设工程项目的概念开始，分析建设工程合同的作用和法律关系构成要素，通过建设工程市场构成要素、建设工程项目审批、资质管理及建设工程交易中心的介绍，使得读者对我国建设工程行政管理的核心内容有所了解。

1.1　建 设 工 程 项 目

1.1.1　建设工程项目的定义

1.1.1.1　项目的定义和种类

　　项目被普遍应用于人们的社会经济、文化生活的诸多方面，因此，不同的机构、不同的专业领域根据自己的理解对"项目"给出不同的定义。国际标准 ISO 10006《质量管理——项目管理质量指南》中项目的定义为"由一组有起止时间的、相互协调的受控活动所组成的特定过程，该过程要达到符合规定要求的目标，包括时间、成本和资源的约束条件"。

　　新的项目形式通常是为了提供一个新的产品或服务。常见的项目类型包括：

　　（1）开发类项目。如资源开发项目、经济开发项目、新产品开发项目等。

　　（2）科研项目。如基础理论研究项目、应用研究项目等。

　　（3）建设工程项目。如住宅建设项目、基础设施建设项目、交通工程建设项目等。

　　此外，还有环保项目、投资项目、国防项目等多个类别，每个类别下又分出诸多具体子类。

1.1.1.2　建设工程项目的含义

　　建设工程项目不同于一般的项目，是项目中最为典型、最为普遍的类型，对广大人民群众的生命财产影响巨大。

　　建设工程项目主要由以建筑物为代表的房屋建设工程和以公路、铁路、桥梁等为代表的道桥工程共同构成。根据 GB 50300—2001《建设工程施工质量验收标准》的规定，建设工程项目可分为单位工程、分部工程、分项工程。

1.1.2　建设工程项目的特征

　　建设工程项目的特征取决于建设工程的成果——建筑产品，即通过设计、施工过程建造的各种建筑物和构筑物。建筑产品与各种工业产品相比，无论是产品本身还是其生产过程，都具有不同的技术经济特点。这些特点决定了建筑产品的生产方式和管理方式与一般的工业产品的生产过程截然不同。

1.1.2.1　建筑产品的特点

　　任何建筑产品都是为了人们的生产和生活需要而建造的，由于建筑产品的使用性质及设计要求的不同，使建筑产品在性质、功能、用途、类型、设计等方面都有较大的差异。与其他工业产品相比，建筑产品的独有特点主要表现在以下四个方面：

（1）庞体性。为满足人们特定的使用功能需要，建筑产品必然要具有较大的空间，使占地面积广、空间高度高。建筑产品在生产过程中要消耗大量的资源，使建筑产品的自重大大增加。因此，建筑产品与一般工业产品相比，体形和自重都十分庞大。

（2）固定性。建筑产品的庞体性决定了建筑产品必须在建设单位预先选定的地点上建造和使用。为承担建筑产品巨大的自重，建筑产品必须建造在特定的地基和基础上。因此，建筑产品只能在建造地点固定地使用，而无法转移。这种固定性是建筑产品与一般工业产品最大的区别，也决定了建筑产品的生产过程的流动性。

（3）多样性。建筑产品的使用功能各不相同，在建设标准、建设规模、建筑设计、结构选型、构造方法、外形处理、装饰装修等方面也均有所不同。即使同一类型的建筑物，也会因所在地点的社会环境、自然条件、施工方法、施工组织方式的不同而彼此各异，这些都决定了建筑产品的多样性。因此，建筑产品不能像一般工业产品那样批量生产，每一个建设项目都应根据各自的特点，制订出与之相适应的施工方法和施工组织措施。

（4）综合性。建筑产品是一个完整、固定的资产实物体系，是由多种材料、构配件和设备组成的，不仅综合了建筑艺术风格、建筑功能、结构构造、装饰做法等多方面的建筑因素，还综合了工艺设备、采暖通风、供水供电、卫生设备等各类设备和设施，这使建筑产品成为一个错综复杂的综合体。因此，在建筑产品的生产过程中，必须由多专业、多工种的施工队伍共同来完成，同时需要社会多种相关部门和单位相互协调和配合。

1.1.2.2　建筑的施工特点

建筑产品的施工特点就是其生产过程的特点，由建筑产品的特点决定。

（1）长期性（工期长）。建筑产品的庞体性决定了建筑施工的工期长。建筑产品在建造过程中要投入大量劳动力、材料、机械设备等，因此比一般工业产品生产周期长。周期一般少则几个月，多则几年，甚至十几年。这就要求事先要有一个合理的施工组织设计，尽可能缩短工期。

（2）流动性。建筑产品的固定性决定了建筑施工的流动性。一般工业产品的生产者和生产设备是固定的，产品在生产线上流动。而建筑产品则相反，产品是固定的，生产者和生产设备不仅要随着建筑物建造地点的变更而流动，而且要随着建筑物的施工部位的改变而在不同的空间流动。这就要求事先有一个周密的施工组织设计，使流动人员、机具设备、物资材料等互相协调配合，做到连续、均衡施工。

（3）单件性。建筑产品的多样性和固定性决定了建筑施工的单件性。具体的一个建筑产品应在国家或地区的统一规划内，根据其使用功能，在选定的地点上单独设计和施工。即使是选用标准设计、通用构件或配件，由于建筑产品所在地区的自然、技术、经济条件不同，也使得建筑产品的结构或构造、建筑材料、施工组织和施工方法等加以修改，从而使各建筑产品的施工具有单件性。

（4）地区性。由于建筑产品的固定性决定了同一使用功能的建筑产品因建造地点不同必然受到建设地区的自然、技术、经济、文化、宗教、风俗习惯和社会条件的约束，使其结构、构造、艺术形式、室内设施、材料、施工方案等方面均有不同，因此建筑产品的施工具有地区性。

（5）露天作业多。建筑产品地点的固定和庞体性，决定了建筑施工露天作业较多。因为形体庞大的建筑产品不可能在工厂、车间内直接进行施工，即使建筑产品生产达到了高度的工业化水平，也只能在工厂内生产各部分的构件或配件，仍然需要在施工现场进行总装配后才能形成最终的建筑产品。因此建筑产品的施工具有露天作业多的特点。

（6）高空作业多。由于建筑产品体形庞大，决定了建筑产品的施工具有高空作业多的特点。特别是随着城市现代化的发展，高层建筑物的施工任务日益增多，使得建筑产品的施工高空作业的特点日益明显。

（7）组织协作的综合复杂性。建筑产品的施工涉及面广，从而使建筑产品的施工具有复杂性。建筑产品在建筑施工过程中，既要处理好企业内部的关系，又要协调好外部的社会环境。在施工企业内部，涉及工程力学、建筑结构、建筑构造、地基基础、水暖电、机械设备、建筑材料和施工技术等学科的专业知识，要在不同时期、不同地点和不同产品上组织多专业、多工种的综合作业。在施工企业的外部，涉及建设、监理、勘察设计、各专业施工企业、城市规划、土地管理、消防公安、环境保护、公用事业、质量监督、交通运输、科研试验、机具设备、物资材料、卫生防疫、劳动保护、供电、供水、供热、通信、劳务管理等社会各部门和各领域复杂的协作和配合的多重关系，从而使建筑产品施工的组织协作关系综合复杂。

由此可见，建筑施工是一项复杂的系统工程，必须采用系统、科学的分析方法和组织管理措施，才能保证建设工程施工顺利进行。

1.1.2.3　建设工程项目的独特表现

建设工程项目既具有项目的一般特征，也有其独特之处，具体表现为单件性、一次性、限制性、复杂性和系统性。

（1）单件性。任何一个建设工程项目都是独一无二、具有生命力的。无论什么样的建设工程项目，其本身的内涵和特点都是一个特定的对象，如一条公路、一栋建筑物、一座核电站等。建设工程项目的单件性表现在其目标、环境、条件、组织和过程等诸多方面，即使是从形式上看完全相同的两个项目，如两栋建筑面积、建筑格局和结构形式完全相同的房屋，也存在着事实的差别，其施工环境、施工时间、项目参与者、风险等方面都必然不相同。因此，任何两个建设工程项目之间都不会完全相同，相互之间是无法替代、不可复制的。

（2）一次性。建设工程项目的一次性取决于其单件性。建设工程项目具有一次性特征，主要是因为任何一个建设工程项目从总体上看都是一次性、不可重复的。建设工程项目要经过前期策划、批准、设计和计划、施工、运行的全过程，最终完成。当一个建设工程项目结束后，不存在完全相同的工程任务重复出现。即建设工程项目具有一次性。

（3）限制性。建设工程项目的限制性由项目对象的目标决定，主要表现为时间限制、资金限制和法律限制。

1）时间限制。时间限制源于业主总是希望尽快发挥工程项目的效用，但没有时间限制的建设工程项目是不存在的。其时间限制表现在以下两个方面：

a. 一个建设工程项目的持续时间是一定的，即任何项目都不可能无限期延长，否则该工程项目就失去了意义。建设工程项目的时间限制不仅确定了工程项目的生命期限，而且构成了工程项目管理的一个重要目标，如一座跨海桥梁建设工程项目必须在 3 年内完成通车。

b. 市场经济条件下的建设工程项目的作用、功能、价值只能在一定历史阶段中体现出来，因此工程项目必须在一定时间范围内进行（如 2008 年 8 月 8 日北京奥运会开幕，各项奥运会赛程在北京的奥运体育场馆内陆续展开）。只有在规定时间内完成建设并投入使用，该建设工程项目才有使用价值和经济价值，否则因拖延时间，不仅会使工程项目失去使用价值和经济价值，还会产生更为严重的后果。

2）资金限制。建设工程项目不可能没有财力上的限制，必然存在着与任务目标相匹配的投资、费用或成本预算要求。工程项目的资金限制体现了现代工程的经济性要求。其资金限制表现在以下三个方面：

a. 必须按照投资者（国家、地方、企业等）所具有的或者能够提供的财力来策划相应建设工程项目的工程范围和规模。

b. 必须按照建设工程项目的实施计划安排资金计划，并保障资金供应。

c. 以尽可能少的费用消耗（投资、成本）完成预定的工程目标，达到预定的功能要求，提高工程项目的整体经济效益。

现代建设工程项目资金来源渠道较多，投资呈现多元化，人们对建设工程项目的资金限制越来越严格，经济性要求也越来越高。这就要求尽可能做全面的经济分析和精确的预算，严格投资控制。随着社会的发展，财务和经济性问题越来越成为建设工程项目能否立项、能否取得成功的关键问题。

3）法律限制。任何一项建设工程项目都会涉及几十个、几百个，甚至几万个单位和部门参与，而每一个单位和部门都有自身的利益诉求。建设工程项目的一次性意味着各参与方的合作关系随着工程项目的确立而产生，随着工程项目的结束而完结。为了保证工程项目有序进行，各参与方之间依靠工程合同为纽带，分配任务、划分责权利。

而建设工程项目不同于其他普通项目，它对社会和人们的生命财产安全有巨大的影响作用，因此，各个国家都对此制定了专门、系统的法律法规。我国制定的与建设工程相关的法律法规有《中华人民共和国建筑法》（简称《建筑法》）、《中华人民共和国合同法》（简称《合同法》）、《中华人民共和国招标投标法》（简称《招标投标法》）、《建设工程质量管理条例》和《建筑业企业资质管理规定》等。

（4）复杂性和系统性。现代建设工程项目体现出新的特点，如项目规模大、形式异化、投资额高、周期长，以及技术复杂、新颖、参与方专业化、协作部门数量巨大等。现代建设工程项目的资本结构、管理模式、承包方式及合同形式越来越多元化，在工程建设过程中，建设地点、参与人员和环境不断变化，加之项目组织的临时性，都增加了建设工程项目的复杂性。因此，建设工程项目必须要求采用系统的理论和方法，根据具体对象，把松散的组织、人员、单位组成有机整体。建设工程项目从构思、决策，到设计、计划及最终施工、验收，甚至运营等全过程都要进行系统管理。

近来，我国有许多巨型建设工程项目，如三峡水利工程项目、青藏铁路建设工程项目等，都是特大型、复杂、系统的建设工程项目。

1.2　建设工程合同

合同，在我国古代又称为"绳约"，合之成体曰"绳"，用之而束物曰"约"。我国《合同法》第二百六十九条规定："建设工程合同是承包人进行工程建设，发包人支付价款的合同。建设工程合同包括工程勘察、设计、施工合同。"

1.2.1　建设工程合同的作用

建设工程自身的特点决定了在建设过程中经常发生变化，并且参与工程建设的当事人受各自利益的驱动，使得工程建设过程充满障碍和变化，因此也会产生争议和纠纷。建设工程合同在工程建设前就规定了当事人双方的权利和义务、工程建设目标和争议解决程序等，对工程建设顺利进行有很好的保障作用。具体表现在以下几个方面：

（1）实现工程建设的主要目标。建设工程合同规定了当事人双方的权利和义务，是合同各方在工程建设过程中开展各种活动的依据。建设工程合同在工程实施前签订，确定了工程所要达到的目标，核心目标有工期、价格和质量目标。

1）工期目标。包括工程的总工期、工程交付后的保修期（缺陷通知期）、工程开始、结束的具体日期，以及工程中的一些主要活动的持续时间。工期目标由合同协议书、总工期计划及双方一致同意的详细的进度计划规定。

2）价格目标。包括工程总价格，各分项工程的单价和总价等，它们由中标函、合同协议书或工程量报价单等确定。这是承包商按合同要求完成工程责任所应得的报酬。

3）质量目标。这里主要指狭义的质量目标，即规定了建设项目要达到的功能要求，包括项目规模，建筑面积，设计、建筑材料、施工等质量标准和技术规范等。质量目标由合同条件、规范、图纸、工程量表、供应单等确定。

工程合同管理工作就是为了保证上述目标的实现，除了上述三项核心目标外，还有环境、安全和健康等目标要求。

（2）业主实现对工程项目目标的监控。现代工程项目作为一个复杂开放的动态系统，往往面临规模大、参与方众多、技术要求高、干扰因素多、计划实施难度大等问题，因此，能否有效加强项目目标控制对项目成败有着举足轻重的作用。建设工程项目由于建设周期长、合同金额大、参建单位众多和搭接界面复杂等特点，项目工期和功能等主要质量控制点往往会反映在合同条款上。

业主通过招标投标与中标的承包商拟制、签订和履行合同，实现业主目标的过程。

在拟定合同文本的内容时，必须对工程现状进行深入调研，应用全寿命期的理念，使拟定的合同具有预见性，并客观、科学地确定建设工程的质量、工期和造价目标，尽可能把工程建设的重要环节和工序考虑周详，减少后期的工程变更。同时，要对合同进行细致分析，避免所拟定的条款出现歧义。

在履行合同时，重视频繁的合同变更，对建设工程项目合同进行动态管理，严格根据合同条款设定的参与方责任、权力约束各方行为。重视现场签证、及时记录、收集和整理工程所涉及的各种文件、及时处理停工损失、严格执行定额规定。

（3）确定工程参与方的最高行为准则。由于社会化大生产和专业化分工，一个工程必须有几个，甚至几十个或成百上千个参加单位。在工程实施中，如果合同一方违约，或不能履行合同责任，不仅会造成自己的损失，而且会殃及合同伙伴和其他工程参加者，甚至会造成整个工程的中断。如果没有合同和合同的法律约束力，就不能保证工程实施在各个环节上都按时、按质、按量地完成，不会有正常的工程施工秩序，不可能顺利地实现工程总目标。

工程合同是工程项目实施的纽带，它将工程所涉及的生产、材料和设备供应、运输、各专业设计和施工的分工协作关系联系起来，协调并统一工程各参加者的行为。一个参加单位与工程的关系、它在工程中承担的角色、任务和责任等，都是由相关的合同限定的。合同管理必须协调和处理各方面的关系，使相关合同规定的各工程活动不相矛盾，在内容上、技术上、组织上、时间上协调一致，形成一个完整的、周密的、有序的体系，以保证工程有秩序、按计划地实施。

但是，由于各方利益的不一致，工程过程中会产生利益冲突，造成在工程实施和管理中各方行为的不一致、不协调。很显然，合同参与方常常都从各自利益出发考虑和分析问题，采用一些策略、手段和措施达到自己的目的。但合同各方的权利和义务是互为条件的，这样必然会影响和损害对方利益，还会妨碍工程顺利实施和工程项目总目标的实现。

建设工程合同是调节上述复杂关系的主要手段，规定了合同各方的责任和权益。参与方都可以通过合同保护自己的权益，限制和制约对方。因此，建设工程合同应该体现参与方经济责、权、利关系的平衡。如果不能保持这种均势，则往往导致合同一方的失败，或整个工程的失败。工程建设过程中的一切活动都是为了履行合同，因此，工程管理以合同为核心。

（4）明确工程参与方解决争端的依据。在同一个工程项目建设中，承包商的目标是尽可能多地取得工程利润，增加收益，降低成本；业主的目标是以尽可能少的费用完成尽可能多、质量尽可能高的工程。由于双方的经济利益不一致，在工程建设过程中难免产生争执与分歧。合同争执是经济利益冲突的表现，常常起因于双方对合同理解的不一致、合同实施环境的变化、有一方未履行或未正确地履行合同等。合同对争执的解决有两个决定性作用。

1）争执的判定以工程合同作为法律依据，即以合同条文判定争执的性质，谁对争执负责，应负什么样的责任等。

2）争执的解决方法和解决程序由工程合同的相应条款规定。

（5）调节业主与承包商双方的关系。建设工程任务通过合同委托，使业主和承包商之间的经济和法律的关系主要通过合同调整。业主经过项目结构分解，将一个完整的工程项目分解为多专业实施和管理的项目，通过合同将这些项目委托出去，并实施对项目过程的控制。同样，承包商通过分包、采购和劳务供应合同委托工程分包和材料设备，以及劳务的供应工作任务，对项目进行实施。

合同作为当事人双方经过协商达成一致的协议，规定了双方在项目实施过程中的经济责任、利益和权力。只要合同合法，一经签订，则成为一个法律文件。双方按合同内容承担相应的法律责任，享有相应的法律权利，合同双方都必须用合同规范自己的行为。如果不能认真履行自己的责任和义务，甚至单方撕毁合同，则必须接受经济的，甚至法律的处罚。除了特殊情况（如不可抗力等）使合同不能实施外，合同的法律约束力不能被免除。

（6）满足国际竞争的需要。至今，我国建筑市场已全面开放，面对来自国外建筑业企业的冲击与挑战，国内建筑业企业和政府部门必须适应国际市场规则、遵循国际惯例。只有加强合同管理，我国建筑业企业才有可能与国外建筑业企业一争高下，才能赢得自己生存与发展的空间，政府部门才能更好管理外国建筑业企业在我国的建设活动。

1.2.2　建设工程合同法律关系构成要素

1.2.2.1　合同与法律的关系

法律是一种具有国家强制力的特殊行为规范，起到维护社会经济秩序的作用。但是，法律只是做一般规范性框架要求，不能针对具体社会经济行为活动给予细化及明确规定。社会经济行为主体的具体行为活动通常以合同为联系纽带，合同是当事人真实意思的表示。通过合同，社会经济活动中的各方参与者能够在平等互利的基础上有机联合，从而实现共同的目标。

合同本身具有一定的法律约束作用，订立合同是一种严肃的法律行为。但是，合同不能等同于法律，合同只有在合法的状态下，才具有法律效力。因此，合同的订立必须依靠法律，合同的订立程序、合同条款等都必须符合法律规定，违反法律规定的合同是无效合同。同时，依法订立的合同即具有法律约束力，受到国家强制力的保障。一旦合同一方的当事人违反合同规定，则另一方当事人就可以请求国家法制机关强制违约方履行或者承担其他违约责任。

因此，合同与法律的关系，是特殊与一般的关系，法律代表行为规则的普遍性，而合同则是法律在某一具体问题中的实际应用，代表了行为规则的特殊性，其中涵盖着普遍性。社会经济行为主体的合同关系，实际就是一种法律关系。

工程建设是社会经济行为活动之一，建设工程合同体现了在工程建设领域中，参与建设的各方为了实现共同的目标而进行的有机联系，它确立了建设工程参与者之间的法律关系。

1.2.2.2　建设工程合同法律要素

一般合同法律关系的要素包括主体、客体和内容等三个方面。主体是指法律关系的参与者、当事人，是合同确定的权利的享有者和义务的承担者；客体是指合同的标的，是权利与义务的载体；内容是指合同当事人的权利和义务。

因为工程建设是一个多方参与、复杂、长周期的经济活动，所以，建设工程合同体系由多个不同种类的合同构成，不同的合同涉及不同的合同当事人，具有不同的标的，包含不同的权利义务。

（1）建设工程合同的主体因合同种类不同而不同。如施工合同中的业主方、承包商方，建材采购合同中的建材供应商与业主（或承包商），勘察设计合同中的业主与设计院，监理委托合同中的业主与监理公司，设备租赁合同中的承包商与租赁方，贷款合同中的承包商与金融机构等。

（2）不同种类的工程合同的客体也各异。如施工合同中的施工行为，建材采购合同中的建材，勘察设计合同中的勘察设计报告和图纸，监理委托合同中的监理行为，设备租赁合同中的设备，及贷款合同中的贷款款项等。

（3）不同种类的工程合同的内容随着合同主体与客体的不同而变化。如在施工合同中，业主的权利在于在规定时间内得到约定质量的建设工程实体，其义务在于根据合同规定支付工程款，提供施工条件等；承包商的权利在于根据合同规定获得工程款，其义务在于按照合同规定的工期完成工程建设行为，提供符合合同要求的建设工程。

1.2.3　建设工程合同的类型

不同类型的建设工程合同的性质、特点、履行方式都不相同，合同方的责任、权利关系和风险分配也都不一样。合同类型直接影响合同双方责任和权利的划分，影响工程履行过程中的合同管理和索赔。

根据《建筑法》、《合同法》、《招标投标法》等相关法律法规的规定，建设工程合同作为一种记名合同，可以通过多种角度进行分类。

1.2.3.1　按建设工程承包的项目建设内容分类

按建设工程承包的项目建设内容划分，建设工程合同可以分为勘察合同、设计合同、施工合同、材料和设备供应合同等。

1.2.3.2　按建设工程承包的范围分类

按建设工程承包的范围划分，建设工程可以分为工程总承包合同和工程单项承包合同。

1.2.3.3　按建设工程承包合同的连带关系分类

按建设工程承包合同的连带关系划分，建设工程可以分为主包合同和分包合同。

1.2.3.4　按建设工程承包合同的计价方式划分

2013年7月1日开始实行的《建设工程施工合同（示范文本）》（GF-2013-0201）把建设工程承包合同按计价方式划分为单价合同、总价合同和其他价格形式合同三类。建设工程勘察、设计和设备加工采购合同一般为总价合同。建设工程施工合同则根据招标准备情况和工程项目特点，选择适用的合同类型。

（1）单价合同。指合同当事人约定以工程量清单及其综合单价进行合同价格计算、调整和确认的建设工程施工合同，在约定的范围内合同单价不做调整。合同当事人应在专用合同条款中约定综合单价包含的风险范围和风险费用的计算方法，并约定风险范围以外的合同价格的调整方法。

（2）总价合同。指合同当事人约定以施工图、已标价工程量清单或预算书，以及相关条件进行合同价格计算、调整和确认的建设工程施工合同，在约定的范围内合同总价不做调整。合同当事人应在专用合同条款中约定总价包含的风险范围和风险费用的计算方法，并约定风险范围以外的合同价格的调整方法，其中因市场价格波动引起的调整按相关条款的约定执行。

1.3　建设工程行政管理

工程建设发展到一定程度后就会出现明确的由主体和客体构成的市场，即建设工程市场，俗称建筑市场。为了保证建筑市场的平稳运行，政府必须对参与建筑市场的各要素及要素关系进行行政管理。

1.3.1　建筑市场构成要素

建筑市场有广义和狭义之分。广义的建筑市场涵盖了所有与建筑产品相关业务的供求关系，包括建设产品市场、勘察设计市场、建设生产资料市场、劳动力市场、资金市场、技术市场和咨询服务市场等；狭义的建筑市场特指建设产品市场，即建设产品的需求者与供应（生产）者之间产生的供求关系，包括建设工程施工承发包市场、装饰工程市场、基础工程分包市场等。

1.3.1.1　建筑市场的主体

市场主体是指在市场中从事交换活动的当事人，包括组织和个人。按照参与交易活动的目的不同，当事人可以分为买方、卖方和中介服务机构。

（1）建筑市场的买方。指提供资金购买特定的建设工程或服务的行为主体，即甲方或业主。业主是项目的决策者，确定工程的规模和建设内容，并选择中标的承包商。

（2）建筑市场的卖方。与买方相对应，建筑市场的卖方是指具有一定技术、资金和资

质，能够根据买方的要求提供相应的建设工程或服务，并取得相应价款或酬金的组织或
个人。

（3）中介服务机构。中介服务机构作为建筑市场主体之一，是指具有相应的专业服务能
力，可以接受买方、卖方或者政府部门的委托，提供咨询代理、建设监理等智能服务，并取
得相应服务费用的专业服务组织。建筑市场中介服务机构的种类如表 1-1 所示。

表 1-1　　　　　　　　　　　建筑工程市场中介服务机构的种类

类　型	实　例	作　用
社团组织 （社团法人）	建筑业协会 勘察设计协会 监理协会 注册建筑师协会	（1）协调和约束市场主体行为。 （2）加强行业与企业间、企业与政府间的联系。 （3）反映行业问题，发布行业信息
公证机构 （企业法人）	会计师事务所 律师事务所 公证处 仲裁机构	（1）保证建筑工程市场主体的利益和权益。 （2）解决市场主体解决纠纷、维护市场秩序。 （3）提高主体法律意识
工程咨询代理机构 （企业法人）	监理公司 工程造价事务所 招标代理机构 工程咨询机构	（1）降低工程交易成本，提高主体效益。 （2）促进工程信息服务。 （3）保证建筑工程市场自身利益
检查认证机构 （事业法人或企业法人）	工程质量检测中心 质量体系认证中心 建筑定额站 建筑产品检测中心	（1）提高建设工程产品质量，监督和维护市场秩序。 （2）促进承包方加强管理。 （3）建设工程产品质量的公平认证
保证机构 （事业法人或企业法人）	保险机构 社会保证机构 行业统筹管理机构	（1）保证市场的社会公平性。 （2）充分体现社会福利性。 （3）保证市场主体的社会稳定性

在建筑市场中，完善的中介服务机构是政府、市场和企业间的纽带，是建筑市场成熟的
标志。

1.3.1.2　建筑市场的客体

建筑市场的客体是指买卖双方交易的对象，是各类主体的利益载体，既包括有形的建筑
物，又包括无形的各种服务。

据不同的建设阶段，建筑市场的客体可以表现为不同的形态：

（1）规划、设计阶段。建筑市场的客体表现为可行性研究报告、勘察报告、施工图设计
文件等。

（2）招标、投标阶段。建筑市场的客体表现为资格预审报告、招标书、投标书、合同文
件等。

（3）施工阶段。建筑市场的客体表现为建筑物、构筑物、劳动力、建材、机械设备、预制构件、技术、资金、信息等（有"服务"，如监理单位）。

1.3.2　建设工程项目审批及主体资质管理

政府对建筑市场的宏观调控体现在制定市场主体的交易规则、管理法规、建立市场运行机制，如价格机制、竞争机制等。对建设工程的项目审批和对参与建筑市场的主体资质管理是保证政府宏观调控效果的基础。

1.3.2.1　建设工程项目审批

各类新建、扩建、改建的工程项目必须经过相关部门的各项审批程序，重要的环节包括：

（1）办理建设项目选址意见书。

（2）办理建设用地规划许可证。

（3）办理工程规划许可证。

（4）办理施工许可证。

《建筑法》相关条款明确规定：建设工程开工前，建设单位应当按照国家有关规定向工程所在地县级以上人民政府建设行政主管部门申请领取施工许可证；但是，国务院建设行政主管部门确定的限额以下的小型工程除外。按照国务院规定的权限和程序批准开工报告的建设工程，不再领取施工许可证。

申请领取施工许可证，应当具备下列条件：①已经办理该建设工程用地批准手续；②在城市规划区的建设工程，已经取得规划许可证；③需要拆迁的，其拆迁进度符合施工要求；④已经确定建筑施工企业；⑤有满足施工需要的施工图纸及技术资料；⑥有保证工程质量和安全的具体措施；⑦建设资金已经落实；⑧法律、行政法规规定的其他条件。

1.3.2.2　主体资质管理

政府对建筑市场主体的资质管理表现为对参与市场活动的企业资质管理和对参与市场活动的个人资质管理。《建筑法》相关条款明确规定：从事建筑活动的建筑施工企业、勘察单位、设计单位和工程监理单位，按照其拥有的注册资本、专业技术人员、技术装备和已完成的建设工程业绩等资质条件，划分为不同的资质等级，经资质审查合格，取得相应等级的资质证书后，方可在其资质等级许可的范围内从事建筑活动。

从事建筑活动的专业技术人员，应当依法取得相应的执业资格证书，并在执业资格证书许可的范围内从事建筑活动。

1.3.3　建设工程交易中心

建设工程交易中心是为了建设工程招标投标活动提供服务的自收自支的事业性单位，而非政府机构。建设工程交易中心必须与政府部门脱钩，人员、职能分离。政府有关部门及其管理机构通过建设工程交易中心对建设工程招标投标活动依法实施监督。

1.3.3.1　设立条件

地级以上城市（包括地、州、盟）设立建设工程交易中心应经住建部、国家计委、监察部协调小组批准。建设工程交易中心必须具备下列条件：

（1）有固定的建设工程交易场所和满足建设工程交易中心基本功能要求的服务设施。

（2）有政府管理部门设立的评标专家名册。

（3）有健全的建设工程交易中心工作规则、办事程序和内部管理制度。

（4）工作人员必须奉公守法且熟悉国家有关法律法规，具有工程招投标等方面的基本知识。其负责人必须具备 5 年以上从事建设市场管理的工作经历，熟悉国家有关法律法规，具有较丰富的工程招标投标等业务知识。

（5）建设工程交易中心不能重复设立，每个地级以上城市（包括地、州、盟）只设一个，不按照行政管理部门分别设立。

1.3.3.2　服务功能

（1）宣传、贯彻执行国家及省、市关于建设工程交易方面的法律、法规和规章。建设工程交易中心逐步成为包括建设项目工程报建、招标投标、承包商、中介机构、材料设备和有关法律法规的信息中心。通过各种各种渠道收集、存储和发布各类工程信息、法律法规、造价信息、价格信息和专业人士信息等。

（2）为建筑市场交易各方提供服务。建设工程交易中心为建筑市场交易各方提供的服务项目包括：

1）为工程交易的双方提供招标公告发布、投标报名、开标、评标的场所服务、中标结果公示等，以及为交易双方办理有关手续的便利服务。

2）提供政策、法律法规、基本建设程序咨询服务，以及有关企业资质和工程建设有关信息的查询服务。

3）负责建设工程招投标备案文件等档案资料的收集、整理、立卷和统一管理，建立档案管理制度，并按规定为有关部门及单位提供档案查阅服务。

4）为政府各有关部门派驻交易中心的窗口提供办公场地和必要的办公条件，为建设项目的项目报建、招标投标交易和办理有关批准手续进行集中办公和实施统一管理监督，实现交易中心"一站式"管理和服务功能。

（3）配合市场各部门调解交易过程中发生的纠纷。

（4）向政府有关部门报告交易活动中发现的违法违纪行为。

本章复习思考题

1. 请简要分析建筑产品的特点和建筑施工的特点。
2. 请简要分析建设工程项目的特征。
3. 如何理解建设工程项目的一次性？
4. 如何理解建设工程项目的限制性？
5. 请论述建设工程合同有哪些重要作用。
6. 为什么说建设工程合同有助于实现工程建设的主要目标？
7. 如何理解建设工程合同有助于调节业主与承包商双方的关系？
8. 请简要分析合同与法律的关系。
9. 什么是建筑市场的主体？建筑市场的主体包括哪些？
10. 什么是建筑市场的客体？建筑市场的客体包括哪些？
11. 请论述建设工程行政管理对建设工程项目有哪些主要的审批环节。
12. 请简要分析建设工程交易中心的设立条件和服务功能。

📑 **本章案例**

【案例1-1】　政府监督管理部门对建筑市场进行管理的必要性

某县于8月18日完成了一项概算为400万元的建设工程评标活动，招标代理机构及时向采购人提交了中标候选人的推荐名单顺序表。其中标顺序依次为：第一中标人为A公司，投标价378万元；第二中标人为B公司，投标价为397万元；第三中标人为C公司，投标价为404万元等。同时推荐由A公司中标。对此，采购人于8月20日根据评标报告及"中标商推荐表"确定了中标商为A公司，并于8月22日向A公司发出了中标通知书，同时要求其在一个月内前来签订政府采购合同，另外还一并向其他几个没有中标的投标人通报了招标结果。

8月28日，A公司却主动向采购人提出报告，申称其因投标"不慎"，无利可图，如继续履行该投标事项，将会导致更大的经济损失，因而情愿被没收3万元投标保证金而放弃其中标资格。对此，采购人只得根据招标文件及有关法律规定，在没收了A公司3万元保证金的同时，确认了B公司以397万元的成交价中标。

采购人及其采购代理机构将这一不正常的"放弃中标资格"行为报告给了采购监督管理机构，并请求采购监督管理部门查明该行为的事实真相。对此，该县的财政部门、纪检监察等部门组成了调查小组，经过了1周的明察暗访，终于发现了这起"放弃中标"现象中的舞弊阴谋。原来，B公司给了A公司10万元现金，作为A公司放弃其中标资格的代价。这样，双方各有所图：B公司付出了10万元的代价，其原来的投标价为397万元，现在相当于以387万元中标；而A公司，扣除了被没收的3万元保证金外，仍可"白得"7万元现金，这就是这起"弃权"行为的事实真相。日前，有关部门已对A、B公司的通谋作弊行为进行了严肃的处理。

案例说明

对任何一个投标人来说，其投标报价都是经过深思熟虑，结合多种因素，经综合决策后才做出的，一般来说，投标人不会放弃中标机会。而如果投标人一反常态，再"否定"其报价，特别是放弃其中标资格，那么背后通常会存在着一些不可告人的"秘密"。

上述案例是典型的围标行为，即投标人与投标人之间采用不正当的手段，对招标事项进行串通，损害招标人利益的行为。本案中，在评标结果出来后，第一中标人的成交价与第二中标人的报价相差较大，第二中标人向第一中标人支付好处费，以收买第一中标人放弃其中标资格。这样，第二中标人就可以以较高的成交价中标，从而双方各都有利可图。这是我国法律严令禁止的违法行为，相关政府监督管理部门必须对其进行严肃查处。

🔍 **前沿探讨**

对承包商的企业资质管理与投标中的挂靠行为的管理

我国建筑业企业分为施工总承包企业、专业承包企业和劳务分包企业。施工总承包企业又按工程性质分为房屋、公路、铁路、港口、水利、电力、矿山、冶金、化工石油、市政公用、通信、机电等12个类别；专业承包企业又根据工程性质和技术特点分为60个类别；劳务分包企业按技术特点划分为 13 个类别。工程施工总承包企业资质等级分为特、一、二、三级；施工专业承包企业资质分为一、二、三级；劳务分包企业资质等级分为一、二级或者不分级。这三类企业的资质等级标准，由住建部统一组织制定和发布。

我国建筑业企业承包工程范围的规定如表 1-2 所示。

表 1-2　　　　　　　　　　　　　我们建筑业企业承包工程范围

企业类别	等级	承包工程范围
施工总承包企业（12 类，以房屋建筑工程为例）	特级	可承担本类别各等级工程施工总承包、设计及开展工程总承包和项目管理业务
	一级	可承担单项建安合同额不超过企业注册资本金 5 倍的下列房屋建筑工程的施工：①40 层及以下、各类跨度的房屋建筑工程；②高度 240m 及以下的构筑物；③建筑面积 20 万 m² 及以下的住宅小区或建筑群体
	二级	可承担单项建安合同额不超过企业注册资本金 5 倍的下列房屋建筑工程的施工：①28 层及以下、单跨度 36m 以下的房屋建筑工程；②高度 120m 及以下的构筑物；③建筑面积 11 万 m² 及以下的住宅小区或建筑群体
	三级	可承担单项建安合同额不超过企业注册资本金 5 倍的下列房屋建筑工程的施工：①14 层及以下、单跨度 24m 以下的房屋建筑工程；②高度 70m 及以下的构筑物；③建筑面积 6 万 m² 及以下的住宅小区或建筑群体
专业承包企业（60 类，以土石方工程为例）	一级	可承担各类土石方工程的施工
	二级	可承担单项合同额不超过企业注册资本金 5 倍且 60 万 m² 及以下的土石方工程的施工
	三级	可承担单项合同额不超过企业注册资本金 5 倍且 15 万 m² 及以下的土石方工程的施工
劳务分包企业（13 类，以木工作业为例）	一级	可承担各类工程木工作用分包业务，但单项合同额不超企业注册资本金的 5 倍
	二级	可承担各类工程木工作用分包业务，但单项合同额不超企业注册资本金的 5 倍

在实际招投标活动中，会出现超资质投标或者通过挂靠符合资质的企业进行投标并中标的现象。建筑企业资质管理是为了加强对建筑活动的监督管理，维护公共利益和建筑市场秩序，保证建设工程质量安全。让符合建设工程要求的企业进入施工领域，而不被企业资质束缚是建设工程行政管理需要考虑的问题。

《最高人民法院关于审理建设工程施工合同纠纷案件适用法律问题的解释》的第五条规定：承包人超越资质等级许可的业务范围签订建设工程施工合同，在建设工程竣工前取得相应资质等级，当事人请求按照无效合同处理的，不予支持。该项规定从某种程度上缓解了无资质企业与工程质量的矛盾，但是还需要更系统的解决方案。

第 2 章　我国合同法律基本知识

---- 本章摘要 ----

本章主要介绍我国合同法律基础知识、合同法律关系、构成合同法律关系的要素；合同的主要条款，合同的订立和效力，合同的履行、变更、转让、终止、合同违约责任，以及我国建设工程合同法律框架。

2.1　我国合同法主要条款

2.1.1　合同的主要条款

合同法遵循合同自由原则，仅仅列出合同的主要条款，具体的合同内容由当事人约定。主要条款一般包括下列条款：

（1）当事人的名称或者姓名和场所。指自然人的姓名和住所以及法人和其他组织的名称和住所。合同中记载的当事人的姓名或者名称是确定合同当事人的标志，而住所则在确定合同债务履行地、法院对案件的管辖等方面具有重要的法律意义。

（2）标的。即合同法律关系的客体，是指合同当事人权利义务指向的对象。合同中的标的条款应当标明标的的名称，以使其特定化，并能够确定权利义务的范围。合同的标的因合同类型的不同而变化，总体来说，合同标的包括有形财物、行为和智力成果。

（3）标的数量。合同标的的数量是衡量合同当事人权利、义务大小的尺度。因此，合同标的的数量一定要准确，应当按照国家标准或者行业标准中规定的、或者当事人共同接受的计量方法和计量单位在合同中标明。

（4）标的质量。合同标的的质量是指检验标的内在素质和外观形态优劣的标准。和标的的数量一样是确定合同标的的具体条件，是这一标的区别于同类另一标的的具体特征。因此，在确定合同标的的质量标准时，应当遵守国家标准或者行业标准。如果当事人对合同标的的质量有特别约定时，在不违反国家标准和行业标准的前提下，可根据合同约定确定标的的质量要求。合同中的质量条款包括标的的规格、性能、物理和化学成分、款式和质感等。

（5）价款和或报酬。指在以物、行为和智力成果为标的的有偿合同中，取得利益的一方当事人作为取得利益的代价而应向对方支付的金钱。价款是取得有形标的物应支付的代价，报酬是获得服务所应支付的代价。

（6）履行的期限、地点和方式。履行的期限是指合同当事人履行合同和接受履行的时间。它直接关系到合同义务的完成时间，涉及当事人的期限利益，也是确定违约与否的因素之一。

履行地点是指合同当事人履行合同和接受履行的地点。履行地点是确定交付与验收标的地点的依据，有时是确定风险由谁承担的依据，以及标的物所有权是否转移的依据。

履行方式是合同当事人履行合同和接受履行的方式，包括交货方式、实施行为方式、验收方式、付款方式、结算方式、运输方式等。

（7）违约责任。是指当事人不履行合同义务或者履行合同义务不符合约定时应当承担的民事责任。违约责任是促使合同当事人履行债（义）务，使守约方免受或者少受损失的法律救济手段，对合同当事人的利益关系重大，合同对此应予明确。不过，由于违约责任是法定责任，即使合同中未明确规定，违约方也不能因此而免除责任。

（8）解决争议的方法。是指规定合同当事人解决合同纠纷的手段、地点。在合同订立、履行中一旦产生争执，合同双方明确约定通过协商、仲裁或诉讼解决其争议的规定将有利于合同争议的管辖和尽快解决，并最终从程序上保障了当事人的实体性权益。

2.1.2　合同的订立和效力

2.1.2.1　合同的订立和成立

合同的订立是指缔约人作出意思表示并达成合意的行为和过程。合同成立是指合同订立过程的完成，即合同当事人经过平等协商对合同内容达成一致意见，是合同当事人合意的结果。合同生命期是合同当事人从建立到终止权利义务关系的一个动态过程，始于合同的订立，终结于适当履行或者承担责任。任何一个合同的签订都需要当事人双方进行一次或者多次的协商，最终达成一致意见，而签订合同则意味着合同的成立。合同成立是合同订立的重要组成部分，合同的成立必须具备以下条件。

（1）订约主体存在双方或者多方当事人。所谓订约主体即缔约人，是指参与合同谈判并且订立合同的人。作为缔约人，必须具有相应的民事权利能力和民事行为能力，有下列几种情况：

1）自然人的缔约能力。自然人能否成为缔约人，要根据其民事行为能力来确定。具有完全行为能力的自然人可以订立一切法律允许自然人作为合同当事人的合同。限制行为能力的自然人只能订立一些与自己的年龄、智力、精神状态相适应的合同，其他合同只能由其法定代理人代为订立或者经法定代理人同意后订立。无行为能力的自然人通常不能成为合同当事人，如果要订立合同，一般只能由其法定代理人代为订立。

2）法人和其他组织的缔约能力。法人和其他组织一般都具有行为能力，但是其行为能力是有限制的，因为法律往往对法人和其他组织规定了各自的经营和活动范围。因此，法人和其他组织在订立合同时要考虑到自身的行为能力，超越经营或者活动范围订立的合同，不能产生法律效力。

3）代理人的缔约能力。当事人除了自己订立合同外，还可以委托他人代订合同。在委托他人代理时，应当向代理人进行委托授权，即签发授权委托书，在委托书中注明代理人的姓名或名称、代理事项、代理的权限范围、代理权的有效期限、被代理人的签名盖章等内容。如果代理人超越代理权限或者无权代理，则所订立的合同无法律效力。

（2）对主要条款达成合意。合同成立的根本标志在于合同当事人的意思表示一致。但是在实际交易活动中常常因为相距遥远，时间紧迫，不可能就合同的每一项具体条款进行仔细磋商；或者因为当事人缺乏合同知识而造成合同规定的某些条款不明确或者缺少某些具体条款。合同法规定，当事人就合同的标的、数量质量等条款协商一致，合同就可以成立。

2.1.2.2　要约

（1）要约的概念。要约也称为发价、发盘、出盘、报价等，是希望与他人订立合同的意思表示。即一方当事人以缔结合同为目的，向对方当事人提出合同条件，希望对方当事人接受的意思表示。构成要约必须具备以下条件：

1) 要约必须是特定人做出的意思表示。要约是要约人向相对人（受约人）所作出的含有合同条件的意思表示，旨在得到对方的承诺并订立合同。只有要约人是具备民事权利能力和民事行为能力的特定的人，受约人才能对其做出承诺。

2) 要约必须向相对人发出。要约必须经过受约人的承诺，合同才能成立，因此，要约必须是要约人向受约人发出的意思表示。受约人一般为特定人，但是，在特殊情况下，对不确定的人作出无碍要约时，受约人可以为不特定人。

3) 要约的内容应当具体确定。要约的内容必须明确，而不应该含糊不清，否则，受约人便不能了解要约的真实含义，难以承诺。同时，要约的内容必须完整，必须具备合同的主要条件或者全部条件，受约人一旦承诺后，合同就能成立。

4) 要约必须具有缔约目的。要约人发出要约的目的是为了订立合同，即在受约人承诺时，要约人即受该意思表示的约束。凡是不是以缔结合同为目的而进行的行为，尽管表达了当事人的真实意愿，但不是要约。是否以缔结合同为目的，是区别要约与要约邀请的主要标志。

(2) 要约的法律效力。是指要约的生效及对要约人、受约人的约束力。包括下列方面。

1) 对要约人的约束力。即指要约一经生效，要约人即受到要约的约束，不得随意撤回或撤销，或者对要约加以限制、变更和扩张。从而保护受约人的合法权益，维护交易安全。但是为了适应市场交易的实际需要，法律允许要约人在受约人承诺前有限度地撤回、撤销要约或者变更要约的内容。

2) 对受约人的约束力。是指受约人在要约生效时即取得承诺的权利，即取得依其承诺而成立合同的法律地位。正是因为这种权利，所以受约人可以承诺，也可以不予承诺。这种权利只能由受约人行使，不能随意转让，否则承诺对要约人不产生法律效力。如果要约人在要约中明确规定受约人可以将承诺的资格转让，或者受约人转让得到要约人的许可，这种转让是有效的。

3) 要约的生效时间。即要约产生法律约束力的时间。合同法规定，要约的生效时间为要约到达受约人时开始。

4) 要约的存续期间。指要约发生法律效力的期限，也即受约人得以承诺的期间。一般而言，要约的存续期间由要约人确定，受约人必须在此期间内做出承诺，要约才能对要约人产生拘束力。如果要约人没有确定，则根据要约的具体情况，考虑受约人能够收到要约所必需的时间、受约人作出承诺所必需的时间和承诺到达要约人所必需的时间而确定一个合理的期间。

(3) 要约邀请。

1) 要约邀请的概念。要约邀请又称为要约引诱，是指希望他人向自己发出要约的意思表示，其目的在于邀请对方向自己发出要约。如寄送的价目表、拍卖公告、招标公告、商业广告等为要约邀请。在工程建设中，工程招标即要约邀请，投标报价属于要约，中标函则是承诺。要约邀请是当事人订立合同的预备行为，它既不能因相对人的承诺而成立合同，也不能因自己作出某种承诺而约束要约人。

2) 要约与要约邀请的区别。根据要约与要约邀请的不同的目的和要求，两者之间主要有以下区别：

a. 要约是当事人自己主动愿意订立合同的意思表示，而要约邀请则是当事人希望对方向自己提出订立合同的意思表示。

b. 要约中含有当事人表示愿意接受要约约束的意旨，要约人将自己置于一旦对方承诺，合同即告成立的无可选择的地位，而要约邀请则不含有当事人表示愿意承担约束的意旨，要约邀请人希望将自己置于一种可以选择是否接受对方要约的地位。

（4）要约的撤回与撤销。

1）要约的撤回。指在要约发生法律效力之前，要约人取消要约的行为。根据要约的行使约束力，任何一项要约都可以撤回，只要撤回的通知先于或者与要约同时到达受约人，都能产生撤回的法律效力。允许要约人撤回要约，是尊重要约人的意志和利益。由于撤回是在要约到达受约人之前作出的，所以此时要约并未生效，撤回要约也不会影响到受约人的利益。

2）要约的撤销。指在要约生效后，要约人取消要约，使其丧失法律效力的行为。在要约到达后、受约人做出承诺之前，可能因为各种原因如要约本身存在缺陷和错误、发生了不可抗力、外部环境发生变化等，促使要约人撤销其要约。允许撤销要约是为了保护要约人的利益，减少不必要的损失和浪费。但是，《合同法》规定，有下列情况之一的，要约不得撤销。

a. 要约中确定了承诺期限或者以其他形式明示要约不可撤销。

b. 受约人有理由认为要约是不可撤销的，并且已经为履行合同做了准备工作。

（5）要约的消灭。

1）要约消灭的概念。要约的消灭又称为要约失效，即要约丧失了法律拘束力，不再对要约人和受约人产生约束。要约消灭后，受约人也丧失了其承诺的能力，即使向要约人发出承诺，合同也不能成立。

2）要约消灭的条件。《合同法》规定，有下列情况之一的，要约失效：

a. 受约人拒绝要约。

b. 要约人撤回或撤销要约。

c. 承诺期限届满，承诺人未做出承诺。

d. 承诺对要约的内容作出实质性变更。

2.1.2.3　承诺

（1）承诺的概念。承诺是指受约人同意接受要约的全部条件的意思表示。承诺的法律效力在于要约一经受约人承诺并送达要约人，合同便宣告成立。承诺必须具备以下条件，才能产生法律效力。

1）承诺必须是受约人发出的。根据要约所具有的法律效力，只有受约人才能取得承诺的资格，因此，承诺只能由受约人发出。如果要约是向一个或者数个特定人发出时，则该特定人具有承诺的资格。受约人以外的任何人向要约人发出的都不是承诺而只能视为要约。如果要约是向不特定人发出时，则该不特定人中的任何人都具有承诺的资格。

2）承诺必须向要约人发出。承诺是指受约人向要约人表示同意接受要约的全部条件的意思表示，在合同成立后，要约人是合同当事人之一。因此，承诺必须是向特定人即要约人发出的，这样才能达到订立合同的目的。

3）承诺应当在确定的或者合理的期限内到达要约人。如果要约规定了承诺的期限，则承诺应当在规定的期限内做出；①如果要约中没有规定期限，则承诺应当在合理的期限内做出。②如果承诺人超过了规定的期限做出承诺，则视为承诺迟到，或者称为逾期承诺。一般来说，逾期承诺被视为新的要约，而不是承诺。

4）承诺的内容应当与要约的内容一致。因为承诺是受约人愿意按照要约的全部内容与要约人订立合同的意思表示，即承诺是对要约的同意，其同意内容必须与要约内容完全一致，合同才能成立。具体表现在承诺必须是无条件的承诺，不得限制、扩张或者变更要约内容，否则不构成承诺。

5）承诺必须表明受约人的缔约意图。同要约一样，承诺必须明确表明与要约人订立合同，此时合同才能成立。这就要求受约人做出的承诺必须清楚明确，不能含糊。

6）承诺的传递方式应当符合要约的要求。

（2）承诺的方式。指受约人通过何种形式将承诺的意思送达给要约人。如果要约中明确规定承诺必须采取何种形式作出，则承诺人必须按照规定发出承诺。如果要约没有对承诺方式做出特别规定，受约人可以采用以下方式作出承诺：

1）通知。在一般情况下，承诺应当以通知的方式做出，即以口头或者书面的形式将承诺明确告知要约人。要约中有明确规定的，则按照要约的规定作出承诺，如果要约没有做出明确规定，通常采用与要约相同的方式做出承诺。

2）行为。如果根据交易习惯或者要约明确规定可以通过行为做出承诺的，则可以通过行为进行承诺，即以默示方式做出承诺，包括作为与不作为两种方式。

（3）承诺的生效时间。指承诺何时产生法律效力。根据合同法规定，承诺在承诺通知到达要约人时生效。但是，承诺必须在承诺期限内做出，分为下列情况。

1）承诺必须在要约确定的期限内做出。

2）如果要约没有确定承诺期限，承诺应当按照下列规定到达。

a. 要约以对话方式做出的，应当及时做出承诺的意思表示。

b. 要约以非对话方式做出的，承诺应当在合理期限内到达要约人。

（4）对要约内容变更的承诺的处理。按照承诺成立的条件，承诺的内容必须与要约的内容保持一致，即承诺必须是无条件的承诺，不得限制、扩张或者变更要约的内容。如果对要约内容进行变更，就有可能不能成为承诺。变更分为两种情况。

1）承诺如果对要约的内容进行实质性变更，此时，不能构成承诺而应该视为新的要约。有关合同的标的、数量、质量、价款和酬金、履行期限、履行地点和方式、违约责任和争议解决的方法的变更，是对要约内容的实质性变更。因为这些条款是未来合同内容所必须具备的条款，如果缺少这些条款，未来的合同便不能成立。因此，当这些变更后的承诺到达要约人时，合同并不能成立，必须等到原要约人无条件同意这些经变更后而形成的新的要约，再向新要约人发出承诺时，合同方可成立。

2）承诺对要约的内容做出非实质性变更时，承诺一般有效。《合同法》规定，如果承诺对要约的内容做出非实质性变更的，除了要约人及时表示反对或者要约明确表示承诺不得对要约的内容做出任何变更的以外，该承诺有效，合同的内容以承诺的内容为准。

承诺不能对要约的内容进行实质性变更，但可对要约的非实质性内容做出更改。

a. 对非主要条款做出了改变。

b. 承诺人对要约的主要条款未表示异议，然而在对这些主要条款承诺后，又添加了些建议或者表达了些愿望。如果在这些建议和意见中并没有提出新的合同成立条件，则认为承诺有效。

c. 如果承诺中添加了法律规定的义务，承诺仍然有效。

2.1.2.4　缔约过失责任

（1）概念。缔约过失责任是一种合同前的责任，指在合同订立过程中，一方当事人违反诚实信用原则的要求，因自己的过失而引起合同不成立、无效或者被撤销而给对方造成损失时所应当承担的损害赔偿责任。

（2）特点。缔约过失责任具有以下特点：

1）缔约过失责任是发生在订立合同过程中的法律责任。缔约过失责任与违约责任最重要的区别在于发生的时间不同。违约责任发生在合同成立以后，合同履行过程中的法律责任，而缔约过失责任则是发生在缔约过程中当事人一方因其过失行为而应承担的法律责任。只有在合同还未成立，或者虽然成立，但不能产生法律效力而被确定无效或者被撤销时，有过错的一方才能承担缔约过失责任。

2）承担缔约过失责任的基础是违背了诚实信用原则。诚实信用原则是《合同法》的基本原则。根据诚实信用原则的要求，在合同订立过程中，应当承担先合同义务，包括使用方法的告知义务、瑕疵告知义务、重要事实告知义务、协作与照顾义务等。我国《合同法》规定，假借订立合同，恶意进行磋商，故意隐瞒与订立合同有关的重要事实或者提供虚假情况，都属于违背诚实信用原则的行为，应承担缔约过失责任。

3）责任人的过失导致他人信赖利益的损害。缔约过失行为直接破坏了与他人的缔约关系，造成的是他人因为信赖合同的成立和有效，但由于合同不成立和无效的结果而遭受的损失。

（3）缔约过失责任的类型。

1）擅自撤回要约的缔约过失责任。

2）缔约之际未尽通知等项义务给对方造成损失的缔约过失责任。

3）缔约之际未尽保护义务侵害对方权利的缔约过失责任。

4）合同不成立的缔约过失责任。

5）合同无效的缔约过失责任。

6）合同被变更或者撤销的缔约过失责任。

7）无权代理情况下的缔约过失责任。

2.1.2.5　合同的效力

（1）合同生效的概念。合同的成立只是意味着当事人之间已经就合同的内容达成了意思表示一致，但是合同能否产生法律效力还要看其是否符合法律规定。合同生效是指已经成立的合同因符合法律规定而受到法律保护，并能够产生当事人所预想的法律后果。《合同法》规定，依法成立的合同，自成立时生效。

如果合同违反法律规定，即使合同已经成立，而且可能当事人之间已经履行了该合同，该合同及当事人的履行行为也不会受到法律保护，甚至还可能受到法律的制裁。

（2）合同成立与合同生效的区别。合同成立与合同生效是两个完全不同的概念，合同成立是指合同订立过程的完成，即当事人经过平等协商，对合同的主要内容达成一致意见，要约承诺阶段宣告结束，即合同成立。而合同生效是指合同产生法律效力。合法的合同从合同成立时起即具备法律效力，而违法合同虽然已经成立也不会产生法律效力。合同成立与合同生效的区别如下：

1）合同不具备成立要件所产生的是缔约过失责任，即在合同订立过程中，一方当事人违反诚信原则的要求，且因自己的过失给对方造成损失时所应当承担的损害赔偿责任，其后果仅仅表现为当事人之间的民事赔偿责任；而合同不具备生效要件则产生合同无效的法律后果，除了要承担民事赔偿责任以外，往往还要承担行政责任和刑事责任。

2）在合同形式方面的不同要求。在法律、行政法规或者当事人约定采用书面形式订立合同而没有采用，也没有出现当事人一方已经履行主要义务、对方接受的情况时，则合同不能成立；如果法律、行政法规规定合同只有在办理批准、登记等手续才能生效，则当事人未办理相关手续会导致合同不能生效，但并不影响合同的成立。

3）国家的干预。有些合同往往由于其具有非法性，违反了国家的强制性规定或者社会公共利益而成为无效合同，此时，即使当事人不主张合同无效，国家也有权干预。合同不成立仅仅涉及当事人内部的合意问题，国家往往不能直接干预，而应当由当事人自己解决。

合同成立制度主要表现了当事人的意志，体现了合同自由的原则；而合同生效制度则体现了国家对合同关系的认可与否，它反映了国家对合同关系的干预。

（3）合同的生效时间。根据《合同法》规定，依法成立的合同自成立时生效。即依法成立的合同，其生效时间一般与合同的成立时间相同。如果法律、行政法规规定应当办理批准、登记等手续生效的，则在当事人办理了相关手续后合同生效。未办理手续的合同尽管合同成立，但是不能生效。如果当事人约定应当办理公证、鉴证或者登记手续生效的，当事人未办理，并不影响合同的生效，合同仍然自成立起生效。

（4）无效合同。无效合同是指合同虽然成立，但因其违反法律、行政法规、社会公共利益而无效。可见，无效合同是已经成立的合同，是欠缺生效要件的合同，是不具有法律约束力的合同，不受国家法律保护。无效合同自始无效，但部分条款无效，不影响其余部分的效力。无效合同的原因有三种：

1）订立合同主体不合格。表现为：

a. 无民事行为能力人、限制民事行为能力人订立合同且法定代理人不予追认的，该合同无效，但有例外：纯获利益的合同和与其年龄、智力、精神健康状况相适应而订立的合同，不需追认，合同当然有效。

b. 代理人不合格且相对人有过失而成立的合同，该合同无效。

c. 法人和其他组织的法定代表人、负责人超越权限订立的合同，且相对人知道或应当知道其超越权限的，该合同无效。

2）订立合同内容不合法。表现为：

a. 违反法律、行政法规强制性规定的合同无效。

b. 违反社会公共利益的合同无效。

c. 恶意串通，损害国家、集体或三人利益的合同无效。

d. 以合法形掩盖非法目的合同无效。

e. 无处分权的人处分他人财产的合同无效。

但有两种情况例外：①事后经权利人追认的合同有效；②事后取得处分权的合同有效。

3）意思表示不真实的合同，即意思表示有瑕疵，如：一方以欺诈、胁迫的手段订立合同无效。

（5）可撤销合同。可撤销合同又称可变更的合同，是指欠缺生效条件，但一方当事人可依照自己的意思使合同的内容变更，或者使合同的效力归于消灭的合同。如果合同当事人对合同可变更或可撤销发生争议，只有人民法院或者仲裁机构有权变更或者撤销合同。我国《合同法》第五十四条规定："下列合同，当事人一方有权请求人民法院、仲裁机构变更或者撤销：①因重大误解订立的；②在订立合同时显失公平的。一方以欺诈、胁迫的手段或者乘人之危，使对方在违背真实意思的情况下订立的合同，受损害方有权请求人民法院或者仲裁机构变更或者撤销。当事人请求变更的，人民法院或者仲裁机构不得撤销。"

《合同法》规定，有下列情形之一的，撤销权消灭：

1）具有撤销权的当事人自知道或者应当知道撤销事由之日起一年内没有行使撤销权。

2）具有撤销权的当事人知道撤销事由后明确表示或者以自己的行为放弃撤销权。

（6）效力待定合同。所谓效力待定合同，是指合同虽然已经成立，但因其不完全符合相关生效要件的规定，因此其是否生效，尚未确定，一般须经有权人表示承认才能生效。效力待定合同分别是由于有关当事人缺乏缔约能力、缺乏订立合同的资格或缺乏处分能力造成的。如果赋予有关权利人承认权，使之能够以其利益判断做出承认而使合同有效，或者拒绝而使合同无效，往往有利于权利人的利益，有利于促进交易《合同法》将效力待定合同规定为三类。

1）限制行为能力人缔结的合同。我国法律规定，限制行为能力人可以实施某些与年龄、智力、健康状况相适应的民事行为，其他民事活动应由法定代理人代理或征得法定代理人同意后实施。在《民法通则》中，这类主体所为行为被列为无效民事行为，《合同法》第四十七条对此作了补正，将限制行为能力人所订合同确定为效力待定合同。

2）无代理权人以被代理人名义缔结的合同。无权代理指欠缺代理权的代理，主要有四种情况：①根本无代理权；②授权行为无效的代理；③超越代理权范围进行的代理；④代理权消灭后的代理。《合同法》第四十八、四十九、五十条明确上述四种无代理权行为人签订的合同规定为效力待定合同。无权代理行为可能由于行为完成后发生的某种法律事实而完全不产生代理的法律后果。

无权代理应区别于表见代理，表见代理行为是指无权代理人的代理行为，善意相对人有正当理由相信其代理权；而前者则不存在这一情况。判断表见代理的构成关键在于区分善意相对人是否具有正当理由相信无权代理人具有代理权。表见代理的效果相对人可直接请求本人负责。而对于狭义无权代理行为，如果本人不追认，则不负责任。

3）无处分权人处分他人财产订立的合同。无权处分是指无处分权人以自己名义擅自处分他人财产。依《合同法》第五十一条的规定，无权处分行为是否发生效力，取决于权利人追认或处分人是否取得处分权。为保护当事人的合法权益，在效力待定合同中，法律赋予有关民事主体以追认权、拒绝权，赋予相对人催告权、撤销权。当效力待定合同不发生法律效力即无效时，如何维护善意相对人的利益，也是非常重要的一个问题。下列规则体现了对善意相对人利益的保护：

a. 效力待定合同制度赋予相对人催告权和撤销权两项权利，以维护善意相对人的权益。

b. 无处分权人所订合同，不影响善意买受人根据善意取得制度所取得的权利。由于权利人拒绝承认，合同被宣告无效，财产已交付的，如果受让人善意取得动产，则依法取得该动产的所有权。如交付的是不动产，因不动产所有权变动应实行登记，故不发生善意取得的问题。

c. 无权代理人所订合同，如被代理人不予追认的，对被代理人不发生代理人行为带来的后果，但如果该无权代理行为具备一般民事法律行为的有效要件，那么该代理行为仍将产生一般民事法律行为的效力，并由该无权代理人自己作为当事人承担其法律后果。

2.1.3　合同的履行

2.1.3.1　合同履行的概念

合同履行，是指合同当事人双方依据合同条款的规定，实现各自享有的权利，并承担各自的义务。合同履行的实质，是合同当事人在合同生效后，全面地、适当地完成合同义务的行为。

2.1.3.2　合同履行的原则

《合同法》第六十条规定："当事人应当按照约定全面履行自己的义务。当事人应当遵循诚信原则，根据合同的性质、目的和交易习惯履行通知、协助、保密等义务。"合同当事人履行合同时，应遵循以下原则。

（1）全面、适当履行的原则。指合同当事人按照合同约定全面履行自己的义务，包括履行义务的主体、标的、数量、质量、价款或者报酬，以及履行的方式、地点、期限等，都应当按照合同的约定全面履行。

（2）遵循诚信的原则。诚信原则，是我国《民法通则》的基本原则，也是《合同法》的一项十分重要的原则，它贯穿于合同的订立、履行、变更、终止等全过程。因此，当事人在订立合同时，要诚实、守信、要善意，当事人双方要互相协作，合同才能圆满地履行。

（3）公平合理，促进合同履行的原则。合同当事人双方自订立合同时起，直到合同的履行、变更、转让，以及发生争议时对纠纷的解决，都应当依据公平合理的原则，按照《合同法》的规定，根据合同的性质、目的和交易习惯善意地履行通知、协助和保密等附随义务。

（4）当事人一方不得擅自变更合同的原则。合同依法成立，即具有法律约束力，因此，合同当事人任何一方均不得擅自变更合同。《合同法》在若干条款中根据不同的情况对合同的变更，分别作了专门的规定。这些规定更加完善了我国的合同法律制度，并有利于促进我国社会主义市场经济的发展和保护合同当事人的合法权益。

2.1.3.3　合同履行中条款空缺的法律适用

（1）合同条款空缺的概念。合同条款空缺，是指合同生效后，当事人对合同条款约定中有缺陷的，依法采取完善或妥善处理的法律行为。当事人订立合同时，对合同条款的约定应当明确、具体，以便于合同履行。然而，由于某些当事人因合同法律知识的欠缺，对事物认识上的错误，以及疏忽大意等原因，而出现欠缺某些条款或者条款约定不明确，致使合同难以履行，为了维护合同当事人的正当权益，法律规定允许当事人之间可以约定，采取措施补救合同条款空缺的问题。

（2）协议补充、按照有关规定或者交易习惯。《合同法》第六十一条规定："合同生效后，当事人就质量、价款或者报酬、履行地点等内容没有约定或者约定不明确的，可以协议补充。不能达成补充协议的，按照合同有关条款或者交易习惯确定。"

协议补充，是指合同当事人对没能约定或者约定不明确的合同内容通过协商的办法订立补充协议，该协议是对原合同内容的补充，因而成为原合同的组成部分。合同当事人不能达成补充协议，按照合同有关条款或者交易习惯确定，是指在合同当事人就没有约定或者约定不明确的合同内容不能达成补充协议的情况下，可以依据合同的其他方面的内容确定，或者按照人们在类似合同交易中通常采用的合同内容（即交易习惯）予以补充或加以确定。

（3）合同内容不明确，又不能达成补充协议时的法律适用。《合同法》第六十二条规定，当事人就有关合同内容约定不明确，依照《合同法》第六十一条的规定仍不能确定的，适用下列规定：

1）质量要求不明确的，按照国家标准、行业标准履行；没有国家标准、行业标准的，按照通常标准或者符合合同目的的特定标准履行。

2）价款或者报酬不明确的，按照订立合同时履行地市场价格履行；依法应当执行政府定价或者政府指导价的，按照规定履行。

3）履行地点不明确的，给付货币的，在接受货币一方所在地履行；交付不动产的，在不动产所在地履行；其他标的，在履行义务一方所在地履行。

4）履行期限不明确的，债务人可以随时履行，债权人也可以随时要求履行，但应当给对方必要的准备时间。

5）履行方式不明确的，按照有利于实现合同目的的方式履行。

6）履行费用的负担不明确的，由履行义务一方负担。

2.1.3.4　合同中规定执行政府定价或政府指导价的法律规定

《合同法》第六十三条规定："执行政府定价或者政府指导价的，在合同约定的交付期限内政府价格调整时，按照交付时的价格计价。逾期交付标的物的，遇价格上涨时，按照原价格执行，价格下降时，按照新价格执行。逾期提取标的物或者逾期付款的，遇价格上涨时，按照新价格执行，价格下降时，按照原价格执行。"

2.1.3.5　合同履行的第三人

依据法律规定，合同履行中，当事人约定由债务人向第三人履行债务或者由第三人向债权人履行债务，原债权人与债务人的债务法律关系并不因此而变更。

（1）由债务人向第三人履行债务。《合同法》第六十四条规定："当事人约定由债务人向第三人履行债务的，债务人未向第三人履行债务或者履行债务不符合约定，应当向债权人承担违约责任。"

向第三人履行债务，即债务人本应向债权人履行债务，而由于债权人与债务人通过约定由债务人向第三人履行债务，但原债权人的地位不变。向第三人履行债务的合同也被称作为第三人利益订立的合同。依据法律规定，债务人未向第三人履行债务或者履行债务不符合约定，应向债权人承担违约责任。

（2）由第三人向债权人履行债务。《合同法》第六十五条规定："当事人约定由第三人向债权人履行债务的，第三人不履行债务或者履行债务不符合约定，债务人应当向债权人承担违约责任。"

第三人代为履行债务，是指经当事人双方约定由第三人代替债务人履行债务，第三人并不因履行债务而成为合同的当事人。第三人替代债务人履行债务，只要不违反法律规定和合同约定，且未给债权人造成损失或增加费用，此种履行行为在法律上有效。

第三人代为履行债务必须符合下列条件：

1）与向第三人履行的情况相同。在第三人代为履行债务时，该第三人并没有成为合同的当事人，仅是债务履行的辅助人。

2）当事人约定由第三人向债权人履行债务时，必须经当事人协商一致，特别是征得债权人的同意。

3）第三人代为履行债务时，对债权人不得造成消极影响，即第三人代为履行不能损害债权人的权益。

依据法律规定，第三人不履行债务或履行债务不符合约定，债务人应当向债权人承担违约责任。

2.1.3.6　合同履行中的抗辩权

合同履行中的抗辩权是指在符合法律规定的条件下，合同当事人一方对另一方当事人的履行请求权，暂时拒绝履行其债务的权利。合同履行中的抗辩权为一时的抗辩权，延缓的抗辩权，在产生抗辩权的原因消失后，债务人仍应当履行债务。这种权利对于抗辩人而言是一种保护手段，目的是免除自己履行义务可能带来的风险。合同履行中抗辩权的种类主要有三种。

（1）同时履行抗辩权。指双务合同（双方互负义务）的当事人应同时履行义务的，一方在对方未履行前，有拒绝对方请求自己履行合同的权利。同时履行抗辩权成立的条件有以下四个：

1）双方的债务基于同一双务合同而发生。

2）须双方互负的债务均已届清偿期。

3）同时履行抗辩权的行使须相对人有不履行或履行不符合约定的行为。

4）同时履行抗辩权的行使应以合同具备能履行的客观条件为准。

（2）先履行抗辩权。指双务合同中应先履行义务的一方当事人未履行时，对方当事人有拒绝其履行请求的权利。其成立要件如下：

1）双方当事人互负债务。

2）两个债务之间有先后履行顺序。

3）履行顺序既可以是当事人约定，也可以是法律直接规定。

4）先履行一方未履行或其履行不符合法律规定和合同的约定。

先履行一方未履行，既包括先履行一方在履行期限届满前未予履行的状态，又包含先履行一方于履行期限届满时尚未履行的状态。

在先履行抗辩权的行使问题上，先履行一方未构成违约时，先履行一方未请求后履行一方履行的，先履行抗辩权的行使不需要明示；先履行一方请求后履行一方履行的，后履行方拒绝履行需要明示。在先履行一方已构成违约并请求后履行一方履行时，先履行抗辩权的行使需要明示。先履行抗辩权的成立并行使，产生后履行一方可一时中止履行自己债务的效力，后履行一方在先履行方未履行前可以拒绝对方的履行请求，以此保护自己的期限和顺序利益。

（3）不安抗辩权。指双务合同中应先履行义务的一方当事人，有证据证明对方当事人不能或可能不能履行义务时，在对方当事人未履行合同或提供担保之前，可以暂时中止履行合同的权利。

中止履行是指双方合同中负有先履行义务的一方，在合同尚未履行或没有完全履行时，因法定事由暂时停止履行自己承担的合同义务。《合同法》第六十八条规定，应当先履行债务的当事人，有确切证据证明对方有下列情形之一的可以中止履行：①经营状况严重恶化；②转移财产、抽逃资金，以逃避债务；③丧失商业信誉；④有丧失或者可能丧失履行债务能力的其他情形。

中止履行的一方应及时通知对方。对方提供适当担保时，应当恢复履行；对方在合理期限内未恢复履行能力并且未提供适当担保的，中止履行的一方可以解除合同。

2.1.4　合同的变更、转让和终止

2.1.4.1　合同变更的概念

合同变更指当事人约定的合同内容发生变化和更改，即权利和义务变化的民事法律行为。合同变更有广义与狭义之分。广义的合同变更包括合同内容的变更与合同主体的变更。前者是指当事人不变，合同的权利义务予以改变的现象；后者是指合同关系保持同一性，仅改换债权人或债务人的现象。不论是改换债权人，还是改换债务人，都发生合同权利义务的移转，移转给新的债权人或者债务人，因此合同主体的变更实际上是合同权利义务的转让。狭义的合同变更仅指合同内容的变更。

2.1.4.2　合同变更的条件

（1）原已存在着合同关系。合同的变更是在原合同的基础上，通过当事人双方的协商，改变原合同关系的内容。因此不存在原合同关系就不可能发生变更问题。对无效合同和已经被撤销的合同不存在变更的问题。对可撤销而尚未被撤销的合同，当事人也可以不经人民法院或仲裁机关裁决，而采取协商的手段变更某些条款，消除合同中的重大误解或显失公平的现象，使之成为符合法律要求的合同。合同变更，通常要遵循一定的程序或依据某项具体原则或标准。这些程序、原则、标准等可以在订立合同时约定，也可以在合同订立后约定。

（2）合同的变更须依据法律的规定或当事人的约定。我国《民法通则》第五十九条规定，行为人对行为内容有重大误解和显失公平的民事行为，有权请求人民法院或者仲裁机关予以变更或撤销。合同变更主要是通过当事人双方协商而产生的。《合同法》明确规定"当事人协商一致，可变更合同"。

（3）合同变更必须遵守法定的方式。各国法律为了保护国家利益、社会公共利益和当事人利益，预防和减少不必要的纠纷，对变更合同规定了一定的方式。法定的变更合同的方式是当事人必须遵循的，如未遵循这些法定方式，则当事人即使达成了变更合同的协议，也是无效的。

（4）必须有合同内容的变化。依据《民法》，债的变更有要素变更和非要素变更的区别。要素的变更是指债的标的的变更，如将买 A 物变为买 B 物。而非要素的变更则是指合同标的以外的有关数量、履行期限、地点、价款等各种条款的变更。合同的变更是指非实质性的条款的变更，换言之，这些条款的变更并不导致原合同关系的消灭和新合同关系的产生。

2.1.4.3　合同变更的效力

合同变更的实质在于使变更后的合同代替原合同。因此合同变更后，当事人应按变更后的合同内容履行。合同变更原则上向将来发生效力，未变更的权利义务继续有效，已经履行的债务不因合同的变更而失去合法性。合同的变更不影响当事人要求赔偿的权利。原则上，提出变更的一方当事人对另一方当事人因合同变更所受损失应负赔偿责任。

2.1.4.4　合同转让

合同转让是指合同成立后，当事人依法将合同中的全部权利、部分权利或者合同中的全

部义务、部分义务转让或转移给第三人的法律行为。合同转让分为权利转让和义务转移，《合同法》还规定了当事人将权利和义务一并转让时适用的法律条款。

（1）债权人转让权利。债权转让是指合同债权人通过协议将其债权全部或者部分转让给第三人的行为。债权转让又称债权让与或合同权利的转让。债权转让的法律规定以下几条。

1）《合同法》第七十九条规定："债权人可以将合同的权利全部或者部分转让给第三人，但是下列情形之一的除外：根据合同性质不得转让；按照当事人约定不得转让；依照法律规定不得转让。"

2）《合同法》第八十条规定："债权人转让权利的，应当通知债务人。未经通知，该转让对债务人不发生效力。债权从转让权利的通知不得撤销，但经受让人同意的除外。"

3）《合同法》第八十一条规定："债权人转让权利的，受让人取得与债权有关的从权利，但该从权利专属于债权人自身的除外。"受让人取得与债权有关的从权利是指债权人转让债权时，从属于主债权的从权利也随主权利转让给受让人而发生转让。

4）《合同法》第八十二条规定："债务人接到债权转让通知后，债务人对让与人的抗辩，可以向受让人主张。"债权人转让债权后，债务人对让与人的抗辩权仍然可以对抗受让人。依据上述规定，为了保护债务人不因合同权利转让而处于不利地位，债务人得以对抗原债权人的抗辩权，亦得以对抗新的债权人，即受让人。

5）《合同法》第八十三条规定："债务人接到债权转让通知时，债务人对让与人享有债权，并且债务人的债权先于转让的债权到期或者同时到期的，债务人可以向受让人主张抵销。"债务人对让与人的抵消权可以向受让人行使。依据规定，既然受让人接受了让与人的债权，为了保护债务人的利益不受侵害，受让人对于让与人基于同一债权而应该承担的义务也应承受，包括债务人的清偿抵销权。

（2）债务人转移义务。债务转移是指合同债务人与第三人之间达成协议，并经债权人同意，将其义务全部或部分转移给第三人的法律行为。债务转移又称债务承担或合同义务转让。

1）债务转移的法律规定有以下几条。

a.《合同法》第八十四条规定："债务人将合同的义务全部或者部分转移给第三人的，应当经债权人同意。"

b.《合同法》第八十五条规定："债务人转移义务的，新债务人可以主张原债务人对债权人的抗辩。"

c.《合同法》第八十六条规定："债务人转移义务的，新债务人应当承担与主债务有关的从债务，但该从债务属于原债务人自身的除外。"

2）转让权利或转移义务的批准或登记。《合同法》第八十七条规定："法律、行政法规规定转让权利或者转移义务应当办理批准、登记等手续的，依照其规定。"法律、行政法规规定了特定的合同成立、生效要经过批准、登记，否则不得成立或者不能生效。因此，此类合同的权利转让或者义务转移也须经过批准、登记。

3）合同当事人对合同中权利和义务的概括转让。债权债务概括转让是指合同当事人一方将其债权债务一并转移给第三人，由第三人概括地接受原当事人的债权和债务的法律行为。

4）债权债务概括转让的法律规定。合同转让又称合同承担，是指当事人一方与他人订立合同之后，又与第三人约定并经当事人另一方的同意，由第三人取代自己在合同关系中的法律地位，享有合同中的权利和承担合同中的义务。《合同法》第八十八条规定："当事人一方经对方同意，可以将自己在合同中的权利和义务一并转让给第三人。"债权债务的概括转让有以下两种方式。

　　a. 合同转让，即依据当事人之间的约定而发生的债权债务的转移。

　　b. 因企业的合并而发生的债权债务的转移。

　　5）合同当事人合并、分立后的债权债务关系。《合同法》第九十条规定："当事人订立合同后合并的，由合并后的法人或者其他组织行使合同权利，履行合同义务。当事人订立合同后分立的，除债权人和债务人另有约定的以外，由分立的法人或者其他组织对合同的权利和义务享有连带债权，承担连带债务。"

　　法人、其他组织合并引起的债权债务概括转让是指两个以上的法人、其他组织合并以后，其债权债务也随之合并，即"当事人订立合同后合并的，由合并后的法人或其他组织行使合同权利、履行合同义务。"

　　法人、其他组织分立引起的债权债务概括转让是指一个法人、其他组织分立以后，其债权债务由分立以后的法人或其他组织承担。合同当事人分立后的债权债务承担包括约定承担和法定承担。法律规定，当事人订立合同后分立的、除债权人和债务人另有约定的以外，由分立的法人或者其他组织对合同的权利和义务享有连带债权，承担连带债务。

2.1.4.5　合同终止

合同终止又称为合同的消灭，是指合同关系不再存在，合同当事人之间的债权债务关系终止，当事人不再受合同关系的约束。合同的终止也就是合同效力的完全终结。根据《合同法》规定，有下列情形之一的，合同终止。

　　a. 债务已经按照约定履行。

　　b. 合同被解除。

　　c. 债务相互抵消。

　　d. 债务人依法将标的物提存。

　　e. 债权人免除债务。

　　f. 债权债务归于一人。

　　g. 法律规定或者当事人约定终止的其他情形。

2.1.4.6　合同终止的效力

合同终止后，合同中债权的担保及其他从属的权利，随合同终止而同时消灭，如为担保债权而设定的保证、抵押权或者质权，事先在合同中约定的利息或者违约金因此而消灭。但合同的权利义务终止，不影响合同中结算与清理条款的效力。合同无效、被撤销或者终止的，不影响合同中独立存在的有关解决争议方法的条款的效力。合同终止后，便失去了法律上的效力，除法律另有规定外，原债权人不得主张合同债权，债务人也不再负有合同义务，债权债务关系归于消灭。同时，合同关系的终止，使合同的担保及其他从权利义务关系也归于消灭，如抵押权、违约金债权、利息债权等和主债权一样也归于消灭。

合同终止后，还应清理一切有关合同关系的手续，如负债字据的返还与注销。合同权利义务终止后，债权人应将负债字据返还于债务人，债权人如能证明字据灭失，不能返还，应向债务人出具债务消灭的字据。

合同权利义务终止后，当事人应当遵循诚信的原则，根据交易习惯，履行通知、协助、保密等义务。通知是指当事人在有条件的情况下应当将合同终止的有关事宜告诉合同对方当事人；协助是指当事人一方配合另一方作好善后工作；保密是指当事人在合同终止后，对于了解到的对方当事人的秘密不向外泄露。

2.1.4.7 合同终止的重要情形

（1）合同解除。指合同的一方当事人按照法律规定，或者双方当事人约定的解除条件使合同不再对双方当事人具有法律约束力的行为，或者合同各方当事人经协商消灭合同的行为。合同解除是合同终止的一种不正常的方式。合同解除有以下两种方式。

1）约定解除。是双方当事人协议解除，即合同双方当事人通过达成协议，约定原有的合同不再对双方当事人产生约束力，使合同归于终止。约定解除可以分为两种形式：

a. 在合同订立时，当事人在合同中约定合同解除的条件，在合同生效后履行完毕之前，一旦这些条件成就，当事人则享有合同解除权，从而可以以自己的意思表示通知对方而终止合同关系。

b. 在合同订立以后，且在合同未履行或者尚未完全履行之前，合同双方当事人在原合同之外，又订立了一个以解除原合同为内容的协议，使原合同被解除。这不是单方行使解除权而是双方都同意解除合同。

2）法定解除。即在合同有效成立以后，由于产生法定事由，当事人依据法律规定行使解除权而解除合同。法定解除是合同解除制度中最核心最重要的问题。《合同法》第九十四条规定，有下列情形之一的，当事人可以解除合同。

a. 因不可抗力致使不能实现合同目的。

b. 在履行期限届满之前，当事人一方明确表示或者以自己的行为表明不履行主要债务。

c. 当事人一方迟延履行主要债务，经催告后在合理期限内仍未履行。

d. 当事人一方迟延履行债务或者有其他违约行为致使不能实现合同目的。

e. 法律规定的其他情况。

（2）抵销。指互负到期债务的当事人，根据法律的规定或双方的约定，消灭相互间所负相当额的债务的行为。抵销可分为：法定抵销和约定抵销两种形式。

1）法定抵销是指合同双方当事人互负到期债务，且该债务的标的物种类、品质相同的，任何一方使相互间所负相当额之债务归于消灭的意思表示。法定抵销的要件包括：

a. 双方当事人互负债务。

b. 互负的债务的种类相同。

c. 互负债务必须为到期债务。

d. 不属于不能抵消的债务。

《合同法》规定，当事人主张抵销的，应当通知对方。通知自到达对方时生效。抵销不得附条件或者附期限。

2）约定抵销是指通过双方当事人之间达成协议，将相互负有的债务进行抵销而使合同终止。由于约定抵销是通过合同方式实现的，所以只要不违反法律的强制性规定即具有法律效力。约定抵销的条件有：

a. 双方相互负有债务。

b. 双方当事人就债务抵消达成协议。

c. 不得有禁止抵销的规定。

（3）提存。指由于债权人的原因而使得债务人无法向其交付合同的标的物时，债务人将该标的物提交提存机关而消灭债务的制度。提存必须具备下列条件。

1）提存人具有行为能力，意思表示真实。

2）提存的债务真实、合法。

3）存在提存的原因。提存的原因包括：债权人无正当理由拒绝受领，债权人下落不明，债权人失踪、死亡未确定继承人或者丧失民事行为能力未确定监护人，法律规定的其他情形。

4）存在适宜提存的标的物。

5）提存的物与债的标的物相符。

提存人应当首先向提存机关提出申请，提存机关收到申请后，要按照法定条件对申请进行审查，符合条件的提存机关应当接受提存标的物并采取必要的措施加以保管。标的物提存后，除了债权人下落不明外，债务人应当及时通知债权人或者债权人的继承人、监护人。无论债权人是否受领提存物，提存都将消灭债务，解除债务人的责任，债权人只能向提存机关领取提存物，不能再向债务人请求清偿。在提存期间发生的提存物的毁损、灭失的风险由债权人承担，提存的费用也由债权人承担。

2.1.5　合同违约责任

2.1.5.1　违约责任的概念和特点

（1）违约责任的概念。违约责任是指当事人一方不履行合同债务或其履行不符合合同约定时，对另一方当事人应承担的继续履行、采取补救措施或者赔偿损失等民事责任。《合同法》第一百零七条规定："当事人一方不履行合同义务或者履行合同义务不符合约定的，应当承担继续履行、采取补救措施或者赔偿损失等违约责任。"

（2）违约责任的特点。违约责任和其他民事责任相比较，有以下特点：

1）违约责任是一种民事责任。法律责任有民事责任、行政责任、刑事责任等类型，民事责任是指民事主体在民事活动中，因实施民事违法行为或基于法律的特别规定，依据《民法》所应承担的民事法律后果。《民法通则》专设"民事责任"一章，规定了违约责任和侵权责任两种民事责任。违约责任作为一种民事责任，在目的、构成要件、责任形式等方面均有别于其他法律责任。

2）违约责任是违约方对相对方承担的责任。合同关系的相对性决定了违约责任的相对性，即违约责任是合同当事人之间的民事责任，合同当事人以外的第三人对当事人之间的合同不承担违约责任。具体而言，违约责任是合同当事人的责任，不是合同当事人的辅助人（如代理人）的责任；合同当事人对于因第三人的原因导致的违约承担责任。《合同法》第一百二十一条规定："当事人一方因第三人的原因造成违约的，应当向对方承担违约责任。当事人一方和第三人之间的纠纷，依照法律规定或者按照约定解决。"

3）履行合同不完全或不履行合同义务。

a. 违约责任是违反有效合同的责任。合同有效是承担违约责任的前提，这一特征使违约责任与合同法上的其他民事责任（如缔约过失责任、无效合同的责任）区别开来。

b. 违约责任以当事人不履行或不完全履行合同为条件。

能够产生违约责任的违约行为有两种情形：①一方不履行合同义务，即未按合同约定提供给付；②履行合同义务不符合约定条件，即其履行存在瑕疵。

4）违约责任具有补偿性和一定的任意性。

a. 违约责任以补偿守约方因违约行为所受损失为主要目的，以损害赔偿为主要责任形式，故具有补偿性质。

b. 违约责任可以由当事人在法律规定的范围内约定，具有一定的任意性。《合同法》第114条规定："当事人可以约定一方违约时应当根据违约情况向对方支付一定数额的违约金，也可以约定因违约产生的损失赔偿额的计算方法。"

5）违约责任是财产责任，不是人身责任。违约责任可以约定（如约定违约金、约定定金），也可以直接适用法律的规定（如支付赔偿金、强制实际履行等）。

6）违约责任有一定的选择性。违约相对人可以选择违约人承担违约责任的方式，如违约人违反约定没有完成合同义务，相对人可以在损害赔偿和违约金中选择一项要求违约人承担责任。这种选择是一种形成权，违约相对人一旦选择就不能改变，否则将会给违约人增加很多负担，不利于法律关系的稳定。

2.1.5.2　违约责任的归责原则

在我国的《合同法》中，严格责任原则明确规定在总则中，是违约责任的主要归责原则，在《合同法》的适用中具有普遍意义。但在坚持严格责任的前提下，按照合同法律的特别规定适用过错责任原则。

总观合同法分则，涉及过错问题的法律规定有下列几类。

1）债务人因故意或重大过失造成对方损害的，才承担责任。这类合同主要是无偿合同，如《合同法》第一百八十九条、第一百九十一条、第三百七十四条、第四百零六条规定的赠与合同、无偿保管合同、无偿委托合同等。

2）因债务人过错造成对方损害的，应承担损害赔偿责任。例如《合同法》第三百零三条和第三百二十条的规定等。这些条文都明确规定，债务人有过错才承担责任，没有过错不承担责任，而且直接出现了"过错"的字样。

3）因债务人过错造成对方损害，且在合同法的条文中未出现过错字样，但在主观上确实存在过错的。如《合同法》第三百七十四条、第三百九十四条的保管合同和仓储合同中，保管人保管不善，即相当于保管人有过错，故应承担违约责任。

4）因对方过错造成的损失，违约方可不承担责任。这种情形主要体现在《合同法》第三百零二条、第三百一十一条和第四百二十五条等条文中。这些条款不是以违约方有无过错作为违约方是否承担责任的构成条件，而是在这种情形下，法律赋予违约方以抗辩权。违约方可以证明该违约后果系对方过错行为所致，而与自己的违约行为无关。严格来说，这不是过错责任原则，只是违约的一种特殊情形。

过错责任原则主要出现在分则中，在分则有特别规定的时候适用。也就是说，我国《合同法》虽然采用严格责任和过错责任二元的违约归责原则体系，但二者的地位和作用是不同的，严格责任规定在总则中，过错责任出现在分则中；严格责任是一般规定，过错责任是例外补充；严格责任为主，过错责任为辅。只有在法律有特别规定时，才可适用过错责任，无特别规定则一律适用严格责任。

2.1.5.3　违约责任的形态

根据我国《合同法》的规定，违约责任的形态具体包括以下几种。

（1）预期违约。预期违约即在合同履行期限到来之前，当事人一方明确表示或者以自己的行为表明不履行合同的行为。我国《合同法》第一百零八条明确规定："当事人一方明确表示或者以自己的行为表明不履行合同义务的，对方可以在履行期满之前要求其承担违约责任。"由此可以看出预期违约分为明示违约和默示违约两种形式，且守约方有选择权，可以积极要求赔偿，也可消极等待。

（2）不履行。即完全不履行，指当事人未履行任何合同义务的违约情形。不履行的原因可能是当事人虽然能够履行但是拒绝履行，也可能是当事人不能履行债务。债务人不能履行债务或拒绝履行债务，债权人可以解除合同，并追究债务人的违约责任。

（3）迟延履行。迟延履行指合同履行期限届满而未履行债务。包括债务人迟延履行和债权人迟延履行。债务人迟延履行是指合同履行期限届满，或者在合同未定履行期限时，在债权人指定的合理期限届满，债务人未履行债务。债权人迟延履行表现为债权人对于债务人的履行应当接受而无正当理由拒不接受，即迟延接受履行。

（4）不适当履行。指虽有履行，但履行质量不符合合同约定或法律规定的违约情形。包括瑕疵履行和加害给付两种情形。瑕疵履行是指履行质量不合格的违约情形。加害给付是指债务人因交付的标的物的缺陷而造成他人的人身、财产损害的行为。瑕疵履行和加害给付分别规定于《合同法》第一百一十二条和第一百一十三条。

另外，债务人未按合同约定的标的、数量、履行方式和地点而履行债务的行为，主要包括：部分履行行为、履行方式不适当、履行地点不适当，以及其他违反附随义务的行为。

2.1.5.4　违约责任的承担方式

违反合同所应当承担的民事责任，根据《合同法》第一百零七条规定："当事人一方不履行合同义务或者履行合同义务不符合约定的，应当承担继续履行、采取补救措施或者赔偿损失等违约责任。"从实际出发，承担违约责任的具体方式应该包括以下几点。

（1）实际履行。对"实际履行"之界定，各国存在较大分歧。大陆法把实际履行作为主要救济方法，一方当事人违约，另一方当事人可要求其履行或请求法院判决其履行合同规定的特定义务，而不允许其以金钱或其他方法代替履行。英美法把实际履行作为辅助救济方法，一般仅限于法院判决并强制违约方履行义务，而且只有在损害赔偿不是一种充分的补救方法时才采用。我国亦规定了实际履行，称为"继续履行"。除《合同法》第一百零七条外，第一百零九条、第一百一十条等条款规定，金钱债务应当实际履行，非金钱债务在特殊情况下不适用实际履行。特殊情况包括：

1）法律上或事实上不能履行。

2）债务的标的不适于强制履行或履行费用过高。

3）债权人在合理期限内未要求履行。

（2）采取补救措施。如质量不符合约定，应当按照当事人的约定承担违约责任，如无约定或约定不明确的，非违约方可根据标的性质和损失的大小，合理选择要求对方采取修理、更换、重做、退货、减少价款或报酬等措施。另外，《合同法》第一百一十二条规定，受损害方在要求违约方采取合理的补救措施后，若仍有其他损失，还有权要求违约方赔偿损失。

（3）赔偿损失。又称"损害赔偿"，是违约人补偿、赔偿受害人因违约所遭受的损失的责任承担方式，是一种最重要、最常见的违约补救方法。损害赔偿具有典型的补偿性，以违约行为造成对方财产损失的事实为基础。没有损害事实就谈不上损害赔偿，这是损害赔偿不同于违约金的根本所在。赔偿损失也有一定的限制，即损害赔偿额应相当于违约所造成的损失，包括合同履行后可以获得的利益，但不得超过违反合同一方订立合同时预见到或应当预见到的因违反合同可能造成的损失，即合理预见规则。损害赔偿直接关系到当事人双方的物质利益分配，体现着违约责任的作用，是一种较普遍的责任方式，应当给予足够的重视。

（4）支付违约金。违约金是指合同当事人在合同中约定的，在合同债务人不履行或不适当履行合同义务时，向对方当事人支付的一定数额的金钱。当事人可以在合同中约定违约金，未约定则不产生违约金责任。对于违约金，《合同法》规定："当事人可以约定一方违约时应当根据违约情况向对方支付一定数额的违约金，也可以约定因违约产生的损失赔偿额的计算方法。约定的违约金低于造成的损失的，当事人可以请求人民法院或者仲裁机构予以增加；约定的违约金过分高于造成的损失的，当事人可以请求人民法院或者仲裁机构予以适当减少。当事人就迟延履行约定违约金的，违约方支付违约金后，还应当履行债务。"

（5）定金罚则。当事人可以依照《中华人民共和国担保法》约定一方向对方给付定金作为债权的担保。债务人履行债务后，定金应当抵作价款或者收回。给付定金的一方不履行约定的债务的，无权要求返还定金；收受定金的一方不履行约定的债务的，应当双倍返还定金。当事人既约定违约金，又约定定金的，一方违约时，对方可以选择适用违约金或者定金条款。定金的适用不是以发生实际损失为前提，及无论一方违约是否给对方造成实际损失，都会导致定金责任。因此，承担定金责任不能替代损害赔偿责任，二者可以并用，但以不超过合同标的物价款的总额为限。

2.1.5.5　违约责任的免责事由

《合同法》第一百一十七条和第一百一十八条对免责事由进行规定。免责事由只有一个，即不可抗力。只有发生了不可抗力，才可部分或全部免除当事人的违约责任，并且这种免责是有条件的，即发生了不可抗力的一方必须及时通知对方，采取措施减少损失的扩大，并在合理期限提供证明，否则将不能免责。

2.2　我国建设工程合同法律框架

2.2.1　我国法律体系概况

当前，在我国境内实施的工程合同都必须以我国的法律作为基础。对工程合同，我国的法律制度有以下层次。

（1）法律。指由全国人民代表大会及其常务委员会审议通过并颁布的法律，如《中华人民共和国宪法》（简称《宪法》）、《中华人民共和国民法》（简称《民法》）、《中华人民共和国民事诉讼法》（简称《民事诉讼法》）、《中华人民共和国合同法》（简称《合同法》）、《中华人民共和国仲裁法》（简称《仲裁法》）、《中华人民共和国土地管理法》（简称《土地管理法》）、《中华人民共和国招标投标法》（简称《招标投标法》）、《中华人民共和国建筑法》（简称《建筑法》）、《中华人民共和国环境保护法》（简称《环境保护法》）等。其中，《合同法》、《招标投标法》和《建筑法》是适用于建设工程合同最重要的法律。

（2）行政法规。指由国务院依据法律制定或颁布的法规，如《建设工程安全生产管理条例》、《建设工程质量管理条例》、《建设工程勘察设计管理条例》等。

（3）行业规章。指由住房和城乡建设部或国务院的其他主管部门依据法律和行政法规制定的各项规章，如《建筑工程施工许可管理办法》、《工程建设项目施工招标投标管理办法》、《建筑工程设计招标投标管理办法》、《建筑业企业资质管理规定》、《建筑工程施工分包与承包计价管理办法》等。

（4）地方法规和地方部门的规章。是法律和行政法规的细化、具体化，如地方的《建筑市场管理办法》、《建设工程招标投标管理办法》等。

2.2.2　适用于工程合同关系的法律

工程合同的种类繁多，不同的工程合同，适用的法律内容和执行次序不一样。建设工程的管理应严格按照法律和合同进行。目前我国关于规范建设工程合同管理的法律体系已基本完善。主要涉及建设工程合同管理的法律主要有：

（1）《民法通则》。是调整平等主体的公民之间、法人之间、公民与法人之间的财产关系和人身关系的基本法律。合同关系也是一种财产（债）关系，因此《民法通则》对规范合同关系作了原则性的规定。

（2）《合同法》。是规范我国市场经济财产流转关系的基本法，建设工程合同的订立和履行也要遵守其基本规定。在建设工程合同的履行过程中，由于会涉及大量的其他合同，如买卖合同等，也要遵守《合同法》的规定。

（3）《招标投标法》。是规范建筑市场竞争的主要法律。招标投标是通过竞争择优确定承包人的主要方式，能够有效地实现建筑市场的公开、公平、公正的竞争。有些建设工程必须通过招标投标确定承包人。

（4）《建筑法》。是规范建筑活动的基本法律，建设工程合同的订立和履行也是一种建筑活动，合同的内容也必须遵守《建筑法》的规定。

（5）其他法律。其他建设工程合同的订立和履行中涉及的法律，主要有《担保法》、《保险法》、《劳动法》、《仲裁法》、《民事诉讼法》等。

（6）合同文本。为了对建设工程合同在订立和履行中有可能涉及的各种问题给出较为公正的解决方法，能够有效减少合同的争议，住建部和国家工商行政管理局联合颁布了《建设工程施工合同（示范文本）》、《建设工程委托监理合同（示范文本）》等多种涉及建设工程合同的示范文本，这对完善建设工程合同管理制度起到了极大的推动作用。合同的示范文本不属于法律法规，是推荐使用的文件。

在建设工程合同的签订、履行中涉及到的法律、法规等如表 2-1 和表 2-2 所示。

表 2-1　　　　　　　　我国合同管理体系中最常用的法律、法规列表

序号	合同管理的体系
1	《中华人民共和国合同法》
2	建设部与国家工商行政管理局联合颁布 《建设工程施工合同（示范文本）》 《建设工程勘察合同（示范文本）》 《建设工程设计合同（示范文本）》 《建设工程委托监理合同（示范文本）》

注　以上示范文本尽管不是法律、法规，只是推荐使用的文本，对于当事人无强制性，但对减少合同争议，完善合同管理起到了极大的推动作用。

表 2 - 2　　　　　　　　　　　我国建设工程相关法律、法规列表

序号	建设工程相关法律体系	说　明
1	《民法通则》	基本法律
2	《合同法》	规范市场经济流转的基本法
3	《招标投标法》	规范建筑市场工程采购的主要法律
4	《建筑法》	规范建筑活动的基本法律
5	《担保法》	规范合同订立履行中担保
6	《保险法》	规范合同订立履行中投保
7	《劳动法》	规范建设工程合同中劳动关系
8	《公证暂行条例》《合同鉴证办法》	规范合同中公证、鉴证
9	《仲裁法》	规范有仲裁协议的合同争议
10	《民事诉讼法》	规范没有仲裁协议的合同争议

本章复习思考题

1. 合同的主要条款有哪些？
2. 什么是要约和承诺？其构成要件有哪些？
3. 什么是效力待定合同、无效合同和可撤销合同？相互之间有哪些区别？
4. 合同履行原则有哪些？
5. 合同转让形式有哪些？
6. 合同终止和解除的条件与法律后果如何？
7. 违约责任和缔约过失责任有哪些区别？

本章案例

【案例 2 - 1】　合同关键条款的周密性

我国某建筑公司，1993 年在科威特通过议标与业主签订了以平方米为单位的合同，承建一项普通的居民住宅工程。总建筑面积约 9 万 m²，共 8 幢 8～12 层不等，工期 28 个月。

承包商和项目业主签约时依据的是方案图而无详细施工图。合同规定施工图设计由承包商承担，并规定承包商必须选择项目所在国的设计单位进行施工图纸的设计。

在施工过程中，发生了一些与索赔相关的问题：

（1）施工半年后，钢材和木材市场价格大幅度上涨。业主拒绝给承包商任何补偿，因合同对材料价格上涨问题未做任何规定。

（2）设计单位不能按时提供施工图，严重影响承包商的施工进度，业主虽然要求承包商选择本国设计单位，但业主对此不承担责任，也不同意延长工期。

（3）业主要求设计单位加大钢筋含量，提高结构设计标准。超标的钢筋用量，业主不承担任何费用，因原合同中没有规定钢筋含量。

（4）结算工程款时，业主坚持按建筑物外墙体的内侧尺寸计算建筑物面积，作为向承包商支付工程款的结算依据。

（5）原施工合同还规定有误期罚款条款，承包商非但没有取得补偿，反而遭受罚款。

案例评析

本案例中的承包商在签订建设工程施工合同时，没有对关于建材用量及其价格波动、工程变更和工程范围等重要条款进行明确规定，同时对施工工程中的业主变更未进行书面确认和责任承担的确认，最终导致不能进行有效索赔。因此在签订工程施工合同时，必须对合同的重要条款进行明确约定。

【案例 2-2】　重大工程合同签订须符合规定

某城市拟新建一大型火车站，各有关部门组织成立建设项目法人，在项目建议书、可行性研究报告、设计任务书等经市计划主管部门审核后，报国家计委、国务院审批并向国务院计划主管部门申请国家重大建设工程立项。审批过程中，项目法人以公开招标方式与 3 家中标的一级建筑单位签订《建设工程总承包合同》，约定由该 3 家建筑单位共同为车站主体工程承包商，承包形式为一次包干，估算工程总造价 18 亿元。但合同签订后，国务院计划主管部门公布该工程为国家重大建设工程项目，批准的投资计划中主体工程部分仅为 15 亿元。因此，该计划下达后，委托方（项目法人）要求建筑单位修改合同，降低包干造价，建筑单位不同意，委托方诉至法院，要求解除合同。法院认为，双方所签合同标的系重大建设工程项目，合同签订前未经国务院有关部门审批，未取得必要批准文件，并违背国家批准的投资计划，故认定合同无效，委托人（项目法人）负主要责任，赔偿建筑单位损失若干。

案例评析

本案车站建设项目属 2 亿元以上大型建设项目，并被列入国家重大建设工程，应经国务院有关部门审批并按国家批准的投资计划订立合同，不得任意扩大投资规模。本案合同双方在审批过程中签订建筑合同，签订时并未取得有审批权限主管部门的批准文件，缺乏合同成立的前提条件，合同金额也超出国家批准的投资的有关规定，扩大了固定资产投资规模，违反了国家计划，故法院认定合同无效，过错方承担赔偿责任，其认定是正确的。完全符合《合同法》第二百七十三条的规定："国家重大建设工程合同，应当按照国家规定的程序和国家批准的投资计划、可行性研究报告等文件订立。"

【案例 2-3】　业主被收购后原施工合同的履行

2001 年 5 月，某公司为修建一办公楼项目与 A 建筑工程公司签订一份建设工程合同。当地基基础工程基本完工时，该公司亏损不能按期支付工程进度款，A 建筑工程公司被迫停工。

在停工期间，该公司被 B 公司收购。B 公司决定对该项目进行改建，建成购物娱乐中心。因此对该项目重新进行勘察、设计，而且与某建筑公司重新签订建筑工程承包合同，并通知 A 建筑工程公司原合同解除，此时 A 建筑工程公司已停工 3 个月。

在协商解除原建设工程承包合同时，因工程欠款及停工停建等损失问题双方未能达成一致意见，为追讨损失，A 建筑工程公司起诉至法院。法院支持了 A 建筑工程公司的诉讼请求。

案例评析

(1) 某公司被 B 公司收购后，B 公司对该公司债权债务的继承。

《公司法》第 184 条规定："公司合并可以采取吸收合并和新设合并两种形式。公司合并时，合并各方的债权、债务，应当由合并后存续的公司或者新设的公司承继。"

《合同法》第 90 条对订立合同后的兼并规定："当事人订立合同后合并的，由合并后的法人或者其他组织行使合同权利，履行合同义务。当事人订立合同后分立的，除债权人和债务人另有约定的以外，由分立的法人或者其他组织对合同的权利和义务享有连带债权，承担连带债务。"

因此，B 公司兼并某公司后，应对某公司与 A 建筑工程公司订立的建设工程合同继续履行。

(2) B 公司单方解除该建筑工程承包合同后，应对 A 建筑工程公司承担法律责任。B 公司单方解除该建筑工程承包合同，无合同依据，也无法律依据，因此是违约行为。《合同法》第 107 条规定："当事人一方不履行合同义务或者履行合同义务不符合约定的，应当承担继续履行、采取补救措施或者赔偿损失等违约责任。"

该案例中 B 公司改变了投资计划，因此该合同不能实际履行，因此 A 建筑工程公司可要求赔偿损失，包括工程实施部分的工程款（包括依据合同可得的索赔款）和预期可得利润，但不得超过违反合同一方订立合同时预见到或者应当预见到的因违反合同可能造成的损失。

前沿探讨

我国的土地属于国家或集体所有，法人、其他组织或者自然人要想取得国有土地或集体土地的使用权，必须经过合法的审批手续。此外，在城乡规划区域内的建筑还须符合规划行政主管部门关于城乡规划的统一要求。未取得建设用地规划许可证或建设工程规划许可证（及乡村建设规划许可证）的建设工程就属于"违法建设"，是与《物权法》第三十条"合法建造"，以及与《城市房屋拆迁管理条例》"违章建筑"相对应的概念。违章建筑可分为非法占地的违章建筑和非法建设的违章建筑。非法占地的违章建筑是指违反《土地管理法》的规定，未取得用地许可而建设的建筑物或构筑物。非法建设的违章建筑是指违反建设管理法规规定而建造的违章建筑，如未取得施工许可的建筑，这类建筑目前是违章建筑的主要构成部分。

《城乡规划法》第三十七条规定："在城市、镇规划区内以划拨方式提供国有土地使用权的建设项目，经有关部门批准、核准、备案后，建设单位应当向城市、县人民政府城乡规划主管部门提出建设用地规划许可申请，由城市、县人民政府城乡规划主管部门依据控制性详细规划核定建设用地的位置、面积、允许建设的范围，核发建设用地规划许可证。建设单位在取得建设用地规划许可证后，方可向县级以上地方人民政府土地主管部门申请用地，经县级以上人民政府审批后，由土地主管部门划拨土地。"

《城乡规划法》第三十八条规定："在城市、镇规划区内以出让方式提供国有土地使用权的，在国有土地使用权出让前，城市、县人民政府城乡规划主管部门应当依据控制性详细规划，提出出让地块的位置、使用性质、开发强度等规划条件，作为国有土地使用权出让合同的组成部分。未确定规划条件的地块，不得出让国有土地使用权。以出让方式取得国有土地使用权的建设项目，在签订国有土地使用权出让合同后，建设单位应当持建设项目的批准、核准、备案文件和国有土地使用权出让合同，向城市、县人民政府城乡规划主管部门领取建设用地规划许可证。城市、县人民政府城乡规划主管部门不得在建设用地规划许可证中，擅自改变作为国有土地使用权出让合同组成部分的规划条件。"

上述法律的规定属于行政许可，只有在相关部门许可的前提下，才可以遵照执行，否则即为违法。如果作为建设工程合同标的物的建设工程属于违法建设，是否会导致合同无效？对此理论界有不同的观点。

一种观点认为：在城乡规划区域范围内，违法建设不影响建设工程合同的效力。这是因为建设工程合同承包人的合同义务主要是按时交付质量合格的建设工程项目，发包人的合同义务主要是按时支付工程价款。《城乡规划法》规定的一系列审批手续属于建设单位合同前的义务，与合同本身无关。若建设单位因违反《城乡规划法》的规定，缺乏相应的审批手续而导致建设工程被认定为"违法建设"，应当由建设单位承担相应的行政责任甚至刑事责任，但并不必然影响合同的效力。合同无效，是私法上的法律后果，并非公法上的法律后果。也就是说违反公法，并不必然导致合同无效，除非违反公法的行为损害了国家利益或社会公共利益。

《城乡规划法》第六十四条规定："未取得建设工程规划许可证或者未按照建设工程规划许可证的规定进行建设的，由县级以上地方人民政府城乡规划主管部门责令停止建设；尚可采取改正措施消除对规划实施的影响的，限期改正，处建设工程造价百分之五以上百分之十以下的罚款；无法采取改正措施消除影响的，限期拆除，不能拆除的，没收实物或者违法收入，可以并处建设工程造价百分之十以下的罚款。"

第六十五条规定："在乡、村庄规划区内未依法取得乡村建设规划许可证或者未按照乡村建设规划许可证的规定进行建设的，由乡、镇人民政府责令停止建设、限期改正；逾期不改正的，可以拆除。"

从上述法律规定不难发现，法律对违法建设的态度相对宽松，并给予其补正的机会，也就是说并非所有的违法建设都会损害国家或者社会公共利益，更多的是违反了行政管理的规定。所以，违法建设并不必然导致合同无效。

另一种观点认为：在城乡规划区域范围内，违法建设将导致建设工程合同无效。这是因为违法建设违反了《城乡规划法》的强制性规定，在非规划区域内建设可能会给公共安全带来隐患，影响城乡整体布局，损害社会公共利益。因此，违法建设将导致合同无效。

第 3 章　建设工程项目采购模式

―――― 本章摘要 ――――

本章介绍了建设工程项目采购模式的概念和特点，并从建设工程项目采购模式的演变进程和演变动因出发，介绍目前国内外建筑市场普遍采用的工程项目采购模式的基本类型，对各类建设工程项目采购模式进行了比较。

建设工程项目采购模式反映了业主对该工程项目的实施策略，不同的项目采购模式体现出业主不同的项目实施策略及对项目不同的需求目的。

3.1　建设工程项目采购模式的含义及重要性

项目采购模式也称为项目交易模式，是国际建筑业通用的表示方式，在国内建筑业也将类似的活动称为"承发包模式"。

建设工程项目通过进行结构分解形成工程活动，工程活动都必须通过工程合同委托完成。不同的工程活动、合同结构、业主需求形成不同的建设工程项目承发包模式，即工程项目采购模式。不同的项目采购模式所体现的业主对建设工程项目的需求和目的不同，因此每种项目采购模式都具有不同的特点，对相应的承包商的要求也各不相同。

3.1.1　建设工程项目分解

建设工程项目的采购模式取决于业主对工程项目结构分解，建设工程项目结构分解后呈现为工程活动，各种工程活动的组合方式和组合结果形成不同的承发包模式，以及建设工程项目采购模式。一般的建设工程项目结构分解形式如图 3-1 所示。

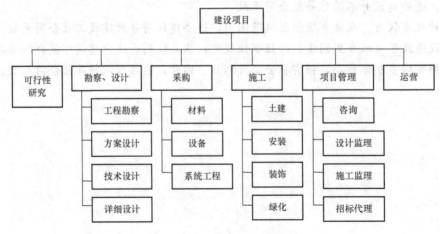

图 3-1　工程项目结构分解图

3.1.2　建设工程项目采购模式的含义

建设工程项目采购模式中的"采购"一词与一般意义上所泛指的材料和设备采购不同，通常采购额大，非一次性采购可以完成，需要通过长期的建造过程才能获得工程的使用功能。

建设工程项目采购是一种"期货"交易，业主根据自身条件和建设投资管理的需要，以工程项目为标的，通过招投标或者其他委托方式选择承包商，并与之签订工程合同进行工程项目建设。

建设工程项目采购模式是指建筑市场买卖双方的交易方式或者业主购买建筑产品及服务所采用的方法。业主为了获得理想的建筑产品或服务就必须进行市场化的"采购"，而采购效果与业主选择的采购模式密切相关。由此可见，业主选择何种项目采购模式对其以多少成本、多长工期获得工程项目有重要影响。

建设工程项目采购模式本质上是指工程项目的交易模式，即一个工程项目建设的基本组织模式，以及在完成项目过程中各参与方所扮演的角色及合同关系，在某种情况下，还要规定项目完成后的运行方式。交易方式确定了工程项目管理的总体框架、项目参与各方的职责、义务和风险分担，因而在很大程度上决定了项目的合同管理方式，以及建设速度、工程质量和造价。因此，本书采用下列对建设工程项目采购模式的界定。

工程项目采购模式是对建设工程项目的合同结构、职能范围、责任权利、风险等进行确定和分配的方式，其本质上是工程项目的交易方式。

在后续章节的内容中出现的有关建设工程项目采购模式的内容都是基于该基本界定。

3.1.3　建设工程项目采购模式的重要性

随着我国建筑市场逐步成熟，现代建设工程项目采购理念越有越得到广泛接受，根据工程项目特点选择适合的项目采购模式越来越普遍。建设工程项目采购模式的重要性也越来越被国内的建筑市场参与者认可。具体而言，建设工程项目采购模式的重要性体现在以下方面。

（1）建设工程项目的采购模式是工程项目的实施方法。业主通过所选择的建设工程项目采购模式和合同共同实施对项目的运作及管理。

（2）建设工程项目的采购模式是建筑市场的交易方式。从业主的角度出发，作为市场主体和其他建筑市场主体通过工程项目采购模式来形成市场经济活动。

（3）建设工程项目的采购模式决定工程项目的合同体系结构和组织形式。

（4）建设工程项目的采购模式决定工程所采用的合同种类和形式。

（5）建设工程项目的采购模式决定工程中责任、风险和权力的划分等。

3.2　建设工程项目采购模式的演变及动因

3.2.1　建设工程项目采购模式的演变

国际上，工程项目的采购模式经历了一个曲折的发展过程，历经由业主自营模式到现代采购模式的多个发展阶段，呈现出"合—分—合"的趋势，演变过程受工程理念、工程技术、工程需求等市场要素影响。具体演变历程如图 3-2 所示。

（1）早期的工程建设主要是业主自营。在 14 世纪前，都由业主直接雇用工匠进行工程

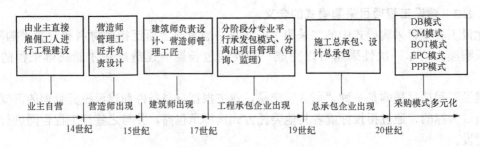

图 3-2　建设工程项目采购模式的演变

建设。

(2) 14～15 世纪，营造师出现，作为业主的代理人管理工匠，并负责设计。

(3) 15～17 世纪，建筑师出现，承担设计任务，而营造师管理工匠，并组织施工。

(4) 17～18 世纪，工程承包企业出现，业主发包，签订工程承包合同；建筑师负责规划、设计、施工监督（工程管理），并负责业主和承包商之间的纠纷调解。

(5) 19～20 世纪，出现总承包企业，形成一套比较完整的"承包—分包"体系。

(6) 20 世纪，在国际工程中工程项目采购模式出现多元化的发展。

1) 专业化分工形成设计的专业化和施工的专业化，许多工程采用分阶段分专业平行承发包方式。

2) 在设计和施工中分离出项目管理（咨询或监理）。

3) 施工总承包、设计总承包、设计和施工（D-B）的项目采购模式逐渐发展。

(7) 20 世纪 80 年代以来，"设计—采购—施工（EPC，或称交钥匙）"的项目采购模式逐渐发展。

3.2.2　建设工程项目采购模式演变的动因

随着社会生产力水平的发展和建设规模扩大，现代建设项目呈现出诸多与以往不同的特点，推动了建设工程项目采购模式的演变。具体而言，建设工程项目采购模式演变的主要原因有以下几个方面。

(1) 业主地位及观念的变化。在现代工程中，业主是建设工程的投资责任人，对工程的融资、建设、运行及贷款归还负责，因此业主是工程领域的主导者，是工程合同管理模式创新的动力。业主的目标、行为方式对建设工程项目采购模式具有根本性的影响。

1) 时间观念增强。在很多工程领域，激烈的市场竞争和技术更新速度要求业主必须在尽可能短的时间内完成建设工程项目的建设，以便尽早更新产品类型，开发新产品系列等。因此业主要求项目工期尽量缩短。

2) 质量要求和价值度量尺度的变化。许多领域的生产过程中实行全面质量管理，这种质量要求也通过工程项目建设传递到建设工程领域，都要求承包方采用全面质量管理模式，以保证工程质量。同时，业主也意识到建设工程项目的价值是价格、工期和质量的综合反映，是一个全面的价值度量标准，而不是单纯强调价格，因此，工程价格在工程项目价值衡量中的比重降低。

3) 集成化管理意识增强。建设工程项目全寿命期管理要求各专业、各部门的人员组成项目组联合工作，对工程项目进行整体统筹管理。目前许多大型项目都采用联合项目组的方式，项目组成员共同办公，极大地提高了工程建设效率。

　　4）伙伴关系意识增强。建设工程项目是业主、承包方和监理方实现各自利益的集合载体，只有很好地完成工程项目建设，各方利益才能够获得保障。因此业主、承包方和监理工程师更倾向于为了工程项目的整体成功而采取合作态度，而不是片面强调自己的经济利益。而且在工程项目的建设过程中，工程建设参与者从原来的时刻准备进行索赔向如何避免索赔转变。很多建设工程合同的相关条款规定了多种争端解决方式，尽量避免仲裁或者诉讼。

　　5）提供工程项目一揽子服务的需求增加。由于现代建设项目具有规模大、资金额高、技术复杂和管理难度高的特点，业主自身的项目管理能力和融资能力有限，因而业主越来越重视承包商提供一揽子的综合服务的能力。

　　（2）设计施工一体化发展趋势。

　　1）工程项目管理理论的发展。工程项目建设的各阶段都有较为成熟的项目管理理论和丰富的实践经验，这些管理理论可以被纳入一体化管理的体系中。因此，建设工程管理的研究重点集中在设计、施工等各个阶段的有效衔接上，工作量明显减少。

　　2）工业领域的集成管理趋势。制造业领域的精益生产、柔性生产、计算机集成制造等新思想、新概念和新方法，使制造业得到快速发展，这为工程领域实施一体化提供了可借鉴的理论工具和实践经验。

　　3）项目管理信息化集成。信息技术的发展和软件工程理论与实践的突破为设计施工一体化提供了坚实的基础，使实现设计施工一体化所要求的高速信息共享和交流成为可能，保障了设计施工一体化的实施效率。

　　（3）承包商追求利润的态度。在工程建设过程中，承包商的利润点从工程施工阶段向产业链的前端和后端伸展，承包商从单纯追求工程施工利润的态度逐渐向项目前期策划和设计阶段延伸，并向项目建成后的营运阶段拓展。承包商参与项目建设的时间已经逐渐提前到项目的策划、可行性研究或者设计阶段，由此形成提高承包商竞争力和抵抗风险能力的重要手段。

　　（4）传统分阶段平行采购模式（DBB）的局限性。

　　1）建设周期较长。对于大型建设工程项目而言，如果等项目设计完全结束后才开始进行施工招标，然后再进行施工，不仅承包商介入工程项目的时间太迟，而且建设周期增长、投资增加，进而会影响业主的投资效率。

　　2）设计变更频繁。随着现代建设项目构成日趋复杂化，设计方在设计时不明确施工方是谁，因而不能结合承包商的特点和能力进行设计，施工过程中就可能引起设计修正，导致设计变更频繁。

　　3）设计的可施工性较差。由于精细的专业分工和承包商进入较晚，设计方可能对施工过程的具体工艺缺乏了解，在设计过程中很难从施工方法及实际施工成本的角度选择，就不能使设计方案在保证项目使用功能的条件下降低造价。

　　4）业主控制工程项目总体目标困难。在传统分阶段平行采购模式（DBB）下，业主不仅组织、协调的工作量很大，而且对项目施工过程中的投资控制和进度控制缺乏系统性、连续性和深度，进而影响其对项目总体目标的控制。

　　5）承包商处于被动地位。由于承包商是在设计单位完成设计任务后才进入工程，所以承包商只能处于被动的"按图施工"的地位，不能够充分发挥其在工程建设中的主动性、积极性。

3.3　建设工程项目采购模式基本类型

目前常见的工程项目采购类型有分散平行发包类、总承包类和其他。具体的项目采购模式有：

（1）DBB（Design-Bid-Build），设计—招标—建造。

（2）DB（Design-Build），设计—建造。

（3）EPC（Engineering Procurement Construction/Turnkey），设计—采购—施工。

（4）DBO（Design-Build-Operate），设计—建造—运营。

（5）CM（Construction Management），建设管理。

（6）PMC（Project Management Contracting），项目管理承包。

（7）BOT（Build-Operate-Transfer），建设—运营—移交。

3.3.1　分散平行发包

（1）分散平行发包类的项目采购模式主要有 DBB 模式，即设计—招标—建造模式。DBB 模式是世界银行、亚洲开发银行的贷款项目和 FIDIC 合同条件项目普遍采用的模式，表现为把项目进行专业分阶段平行发包，即业主将设计、设备供应、工程施工、项目管理委托给不同的单位。这种项目采用模式最突出的特点是强调建设工程项目的实施必须按照设计—招标—建造的流程顺序进行，只有前一个阶段的事项完成后，后一个阶段的事项才能开始。

采用 DBB 项目采购模式时，业主与设计商（建筑师、工程师）签订专业服务合同，建筑师（工程师）负责提供项目的设计和合同文件。在设计商的协助下，通过竞争性招标确定适合的施工承包商，该承包商需满足业主对报价和工程质量的要求。

《FIDIC 工程施工合同条件》代表的是工程项目建设的传统模式，采用单纯的施工招标发包，在施工合同管理方面，业主与承包商为合同双方当事人，工程师处于特殊的合同管理地位，对工程项目的实施进行监督管理。

DBB 模式中各方合同关系和协调关系如图 3-3 所示。

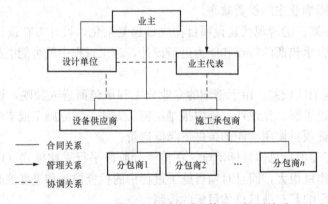

图 3-3　DBB 模式中合同关系和管理、协调关系

（2）DBB 模式的特点。在 DBB 模式下，各承包商、设计单位、供应商之间没有合同关系，他们分别与业主签订合同，向业主负责。该方式在 20 世纪是建设工程项目采购模式的

主体。

DBB 项目采购模式既有鲜明的优点也有明显的不足。其优点表现为：

1) 该模式长期、广泛地在世界各地采用，管理方法成熟，合同各方都对管理程序和内容熟悉。

2) 适应各专业建设工程的设计和施工的专业化，实现各专业建设工程的施工和设计的高效率与高水平。例如建设工程项目设计既可以整个工程的设计由一个设计单位承担，也可以把方案设计、技术设计和施工图设计可以委托给不同的设计单位，还可以按照专业设计分标，如按建筑设计、结构设计、空调系统设计，以及生产装置、控制系统的设计等。在施工环节，业主可以将建设工程划分为土建、电器安装、机械安装、装饰等。对大型工程项目，常常需要划分工程区段（标段）。在施工分标很细的工程中，土建工程还可能分为土方工程、基础工程、主体工程等。

3) 在 DBB 模式下，业主可以分阶段进行招标，可以通过协调和项目管理加强对工程的干预。DBB 项目采购模式的不足表现为：

a. 业主忙于协调，弱化对企业战略和市场的关注。在大型工程项目中采用 DBB 项目采购模式，业主将面对很多承包商（包括设计单位、供应单位、施工单位），直接管理承包商的数量太多，管理跨度太大，容易造成项目协调的困难，造成工程中的混乱和项目失控，而且容易产生腐败现象。

项目的计划和设计必须周全、准确、细致，各承包商的工程范围和责任界限比较清楚。业主必须进行比较精细的、科学合理的计划及控制，需要对出现的各种问题作协调。而业主常常很难胜任这些工作，容易造成项目费用超支，工期延长。

b. 导致不必要的合同争执和索赔。在 DBB 模式下，业主必须负责各承包商、设计单位和供应商之间的协调，对他们之间互相干扰造成的问题承担责任。在整个项目的责任体系中会存在着"责任盲区"。例如，在工程中由于设计图纸的拖延或错误造成土建施工的拖延或返工，进而造成安装工程施工的拖延或返工。土建承包商和安装承包商并不向设计单位索赔，而向业主索赔，因为他们与设计单位没有合同关系。因为设计单位的赔偿能力和承担责任的能力有限（见图 3-4），业主就不能向设计单位进行相应索赔。显然在这个过程中业主并没有失误，却承担了损失责任。这种状况在采用 DBB 采购模式的工程中十分常见，也是合同争执和索赔的主要原因。因此这类工程合同争执较多，索赔较多，工期比较长。据统计，工程中大量的索赔是由设计变更引起的。

c. 将各专业工程的设计、招标、施工等环节割裂开来。从总体上缺少一个对工程的整体功能目标负责的承包商。业主面对的设计、施工、供应单位很多，工程责任分散，而且各专业工程的设计和施工单位都会推卸自己的工作和责任，而业主在这方面的协调能力不足。这是影响我国工程运营质量和效率的主要原因之一。

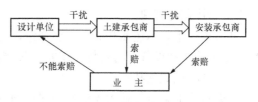

图 3-4 模式下设计的"责任盲区"

d. 降低工程优化的动力。建设工程项目各参加方的目标不一致，通常设计按照项目的工程总造价取费，施工承包商按照设计确定的工作量计价，而提高造价对设计和施工承包商都有好处。他们都缺乏工程优化的积极性，缺乏创造性和创新精神。这是我国许多年来对工程造价失控的一个重要原因。

e. 相互制约的关系降低了效率。各专业设计、设备供应、专业工程施工单位之间存在着一定的制约关系，导致项目实施效率的降低。在各个单位之间的界面上需要业主进行大量的管理工作，有费用和时间的消耗，导致项目管理的低效率和工期的延长。

f. 工程分标越细越会使工程招标次数增多、投标单位增多，导致大量的管理工作的浪费和无效投标，造成社会资源的极大浪费。

从总体上，DBB 项目采购模式会导致总投资的增加和工期的延长，不利于建设工程项目总目标的实现。根据美国设计—建造学会（Design Build Institution of America）的统计和预测，1985 到 2015 年之间，传统 DBB 交易方式的市场份额将会从 82％降低到 35％，而 DB（即设计—建造）交易方式将从 5％增加到 55％。

3.3.2　总承包模式

从理论研究和工程实践来看，总承包工程项目采购模式包括 DB、EPC 和 Turnkey 三种子类别。

3.3.2.1　DB 模式

（1）DB 模式概述。DB 模式即设计—建造模式，是近年来国际工程项目中常用的项目管理模式之一，在国外的研究及其运用、发展已经达到了相对比较完善的阶段，其市场份额逐渐增加，基本情况见表 3-1。

表 3-1　　　　　　　　　　DBB 模式与 DB 模式基本情况

年份	1985	1990	1995	2000	2005	2010	2015
DBB 模式	82％	72％	65％	54％	45％	40％	35％
DB 模式	5％	15％	25％	35％	45％	50％	55％

在 DB 模式中，业主按照总承包合同将全部或部分设计任务，以及全部施工任务一起发包给一家总承包商。该模式的参与主体有业主、咨询工程师、承包商及其各分包商、建筑师（结构工程师）和材料或设备供应商。工程总承包商按照总承包合同要求承担工程项目的设计和施工，对工程的质量、安全、工期、造价等全面负责。总承包商可自行完成承包的全部建设任务，也可以按照竞标的方式将部分建设任务发包给分包商。对于主要材料和设备的采购，则由业主自行组织或委托专业的设备材料成套供应企业承担。咨询工程师受业主委托，主要承担项目可行性研究工作。在项目实施过程中，可以协助业主对设计、施工和设备材料供应进行协调与管理。

DB 模式下，承包商和业主密切合作，完成项目的规划、设计、承包控制等工作，甚至负责土地购买和设备采购安装等任务。DB 模式中各参与方的关系如图 3-5 所示。

（2）DB 模式的特点。

DB 模式的缺点是业主无法参与建筑师（工程师）的选择，工程设计可能会受施工者的利益影响等。DB 模式的主要优势特点有两个。

1）高效率。DB 合同签订后，承包商就可以进行施工图设计。如果承包商本身具有设计能力，DB 模式会促使承包商积极提高设计质量；如果承包商自身不具备设计能力，则会委托咨询公司来设计，承包商进行设计管理和协调，使得设计既符合业主的意图，又有利于工程施工和成本节约，使设计更加合理和实用，避免了设计与施工的矛盾。

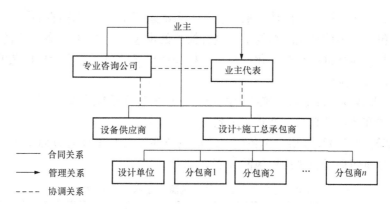

图3-5　DB模式中合同关系和管理、协调关系

2）责任单一。DB承包商对于项目建设的全过程具有全责，从而避免了工程建设过程中各方相互推诿责任的现象。

DB项目采购模式比较适合工程投资容易确定、隐蔽工程少、地质条件不复杂的项目。而对工程复杂的项目，DB交易模式可能会给总承包商带来较大的工程风险。总承包商只有经过方案设计评估、详细设计以后才能确定工程造价以进行投标，投标准备阶段就需要投入较大的精力和资金，因此承包商的投标积极性可能会受到一定的抑制，而业主则需要承担招标失败的风险。

3.3.2.2　EPC模式

（1）EPC模式概述。EPC模式即设计—采购—建设模式，是由一个承包商承包工程项目的全部工作，包括设计、供应、各专业工程的施工，甚至包括项目前期筹划、方案选择、可行性研究和项目建设后的运营管理。承包商向业主承担全部工程责任，向业主交付具备使用条件的工程。

在EPC模式下，"设计"不仅包括具体的设计工作，而且可能包括整个建设工程总体策划，以及整个建设工程组织管理的策划和具体工作；"采购"也不是一般意义上的建筑设备、材料采购，更多的是指专业成套设备、材料的采购；"建设"的内容包括施工、安装、试车、技术培训等。EPC模式中各参与方的关系如图3-6所示。

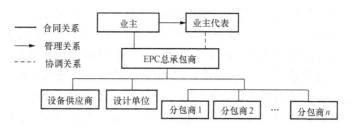

图3-6　EPC模式中合同关系和管理、协调关系

（2）EPC模式的特点。FIDIC的《"设计—采购—施工"（EPC）/交钥匙工程合同条件》不再设置工程师角色，仅要求业主派遣业主代表并尽量少地干预项目实施。但根据我国现行相关法律和EPC工程总承包开展的实践，当前我国EPC总承包模式仍然存在设置工程监理的必要性。

1）由于 EPC 交易模式中设计、采购、施工和试运行服务等工作都被作为一个工作包发包给一个总承包商，因此在组织结构上，这种模式的承包商、材料/设备供应商和建筑师/结构工程师等参与主体被进一步内部化，组织结构关系更显简单，业主所要协调的关系随之减少，交易费用也随之降低。

2）业主介入具体项目组织实施的程度较低，总承包商更能发挥主观能动性，运用其管理经验，为业主和承包商自身创造更多的效益。

3）业主把管理风险转移给总承包商，总承包商在经济和工期等方面承担更多的责任和风险。业主与总承包商各自承担的风险如表 3-2 所示。

表 3-2 EPC 模式中业主与总承包商各自承担的风险

参与主体	风险类型
总承包商	（1）因技术指标、供货能力、运输损失和采购价格等因素变动而引起的采购风险； （2）因合同类型选择不当，条款、定义和用词含混不清、意思表达不明，以及业主诚信等因素所导致的合同风险； （3）因经济危机、金融危机、通货膨胀或通货紧缩、业主支付能力等因素所导致的经济风险； （4）因需要多专业组织协同工作而由组织目标、合作方式和人员激励政策等因素所导致的组织风险； （5）因项目的地质条件、自然环境、技术结构、规模以及 EPC 总承包商设计、施工技术能力和经验等因素所导致的技术风险； （6）因分包商的技术能力、工程经验、管理水平、诚信状况而导致的分包附加风险
业主	（1）由于投资方向、项目选址、市场调研与预期等错误所导致的决策风险； （2）由于融资方式、融资成本、融资来源等因素所导致的融资风险； （3）由于总承包商技术能力、工程经验、管理水平、诚信状况而导致的技术风险

4）EPC 项目采购模式一般适用于规模较大、工期较长，且具有相当技术复杂性的工程，如化工厂、发电厂、石油开发等建设工程项目。

3.3.3 其他类型项目采购模式

3.3.3.1 BOT 项目采购模式

（1）BOT 模式概述。BOT 模式即建设—运营—移交模式，是 20 世纪 80 年代在国外兴起的基础设施建设项目依靠私人资本的一种融资、建造的项目管理方式。

BOT 模式的基本思路是：由项目所在国政府或者所属机构为项目的建设和经营提供一种特许权协议作为项目融资的基础，由本国公司或者外国公司作为项目的投资者和经营者安排融资、承担风险、开发建设项目，并在有限的时间内经营项目获取商业利润，最后根据协议将该项目转让给相应的政府机构。政府开放本国的基础设施建设和运营市场，授权项目公司负责筹资和组织建设，建成后负责营运及偿还贷款，规定的特许权期满后，再无偿移交给政府。

BOT 模式中各参与方的关系如图 3-7 所示。

（2）BOT 模式的特点。BOT 项目采购模式被认为是代表国际项目融资发展趋势的一种新型结构，具有明显的优势，同时也存在一些不足。

1）BOT 模式的优势表现有：

a. 降低政府财政负担和建设风险。透过采取民间资本筹措、建设、经营的方式，吸引

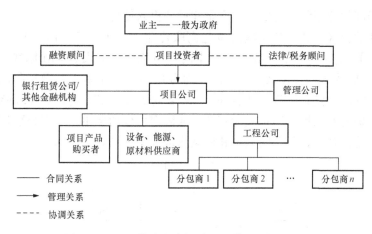

图 3-7　BOT 模式中合同关系和管理、协调关系

各种资金参与道路桥梁、码头、机场等基础设施项目建设,以便政府集中有限资金用于其他公共投资,减少了政府主权借债和还本付息的责任,同时也减少了政府投资建设的风险。

b. 有利于提高项目的运作效率。民间资本为了降低投资风险,获得较多的收益,需要加强管理、控制造价,从客观上为项目建设和运营提供了约束机制和有利的外部环境。

c. BOT 项目通常由外国公司承包,给项目所在国带来先进的技术和管理经验,既给本国承包商带来发展机会,也促进国际经济合作。

2) BOT 模式的不足主要表现为:

a. 项目前期过程长、投标费用高。公共部门和私人企业需要经过长期的相互调查了解、谈判和磋商的过程。

b. 投资方和贷款人风险较大,融资困难。

c. 参与项目各方存在利益冲突,对融资造成障碍。

d. 在特许期内,政府对项目失去控制权。

迄今为止,在是世界各地比较著名的 BOT 项目有横贯英法的英吉利海峡海底隧道工程、香港东区海底隧道工程、澳大利亚悉尼港海底隧道工程、中国广东深圳的沙角火力发电 B厂、马来西亚的南北高速公路和菲律宾的那法塔斯尔一号发电站等项目。由此可见,BOT项目采购模式主要用于基础设施项目,包括发电厂、机场、港口、收费公路、隧道、电信、供水和污水处理设施等,这些项目都具有投资大、建设周期长、可以运营获利的特点。

3.3.3.2　CM 项目采购模式

(1) CM 模式概述。CM 模式即建设管理模式,是 1968 年由美国的 Charles B Thomsen创立,被亚洲和欧洲的许多国家广泛应用于大型建筑项目的承发包和项目管理中,并取得了缩短建设周期、CM 经理早期介入而使项目建设整个过程合理化的效果。比较有代表性的是美国的世界贸易中心和英国诺丁汉的地平线工厂。CM 采购模式分为代理型 CM 和非代理型CM 模式两种。

CM 模式采用快速路径法施工(Fast Track Construction),从建设工程的开始阶段就雇用具有施工经验的 CM 单位(或 CM 经理)参与到建设工程实施过程中来,以便为设计人员提供施工方面的建议,且随后负责管理施工过程。这种安排的目的是将建设工程的实施作为一个完整的过程来对待,并同时考虑设计和施工的因素,力求使建设工程在尽可能短的时间内、以尽可能经济的费用和满足要求的质量建成并投入使用。

美国建筑师学会（A1A）和美国总承包商联合会（AGC）于 20 世纪 90 年代初共同制定了 CM 标准合同条件。但是，FIDIC 等合同条件体系至今尚没有 CM 标准合同条件。

1）代理型 CM 模式（CM/Agency），又称为纯粹的 CM 模式。CM 单位是业主的咨询单位，业主与 CM 单位签订咨询服务合同，CM 合同价就是 CM 费，其表现形式可以是百分率（以今后陆续确定的工程费用总额为基数）或固定数额的费用；业主分别与多个施工单位签订所有的工程施工合同。其合同关系和协调管理关系如图 3-8 所示。

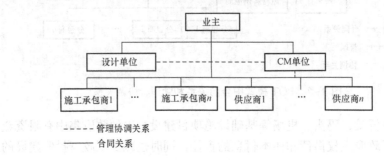

图 3-8　CM/Agency 模式中各方合同关系

需要说明的是，CM 单位对设计单位没有指令权，只能向设计单位提出一些合理化建议，因而 CM 单位与设计单位之间是协调关系。这一点同样适用于非代理型 CM 模式。这也是 CM 模式与全过程建设项目管理的重要区别。

2）非代理型 CM 模式（CM/Non Agency），又称为风险型 CM 模式（At Risk CM）。采用非代理型 CM 模式时，业主一般不与施工单位签订工程施工合同，但也可能在某些情况下，对某些专业性很强的工程内容和工程专用材料、设备，业主与少数施工单位和材料、设备供应单位签订合同。业主与 CM 单位所签订的合同既包括 CM 服务的内容，也包括工程施工承包的内容；而 CM 单位则与施工单位和材料、设备供应单位签订合同。其合同关系和协调管理关系如图 3-9 所示。

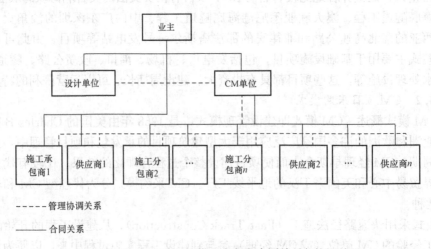

图 3-9　CM/No-Agenc 模式中各方合同关系与协调关系

（2）CM 模式的特点。CM 项目采购模式打破了过去那种等待设计图纸全部完成后才进行招标施工的生产方式，是国际上建设工程组织管理比较先进的一种管理模式，具有明显的优势，同时也存在一些不足。CM 模式的优势表现为：

1）建设周期短。这是 CM 模式最大的优点。在组织施工项目时，CM 模式的基本思想就是缩短工程从规划、设计、施工到交付使用的周期，即采用 Fast Track 方法，设计一部分，招标一部分，施工一部分，实现有条件的"边设计、边施工"。在这种模式下，设计与施工之间的界限不复存在，二者在时间上产生了搭接，从而提高了项目的实施速度，缩短了项目的施工周期。

2）CM 经理早期介入。CM 模式下，业主在项目初期就选定了建筑师和（或）工程师、CM 经理和承包商，由他们组成具有合作精神的项目组，完成项目的投资控制、进度计划与质量控制和设计工作。CM 经理与设计商是相互协调关系，CM 单位可以通过合理化建议来影响设计。

CM 模式的缺点表现为：

1）对 CM 经理的要求较高，CM 单位的资质和信誉都应该较高，而且配备高素质的从业人员。

2）分项招标可能导致承包费用较高。

CM 模式可以适用于设计变更可能性较大的工程项目；时间因素最为重要的工程项目；因总体工作范围和规模不确定而无法准确定价的工程项目。

除了上述几种项目采购模式外，被使用的项目采购模式还有：

1）项目总控模式（Project Controlling）。

2）合伙模式（Partnering）。

3）施工总承包模式（General Contractor，GC 模式）。

4）项目管理承包模式（Project Management Contractor，PMC 模式）。

5）项目管理服务模式（Project Management，PM 模式）。

3.4　建设工程项目采购模式类型的比较

建设工程项目采购模式有很多种类，并且每一种模式在实际应用中又可以演变为许多种形式，因此项目采购模式具有很大的灵活性。在实践过程中，不必追求唯一的模式，应根据工程的特殊性、业主状况和要求、市场条件、承包商的资信和能力等做出选择。

本节将根据承包范围和规定的权利义务关系对常用的项目采购模式进行比对，以便于在实际应用中进行有效选择。

3.4.1　不同的建设工程项目采购模式承包范围差别

一个完整的建设工程项目，从前期可行性研究，经过施工建造，到最终运营，可以划分为很多阶段。不同的建设项目采购模式下，承包商参与的阶段不同，即其承包范围不同。图 3-10 所示为最常用的 BOT、EPC、DB 和 DBB 四种项目采购模式中承包商的承包范围的差别。

3.4.2　不同的建设工程项目采购模式的权利义务关系比较

不同的建设项目采购模式不仅承包范围有差异，且每种项目采购模式所规定的业主与承

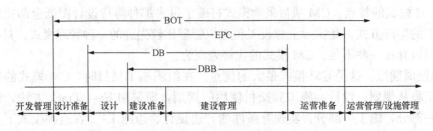

图 3-10　几种常用项目采购模式的承包范围比较

包商之间承担的权利义务关系也各不相同。选取常见的 DBB、DB、EPC、BOT、CM、GC、PMC、PM 等八种项目采购模式，分别从项目采购模式的特点、适用项目规模、承包方参与度、承包方权力范围、发包方的工作量、相互间责任明确程度和前期成本的明确程度等七个角度进行对比。对比结果如表 3-3 所示。

表 3-3　　　　　　　　　　各种项目采购模式的比较

项目采购模式	特点	适用项目模式	承包方参与度	承包方权力范围	发包方工作量	责任明确程度	前期成本的明确度
DB	设计招标施工平行发包或总承包	大中小型项目	中等	中等	较大	小	较大
D	设计施工总承包	中小型项目	较大	较大	较大	大	大
EP	设计采购施工总承包	大中型项目	大	大	小	大	大
BO	建造营运移交承包	大型基础设施项目	大	大	小	大	大
C	建设管理（边设计边施工）	大中型项目	较大	较小	较大	较大	小
G	施工总承包	中小型项目	小	小	中等	中等	较大
PM	项目管理承包	大型复杂型项目	大	大	小	较大	大
P	项目管理服务	大中型项目	大	小	较小	较大	小

本章复习思考题

1. 什么是建设工程项目采购模式？请列举 4 种常用的项目采购模式。
2. 建设工程项目采购模式的重要性体现在哪些方面？
3. 业主地位及观念的变化是如何影响项目采购模式演变的？
4. 传统的分阶段平行采购（DBB）模式有哪些局限性？
5. 什么是 DBB 项目采购模式？
6. DBB 项目采购模式有哪些特点？适用于哪种类型的建设工程项目？

7. 什么是 DB 项目采购模式？该模式具有哪些特点？

8. EPC 项目采购模式中的"设计"、"采购"和"建设"包含哪些内容？

9. EPC 模式中业主与总承包商各自承担的风险分别是什么？

10. EPC 项目采购模式通常适用哪类工程项目？

11. BOT 项目采购模式的基本思路是什么？

12. 请分别阐述 BOT 项目采购模式的优势和不足。

13. 请简要介绍 CM 项目采购模式的种类及特点。

14. 请简要归纳在 BOT、EPC、DB 和 DBB 四种项目采购模式中，承包商的承包范围的区别。

15. 请分析 DBB、DB、EPC、BOT、CM、GC、PMC、PM 等八种项目采购模式分别适用于哪些建设工程项目。

16. 请分析 DBB、DB、EPC、BOT、CM 等项目采购模式下，承包方对工程项目的参与度和承包方权力范围的大小程度。

17. 请分析 DBB、DB、EPC、BOT、CM 等项目采购模式下，工程项目前期成本的明确度如何。

本章案例

【案例 3 - 1】　我国第一个 BOT 试点项目：广西某电厂

1994 年以后，我国利用外资的政策发生了重大变化。在基础设施建设方面，由限制外资直接投资转向了引导外资直接投资。

1995 年 5 月 8 日，国家计委批准了第一个 BOT（建设、营运、移交）试点项目广西某电厂总投资额为 6 亿 5 千万美元。该项目是我国第一家 100％利用外资采用 BOT 方式建设的项目。该电厂被选为试点项目最重要的原因是该电厂本身条件较成熟，大量的前期工作都已经完成。被选为试点以后，广西政府组成了 BOT 项目领导小组并设立常设办公室，同时广西政府聘请北京某基础设施投资咨询有限公司作为代理，负责代理广西政府处理有关该电厂的资格预审、招标、评标和误判工作。

电厂的运作包括下列几个阶段：

(1) 1995 年 5 月 8 日国家计委批准作为试点项目。

(2) 1995 年 8 月 8 日发布资格预审通告。

(3) 1995 年 9 月 30 日递交资审文件截止。

(4) 1995 年 10 月 18 日发出招标邀请。

(5) 1996 年 5 月 8 日提交建议书截止并开标。

(6) 1996 年 7 月 8 日～11 月 10 日进行了三轮合同谈判。

(7) 1996 年 11 月 11 日草签特许权协议。

电厂项目开工建设前的主要工作包括国家计委和国务院批准特许权协议、项目公司完成融资等。所有通过资格预审的公司于 1995 年 10 月被告知可以参加投标，并且被告知于 1996 年 5 月前准备好正式标书，最后在 30 个通过资预审的公司中，有 6 个联合体做出了标书，中方选择了其中 3 个：法国电力公司和 GEC 阿尔斯通联合体、ABB 与新世界联合体、国际发电公司。这 3 家联合体按条件优劣排序，因此谈判从第一家联合体开始，如果在规定的时间内双方不能达成协议，中方将与第二、第三家联合体谈判。

中标者是 EDF-GEC 阿尔斯通联合体，并于 1996 年 11 月与中方草签了协议。在如此短的时间内达成这样一个电力工程项目的协议，是一项破纪录的事件。联合体方将出资 1 亿 7 千万美元作为该项目的股本金投入（其中 EDF 出资 60%，GEC 阿尔期通出资 40%），另外的资金来自由法国出口信贷机构 COFACE 提供保险的出口信贷总计 3.12 亿美元，以及 1.9 亿美元商业银行贷款。出口信贷于 12 年后到期（根据 OECD 法则），而且此是第一个获 COFACE 支持的融资项目，商业银行贷款期限为 10 年。

1999 年工程完工后，项目发起人将营运该电厂 15 年，然后将电厂所有权转让给广西壮族自治区政府。

该电厂的成功不仅仅是一个项目的成功，它标志着我国利用外资的水平上了一个台阶，意味着我国利用外资的法律环境和管理能力日渐成熟，在利用外资方面具有划时代的意义。

🔍**前沿探讨**

CM 项目采购模式在我国实践中的困惑

在国外的工程实践中，采用 CM 项目采购模式大大减小了业主在工程费用控制方面的风险，并降低了造价。同时，严格的质量控制程序为确保工程质量提供了保证。

但是，将 CM 项目采购模式移植到我国工程实践中，还存在一些尚未解决的问题。

从法律角度分析。在 CM 模式中若采用代理型（CM/Agency）形式，就会出现肢解发包，而且除了 CM 单位外，业主还可以将部分工程分包给其他的承包商，这是否属于肢解发包的范畴，目前建筑法规中某些内容在语言表达上不够明确，在执行、使用和遵守时较难把握。

从成本控制的角度分析。由于 CM 模式通常在设计初期发包，此时尚无完整的设计图纸，投标者很难准确地确定施工工程量，并在此基础上准确估计，这对业主来说在工程的投资控制上要承担很大的风险。CM 模式中采用了"保证最大工程费用（GMP）"来控制工程总费用，其中不可预见费的计取一直是双方争论的焦点，这在国际上尚无统一的标准。

从项目运作角度分析。由于行业主管部门对其认可程度不一致，而且运作中并未全部遵循国际惯例，缺少统一的规范和标准，所以目前我国试行 CM 模式的项目在运作过程中产生了一些问题。

综合上述问题，如何在我国有效引入 CM 项目采购模式，充分利用 CM 模式带来的优势需要进一步思考。

第4章 建设工程招标与投标

—— 本章摘要 ——

本章主要讲述建设工程招标、投标的一般程序和规定,包括:建设工程招标、投标的概念、性质及意义;招标的种类、范围、方法及招标文件构成;投标的主要工作及投标文件的编制;评标管理等。

4.1 概 述

4.1.1 建设工程招标投标的概念

招标投标是在市场经济条件下进行工程建设项目的发包与承包过程中所采用的一种交易方式,而工程建设的招标与投标是建筑市场中一对相互依存的活动。建设项目招标投标活动包含的内容十分广泛,包括建设项目强制招标的范围、建设项目招标的种类与方式、建设项目招标的程序、建设项目招标与投标文件的编制、标底编制与审查、投标报价,以及开标、评标、定标等。所有环节的工作均应按照国家相关的法律、法规规定认真执行落实。

4.1.1.1 建设工程招标概念

建设工程招标是指招标人在发包建设项目之前,公开招标或邀请投标人,由投标人根据招标人的意图和要求,以及招标文件所设定的以功能、质量、数量、期限及技术要求等主要内容所构成的标的,提出实施方案及报价进行投标,经开标、评标、决标等环节,从众多投标人中择优选定承包人的一种经济活动。

从法律意义上讲,建设工程招标一般是建设单位(或业主)就拟建的工程发布通告,用法定方式吸引建设项目的承包单位参加竞争,进而通过法定程序从中选择条件优越者来完成工程建设任务的法律行为。建设工程投标一般是经过特定审查而获得投标资格的建设项目承包单位,按照招标文件的要求,在规定的时间内向招标单位填报投标书,并争取中标的法律行为。

4.1.1.2 建设工程投标概念

建设工程投标是工程招标的对称概念,指具有合法资格和能力的投标人根据招标条件,经过初步研究和估算,提出实施方案和报价,在指定期限内填写并提交标书,而且参加开标,如果中标则与招标人签订承包协议的经济活动。

4.1.2 建设工程招标投标的性质

我国法学界一般认为,建设工程招标是要约邀请,投标是要约,中标通知书是承诺。我国《合同法》也明确规定,招标公告是要约邀请。也就是说,招标实际上是邀请投标人对其提出要约(即报价),属于要约邀请。投标是一种要约,因为它符合要约的所有条件,如具有缔结合同的主观目的;一旦中标,投标人将受投标书的约束;投标书的内容具有足以使合同成立的主要条件等。招标人向中标的投标人发出的中标通知书,则是招标人同意接受中标的投标人的投标条件，即同意接受该投标人的要约的意思表示，应属于承诺。

招标投标实质上是一种市场竞争行为。招标人通过招标活动在众多投标人中选定报价合理、工期较短、信誉良好的承包商来完成工程建设任务；而投标人则通过有选择的投标，竞争承接资信可靠的业主提供的适当工程建设项目，以取得较高的利润和市场地位及企业声誉。

4.1.3　建设工程招标投标的意义

实行建设工程项目的招标投标是我国建筑市场趋向规范化、完善化的重要举措，对于择优选择承包单位、全面降低工程造价，进而使工程造价得到合理有效的控制，具有十分重要的意义，具体表现在以下几方面：

（1）有利于形成由市场定价的价格机制。实行建设工程项目的招标投标基本形成了由市场定价的价格机制，使工程价格更加趋于合理。其最明显的表现是若干投标人之间出现激烈竞争（相互竞标），这种市场竞争最直接、最集中的表现就是在价格上的竞争。通过竞争确定出工程价格，使其趋于合理或下降，这将有利于节约投资、提高投资效益。

（2）能够不断降低社会平均劳动消耗水平。实行建设工程项目的招标投标能够不断降低社会平均劳动消耗水平，使工程价格得到有效控制。在建筑市场中，不同投标者的个别劳动消耗水平是有差异的。通过推行招标投标，使那些个别劳动消耗水平最低或接近最低的投标者获胜，这样就实现了生产力资源较优配置，也对不同投标者实行了优胜劣汰。面对激烈竞争的压力，为了自身的生存与发展，每个投标者都必须在降低自己个别劳动消耗水平上切实下工夫，这样将逐步而全面地降低社会平均劳动消耗水平，使工程价格更为合理。

（3）工程价格更加符合价值基础。实行建设工程项目的招标投标便于供求双方更好地相互选择，使工程价格更加符合价值基础，进而能更好地控制工程造价。由于供求双方各自出发点不同，存在利益矛盾，因而单纯采用"一对一"的选择方式，成功的可能性较小。采用招投标方式就为供求双方在较大范围内进行相互选择创造了条件，为需求者（如建设单位、业主）与供给者（如勘察设计单位、施工企业）在最佳点上结合提供了可能。需求者对供给者选择（即建设单位、业主对勘察设计单位和施工单位的选择）的基本出发点是"择优选择"，即选择那些报价较低、工期较短、具有良好业绩和管理水平的供给者，这样即为合理控制工程造价奠定了基础。

（4）更好地贯彻公开、公平、公正的原则。实行建设项目的招标投标有利于规范价格行为，使公开、公平、公正的原则得以贯彻。我国招投标活动由特定的机构进行管理，有严格的程序必须遵循，有高素质的专家支持系统、工程技术人员的群体评估与决策，能够避免盲目过度的竞争和营私舞弊现象的发生，对建筑领域中的腐败现象也是强有力的遏制，使价格形成过程变得透明而较为规范。

（5）能够减少交易费用。实行建设项目的招标投标能够减少交易费用，节省人力、物力、财力，使工程造价有所降低。我国目前从招标、投标、开标、评标直至定标，均在统一的建筑市场中进行，且有较完善的法律、法规规定，已进入制度化操作。招投标中，若干投标人在同一时间、地点报价竞争，在专家支持系统的评估下，以群体决策方式确定中标者，必然减少交易过程的费用，这本身就意味着招标人收益的增加，对工程造价必然产生积极的影响。

但是，并不是所有类型的工程项目进行公开招标投标都能够实现上述目标，对于那些投资额较小、工程结构简单的建设工程采用公开招标投标的方式委托承包，反而会增加招标投标费用，也会造成社会资源的浪费。

4.2 建设工程招标

4.2.1 建设工程招标的种类

招标投标是在国际经济往来中广泛采用的一种方式，不仅政府、企业、事业单位通过该方式发包、承包工程项目的可行性研究、勘察设计、建筑施工、设备安装，而且还通过该方式采购原材料、机械设备。工程招标形式多种多样，按照不同的标准可以进行不同的分类。

4.2.1.1 按照工程建设阶段分类

按照工程建设阶段可以将建设工程招标投标分为建设项目前期咨询招标投标、工程勘察设计招标投标、材料设备采购招标投标、施工招标投标。

（1）建设项目前期咨询招标投标，是指对建设项目的可行性研究任务进行的招标投标，投标方一般为工程咨询企业。中标的承包方要根据招标文件的要求，向发包方提供拟建工程的可行性研究报告，并对其结论的准确性负责。承包方提供的可行性研究报告，应获得发包方的认可，认可的方式通常为专家组评估鉴定。

项目投资者有的缺乏建设管理经验，通过招标选择项目咨询者及建设管理者，即工程投资方在缺乏工程实施管理经验时，通过招标方式选择具有专业的管理经验工程咨询单位，为其制定科学、合理的投资开发建设方案，并组织控制方案的实施。这种集项目咨询管理于一体的招标类型的投标人一般也为工程咨询单位。

（2）勘察设计招标。指根据批准的可行性研究报告，择优选择勘察设计单位的招标。勘察和设计是两种不同性质的工作，可由勘察单位和设计单位分别完成，也可以由有资质的设计院全部承担勘察设计任务。如果勘察设计任务分别完成，则由勘察单位提出最终施工现场的地理位置、地形、地貌、地质、水文等在内的勘察报告，设计单位提供最终设计图纸和成本预算结果。设计招标还可以进一步分为建筑方案设计招标、施工图设计招标。当施工图设计不是由专业的设计单位承担，而是由施工单位承担，一般不进行单独招标。

（3）材料设备采购招标。指在工程项目初步设计完成后，对建设项目所需的建筑材料和设备（如电梯、供配电系统、空调系统等）采购任务进行的招标。投标方通常为材料供应商、成套设备供应商。

（4）工程施工招标。在工程项目的初步设计或施工图设计完成后，用招标的方式选择施工单位的招标。施工单位最终向业主交付按招标设计文件规定的建筑产品。国内外招投标现行做法中经常采用将工程建设程序中各个阶段合为一体进行全过程招标，通常又称其为总包。

4.2.1.2 按工程项目承包的范围分类

按工程承包的范围可将工程招标划分为项目总承包招标、项目阶段性招标、设计施工招标、工程分承包招标及专项工程承包招标。

（1）项目全过程总承包招标。即选择项目全过程总承包人招标，又可分为：①工程项目实施阶段的全过程招标；②工程项目建设全过程的招标。

工程项目实施阶段的全过程招标是在设计任务书完成后，从项目勘察、设计到施工交付使用进行一次性招标。工程项目建设全过程的招标则是从项目的可行性研究到交付使用进行一次性招标，业主只需提供项目投资和使用要求及竣工、交付使用期限，其可行性研究、勘察设计、材料和设备采购、土建施工设备安装几调试、生产准备和试运行、交付使用，均由一个总承包商负责承包，即所谓"交钥匙工程"。承揽"交钥匙工程"的承包商被称为总承包商，绝大多数情况下，总承包商要将工程部分阶段的实施任务分包出去。

无论是项目实施的全过程还是某一阶段或程序，按照工程建设项目的构成，可以将建设工程招标投标分为全部工程招标投标、单项工程招标投标、单位工程招标投标、分部工程招标投标、分项工程招标投标。

1) 全部工程招标投标，是指对一个建设项目（如一所学校）的全部工程进行的招标。

2) 单项工程招标，是指对一个工程建设项目中所包含的单项工程（如一所学校的教学楼、图书馆、食堂等）进行的招标。

3) 单位工程招标，是指对一个单项工程所包含的若干单位工程（实验楼的土建工程）进行招标。

4) 分部工程招标是指对一项单位工程包含的分部工程（如土石方工程、深基坑工程、楼地面工程、装饰工程）进行招标。

应当强调的是，为了防止将工程肢解后进行发包，我国一般不允许对分部工程招标，但允许特殊专业工程招标，如深基础施工、大型土石方工程施工等。但是，国内工程招标中的所谓项目总承包招标通常是指对一个项目施工过程全部单项工程或单位工程进行的总招标，与国际惯例所指的总承包尚有相当大的差距。为与国际接轨，提高我国建筑企业在国际建筑市场的竞争能力，深化施工管理体制的改革，造就一批具有真正总包能力的智力密集型的龙头企业，是我国建筑业发展的重要战略目标。

（2）工程分承包招标。指中标的工程总承包人作为其中标范围内的工程任务的招标人，将其中标范围内的工程任务，再通过招标投标的方式，分包给具有相应资质的分承包人，中标的分承包人只对招标的总承包人负责。

（3）专项工程承包招标。指在工程承包招标中，对其中某项比较复杂、或专业性强、施工和制作要求特殊的单项工程进行单独招标。

4.2.1.3 按行业或专业类别分类

按照与工程建设相关的业务性质及专业类别划分，可将建设工程招标分为土木工程招标、勘察设计招标、材料设备采购招标、安装工程招标、建筑装饰装修招标、生产工艺技术转让招标、咨询服务（工程咨询）及建设监理招标等。

（1）土木工程招标。指对建设工程中土木工程施工任务进行的招标。

（2）勘察设计招标投标。指对建设项目的勘察设计任务进行的招标投标。

（3）货物采购招标投标。指对建设项目所需的建筑材料和设备采购任务进行的招标。

（4）安装工程招标投标。指对建设项目的设备安装任务进行的招标。

（5）建筑装饰装修招标投标。指对建设项目的建筑装饰装修的施工任务进行的招标。

（6）生产工艺技术转让招标投标。指对建设工程生产工艺技术转让进行的招标。

（7）工程咨询和建设监理招标投标。指对工程咨询和建设监理任务进行的招标。

4.2.1.4 按工程承发包模式分类

随着建筑市场运作模式与国际接轨进程的深入，我国承发包模式也逐渐呈现多样化，主要包括工程咨询承包、交钥匙工程承包模式、设计施工承包模式、设计管理承包模式、BOT 工程模式及 CM 模式。

按承发包模式分类可将工程招标划分为工程咨询招标、交钥匙工程招标、设计施工招标、设计管理招标及 BOT 工程招标。

（1）工程咨询招标。指以工程咨询服务为对象的招标行为。工程咨询服务的内容主要包括工程立项决策阶段的规划研究、项目选定与决策；建设准备阶段的工程设计、工程招标；施工阶段的监理、竣工验收等工作。

（2）交钥匙工程招标。交钥匙工程招标"交钥匙"模式即承包商向业主提供包括融资、设计、施工、设备采购、安装和调试直至竣工移交的全套服务。"交钥匙工程"招标是指发包商将上述全部工作作为一个标的招标，承包商通常将部分阶段的工程分包，亦既全过程招标。

（3）工程设计施工招标。指将设计及施工作为一个整体标的以招标的方式进行发包，投标人必须为同时具有设计能力和施工能力的承包商。我国由于长期采取设计与施工分开的管理体制，目前具备设计、施工双重能力的施工企业为数较少。

设计—建造模式是一种项目组管理方式：业主和设计—建造承包商密切合作，完成项目的规划、设计、成本控制、进度安排等工作，甚至负责项目融资，使用一个承包商对整个项目负责，避免了设计和施工的矛盾，可显著减少项目的成本和工期。同时，在选定承包商时，把设计方案的优劣作为主要的评标因素，可保证业主得到高质量的工程项目。

（4）工程设计—管理招标。设计—管理招标模式即为以设计管理为标的进行的工程招标，是指由同一实体向业主提供设计和施工管理服务的工程管理模式。采用这种模式时，业主只签订一份既包括设计也包括工程管理服务的合同。设计机构与管理机构是同一实体，这一实体常常是设计机构施工管理企业的联合体。

（5）BOT 招标模式。指东道国政府开放本国基础设施建设和运营市场，吸收国外资金，授给项目公司以特许权，由该公司负责融资和组织建设，建成后负责运营及偿还贷款。在特许期满时将工程移交给东道国政府。BOT 招标模式即是对上述类型的工程招标。

4.2.1.5　按工程是否具有涉外因素分类

按工程是否具有涉外因素，可以将建设工程招标分为国内工程招标投标和国际工程招标投标。

（1）国内工程招标投标。指对本国没有涉外因素的建设工程进行的招标投标。

（2）国际工程招标。指对有不同国家或国际组织参与的建设工程进行的招标。国际工程招标投标，包括本国的国际工程（习惯上称涉外工程）招标投标和国外的国际工程招标投标两个部分。国内工程招标和国际工程招标的基本原则是一致的，但在具体做法方面会有差异。随着社会经济的发展和与国际接轨的深化，国内工程招标和国际工程招标在做法上的区别将会越来越小。

4.2.2　建设工程招标的范围

4.2.2.1　建设工程项目强制招标的范围

《招标投标法》规定，任何单位和个人不得将依法必须进行招标的项目化整为零或者以其他任何方式规避招标。如果发生此类情况，有权责令限期改正，可以暂停项目执行或者暂停资金拨付；对单位直接负责的主管人员和其他直接责任人员依法给予处分。我国《招标投标法》还指出，凡在中华人民共和国境内进行下列工程建设项目，包括项目的勘察、设计、施工、监理以及与工程建设有关的重要设备、材料等的采购，必须进行招标。

法律规定强制性招标的建设工程一般包括：

（1）大型基础设施、公用事业等关系社会公共利益、公共安全的项目。

（2）全部或者部分使用国有资金投资或国家融资的项目。

（3）使用国际组织或者外国政府贷款、援助资金的项目。

4.2.2.2　国家计委的具体规定

国家计委对上述强制性招标的工程建设项目的招标范围和规模标准又做出了具体规定。主要包括以下几类。

（1）关系社会公共利益、公众安全的基础设施项目。

1）煤炭、石油、天然气、电力、新能源等能源项目。

2）铁路、公路、管道、水运、航空以及其他交通运输业等交通运输项目。

3）邮政、电信枢纽、通信、信息网络等邮电通讯项目。

4）防洪、灌溉、排涝、引（供）水、滩涂治理、水土保持、水利枢纽等水利项目。

5）道路、桥梁、地铁和轻轨交通、污水排放及处理、垃圾处理、地下管道、公共停车场等城市设施项目。

6）生态环境保护项目。

7）其他基础设施项目。

（2）关系社会公共利益、公众安全的公用事业项目。

1）供水、供电、供气、供热等市政工程项目。

2）科技、教育、文化等项目。

3）体育、旅游等项目。

4）卫生、社会福利等项目。

5）商品住宅，包括经济适用住房。

6）其他公用事业项目。

（3）使用国有资金投资项目。

1）使用各级财政预算资金的项目。

2）使用纳税人财政管理的各种政府性专项建设基金的项目。

3）使用国有企业事业单位自有资金，并且国有资产投资者实际拥有控制权的项目。

（4）国家融资项目。

1）使用国家发行债券所筹资金的项目。

2）使用国家对外借款或者担保所筹资金的项目。

3）使用国家政策性贷款的项目。

4）国家授权投资主体融资的项目。

5）国家特许的融资项目。

（5）使用国际组织或者外国政府资金的项目。

1）使用世界银行、亚洲开发银行等国际组织贷款资金的项目。

2）使用外国政府及其机构贷款资金的项目。

3）使用国际组织或者外国政府援助资金的项目。

（6）以上第（1）条至第（5）条规定范围内的各类工程建设项目，包括项目的勘察、设计、施工、监理以及与工程建设有关的重要设备、材料等的采购，达到下列标准之一的，也必须进行招标。

1）施工单项合同估算价在 200 万元人民币以上的。

2）重要设备、材料等货物的采购，单项合同估算价在 100 万元人民币以上的。

3）勘察、设计、监理等服务的采购，单项合同估算价在 50 万元人民币以上的。

4）单项合同估算价低于第 1）、2）、3）项规定的标准，但项目总投资额在 3000 万元人民币以上的。

（7）依法必须进行招标的项目，全部使用国有资金投资或者国有资金投资占控股或者主导地位的，应当公开招标。

凡按照规定应该招标的工程不进行招标，应该公开招标的工程不公开招标的，招标单位所确定的承包单位一律无效。建设行政主管部门按照《建筑法》第 8 条的规定，不予颁发施工许可证。对于违反规定擅自施工的，依据《建筑法》第 64 条的规定，追究其法律责任。

4.2.2.3　可以不进行招标的项目

依照我国招标投标法及有关规定，在我国境内建设的以下项目可以不要通过招标投标来确定承包人。

（1）涉及国家安全、国家机密、抢险救灾或者属于利用扶贫资金实行以工代赈，需要使用农民工等特殊情况，不适宜进行招标的项目。

（2）建设项目的勘察设计，采用特定专利或者专有技术的，或者其建筑艺术造型有特殊要求的，经项目主管部门批准，可以不进行招标。

4.2.3　建设工程招标的方式与程序

4.2.3.1　建设工程招标方式

工程项目招标的方式在国际上通行的为公开招标、邀请招标和议标，但《招标投标法》未将议标作为法定的招标方式，即法律所规定的强制招标项目不允许采用议标方式，主要因为我国国情与建筑市场的现状条件，不宜采用议标方式，但法律并不排除议标方式。

（1）公开招标。公开招标又称为无限竞争招标，是由招标单位通过报刊、广播、电视等方式发布招标广告，有投标意向的承包商均可参加投标资格审查，审查合格的承包商可购买或领取招标文件，参加投标的招标方式。

公开招标方式具有投标的承包商多、竞争范围大，业主有较大的选择余地，有利于降低工程造价，提高工程质量和缩短工期等优点。同时，也存在着由于投标的承包商多，招标工作量大，组织工作复杂，需投入较多的人力、物力，以及招标过程所需时间较长的不足的缺陷。因而，此类招标方式主要适用于投资额度大、工艺、结构复杂的较大型工程建设项目。具体分析，公开招标的特点一般表现为以下方面。

1）公开招标是最具竞争性的招标方式。在公开招标方式下，参与竞争的投标人数量最多，且只要符合相应的资质条件便不受限制，只要承包商愿意便可参加投标。在实际生活中，常常少则十几家，多则几十家，甚至上百家，因而竞争程度最为激烈。它可以最大限度地为一切有实力的承包商提供一个平等竞争的机会，招标人也有最大容量的选择范围，可在为数众多的投标人之间择优选择一个报价合理、工期较短、信誉良好的承包商。

2）公开招标是程序较为完整、规范、典型的招标方式。公开招标的形式严密、步骤完整、运作环节环环相扣。公开招标是适用范围最为广阔、最有发展前景的招标方式。在国际上，谈到招标通常都是指公开招标。在某种程度上，公开招标已成为招标的代名词，因为公开招标是工程招标通常适用的方式。在我国，通常也要求招标必须采用公开招标的方式进行。凡属招标范围的工程项目，一般首先必须要采用公开招标的方式。

3）公开招标是所需费用最高、花费时间最长的招标方式。由于竞争激烈、程序复杂，组织招标和参加投标需要做的准备工作和需要处理的实际事务比较多，特别是编制、审查有关招标投标文件的工作量十分浩繁。

（2）邀请招标。邀请招标又称为有限竞争性招标。这种招标方式不公开发布招标信息，业主根据自己的经验和所掌握的各种信息资料，向有承担该项工程施工能力的三个以上（含三个）承包商发出投标邀请书，收到邀请书的单位有权利选择是否参加投标。邀请招标与公开招标一样都必须按规定的招标程序进行，要制订统一的招标文件，投标人都必须按招标文件的规定进行投标。

邀请招标方式具有参加竞争的投标商数目可由招标单位控制、目标集中、招标的组织工作较容易、工作量比较小等优点。但由于参加的投标单位相对较少，竞争性范围较小，使招标单位对投标单位的选择余地较少。如果招标单位在选择被邀请的承包商前所掌握信息资料不足，则会失去发现最适合承担该项目的承包商的机会的不足。与公开招标相比较，邀请招标的特点主要表现在以下方面。

1）邀请招标在程序上比公开招标简化，如无招标公告及投标人资格审查的环节。

2）邀请招标在竞争程度上不如公开招标强。邀请招标参加人数是经过选择限定的，被邀请的承包商数目在 3～10 个，不能少于 3 个，也不宜多于 10 个。由于参加人数相对较少，易于控制，因此其竞争范围没有公开招标大，竞争程度也明显不如公开招标强。

3）邀请招标在时间和费用上都比公开招标少。邀请招标不仅可以省去发布招标公告费用、资格审查费用，还可以节省可能发生的更多评标费用。

4）邀请招标限制了竞争范围，由于经验和信息资料的局限性，会把许多可能的竞争者排除在外，不能充分展示自由竞争、机会均等的原则。鉴于此，国际上和我国都对邀请招标的适用范围和条件，作出有别于公开招标的指导性规定。

（3）议标。议标（又称协议招标、协商议标）是一种以议标文件或拟议的合同草案为基础的，直接通过谈判方式，分别与若干家承包商进行协商，选择自己满意的一家，签订承包合同的招标方式。议标通常实用于涉及国家安全的工程或军事保密的工程，或紧急抢险救灾工程及小型工程。

议标是一种特殊的招标方式，是公开招标和邀请招标的例外情况。议标只适用于保密性要求或者专业性、技术性较高等特殊工程。没有保密性或者专业性、技术性不高，不存在什么特殊情况的项目，不能进行议标。如果适宜采用公开招标和邀请招标的，就不能采用议标方式。议标必须经招标投标管理机构审查同意。未经招标投标管理机构审查同意的，不能进行议标。已经进行议标的，建设行政主管部门或者招标投标管理机构应当按照规定，作为非法交易进行严肃查处。招标投标管理机构审查的权限范围，就是省、市、县（市）招标投标管理机构的分级管理权限范围。

4.2.3.2　建设工程招标程序

（1）建设工程招标程序的概念。建设工程招标程序是指建设工程活动按照一定的时间、空间顺序运作的顺序、步骤和方式进行。始于发布招标邀请书，终于发出中标通知书，其间大致经历了招标、投标、开标、评标、定标几个主要阶段。

建设工程招标投标程序开始前的准备工作和结束后的工作，不属于建设工程招标投标的程序之列，但应纳入整个工作流程中。如：报建登记，是招标前的一项主要工作，签订合同是招标投标的目的和结果，也是招标工作的一项主要工作但不属于招标程序的内容。具体流程参见图 4-1 所示。

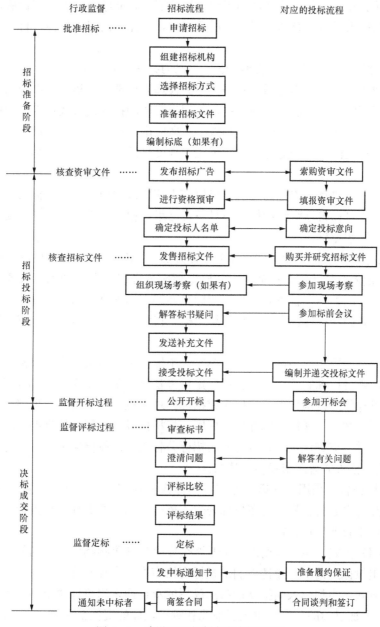

图 4-1　建设工程招标与投标流程图

（2）建设工程招标的一般程序。从招标人的角度看，建设工程招标的一般程序主要经历以下环节。

1）设立招标组织或者委托招标代理人。应当招标的建设工程项目，办理报建登记手续后，凡已满足招标条件的，均可组织招标，办理招标事宜。招标组织者组织招标必须具有相应的组织招标的资质。根据招标人是否具有招标资质，可以将组织招标活动分为两种情况。

a. 招标人自己组织招标。由于工程招标是一项经济性、技术性较强的专业民事活动，因此招标人自己组织招标，必须具备一定的条件，设立专门的招标组，经招标投标管理机构审查合格，确认其具有编制招标文件和组织评标的能力，能够自己组织招标后，发给招标组织资质证书。招标人只有持有招标组织资质证书的，才能自己组织招标，自行办理招标相关事宜。

b. 招标人委托招标代理人代理组织招标和代为办理招标事宜。招标人取得招标组织资质证书的，任何单位和个人不得强制其委托招标代理人代理组织招标、办理招标事宜。招标人未取得招标组织资质证书的，必须委托具备相应资质的招标代人代理组织招标、代为办理招标事宜。这是为保证工程招标的质量和效率，适应市场经济条件下代理业的快速发展而采取的管理措施，也是国际上的通行做法。现代工程交易的一个明显趋势是工程总承包日益受到重视和提倡。

在实践中，工程总承包中标的总承包单位作为承包范围内工程的招标人，已获取招标组织资质证书的，也可以自己组织招标；不具备自己组织招标条件的，则必须委托具备相应资质的招标代理人组织招标。

2）申报招标申请书、招标文件、评标定标办法和标底（实行资格预审的还要申报资格预审文件）。招标人在依法设立招标组织并取得相应招标组织资质证书，或者书面委托具有相应资质的招标代理人后，就可开始组织招标和办理招标事宜。招标人自己组织招标、自行办理招标事宜或者委托招标代理人代理组织招标、代为办理招标事宜的，应当向有关行政监督部门备案。

实践中各地一般规定，招标人进行招标要向招标投标管理机构申报招标申请书。招标申请书经批准后，就可以编制招标文件、评标定标办法和标底（如果是有标底招标），并将这些文件报招标投标管理机构批准。招标人或招标代理人也可在申报招标申请书时，一并将已经编制完成的招标文件、评标定标办法和标底，报招标投标管理机构批准。经招标投标管理机构对上述文件进行审查认定后，就可发布招标公告或发出投标邀请书。

3）发布招标公告或者发出投标邀请书。

a. 发布招标公告。采用公开招标方式，招标人要在报刊，杂志、广播、电视等大众传媒或建设工程交易中心公告栏上发布招标公告，招请一切愿意参加工程投标的不特定的承包商申请投标资格审查或申请投标。

采用邀请招标方式，招标人要向3个及3个以上具备承担招标目的的能力、资信良好的特定承包商发出投标邀请书，邀请他们请投标资格审查，参加投标。

采用议标方式，由招标人向拟邀请参加议标的承包商发出投标邀请书（也有称之为议标邀请书的），向参加议标的单位介绍工程情况和对承包商的资质要求等。

b. 投标邀请书。公开招标的招标公告和邀请招标、议标的投标邀请书，在内容要求上不尽相同。实践中，议标的投标邀请书常常比邀请招标的投标邀请书要简化一些，而邀请招标的投标邀请书则和招标公告相似。

一般说来，公开招标的招标公告和邀请招标的投标邀请书，应当载明以下几项内容：①招标人的名称、地址及联系人姓名、电话；②工程情况简介，包括项目名称、性质、数量、投资规模、工程实施地点、结构类型、装修标准、质量要求、时间要求等；③承包方式，材料、设备供应方式；④对投标人的资质和业绩情况的要求及应提供的有关证明文件；⑤招标日程安排，包括发放、获取招标文件的办法、时间、地点，投标地点及时间、现场踏勘时间、投标预备会时间、投标截止时间、开标时间、开标地点等；⑥对招标文件收取的费用；⑦其他需要说明的问题。

4）审查投标资格。公开招标资格预审和资格后审的主要内容是一样的，都是审查投标人的下列情况：①投标人组织与机构，资质等级证书，独立订立合同的权利；②近三年来的工程的情况；③目前正在履行合同情况；④履行合同的能力，包括专业，技术资格和能力，资金、财务、设备、和其他物质状况，管理能力，经验、信誉和相应的工作人员、劳动力等情况；⑤受奖、受罚的情况和其他有关资料，没有处于被责令停业，财产被接管或查封、扣押、冻结，破产状态，在近 3 年（包括其董事或主要职员）没有与骗取合同有关的犯罪或严重违法行为；⑥投标人应向招标人提交能证明上述条件的法定证明文件和相关资料。

邀请招标方式下，招标人对投标人进行投标资格审查，是通过对投标人按照投标邀请书的要求提交或出示的有关文件和资料进行验证，确认自己的经验和所掌握的有关投标人的情况是否可靠、有无变化。在各地实践中，通过资格审查的投标人名单，一般要报经招标投标管理机构进行投标人投标资格复查。邀请招标资格审查的主要内容，一般应当包括：①投标人组织与机构，营业执照，资质等级证书；②近 3 年完成工程的情况；③目前正在履行的合同情况；④资源方面的情况，包括财务、管理、技术、劳力、设备等情况；⑤受奖、受罚的情况和其他有关资料。

议标的资格审查，则主要是查验投标人是否有相应的资质等级。经资格审查合格后，由招标人或招标代理人通知合格者，领取招标文件，参加投标。

5）分发招标文件和有关资料，收取投标保证金。招标人向经审查合格的投标人分发招标文件及有关资料，并向投标人收取投标保证金。公开招标实行资格后审的，直接向所有投标报名者分发招标文件和有关资料，收取投标保证金。

招标文件发出后，招标人不得擅自变更其内容。确实需要进行必要的澄清、修改或补充的，应当在招标文件要求提交投标文件的截止时间至少 15 天前，书面通知所有获得招标文件的投标人。该澄清、修改或补充的内容是招标文件的组成部分，对招标人和投标人都有约束力。

投标保证金是为防止投标人不审慎考虑和进行投标活动而设定的一种担保形式，是投标人向招标人缴纳的一定数额的金钱。招标人发售招标文件后，不希望投标人不递交投标文件或递交毫无意义及未经充分、慎重考虑的投标文件，更不希望投标人中标后撤回投标文件或不签署合同。因此，为了约束投标人的投标行为，保护招标人的利益，维护招标投标活动的正常秩序，特设立投标保证金制度，这也是国际上的一种习惯做法。投标保证金的收取和缴纳办法，应在招标文件中说明，并按招标文件的要求进行。投标保证金的直接目的虽是保证投标人对投标活动负责，但其一旦缴纳和接受，对双方都有约束力。

投标保证金可采用现金、支票、银行汇票，也可以是银行出具的银行保函。银行保函的格式应符合招标文件提出的格式要求。投标保证金的额度，根据工程投资大小由业主在招标文件中确定。投标保证金有效期为直到签订合同或提供履约保函为止，通常为 3～6 个月，一般应超过投标有效期的 28 天。

6）组织投标人踏勘现场，对招标文件进行答疑。招标文件分发后，招标人要在招标文件规定的时间内，组织投标人踏勘现场，并对招标文件进行答疑。招标人组织投标人进行踏勘现场，主要目的是让投标人了解工程现场和周围环境情况，获取必要的信息。现场踏勘的内容主要包括：①踏勘现场是否达到招标文件规定的条件；②现场的地理位置和地形、地貌；③现场的地质、土质、地下水位、水文等情况；④现场气温、湿度、风力、年雨雪量等气候条件；⑤现场交通、饮水、污水排放、生活用电、通信等环境情况；⑥工程在现场中的位置与布置；⑦临时用地、临时设施搭建等。

投标人对招标文件或者在现场踏勘中如果有疑问或不清楚的问题，可以而且应当用书面的形式要求招标人予以解答。招标人收到投标人提出的疑问或不清楚的问题后，应当给予解释和答复。招标人的答疑可以根据情况采用下列方式进行。

a. 以书面形式解答，并将解答内容同时送达所有获得招标文件的投标人。书面形式包括：解答书、信件、电报、电传、传真、电子数据交换和电子函件等可以有形地表现所载内容的形式。以书面形式解答招标文件中或现场踏勘中的疑问，在将解答内容送达所有获得招标文件的投标人之前，应先经招标投标管理机构审查认定。

b. 通过投标预备会进行解答，同时借此对图纸进行交底和解释，并以会议记录形式同时将解答内容送达所有获得招标文件的投标人。投标预备会也称答疑会、标前会议，由招标人主持，是招标人为澄清或解答招标文件或现场踏勘中的问题，以便投标人更好地编制投标文件而组织召开的会议。投标预备会一般安排在招标文件发出后的 7～28 天内举行。参加会议的人员包括招标人、投标人、代理人，以及招标文件编制单位的人员、招标投标管理机构的人员等。

7）召开开标会议。投标预备会结束后，招标人就要为接受投标文件、开标做准备。接受投标工作结束，招标人要按招标文件的规定准时开标、评标。

开标应当在招标文件确定的提交投标文件截止时间的同一时间公开进行，开标地点应当为招标文件中预先确定的地点。按照国家的有关规定和各地的实践，招标文件中预先确定的开标地点，一般均应为建设工程交易中心。参加开标会议的人员包括：招标人或其代表人、招标代理人、投标人法定代表人或其委托代理人、招标投标管理机构的监管人员，以及招标人自愿邀请的公证机构的人员等。但评标组织成员不参加开标会议。开标会议由招标人或招标代理人组织，由招标人或招标人代表主持，并在招标投标管理机构的监督下进行。

开标会议的程序一般是：①参加开标会议的人员签名报到；②会议主持人宣布开标会议开始，宣读招标人法定代表人资格证明或招标人代表的授权委托书，介绍参加会议的单位和人员名单，宣布唱标人员、记录人员名单；③介绍工程项目有关情况，请投标人或其推选的代表检查投标文件的密封情况，并签字予以确认。也可请招标人自愿委托的公证机构检查并公证，招标人代表当众宣布评标定标办法。招标人或招标投标管理机构的人员核查投标人提交的投标文件和有关证件、资料，检视其密封、标志、签署等情况。经确认无误后，当众启封投标文件，宣布核查检视结果，唱标人员进行唱标。唱标是指公布投标文件的主要内容，当众宣读投标文件的投标人名称、投标报价、工期、质量、主要材料用量、投标保证金、优惠条件等主要内容。唱标顺序按各投标人报送的投标文件时间先后的逆顺序进行；招标投标管理机构当众宣布审定后的标底；投标人的法定代表人或其委托代理人核对开标会议记录，并签字确认开标结果。

8）组建评标组织进行评标。开标会结束后，招标人组织评标。评标必须在招标投标管理机构的监督下，由招标人依法组建的评标组织进行。

组建评标组织是评标前的一项重要工作。评标组织由招标人的代表和有关经济、技术等方面的专家组成。其具体形式为评标委员会，实践中也可以评标小组的形式。评标组织成员的名单在中标结果确定前应当保密。

评标一般采用评标会的形式进行，参加评标会的人员为招标人或其代表人、招标代理人、评标组织成员、招标投标管理机构的监管人员等，投标人不能参加评标会。

通常可以将评标的程序分为两段三审。即初审阶段和终审阶段，对投标文件进行的符合性评审、技术性评审和商务性评审。初审即对投标文件进行符合性评审、技术性评审和商务性评审，从未被宣布为无效或作废的投标文件中筛选出若干具备评标资格的投标人；终审是指对投标文件进行综合评价与比较分析，对初审筛选出的若干具备评标资格的投标人进行进一步澄清、答辩，择优确定出中标候选人。

应当说明的是，终审并不是每一项评标都必须有的，如未采用单项评议法的，一般就可不进行终审。

评审内容是指评标组织对投标文件审查、评议的主要内容，包括：

a. 对投标文件进行符合性鉴定。对投标文件进行符合性鉴定包括商务符合性和技术符合性鉴定。投标文件应实质上响应招标文件的要求。所谓实质上响应招标文件的要求，就是指投标文件应该与招标文件的所有条款、条件和规定相符，无显著差异或保留。如果投标文件实质上不响应招标文件的要求，招标人应予以拒绝，并不允许投标人通过修正或撤销其不符合要求的差异或保留，使之成为具有响应性的投标文件。

b. 对投标文件进行技术性评估。对投标文件进行技术性评估主要包括对投标人所报的方案或组织设计、关键工序、进度计划，人员和机械设备的配备，技术能力，质量控制措施，临时设施的布置和临时用地情况，施工现场周围环境污染的保护措施等进行评估。

c. 对投标文件进行商务性评估。对投标文件进行商务性评估指对确定为实质上响应招标文件要求的投标文件进行投标报价评估，包括对投标报价进行校核，审查全部报价数据是否有计算上或累计上的算术错误，分析报价构成的合理性。

如果发现报价数据上有算术错误，如果用数字表示的数额与用文字表示的数额不一致时，以文字数额为准；当单价与工程量的乘积与合价之间不一致时，通常以标出的单价为准，除非评标组织认为有明显的小数点错位，此时应以标出的合价为准，并修改单价。按上述原则调整投标书中的投标报价，经投标人确认同意后，对投标人起约束作用。如果投标人不接受修正后的投标报价，则其投标将被拒绝。

d. 对投标文件进行综合评价与比较。评标应当按照招标文件确定的评标标准和方法，按照平等竞争、公正合理的原则，对投标人的报价、工期、质量、主要材料用量、施工方案或组织设计、以往业绩和履行合同的情况、社会信誉、优惠条件等方面进行综合评价和比较，并与标底进行对比分析，通过进一步澄清、答辩和评审，公正合理地择优选定中标候选人。

9）择优定标，发出中标通知书。评标结束后，招标人根据评标组织提出的书面评标报告和推荐的中标候选人确定中标人，也可以授权评标组织直接确定中标人。定标应当择优，经评标能当场定标的，应当场宣布中标人；不能当场定标的，中小型项目应在开标之后 7 天内定标，大型项目应在开标之后 14 天内定标；特殊情况需要延长定标期限的，应经招标投标管理机构同意。招标人应当自定标之日起 15 天内向招标投标管理机构提交招标投标情况的书面报告。

中标的投标文件应符合下列条件之一。

a. 能够最大限度地满足招标文件中规定的各项综合评价标准。

b. 能够满足招标文件实质性要求，并且经评审的投标价格最低，但投标价格低于成本的除外。

在评标过程中，如发现有下列情形之一，不能产生定标结果的，可宣布招标失败。

a. 所有投标报价高于或低于招标文件所规定的幅度的。

b. 所有投标人的投标文件均实质上不符合招标文件的要求，被评标组织否决的。

如果发生招标失败，招标人应认真审查招标文件及标底，做出合理修改，重新招标。在重新招标时，原采用公开招标方式的，仍可继续采用公开招标方式，也可改用邀请招标方式；原采用邀请招标方式的，仍可继续采用邀请招标方式，也可改用议标方式；原采用议标方式的，应继续采用议标方式。

经评标确定中标人后，招标人应当向中标人发出中标通知书，并同时将中标结果通知所有未中标的投标人，退还未中标的投标人的投标保证金。在实践中，招标人发出中标通知书，通常是与招标投标管理机构联合发出或经招标投标管理机构核准后发出，中标通知书对招标人和中标人具有法律效力。中标通知书发出后，招标人改变中标结果，或者中标人放弃中标项目的，应承担法律责任。

10）签订合同。中标人收到中标通知书后，招标人、中标人双方应具体协商谈判签订合同事宜，形成合同草案。在各地的实践中，合同草案一般需要先报招标投标管理机构审查。招标投标管理机构对合同草案的审查，主要是看其是否按中标的条件和价格拟订。经审查后，招标人与中标人应当自中标通知书发出之日起 30 天内，按照招标文件和中标人的投标文件正式签订书面合同。招标人和中标人不得再另外订立背离合同实质性内容的其他协议。同时，双方要按照招标文件的约定相互提交履约保证金或者履约保函，招标人还要退还中标人的投标保证金。招标人如拒绝与中标人签订合同除双倍返还投标保证金外，还需赔偿有关损失。

履约保证金或履约保函是为约束招标人和中标人履行各自的合同义务而设立的一种合同担保形式。其有效期通常为 2 年，一般直至履行了义务（如提供了服务、交付了货物或工程已通过了验收等）为止。招标人和中标人订立合同相互提交履约保证金或者履约保函时，应注意指明履约保证金或履约保函到期的具体日期，不能具体指明到期日期的，也应在合同中明确履约保证金或履约保函的失效时间。如果合同规定的项目在履约保证金或履约保函到期日未能完成的，则可以对履约保证金或履约保函展期，即延长履约保证金或履约保函的有效期。履约保证金或履约保函的金额，通常为合同标的额的 5％～10％，也有的规定不超过合同金额的 5％。合同订立后，应将合同副本分送各有关部门备案，以便接受保护和监督。

至此，招标工作全部结束。招标工作结束后，应将有关文件资料整理归档，以备查考。

4.2.4　建设工程招标文件构成及编制

招标文件是招标人向投标人发出的旨在向其提供为编写投标文件所需的资料，并向其通报招标投标将依据的规则、标准、方法和程序等内容的书面文件。

4.2.4.1　建设工程招标文件的一般构成

建设工程的招标文件一般由以下七项基本内容构成。

(1) 招标公告或投标邀请书。

(2) 投标人须知（含投标报价和对投标人的各项投标规定与要求）。

(3) 评标标准和评标方法。

(4) 技术条款（含技术标准、规格、使用要求及图纸等）。

(5) 投标文件格式。

(6) 拟签订合同主要条款和合同格式。

(7) 附件和与其他要求投标人提供的材料。

4.2.4.2　建设工程招标项目实质性要求和条件

招标项目所有实质性要求和条件都必须列为招标文件的重要内容。招标人根据项目特点和不同条件情况的不同需求，还有其他许多重要内容必须作为实质性条款列入招标文件。招标文件中必须反映工程项目的实质性要求和条件应当包括：

(1) 明确规定投标保证金的数额、方式和交纳方法。

(2) 明确规定投标有效期和出现特殊情况的处理办法。

(3) 明确规定货物交货期和提供服务的时间。

(4) 明确规定是否允许价格调整及调整方法。

(5) 明确规定是否要求提交备选方案及备选方案的评审办法。

(6) 明确规定是否允许对非主体、非关键工作或货物进行分包及相应要求。

(7) 明确规定是否允许联合体投标及相应要求。

(8) 对采用工程量清单招标的，应当明确规定提供工程量清单及相应要求。

(9) 明确规定各项技术规格是否符合国家技术法规的规定。不得要求或标明特定投标人或者产品，必须引用某个供应者的技术规格才能准确或清楚说明拟招标货物的技术规格时的处理方法。

(10) 明确规定对投标文件的签署及密封要求等。

4.2.4.3　建设工程招标文件的编制要求

按照我国《招标投标法》的规定，招标文件应当包括招标项目的技术要求，对投标人资格审查的标准、投标报价要求和评标标准等所有实质性要求和条件，以及拟签合同的主要条款。建设工程招标文件是由招标单位或其委托的咨询机构编制发布的，既是投标单位编制投标文件的依据，也是招标单位与将来中标单位签订工程承包合同的基础，招标文件中提出的各项要求，对整个招标工作乃至承发包双方都有约束力。建设工程招投标分为许多不同种类，每个种类招标文件编制内容及要求不尽相同，本部分重点介绍施工招标文件的内容和编制要求。

按照国家建设部第 89 号令《房屋建筑和市政基础设施工程施工招标投标管理办法》，工程施工招标应当具备以下条件：

(1) 按照国家有关规定需要履行项目审批手续的，已经履行审批手续。

(2) 工程资金或者资金来源已经落实。

(3) 有满足施工招标需要的设计文件及其他技术资料。

（4）法律、法规、规章规定的其他条件。

在建设部第 89 号令中指出，招标人应当根据招标工程的特点和需要，自行或者委托工程招标代理机构编制招标文件。招标文件应当包括下列内容：

（1）投标须知，包括工程概况，招标范围，资格审查条件，工程资金来源或者落实情况（包括银行出具的资金证明），标段划分，工期要求，质量标准，现场踏勘和答疑安排，投标文件编制、提交、修改、撤回的要求，投标报价要求，投标有效期，开标的时间和地点，评标的方法和标准等。

（2）招标工程的技术要求和设计文件。

（3）采用工程量清单招标的，应当提供工程量清单。

（4）投标函的格式及附录。

（5）拟签订合同的主要条款。

（6）要求投标人提交的其他材料。

根据《招标投标法》和建设部有关规定，施工招标文件编制中还应遵守如下规定：

（1）说明评标原则和评标办法。

（2）投标价格中，一般结构不太复杂或工期在 12 个月以内的工程，可以采用固定价格，考虑一定的风险系数。结构较复杂或大型工程，工期在 12 个月以上的，应采用调整价格。价格的调整方法及调整范围应当在招标文件中明确。

（3）在招标文件中应明确投标价格计算依据。主要包括以下方面：①工程计价类别；②执行的概预算定额及费用定额；③执行的人工、材料、机械设备政策性调整文件等；④材料、设备计价方法及采购、运输、保管的责任；⑤工程量清单。

（4）质量标准必须达到国家施工验收规范合格标准，对于要求质量达到优良标准时，应计取补偿费用，补偿费用的计算方法应按国家或地方有关文件规定执行，并在招标文件中明确。

（5）招标文件中的建设工期应当参照国家或地方颁发的工期定额来确定，如果要求的工期比工期定额缩短 20％以上（含 20％）的，应计算赶工措施费。赶工措施费如何计取应在招标文件中明确。

（6）由于施工单位原因造成不能按合同工期竣工时，计取赶工措施费的须扣除，同时还应赔偿由于误工给建设单位带来的损失。其损失费用的计算方法或规定应在招标文件中明确。

（7）如果建设单位要求按合同工期提前竣工交付使用，应考虑计取提前工期奖，提前工期奖的计算方法应在招标文件中明确。

（8）招标文件中应明确招标准备时间，即从开始发放招标文件之日起，至投标截止时间的期限，最短不得少于 20 天。招标文件中还应载明投标有效期。

（9）在招标文件中应明确投标保证金数额及支付方式。

（10）中标单位应按规定向招标单位提交履约担保，履约担保可采用银行保函或履约担保书。履约担保比率为：银行出具的银行保函为合同价格的 5％；履约担保书为合同价格的 10％。

（11）材料或设备采购、运输、保管的责任应在招标文件中明确，如建设单位提供材料或设备，应列明材料或设备名称、品种或型号、数量，以及提供日期和交货地点等。在招标文件中还应明确招标单位提供的材料或设备计价和结算退款的方法。

（12）关于工程量清单，招标单位按国家颁布的统一工程项目划分，统一计量单位和统一的工程量计算规则，根据施工图纸计算工程量，提供给投标单位作为投标报价的基础。结算拨付工程款时以实际工程量为依据。

（13）合同协议条款的编写，招标单位在编制招标文件时，应根据《合同法》、《建设工程施工合同管理办法》的规定和工程具体情况确定"招标文件合同协议条款"内容。

（14）投标单位在收到招标文件后，若有问题需要澄清，应于收到招标文件后以书面形式向招标单位提出，招标单位将以书面形式或投标预备会的方式予以解答，答复将送给所有获得招标文件的投标单位。

4.3 建设工程施工投标

4.3.1 建设工程施工投标的主要工作

4.3.1.1 研究招标文件

投标单位报名参加或接受邀请参加某一工程的投标，通过了资格审查，取得招标文件之后，首要工作就是认真仔细地研究招标文件，充分了解文件内容和要求，以便有针对性地安排投标工作。研究招标文件，重点应放在投标者须知，合同条款，设计图纸，工程范围以及工程量表上，当然对技术规范要求也要看清楚有无特殊要求。

对于招标文件中的工程量清单，投标者一定要进行校核，因为这直接影响到投标报价及中标机会，如当投标者大体上确定了工程总报价之后，可适当采用报价技巧如不平衡报价法对某些项目工程量可能增加的，可以提高单价，而对某些工程量估计会减少的，可以降低单价。若发现工程量有重大出入的，特别是漏项的，必要时可找业主核对，要求业主认可，并给予书面声明，对于总价固定合同，尤为重要。

4.3.1.2 调查投标环境

投标环境，就是招标工程施工的自然、经济和社会条件，这些条件都是工程施工的制约因素，必然会影响到工程成本，是投标单位报价时必须考虑的，所以在报价前要尽可能了解清楚。

（1）承包商对环境调查的责任。

1）工程合同是在一定的环境条件下实施的。工程环境对工程实施方案、合同工期和费用有直接的影响。工程环境又是工程风险的主要根源。承包商必须收集、整理、保存一切可能对实施方案、工期和费用有影响的工程环境资料。这不仅是工程预算和报价的需要，而且是作施工方案、施工组织、合同控制及索赔的需要。

2）承包商应充分重视和仔细地进行现场考察和环境调查，以获取那些应由投标人自己负责的有关编制投标书和签署合同所需的所有资料，并对环境调查的正确性负责。一旦中标，这种考察即被认为其结果已在投标文件中得到充分反映，由此带来的风险由承包商承担。

3）合同规定只有当出现一个有经验的承包商不能预见和防范的任何自然力的作用，才属于业主风险。

（2）环境调查有极其广泛的内容，包括工程项目所在国、所在地及现场环境。

1）政治方面。包括政治制度，政局的稳定性，国内动乱、骚乱、政变的可能，宗教及其种族矛盾，内战及与外国战争的可能，封锁、禁运等。在国际工程中，应考虑该国与我国政府的关系等。

2）法律方面。了解与工程项目相关的主要法律及其基本精神，如合同法、劳工法、移民法、税法、海关法、外汇管制法、环保法、招标投标法，以及与本项目相关的特殊的优惠或限制政策。

3）经济方面。经济方面所要调查的内容繁多，而且要详细，要做大量的询价工作。包括：

a. 市场和价格。例如建筑工程、建材、劳动力、运输等的市场供应能力、条件和价格水平，生活费用价格，通讯、能源等的价格，设备购置和租赁条件和价格等。

b. 货币，如通货膨胀率、汇率、贷款利率、换汇限制等。

c. 经济发展状况及稳定性，在工程项目实施中有无大起大落的可能。

4）自然条件方面。包括：①气候，如气温、降雨量、雨季分布及天数；②可以利用的建筑材料资源，如砂、石、土壤等；③工程的水文、地质情况、施工现场地形、平面布置、道路、给排水、交通工具及价格、能源供应、通讯等；④各种不可预见的自然灾害的情况，如地震、洪水、暴雨、风暴等。

5）业主的身份（如政府、私营业主等）、经济状况、资信、建设资金的落实情况，业主和工程师能否公平合理地对待承包商等。

6）参加投标的竞争对手情况。如其能力、实绩、优势、基本战略、可能的报价水平。

7）过去同类工程的资料，包括价格水平、工期、合同及合同执行情况、经验和教训等。

8）其他方面。例如当地有关部门的办事效率和所需各种费用，当地的风俗习惯、生活条件和方便程度，当地人的商业习惯、当地人的文化程度、技术水平和工作效率等。

（3）环境调查的要求。有效的环境调查应符合以下要求：

1）保证真实性。反映实际，不可道听途说，特别从竞争对手处或从业主处获得的口头信息，更要注意其可信度。

2）全面性。应包括对工程的实施方案、价格和工期，对承包商顺利的完成合同责任，承担合同风险有重大影响的各种信息，不能遗漏。国外许多大的承包公司制定标准格式，固定调查内容（栏目）的调查表，并由专人负责处理这方面的事务。这样使调查内容完备，使整个调查工作规范化、条理化。

3）环境调查的资料应系统化，建立文档保存。许多资料，不仅是报价的依据，而且是施工计划、实施控制和索赔的依据。

4）承包商对环境的调查不仅要了解过去和目前的情况，还需对将来趋势有合理的预测。

事实上，承包商在中标前不能花很多的时间、精力和费用来做详细的环境调查，所以承包商对现场调查准确性所能负的责任又有一定的限制。但是，可以通过大量施工经验的积累实现对工程项目环境调查的逐步完善。

4.3.1.3　制定施工方案

施工方案是投标报价的一个前提条件，也是招标单位评标时要考虑的因素之一。施工方案应由投标单位的技术负责人主持制定，主要应考虑施工方法，主要施工机具的配置，各工种劳动力的安排，以及现场施工人员的平衡、施工进度、分批竣工的安排和安全措施等。施工方案的制定应在技术、工期和质量等方面对招标单位有吸引力，同时又有助于降低施工成本。

（1）选择和确定施工方法。根据工程类型，研究可以采用的施工方法。对于一般的土方工程、混凝土工程、房建工程、灌溉工程等比较简单的工程，结合已有施工机械及工人技术水平来选定施工方法，努力做到节省开支，加快进度。

对于大型复杂工程则要考虑几种施工方案应综合比较。如水利工程中的施工导流方式，对工程造价及工期均有很大影响。承包商应结合施工进度计划和施工机械设备能力来研究确定。又如地下开挖工程，开挖隧洞或洞室，则要进行地质资料分析，确定开挖方法（用掘进机还是钻孔爆破法等），以及支洞和斜井数量、位置、出渣方法、通风等。

（2）选择施工设备和施工设施。选择施工设备和施工设施的工作一般与制定施工方法同时进行。在工程估价过程中还要不断进行施工设备和施工设施的比较，利用旧设备还是采购新设备，在国内采购还是在国外采购，设备的型号、配套、数量（包括使用数量和备用数量），还应研究哪些类型的机械可以采用租赁办法，特殊、专用的设备折旧率要单独考虑，在订购外国机械时也应注意，订货设备清单中还要考虑辅助和修配用机械，以及备用零件。

（3）编制施工进度计划。编制施工进度计划应紧密结合施工方法和施工设备的选定。施工进度计划应根据招标文件要求而定，提出各时段内应完成的工程量及限定日期。

4.3.1.4　投标计算

投标计算是投标单位对承建招标工程所要发生的各种费用的计算。在进行投标计算时，必须首先根据招标文件复核或计算工程量。作为投标计算的必要条件，应预先确定施工方案和施工进度，投标计算还必须与采用的合同形式相协调。经过严谨的投标计算确定最终的投标报价，投标报价是投标的关键性工作，报价是否合理直接关系到投标的成败。

（1）标价的组成。关于投标价格，除非合同中另有规定，具有标价的工程量清单中所报的单价和合价，以及报价汇总表中的价格应包括施工设备、劳务、管理、材料、安装、维护、保险、利润、税金、政策性文件规定及合同包含的所有风险和责任等各项费用。投标单位应按招标单位提供的工程量计算工程项目的单价和合价。工程量清单中的每一项均需填写单价和合价，投标单位没有填写出单价和合价的项目将予不支付，并认为此项费用已包括在工程量清单的其他单价和合价中。

（2）标价的计算依据。投标报价的计算依据主要包括：

1）招标单位提供的招标文件。

2）招标单位提供的设计图纸及有关的技术说明书等。

3）国家和地区颁发的现行建筑、安装工程预算定额，以及与之相配套执行的各种费用定额等。

4）地方现行材料预算价格、采购地点及供应方式等。

5）因招标文件及设计图纸等不明确经咨询后由招标单位书面答复的有关资料。

6）企业内部制定的有关取费、价格等的规定、标准。

7）其他与报价计算有关的各项政策、规定及调整系数等。

在标价的过程中，对于不可预见费用的计算必须慎重考虑，不要遗漏。

（3）标价的计算过程。计算标价之前，应充分熟悉招标文件和施工图纸，了解设计意图、工程全貌，同时还要了解并掌握工程现场情况，并对招标单位提供的工程量清单进行审核。工程量确定后，即可进行标价的计算。

1）标价的计算可以按工料单价法计算，即根据已审定的工程量，按照定额的或市场的单价，逐项计算每个项目的合价，分别填入招标单位提供的工程量清单内，计算出全部工程直接费。再根据企业自定的各项费用及法定税率，依次计算出间接费、计划利润及税金，得出工程总造价。对整个计算过程，要反复进行审核，保证据以报价的基础和工程总造价的正确无误。

2）标价的计算也可以按综合单价法计算，即所填入工程量清单的单价，应包括人工费、材料费、机械费、其他直接费、间接费、利润、税金，以及材料价差、风险金等全部费用。将全部单价汇总后，即得出工程总造价。

4.3.1.5　把握投标技巧、确定投标策略

正确的投标报价策略对提高中标率并获得较高的利润有重要作用。

（1）报价技巧。投标报价技巧主要包括不平衡报价、零星用工、多方案报价、视不同工程情况对待报价等。

1）不平衡报价。指在总价基本确定的前提下，如何调整项目的各个子项的报价，以期既不影响总报价，又在中标后可以获取较好的经济效益。通常采用的不平衡报价有以下几种情况：

a. 对能早期结账收回工程款的项目（如土方、基础等）的单价可报以较高价，以利于资金周转；对后期项目（如装饰、电气安装等）单价可适当降低。

b. 估计工程量可能增加的项目，其单价可提高；而工程量可能减少的项目，其单价可降低。

上述两点要统筹考虑，对于工程量计算有错误的早期工程，如不可能完成工程量表中的数量，则不能盲目报高单价，需要具体分析后再确定。

c. 图纸内容不明确或有错误，估计修改后工程量要增加的，其单价可提高；而工程内容不明确的，其单价可降低。

d. 没有工程量而只需填报单价的项目（如疏浚工程中的开挖淤泥工作等），其单价宜高。这样，既不影响总的投标价，又可多获利。

e. 对于暂定项目，其实施可能性大的项目，价格可定高价；估计该工程不一定实施的项目则可定低价。

2）零星用工（计日工）。零星用工一般可稍高于工程单价表中的人工单价。原因是零星用工不属于承包总价的范围，发生时实报实销，可多获利。

3）多方案报价。若业主拟定的合同条件要求过于苛刻，为使业主修改合同要求，可准备"两个报价"。并阐明，按原合同要求规定，投标报价为某一数值；倘若合同要求作某些修改，则投标报价为另一数值，即比前一数值的报价低一定百分点，以此吸引对方修改合同条件。

一种情况是自己的技术和设备满足不了原设计的要求，但在修改设计以适应自己施工能力的前提下仍希望中标，于是可以报一个原设计施工的投标报价（高报价）；另一种情况则按修改设计后的方案报价，比原设计施工的标价低得多，以诱导业主采用合理的报价或修改设计。但是，这种修改设计必须符合设计的基本要求。

4）视不同工程情况对待报价。对施工条件差，如场地狭窄，地处闹市的工程；专业要求高的技术密集型工程，而本公司这方面有专业力量，声望也高时；总价低的小工程，以及自己不愿意做而被邀请投标时，不便于不投标的工程。特殊的工程，如港口码头工程、地下开挖工程等；业主对工期要求急的；投标对手少的；支付条件不理想的工程可适当提高报价。

对施工条件好的工程，工作简单、工程量大而一般公司都可以做的工程。如大量的土方工程，一般房建工程等；某公司目前急于打入某一市场、某一地区或虽已在某地区经营多年，但即将面临没有工程的情况，机械设备等无工地转移时；附近有工程而某项目可利用该项工程的劳务、设备时或有条件短期内突击完成的，投标对手多、竞争力强时；非急需工程，支付条件好的，现汇支付的工程可适度降低报价。

（2）投标策略。指承包商在投标竞争中的指导思想与系统工作部署，以及其参与投标竞争的方式和手段。投标策略作为投标取胜的方式、手段和艺术，贯穿于投标竞争的始终，内容十分丰富。在投标与否、投标项目的选择、投标报价等方面，无不包含投标策略。常见的投标策略有：

1）突然袭击法。由于投标竞争激烈，为迷惑对手，有意泄漏一点假情报，如不打算参加投标；或准备投高报价标，表现出无利可图不想干的假象。然而，到投标截止之前数小时，突然前往投标，并压低投标价，从而使对手措手不及。

2）无利润算标。缺乏竞争优势的承包商，在不得已的情况下，只好在算标中根本不考虑利润去夺标。这种办法一般是处于下列条件时采用：

a. 有可能在得标后，将大部分工程分包给索价较低的一些分包商。

b. 对于分期建设的项目，先以低价获得首期工程，而后赢得机会创造第二期工程中的竞争优势，并在以后的实施中赚得利润。

c. 较长时期内，承包商没有在建的工程项目，如果再不得标，就难以维持生存。因此，虽然本工程无利可图，只要能有一定的管理费维持公司的日常运转，就可设法渡过暂时的困难，以图将来东山再起。

3）低投标价夺标法。这是一种非常手段。如企业大量窝工，为减少亏损；或为打入某一建筑市场；或为挤走竞争对手保住自己的地盘，于是制定严重亏损标，力争夺标。

4.3.1.6　投标决策、编制投标书

投标决策的核心是在决策者的期望利润和承担风险之间进行权衡，作出选择。要求决策者广泛、深入地对业主、项目的自然环境和社会环境、项目建设监理及施工投标的竞争对手进行调研，收集信息，做到知己知彼，才能保证投标决策的正确性。投标决策正确与否，关系到能否中标和中标后的效益问题；关系到企业信誉和发展前景，所以必须高度重视。投标决策主要包括三方面内容：

（1）针对项目招标选择是否投标。

（2）倘若选择投标，确定投标的性质。

（3）投标中标后如何采用以长制短，以优胜劣的策略和技巧。

做出投标报价的决策后，投标单位应按招标单位的要求编制投标书，并在规定时间内将投标文件投送到指定地点，并参加开标。

4.3.2　建设工程投标文件构成及编制要求

《招标投标法》第二十七和第三十条对投标文件规定：投标人应当按照招标文件的编制

要求对招标文件提出的实质性要求和条件作出响应。

投标文件是承包商提交的最重要的文件，投标人应按照招标文件的要求填写投标书，在投标截止期前送达业主。

4.3.2.1　投标文件的内容

投标文件是承包商的报价文件，作为一份要约，一般从投标截止期之后，承包商即对它承担法律责任。这个法律责任通常由承包商随投标书提交的投标保函（或保证金）所保证。通常工程投标文件包括以下内容。

（1）投标书。通常是以投标人给业主保证函的形式，保证函由业主在招标文件中统一给定，投标人只需填写数字并签字即可。投标书表明，投标人同意完全接受招标文件的要求，按照总报价金额完成招标文件规定的工程施工、竣工及保修责任，保证在规定的开工日期开工，或保证及时开工，受招标文件和合同条件的约束。投标书的主要内容包括：

1）投标人完全接受招标文件的要求，按照招标文件的规定完成工程施工、竣工及保修责任，并写明总报价金额。

2）投标人保证在规定的开工日期开工，或保证业主（工程师）一经下达开工令则尽快开工，并说明整个施工期限。

3）说明投标报价的有效期。在投标截止期后的一定时间内，投标书一直具有约束力。

4）说明投标书与业主的中标函都作为有法律约束力的合同文件。

5）理解业主接受任何其他标书的行为，业主授标不受最低标限制。

投标书必须附有投标人法人代表签发的授权委托书，委托承包商的代表（项目经理）全权处理投标及工程事务。投标书作为要约文件也应该是无歧义的，即不能有选择性和二义性的结果和语言。

（2）投标书附录。由于投标书是合同文件的组成部分，则投标书的附件也是合同的一部分。通常是以表格的形式，由承包商按照招标文件的要求填写，是对合同文件中一些定量内容的定义。一般包括：履约担保的金额、第三方责任保险的最低金额、开工期限、竣工时间、误期违约金的数额（一般为每天或每周罚款数额或按合同额的一定比例）、误期罚款的最高限额（按合同总额的百分比计）、提前竣工的奖励数额、工程保修期、保留金百分比和限额、每次进度付款的最低限额、拖延付款的利率等。

按照合同的具体要求还可能有外汇支付的额度、预付款数额、汇率、材料价格调整方法等其他说明。

（3）标有价格的工程量表。一般由业主在招标文件中给出，由承包商填写单价和合价后，作为一份报价文件，对单价合同是最终工程结算的依据。报价综合说明。

（4）投标保函。按照招标文件要求的数额，并由规定的银行出具，按投标文件所给出的统一格式填写。

（5）与报价有关的技术文件。主要包括：施工总体方案，具体施工方法的说明，总进度计划，质量保证体系，安全、健康及文明施工保证措施，技术方案优化与合理化建议，施工主要施工机械表，材料表及报价、供应措施，项目组成员名单，项目组织人员详细情况，劳动力计划及点工价格，现场临时设施及平面布置，以及承包商建议使用现场外施工作业区等。

如果承包商承担大部分设计，则还包括设计方案资料（即标前设计），承包商须提供图纸目录和技术规范。

（6）属于原招标文件中的合同条件、技术说明和图纸。承包商将该类文件作为投标文件提出，这表示它们在性质上已属于承包商提出的要约文件。

（7）投标人对投标或合同条件的保留意见或特别说明无条件同意的申明。

（8）按招标文件规定提交的所有其他材料。如资格审查及辅助材料表，法定代表人资格证明书、授权委托书、项目经理及项目组成员的资历证明文件，投标人企业资质、财务状况、现有工程状况、所有设备状况、获奖状况、过去工程状况等证明材料。

（9）有些投标人在投标书后还应附上一些投标的特别说明。

（10）其他如竞争措施和优惠条件。

上述内容中的投标书及附录、合同条件、规范、图纸和报价的工程量表等都属于有法律约束力的合同文件。

4.3.2.2　编制投标文件的要求

（1）准备工作的要求。组织投标班子。确定投标文件编制的人员。

a. 仔细阅读诸如投标须知、投标书附件等各个招标文件。

b. 投标人应根据图纸审核工程量表的分项、分部工程的内容和数量。如发现"内容"、"数量"有误时在收到招标文件 7 日内以书面形式向招标人提出。

c. 收集现行定额标准、取费标准及各类标准图集，掌握政策性文件。

d. 收集工程所在地点劳动力、建筑材料、租赁设备市场行情和工程周围环境条件。

（2）对投标文件的要求。

1）必须明确向招标人表示愿以招标文件的内容 订立合同的意思。

2）必须对招标文件提出的实质性要求和条件作 出响应（包括技术要求、投标报价要求、评标标准等）。

3）必须按照规定的时间、地点提交给招标人。

4）必须按招标文件要求的格式、内容编写投标文件。

4.3.2.3　编制投标文件时应注意的事项

（1）认真仔细研读招标文件。投标单位领取招标文件、图纸和有关技术资料后，应仔细阅读"投标须知"。投标须知是投标单位投标时应注意和遵守的事项。另外，还须认真阅读合同条件、规定格式、技术规范、工程量清单和图纸。

（2）为编制好投标文件和投标报价，应收集现行定额标准、取费标准及各类标准图集。收集掌握政策性调价文件，以及材料和设备价格情况。

（3）投标文件编制中，投标单位应依据招标文件和工程技术规范要求，并根据施工现场情况编制施工方案或施工组织设计。

（4）按照招标文件中规定的各种因素和依据计算报价。并仔细核对，确保准确。在此基础上正确运用报价技巧和策略，并用科学方法作出报价决策。

（5）填写各种投标表格。招标文件所要求的每一种表格都要认真填写，尤其注意需要签章的部分，一定按要求完成，否则有可能会因此而导致废标。

（6）如招标文件规定，投标保证金为合同总价的某百分比时，开投标保函不要太早，以防泄漏己方报价。但也有投标商提前开出并故意加大保函金额，用来麻痹竞争对手。

(7) 所有投标文件应按招标文件要求的方式分装、贴封，投标商要在每一页上签字，较小工程可装成一册，大、中型工程（或按业主要求）可分下列几部分封装。

1) 有关投标者资历等文件。如投标委任书，证明投标者资历、能力、财力的文件，投标保函，投标人在项目所在国注册证明，投标附加说明等。

2) 与报价有关的技术规范文件。如施工规划、施工机械设备表、施工进度表、劳动力计划表等。

3) 报价表。包括工程量表、单价、总价等。

4) 建议方案的设计图纸及有关说明。

5) 备忘录。

4.4　建设工程开标评标管理

4.4.1　开标

4.4.1.1　开标过程

《招标投标法》第三十六条规定，开标时，由投标人或者其推选的代表检查投标文件的密封情况，也可以由招标人委托的公证；经确认无误后，由工作人员当众拆封，宣读投标人名称、投标价格和投标文件的其他主要内容。招标人在招标文件要求提交投标文件的截止时间前收到的所有投标文件，开标时都应当众予以拆封、宣读。开标过程应当记录，并存档备查。开标过程包括：

(1) 宣布参会供应承包商代表名单。

(2) 当众验明投标文件密封情况。

(3) 宣读所有投标文件的有关内容并作记录存档。

(4) 投标人就唱标内容发布异议。

(5) 公证人员宣布公证词。

开标时，首先应该当众检查投标文件的密封情况，招标人委托公证机构的，可由公证机构检查并公证。一般情况下，投标文件是以书面形式、加具签字并装入密封信袋内提交的。因此无论是邮寄还是直接送到开标地点，所有的投标文件都应该是密封的。这是为了防止投标文件在未密封状况下失密，从而导致相互串标，更改投标报价等违法行为的发生。只有密封的投标，才被认为是形式上合格的投标（即是否实质上符合招标文件的要求暂且不论），才能被当众拆封，并公布有关的报价内容。投标文件如果没有密封，或发现曾被拆开过的痕迹，应被认定为无效的投标，应不予宣读。

为了保证投标人及其他参加人了解所有投标人的投标情况，增加开标程序的透明度，所有投标文件（指在招标文件要求提交投标文件的截止时间前收到的投标文件）的密封情况被确定无误后，应将投标文件中投标人的名称、投标价格和其他主要内容向在场者公开宣布。考虑到同样的目的，还需将开标的整个过程记录在案，并存档备查。

开标记录一般应记载下列事项，由主持人和其他工作人员签字确认：

(1) 案号。

(2) 招标项目的名称及数量摘要。

（3）投标人的名称。

（4）投标报价。

（5）开标日期。

（6）其他必要的事项。

4.4.1.2 开标时的无效标类型

在开标时，投标文件出现下列情形之一的，应作为无效投标文件，不得进入评标。

（1）投标文件未按照招标文件的要求予以密封的。

（2）投标文件中的投标函未加盖投标人的企业及企业法定代表人印章的，或者企业法定代表人委托代理人没有合法、有效的委托书（原件）及委托代理人印章的。

（3）投标文件的关键内容字迹模糊、无法辨认的。

（4）投标人未按照招标文件的要求提供投标保函或者投标保证金的。

（5）组成联合体投标的，投标文件未附联合体各方共同投标协议的。

4.4.2 评标

4.4.2.1 评标委员会

《招标投标法》第三十七条规定：评标由招标人依法组建的评标委员会负责。依法必须进行招标的项目，其评标委员会由招标人的代表和有关技术、经济等方面的专家组成，成员人数为五人以上单数，其中技术、经济等方面的专家不得少于成员总数的三分之二。专家应当从事相关领域工作满八年并具有高级职称或者具有同等专业水平，由招标人从国务院有关部门或者省、自治区、直辖市人民政府有关部门提供的专家名册或者招标代理机构专家库内的相关专业的专家名单中确定。一般招标项目可以采取随机抽取方式，特殊招标项目可以由招标人直接确定。与投标人有利害关系的人不得进入相关项目的评标委员会，已经进入的应当更换。评标委员会成员的名单在中标结果确定前应当保密。

招标人应当采取必要的措施，保证评标在严格保密的情况下进行。任何单位和个人不得非法干预、影响评标的过程和结果。评标委员会可以要求投标人对投标文件中含义不明确的内容做必要的澄清或者说明，但是澄清或者说明不得超出投标文件的范围或者改变投标文件的实质性内容。评标委员会应当按照招标文件确定的评标标准和方法，对投标文件进行评审和比较，设有标底的，应当参考标底。评标委员会完成评标后，应当向招标人提出书面评标报告，并推荐合格的中标候选人。招标人根据评标委员会提出的书面评标报告和推荐的中标候选人确定中标人。招标人也可以授权评标委员会直接确定中标人。国务院对特定招标项目的评标有特别规定的，从其规定。

4.4.2.2 评标方法

建设工程施工招投标常用的评标办法有两种：经评审的最低投标价法和综合评标法两种。

（1）经评审的最低投标价法。经评审的最低投标价法是以价格加上其他因素为标准进行评标的方法。按该方法评标，首先将报价以外的商务部分数量化，并以货币折算成价格与报价一起计算，形成评标价，然后以此价格按高低排出次序。该方法能够满足招标文件的实质性要求，"评标价"最低的投标应当作为中选投标。评标价是按照招标文件的规定，对投标价进行修正、调整后计算出的标价。在评标过程中，用评标价进行标价比较。评标价仅是为投标文件评审时比较投标人能力高低的折算值，与中标人签订合同时，仍以中标人投标价格为准。

采用经评审的最低投标价法，中标人的投标应当符合招标文件规定的技术要求和标准，但评标委员会无需对投标文件的技术部分进行价格折算。经评审的最低投标价法一般适用于具有通用技术、性能标准或者招标人对其技术、性能没有特殊要求的招标项目。根据经评审的最低投标价法完成详细评审后，评标委员会拟订一份"标价比较表"，连同书面评标报告提交招标人。

最低评标价法作为国际上最常用的评标方法，主要优点有：

1）能较大程度节约资金，提高资金使用效率。

2）遏止腐败现象，规范市场行为。三是有利于企业走向国际市场。四是提高企业的经营能力和管理水平。

最低评标价法也存在一些问题：

1）价格最低，并不能保证服务和质量最优。

2）是投标供应商有危机感。风险太大了，供应商会心有顾虑。

3）成本价不易界定，是最低评标价法受到质疑的核心问题。

总之，经评审的最低投标价法主要适用于具有通用技术、统一的性能标准，并且施工难度不大，招标金额较小或实行清单报价的建设工程施工招标项目。

（2）综合评标法。该方法主要适用于技术复杂大、施工难度较大、设计结构安全的建设工程招标项目。综合评标法有定量综合评标法和定性综合评标法两种方式。定量综合评标法采用综合评分的方法选择中标人，根据报价、工期、质量、信誉等因素综合评议投标人，选择综合评分最高的投标人为中标人。定性综合评标法是指在无法把报价、工期、质量等诸多因素定量化打分的情况下，评标人根据经验判断投标方案优劣的评标方法。

综合评标法具有更科学、更量化的优点，主要表现在：

1）引入权值的概念，评标结果更具科学性。

2）有利于发挥评标专家的作用。

3）有效防止低价的不正当竞争。

综合评标法也存在一些不足，主要有：

1）评标因素及权值难以合理界定。评标因素及权值确定起来比较复杂，用户往往希望产品性能占较高权值，财政部门往往希望价格占较高权值，真正做到科学合理更为不易。

2）评标专家不适应。由于专家组成员属临时抽调性质，在短时间内让他们充分熟悉被评项目资料，全面正确掌握评价因素及其权值，有一定的困难。

3）赋予了评委较大的权力，由于评委的业务水平不尽相同，如果对评委没有有效的约束，就有可能出现"人情标"。

4.4.3 定标和中标通知

4.4.3.1 定标

定标是指招标人最后决定中标人的行为。《工程建设项目施工招标投标办法》第五十七条规定：评标委员会推荐的中标候选人应当限定在一～三人，并标明排列顺序。招标人应当接受评标委员会推荐的中标候选人，不得在评标委员会推荐的中标候选人之外确定中标人。第五十八条规定：依法必须进行招标的项目，招标人应当确定排名第一的中标候选人为中标人。排名第一的中标候选人放弃中标、因不可抗力提出不能履行合同，或者招标文件规定应当提交履约保证金而在规定的期限内未能提交的，招标人可以确定排名第二的中标候选人为中标人。排名第二的中标候选人因前款规定的同样原因不能签订合同的，招标人可以确定排名第三的中标候选人为中标人。招标人可以授权评标委员会直接确定中标人。国务院对中标人的确定另有规定的，从其规定。

评标委员会完成评标后，应当向招标人提出书面评标报告，并推荐合格的中标候选人。招标人根据评标委员会提出的书面评标报告和推荐的中标候选人确定中标人。招标人也可以授权评标委员会直接确定中标人。

4.4.3.2 中标通知书

中标人确定后，招标人应当向中标人发出中标通知书，并同时将中标结果通知所有未中标的投标人。中标通知书对招标人和中标人具有法律效力。中标通知书发出后，招标人改变中标结果的，或者中标人放弃中标项目的，应当依法承担法律责任。招标人和中标人应当自中标通知书发出之日起三十日内，按照招标文件和中标人的投标文件订立书面合同。招标人和中标人不得再行订立背离合同实质性内容的其他协议。招标文件要求中标人提交履约保证金的，中标人应当提交。

4.5 施工招标投标中常用的表格和格式

4.5.1 某大学施工招标公告（范例）

施 工 招 标 公 告

招标编号： 施招字（ ）第 00 号

招标人决定将本次公告的工程项目的施工通过公开招标方式择优选定施工承包人，现将招标有关事宜公告如下：

（1）招标人名称： ××大学

（2）招标人地址：

邮政编码：

（3）招标代理机构名称：

（4）招标代理机构地址：

邮政编码：

（5）招标项目名称：××大学新校区校门

（6）招标项目地点：

（7）招标项目实施时间： 年 月至 年 月

（8）招标项目结构、数量： / 性质、用途：含大门、门卫、道路，投资额：约 万元人民币；建筑规模：室外配套工程包括大门、门卫、道路、室外综合管线

（9）本次招标，招标人将采用 资格后审的方法确定合格投标人。凡有意参加本次投标的投标人申请人，不必提交任何证明手续均可购买招标文件，并按照本招标工程项目资格后审文件要求提出资格后审申请。

（10）参加本次资格后审的投标申请人必须具备的条件：具备房屋建筑工程施工总承包三级及以上且具备承担招标工程项目能力的具有法人资格的建筑企业或联合体。

（11）报名、获取招标文件时间： 年 月 日至 年 月 日每天上午 时至 时，下午 时至 时；

地点：市建设工程交易中心（地址： ）。

 年 月 日至截标前可到工程招标有限公司购买招标文件（地址： ）。

（12）招标文件每套售价 元人民币，图纸每份售价 元人民币，售后不退。

（13）有关本项目招投标的其他事宜，请与招标人或招标代理机构联系。

（14）本次招标的联系人：；电话： ；传真： ；招标人： ××大学；招标代理机构：A工程招标有限公司。

法定代表人或其委托代理人： （签字或盖章）。

4.5.2 某大学施工招标文件（范例）

4.5.2.1 投标须知前附表（如表4-1所示）

表 4-1　　　　　　　　　　　　投 标 须 知 前 附 表

项目	条款号	内容	规　定
1	1.1	工程名称	××大学新校区校门
2	1.1	建设地点	××大学新校区
3	1.1	建设规模	本工程及室外配套工程包括大门、门卫、道路、室外综合管线。造价约 万
4	1.1	质量标准要求	合格
5	1.1	工期要求	本工程发包人要求建设工期（中标合同工期）为 日历日。计划开工日期： 年 月，竣工日期：按合同约定
6	2.1	招标范围	1. 招标范围文字描述：本工程招标范围包括施工图范围内所有土建、水、电安装及室外配套工程 2. 招标项目内容详见施工图纸及工程量清单
7	3.1	资金来源	
8	4.2	资格审查办法	采用资格 后 审方法
9	12.1	工程报价方式	采用： 工程量清单计价采用综合 单价法
10	14.1	投标有效期	为：＿＿＿90＿＿＿日历日（从投标截止之日算起）
11	15.1 15.2	投标担保要求	1. 本招标工程项目投标担保金数额为 万元人民币。应用转账方式提交投标保证金，投标保证金转入的银行账户资料为：开户单位： 开户行： ，账号： 2. 投标保证金的缴交时间确认以银行受理回单上加盖公章的日期为准
12		勘察现场	本工程招标人不组织投标预备会（答疑会）和踏勘项目现场活动，投标人认为有必要的可自行踏勘项目现场

项目	条款号	内容	规 定
13	16.1	投标答疑	本工程招标人不组织踏勘现场及投标答疑会，投标人在阅读招标文件和踏勘项目现场中若存在疑问，应在年 月 日上午 前，将投标疑问以书面的形式传递至招标代理机构： ，或通过电子邮件发送至以下邮箱 _____ 联系电话： 传真： 投标人传递的书面投标疑问应列明招标项目名称和招标项目编号，但不得署名
14	17.1	投标替代方案	本工程不允许投标人提交替代方案
15	18.1	投标文件份数	正本一份，副本一份
16	20.1	投标文件递交地点及递交起止时间	地点：市建设工程交易中心 时间： 年 月 日上午 时起至 年 月 日上午 时止（投标文件递交截止时间即为投标截止时间） 投标人在递交投标文件时，须提交购买招标文件（含图纸）的收款收据原件，否则其投标文件将被拒绝
17	22.1	开标地点及时间	地点： 时间：投标截止时间的同一时间
18	28	随机抽取中标候选人的地点和时间	1. 地点： 2. 时间：详见《评标结果公示》
19	30.1	履约担保金额 低价风险担保金	1. 履约担保金额为合同价款的，币种为人民币。 2. 招标人认可的担保机构：
20	31.1	支付担保要求	招标人向中标人提交不少于合同价的工程款支付担保，但如属财政性投融资建设项目除外

4.5.2.2 投标文件组成（具体条款略，参见 GF-2013-0201 示范文本）

（1）本投标须知。

（2）投标邀请书。

（3）合同条件。

（4）专用条款。

（5）技术要求（按国家现行的有关建筑安装工程技术规程、规范及本工程设计文件要求执行）。

（6）设计文件。

（7）工程地质报告。

（8）工程清单及报价表。

（9）部分投标文件格式。授权委托书、投标书、企业近三年来完成的代表性工程一览表、施工现场项目部人员配备计划一览表、现场配备的施工机具一览表。

4.5.2.3 附件

附件 1 承包人承揽工程项目一览表

单位工程名称	建筑面积（m²）	结构	层数	工程造价（万元）	开工日期	竣工日期
××大学新校区校门				约		

附件 2 发包人供应材料设备一览表

序号	材料设备品种	规格型号	单位	数量	单价	质量等级	供应时间	送达地点	备注

附件 3 房屋建筑工程质量保修书

附件 4 市建设工程招标投标报价最低控制线标准

一、材料价格按材料类别划分与市造价站发布的材料市场信息综合价格相比下浮最低控制线标准（如表 4-2 所示）。

表 4-2 下浮最低控制线标准

序号	材料设备类别	最低控制线标准（%）	序号	材料设备类别	最低控制线标准（%）
1	水泥类、外加剂	9	19	管件及配件	28
2	木材、竹材	15	20	法兰	27
3	黑色金属类	10	21	阀门	30
4	有色金属	12	22	暖卫器具	30
5	金属制品	17	23	通风空调器材	27
6	建筑五金类	22	24	电线、电缆、网线	18
7	砌块、砖、瓦	8	25	线槽、桥架及架空线路器材	27
8	建筑石、砂、灰、石膏	9	26	仪表及附件	17
9	饰面材料	27	27	高低压电器	30
10	建筑门窗	12	28	日用电器	30
11	玻璃与陶瓷	18	29	灯具及配件	20
12	建筑塑料及橡胶	14	30	消防系统	30
13	建筑油漆、涂料及胶剂	22	31	电讯器材	30
14	化工材料	20	32	楼宇智能器材	30
15	其他防腐材料	18	33	设备类	30
16	其他吸音、保温隔热、耐火材料	27	34	其他材料	30
17	其他防水材料	22	35	混凝土、砂浆配合比材料及预制件	10
18	管材	28	36	苗木	30

二、分部分项工程费及技术措施费中可竞争费用的最低控制线标准（如表 4-3 所示）

表 4-3 竞争费用的最低控制线标准

项目名称	人工、材料、机械台班消耗能	人工单价	机械台班	企业管理	利润率
最低控制线标准（%）	0	0	2	3	4

三、其他措施费中各项可竞争费用的最低控制线标准（如表 4-4 所示）

表 4-4　　　　　　　　　　　　　最 低 控 制 线 标 准

项目名称	赶工措施费	夜间施工、已完工程保护、风雨季施工增加费、生产工具用具使用费、工程点交、场地管理费
最低控制线标准（%）	2	3

4.5.3　某大学施工资格后审报告（范例）

建设工程施工招标投标资格后审报告

招标编号：　　　　　施招字（　　）第 00 号

工程名称：　　　　　××大学新校区校门

资格后审工作简介

本工程施工招标投标资格后审委员会受招标人的委托，自　年　月　日下午　　时　分起至　年　月　日下午　　时　　分止，完成了本工程设计招标投标资格后审的全部工作，现将资格后审工作情况和后审结果向招标人报告如下：

（1）资格后审评审委员会在资格后审前组建，成员名单详见表 4-5。

（2）在资格后审前，评审委员会已详细研究了本工程设计招标投标资格后审文件及其他有关资料，获取了招标工程的基本情况信息并摘录之，详见表 4-6。

（3）本工程设计招标正式提交资格后审申请书的申请人共　　家，详见招标人提供的资格后审申请书递交登记表（表 4-7）。

（4）评审委员会指派专人负责相关证书、证明材料文件原件的审查检验工作，验证结果见表 4-8。

（5）验证工作结束后，评审委员会按照本工程资格后审评审标准对各投标申请人进行必要合格条件和附加合格条件的评审，评审情况详见表 4-9。

（6）在评审过程中，对不明确的后审材料内容，已提请招标人要求投标申请人进行必要的澄清、核实与补充，详见表 4-10。

（7）根据资格后审文件有关规定要求，确定了参加本工程施工招标投标的合格（入围）投标人短名单，详见表 4-11。

评审委员会成员签字：

　　　　　　　　　　　　　　　　　　　签字日期：　　年　　月　　日

表 4-5　　　　　　　　　资格后审评审委员会成员名单表

姓名	工作单位	职务	职称	专业	评审分工
备注	无				

共＿＿＿人

表 4 - 6   招标项目基本情况表

工程名称	××大学新校区校门	招标人	××大学
建设地点	××大学新校区	招标代理机构	工程招标有限公司
建设规模	投资额约　万元	投资额	约　万元人民币
资金来源		招标方式	公开招标
要求投标人资质等级	具备房屋建筑工程施工总承包三级及以上且具备承担招标工程项目能力的具有法人资格的建筑企业或联合体	项目经理资历要求	详见招标文件附件

招标项目概述：

工程名称：××大学新校区校门

工程内容：该项目位于××大学新校区，室外配套工程包括大门、门卫、道路、室外综合管线。工程造价约　万元

表 4 - 7   资格后审申请书递交登记表

序号	投标申请人	递交人签字确认	联系电话	投标保证金形式

表 4 - 8   相关证书、证明资料文件原件审查验证情况表

编号	申请人	授权委托书	营业执照	资质证书	有关人员	存在主要问题	备注

验证人员：   验证日期：　　　年　　月　　日

注　评审委员会审查验证时，在对应栏中打"√""×"或划"斜线"。打"√"表示能提交原件且原件与申请资料中复印件的内容相符，打"×"表示未能提交原件或原件与申请资料中复印件的内容不相符或不齐全，打"×"的评委应在表中说明具体理由，对表中评审不要求的项目请划"斜线"。

表 4 - 9   资格后审合格条件评审表

序号	评审内容\申请人	法人资格	市场准入资格	施工资质条件	联合体投标	分包情况	财务能力	信誉履约情况	资格后审申请书签字、盖章情况	有关人员劳动合同、社保情况	未能通过资格后审合格条件评审的具体理由说明	评审结果

注 某一条件符合者在相应栏中打"√",不符合打"×";所有条件均符合,即通过必要合格条件评审,在"评审结果"栏中打"√";只要某一条件不符合,即未通过必要合格条件评审,在"评审结果"栏中打"×"。

表 4 - 10   投标文件补正情况一览表

投标人名称:

序号	投标文件细微偏差内容	补正情况

投标人签字确认:	评委签字确认:

表 4 - 11　　　　　　　　　合格（入围）的投标人名单

编号	投标人	资质等级	法定代表人	项目经理主要人选		项目经理替补人选		备注
				姓名	项目数	姓名	项目数	
评委签字：								

注　"项目数"系指拟派项目经理目前同时担任的在建工程项目数。

本章复习思考题

1. 请阐述建设工程招标的定义及种类。
2. 建设工程招标文件的主要内容有哪些？
3. 请阐述建设工程招标程序。
4. 建设工程投标准备工作有哪些？
5. 请阐述建设工程投标文件构成及编制。
6. 案例分析。

资料1：某大型工程项目由政府投资建设，业主委托某招标代理公司代理施工招标。招标代理公司确定该项目采用公开招标方式招标，招标公告在当地政府规定的招标信息网上发布。招标文件中规定：投标担保可采用投标保证金或投标保函方式担保，评标方法采用经评审的最低投标价法，投标有效期为60天。

业主对招标代理公司提出如下要求：为了避免潜在的投标人过多，项目招标公告只在本市日报上发布，且采用邀请招标方式招标。

项目施工招标信息发布以后，共有12家潜在的投标人报名参加投标。业主认为报名参加投标的人数太多，为减少评标工作量，要求招标代理公司仅对报名的潜在投标人的资质条件、业绩进行资格审查。

开标后发现：

（1）A投标人的投标报价为8000万元，为最低投标价，经评审后推荐其为中标候选人。

（2）B投标人在开标后又提交了一份补充说明，提出可以降价5%。

（3）C投标人提交的银行投标保函有效期为70天。

（4）D投标人投标文件的投标函盖有企业及企业法定代表人的印章，但没有加盖项目负责人的印章。

（5）E投标人与其他投标人组成了投标联合体，附有各方资质证书，但没有联合体共同投标协议书。

（6）F 投标人的投标报价最高，故 F 投标人在开标后第二天撤回了其投标文件。

经过标书评审，A 投标人被确定为中标候选人。发出中标通知书后，招标人和 A 投标人进行合同谈判，希望 A 投标人能再压缩工期、降低费用。经谈判后双方达成一致：不压缩工期，降价 3%。

请回答下列问题：

（1）业主对招标代理公司提出的要求是否正确？为什么？

（2）分析 A、B、C、D、E 投标人的投标文件是否有效？说明理由。

（3）F 投标人的投标文件是否有效？对其撤回投标文件的行为应如何处理？

（4）该项目施工合同应该如何签订？合同价格应是多少？

资料 2：某大型重点工程项目由某区投资建设，业主委托某招标代理公司代理施工招标。业主对招标代理公司提出如下要求：为避免潜在投标人太多，项目招标公告只在本市日报上发布，采用邀请招标方式招标。评标方法采用经评审的最低投标法，投标有效期从招标公告发布之日起计算为 60 天。

项目施工招标信息发布后，共有 8 家潜在的投标人报名参加投标并购买招标文件，招标文件规定，5 月 7 日上午 9 时是投标截止时间。4 月 28 日，招标代理感受下发招标文件补充说明，将原招标清单中建筑外墙铝合金窗改为塑钢窗。评标委员会由 5 人组成，其中 1 人为甲方代表，1 人为招标投标办公室副主任，另 3 人从专家库中随机抽取。

请思考下列问题：

（1）业主对招标代理公司提出的要求存在哪些问题？正确的做法是什么？

（2）如果投标人少于 3 人，应如何处理？

（3）招标代理公司对招标文件进行补偿是否妥当？说明理由。

（4）评标委员会的组成是否正确？说明理由。

本章案例

【案例 4 - 1】　认真通读招标文件

我国某建筑公司，1996 年承建加勒比海一幢办公楼工程项目，以当地货币计价合同额为 690 万元，折合美元为 345 万元。在办理工程保险时发现，投标报价中有一项较大失误，即对该项工程的工程险费用，只按通常项目（投标总额）千分之四保费率报价。

该工程项目的招标文件有一条特别规定，对与该项目相邻的一幢商场旧建筑物，在实施该项目期间要求承包商按 1500 万元的财产险对其投保。

编制标价过程中，只按一般常规项目考虑，导致多支出保险费 66 000 元，接近合同总价的 1%。

后来该工程项目设计变更，工程量增加，延长 8 个月工期，工程延长期间，工程保险费由业主承担。

2003 年 3 月，在加勒比海地区某岛国承建一项办公楼项目，招标文件对铺贴地面瓷砖黏结剂有特殊的防水要求。

在过去承揽该国项目中，所有铺贴室内地面瓷砖的黏结剂材料，按照招标文件规定都是普通黏结剂。报价员据此认为铺贴室内地面瓷砖是一项极其常规工作，又是普通办公楼项目，遂按照常规市场材料价格编制铺贴室内地面瓷砖的子项工程单价。

开始铺贴瓷砖前 2 周，业主咨询建筑师突然要求提供瓷砖黏结剂产品质量保证说明书，指出用于铺贴室内地面瓷砖的黏结剂一定要符合英国 AAA 防水剂标准。查阅招标文件，在工程量清单中只规定在使用黏结剂之前要经过建筑师批准后才可以使用。而在原招标文件的技术说明中，却规定了地面瓷砖的黏结剂质量要求应符合英国 AAA 防水黏结剂标准。承包商在投标报价准备阶段忽略了该项技术说明内容。

承包商向当地坚持供货商询价，报价英国 AAA 防水黏结剂 62.36 美元/袋，而当地普通黏结剂价格为 8.54 美元/袋，重量都是 25 磅/袋，其价格相差 53.82 美元/袋。测算工程项目大约共需 537 袋地面瓷砖黏结剂。

如果使用英国 AAA 防水黏结剂，承包商将损失 29 901.34 美元，约占该工程项目合同总价的 0.82%，相当于一般工程项目通常利润（5%）的 1/6。

鉴于这两种黏结剂存在着很大的价格差异，并将严重影响到本工程的实际成本，承包商请当地建筑材料供应商寻找到一个可以替代的美国产品。经与业主咨询建筑师商谈，同意使用美国产品，其价格为 31.23 美元/袋，与普通黏结剂价差为 22.69 美元/袋，承包商损失 12 184.53 美元。

【案例 4-2】　低于成本报价竞标被确认无效

某年 5 月，某制衣公司准备投资 600 万元兴建一幢办公兼生产大楼。该公司按规定公开招标，并授权由有关技术、经济等方面的专家组成的评标委员会直接确定中标人。招标公告发布后，共有 6 家建筑单位参加投标。其中一家建筑工程总公司报价为 480 万元（包工包料），在公开开标、评标和确定中标人的程序中，其他 5 家建筑单位对该建筑工程总公司报送 480 万元的标价提出异议，一致认为该报价低于成本价，属于以亏本的报价排挤其他竞争对手的不正当竞争行为。评标委员会经过认真评审，确认该建筑工程总公司的投标价格低于成本，违反了《招标投标法》有关规定，否决其投标，另外确定中标人。

案例评析

这是一起因投标人以低于成本的报价竞标而被确认无效的实例。招标投标是在市场经济条件下进行大宗货物的买卖、工程建设项目的发包与承包，以及服务项目的采购与提供时所采用的一种交易方式。为维护正常的投标竞争秩序，《招标投标法》第 33 条规定："投标人不得以低于成本的方式投标竞争。"这里所讲的低于成本，是指低于投标人为完成投标项目所需支出的"个别成本"。由于每个投标人的管理水平、技术能力与条件不同，即使完成同样的招标项目，其个别成本也不可能完全相同。管理水平高、技术先进的投标人，生产、经营成本低，有条件以较低报价参加投标竞争，这是其竞争实力强的表现。招标的目的，正是为了通过投标人之间竞争，特别在投标报价方面的竞争，择优选择中标者。因此，只要投标人的报价不低于自身的个别成本，即使是低于行业平均成本，也是完全可以的。

《招标投标法》第四十一条规定，中标人的投标应当符合下列条件之一：

（1）能够最大限度地满足招标文件中规定的各项综合评价标准。

（2）能够满足招标文件的实质性要求，并且经评审的投标价格最低，但是投标价格低于成本的除外。

据此,《招标投标法》禁止投标人以低于其自身完成投标项目所需成本的报价进行投标竞争。法律做出这一规定的主要目的有 2 个。

(1) 为避免出现投标人在以低于成本的报价中标后,再以粗制滥造、偷工减料等违法手段不正当降低成本,挽回其低价中标的损失,最终给工程质量造成危害。

(2) 为了维护正常的投标竞争秩序,防止投标人以低于成本的报价进行不正当竞争,损害其他以合理报价进行竞争的投标人的利益。

前沿探讨

20 世纪 80 年代,我国的招标机构主要有中机、中技、中化和中仪等经贸部系统的大型国有招标机构,承担世界银行等国际金融组织贷款以及外国政府贷款项目的招投标业务。20世纪 80 年代后期,各省、市、自治区也纷纷成立了招标公司承担地方性采购项目的招投标业务,部分政府部门根据本系统业务发展需要也相继成立了招标公司。20 世纪 90 年代,招标机构增长迅速,与工程建设有关的系统纷纷各自设立设计招标、建设工程招标、设备材料招标、监理招标等机构,如商务部系统成立了国际工程咨询招标机构和政府对外援助工程招标机构,财政系统成立政府采购招标机构等。

招标机构膨胀必然带来工程建设项目招标业务的竞争,随之而来的弊病就是操作上的不规范。招标机构膨胀也带来招标组织管理人才和技术人员的严重缺乏和素质下降。笔者曾参加过一次区级采购中心组织的评标工作,招标文件发售之前未经有关专家审查,开标后招标工作人员要求评标专家现场制定评标办法,招标机构如此草率地开展工作,会产生什么后果可想而知。

2005 年后,工程建设项目招标代理机构和公司迅速发展,一部分非建筑专业的工程项目业主可以委托招标代理机构组织工程项目招投标。但是由于招标代理机构门槛不高,现在已呈过多过滥的趋势,继而也造成招标业务管理人才和技术人员的严重缺乏和素质下降。在某地的一次工程项目评标时,5 名专家评标工作的全过程仅用了 2h,其中填表签字就占去了0.5h。该项目标书评审项目共有 13 项之多,各项目内容之间多有交叉重复,但是却偏偏缺少"工、料、机"等 3 项施工基本要素的评审内容项目,这明显反映出有关的招标代理人员缺乏工程建设项目管理的基本常识。

与此同时,目前项目招投标运作适用的工程建设项目范围很广,其中绝大多数项目是常规工程建设工程,但所有项目均按照相同的规定程序组织招投标,存在运作程序繁杂、周期长和招标采购浪费严重的问题,违背了通过公开招标采购最大限度合理降低成本的本意。

招标采购成本增高主要由两个方面因素造成。一方面是项目业主的采购招标成本和投标单位的投标成本投入均较高。现有制度规定内的工程建设项目必须招标采购,其他工程项目也由于相关的行政规定被强制纳入招标范围。项目业主必须履行规定的程序,安排人员和资金费用组织招标或委托招标代理机构组织招标;参与投标的各企业为准备投标也需安排人员并投入资金组织投标,如果中标还需交纳中介服务费,投标方的一切费用肯定会记入投标价之中。实践中确实发生过投标产品中标价高于直接采购报价的情况。另一方面项目招标采购的社会成本也较高,招标采购无论有多少投标单位参与,最终的中标单位只有一个,其余投标单位要自行承担全部的投标运作投入，而这方面的投入损失投标单位会通过其他形式或其他工程项目向社会索回。工程施工项目招标中经常会有数十家企业竞投一个项目的情况，有些招标组织者甚至不得不采用抽签的方法进行选择。项目评标过程中，多数投标单位精心组织编制的大量装帧精美的投标文件在几个小时内变成一堆废纸，意味着投标单位有很多运作资源的投入付之东流。

第5章 建设工程施工合同

―――― 本章摘要 ――――

施工合同是工程建设过程中投资额最高、参与方最多、周期最长且不可预见事件最容易发生的环节。本章将着重介绍建设工程施工合同的概念、特点及我国施工合同的主要内容。还将对《建设工程施工合同示范文本》（GF-2013-0201）和《FIDIC 施工合同条件》进行简要介绍。

5.1 建设工程施工合同概述

5.1.1 建设工程施工合同概念

建设工程施工合同简称施工合同，是发包人（建设单位、业主或总包单位）与承包人（施工单位）之间，就完成具体工程项目的建筑施工、设备安装、设备调试、工程保修等工作内容，确定双方权利、义务关系的协议。

施工合同又称建筑安装工程承包合同。建筑是指对工程进行营造的行为，安装主要是指与工程有关的线路、管道、设备等设施的装配。依照施工合同的约定，承包人应完成一定的建筑、安装工程任务，发包人应提供必要的施工条件并支付工程价款。施工合同是一种劳务合同，在订立时应遵循自愿、公平、诚信等原则。

施工合同是建设工程中最重要也最复杂的合同，因为在工程项目中持续时间长、标的物复杂、价格高，在整个建设工程体系中起主干合同的作用。施工合同是在工程建设过程中进行质量控制、进度控制、投资控制的主要依据。在市场经济条件下，建设市场主体之间形成的权利、义务关系主要通过合同确立，因此在建设领域加强对施工合同的管理十分重要。国家立法机关、国务院、国家建设行政管理部门都十分重视施工合同的规范工作，1999 年 10 月 1 日生效实施的《合同法》对建设工程合同有专章规定，《建筑法》、《招标投标法》、《建设工程施工合同管理办法》等也有许多涉及建设工程施工合同的规定，成为我国建设工程施工合同订立和管理的重要依据。为了规范和指导施工合同当事人的行为，完善合同管理制度，解决施工合同中存在的合同文本不规范、合同纠纷多等问题，建设部❶和国家工商行政管理局结合我国建设工程施工的实际情况，借鉴国际上通用的建设工程施工合同的成熟经验和有效做法，修正了《建设工程施工合同（示范文本）》（GF-1991-0201），并于 1999 年颁布修改后的《建设工程施工合同（示范文本）》（GF-1999-0201），此后为了顺应建筑市场的发展，最新版《建设工程施工合同（示范文本）》（GF-2013-0201）也于 2013 年 7 月 1 日在我国正式执行。

―――――――――――

❶ 2008 年 3 月 15 日，根据十一届全国人大一次会议通过的国务院机构改革方案，"建设部"改为"住房和城乡建设部"。

5.1.2　建设工程施工合同特点

（1）合同标的物的特殊性。施工合同的标的物是特定建筑产品，不同于其他一般商品。首先，建筑产品的固定性与施工生产的流动性是区别其他商品的根本特点。建筑产品是不动产，基础部分与大地相连，不能任意移动，这就决定了每个施工合同相互之间具有不可替代性，且施工队伍、施工机械必须围绕建筑产品而移动。其次，由于建筑产品都有其特定的功能要求，其实物形态（表现为外观、结构、使用目的、使用人）各不相同，这就要求每一个建筑产品都需要单独设计和施工，即使可以重复利用的标准设计或重复使用的图纸，也应必须采取必要的修改设计后才能施工，由此导致建筑产品的单体性和生产的单件性。最后，建筑产品体积庞大，消耗的人力、物力和财力多，一次性投资额大。上述特殊性必须在合同条款中形成对合同标的物的明确规定。

（2）合同履行期限的长期性。施工过程中，因建设工程体积大、建筑材料类型多、结构复杂、工作量大，比一般工程产品的工期都长。建设工程的施工行为通常是在施工合同签订后才开始，整个建设周期还需加上合同签订后到正式开工前的施工准备时间和工程全部竣工验收后办理竣工结算及保修期间。同时，在工程施工过程中，还可能因为不可抗力、工程变更、材料供应不及时、违约等原因导致工期延误，这些都决定建设工程施工合同履约期具有长期性。

（3）合同内容的多样性和复杂性。施工合同标的额大、履约期限长、涉及的主体很多，形成的法律关系复杂。施工合同除了应当具备合同的一般内容外，还要对安全施工、专利技术使用、地下障碍和文物发现、工程分包、不可抗力、工程设计变更、材料设备供应、运输和验收等内容通过相应的合同条款做出明确而完整的规定。

我国《建设工程施工合同示范文本》（GF-1999-0201）的"通用条款"设置了11大部分共47个条款和173个子款，《建设工程施工合同（示范文本）》（GF-2013-0201）的"通用条款"根据新的市场形势和市场需要进行了修正，调整为20大部分共117个条款来规范施工过程和施工行为。

（4）合同监督的严格性。由于施工合同的履行对国家经济发展、公民的工作与生活都有重大的影响，因此，国家对施工合同的监督十分严格。具体表现为：

1）对合同主体严格监督。订立建设工程施工合同的主体一般是法人，无论是发包人还是承包人在签订施工合同时都必须严格遵守企业资质管理的要求，不得超越资质等级参与工程活动。

2）对合同订立严格监督。订立建设工程施工合同必须以国家批准的投资计划为前提，必须受国家当年贷款规模和批准限额的限制，并经过严格的审批程序。同时，建设施工合同的订立，还必须符合国家关于建设程序的规定，《合同法》规定建设工程施工合同必须采用书面形式。

3）对合同履行严格监督。在施工合同履行过程中，除了合同当事人应对合同进行严格的管理外，合同的主管机关（工商行政管理部门）、建设主管部门、合同双方的上级主管部门、金融机构、税务部门、审计部门等都要对合同履行进行必要的监督。

5.1.3　建设工程施工合同参与主体及涉及的合同关系

在施工合同复杂的法律关系中，除了承包人与发包人的合同关系外，还存在着与劳务人员的劳动关系、与保险公司的保险关系、与材料设备供应商的买卖关系、与运输企业的运输关系，此外还会外延到监理公司的监理合同、与分包商的分包合同、与银行等金融机构的贷款合同、与担保公司的担保合同等。

以施工合同为核心，延伸而形成的多种相关合同如图 5 - 1 所示。

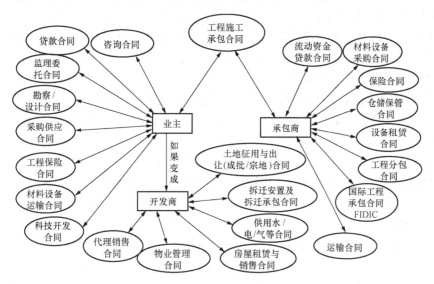

图 5 - 1　由建设施工合同引发的合同关系及种类

5.1.4　建设工程施工合同签订的依据和条件

5.1.4.1　施工合同签订的依据

作为签订建设工程施工合同主要依据的相关法律、法规及建议包括：①《合同法》；②《建筑法》；③《招标投标法》；④《中华人民共和国法》；⑤《建设工程施工合同管理办法》；⑥《建设工程施工合同（示范文本）》（GF-2013-0201）。

5.1.4.2　施工合同签订的条件

订立施工合同必备的条件包括：①初步设计已经批准；②工程项目已列入年度计划；③有能够满足施工需要的设计文件和有关技术资料；④建设资金和主要建筑材料设备来源已经落实；⑤对于采取招标投标进行承发包的工程，中标通知书已经下达；⑥建筑场地、水、电、气及运输道路条件已具备或在开工前完成等。

5.1.4.3　施工合同签订的原则

（1）遵守国家法律、法规和国家计划原则。建设工程施工对社会和民众的生活有重要影响，任何国家都对此进行诸多的强制性管理，施工合同当事人都必须遵守与此相关的法律、法规及国家建设计划。

（2）平等、自愿、公平原则。通常，签订施工合同的当事人是独立法人，具有完全平等的民事行为法律地位，任何一方都无权强迫对方接受不平等的合同条件。因此，是否签订施工合同及施工合同的内容都必须反映合同当事人的真实意思表达。对于显失公允的施工合同，当事人一方有权申请人民法院或者仲裁机构予以变更或撤销。

（3）诚信原则。当事人签订施工合同应该以诚信为基础，如实告知对方自身和工程的真实情况。在施工合同履行工程中，也应遵守信用，严格按合同约定履行各自的义务。

5.2　我国《建设工程施工合同（示范文本）》简介

《建设工程施工合同（示范文本）》为非强制性使用文本。该示范文本适用于房屋建筑工程、土木工程、线路管道和设备安装工程、装修工程等建设工程的施工承发包活动，合同当事人可结合建设工程具体情况，根据示范文本订立合同，并按照法律法规规定和合同约定承担相应的法律责任及合同权利义务。

2013 年 7 月 1 日前，我国普遍使用的《建设工程施工合同示范文本》（GF-1999-0201）是建设部和国家工程行政管理局对 1991 年发布的《建设工程施工合同示范文本》（GF-1991-0201）的修订后版本。

随着建筑市场的发展，1999 版《建设工程施工合同（示范文本）》，已经严重不适应市场的需要和国家法律、法规的变化。为规范建筑市场秩序，维护建设工程施工合同当事人的合法权益，住房城乡建设部、工商总局对《建设工程施工合同（示范文本）》（GF-1999-0201）进行了修订，制定了《建设工程施工合同（示范文本）》（GF-2013-0201），该示范文本自 2013 年 7 月 1 日起于我国执行，原《建设工程施工合同（示范文本）》（GF-1999-0201）同时废止。

《建设工程施工合同示范文本》（GF-2013-0201）由"合同协议书"、"通用条款"、"专用条款"三大部分组成，并附有"承包人承揽工程项目一览表"、"发包人供应材料设备一览表"和"工程质量保修书"等三个附件。

（1）合同协议书。合同协议书是《建设工程施工合同示范文本》的总纲性文件，是对建设工程施工中最基本、最重要的事项协商一致的核心体现。合同协议书规定了合同当事人双方最主要的权利义务，规定了组成合同的文件及合同当事人对履行合同义务的承诺，由合同当事人在文件上签字盖章，具有很高的法律效力，在所有施工合同文件组成中具有最优解释效力。合同协议书具体包括以下 13 个方面的内容。

1）工程概况。

2）合同工期。

3）质量标准。

4）签约合同价与合同形式。

5）项目经理。

6）合同文件构成。

7）承诺。包括承包人向发包人承诺按照合同约定进行施工、竣工并在质量保修期内承担工程质量保修责任，和发包人向承包人承诺按照合同约定的期限和方式支付合同价款及其他应当支付的款项。

8）本协议书中有关词语含义，合同第二部分《通用条款》中分别赋予它们的定义相同。

9）签订时间。

10）签订地点。

11）补充协议。

12）合同生效。

13）合同份数。

（2）通用条款。通用条款是根据《合同法》、《建设法》、《建设工程施工合同管理办法》等法律、行政法规规定及建设工程施工的需要订立，除双方协商一致对某些条款进行修改、补充或取消外，都必须遵守。通用条款共有 20 部分 117 条，基本适用于各类建设工程施工。

1）一般约定（词语定义及解释、语言文字等 13 条）。

2）发包人（发包人的一般权利和义务等 8 条）。

3）承包人（承包人的一般权利和义务等 8 条）。

4）监理人（监理人的一般权利和义务等 4 条）。

5）工程质量（质量要求及保证措施等 5 条）。

6）安全文明施工与环境保护（安全文明施工和职业健康环境保护等 3 条）。

7）工期和进度（施工组织设计、施工进度及竣工等 9 条）。

8）材料与设备（材料与工程设备采购、保管等 9 条）。

9）试验与检验（试验设备与人员、取样等 4 条）。

10）变更（变更的范围、权限、估价等 9 条）。

11）价格调整（市场价格波动和法律变化等引起的调整等 2 条）。

12）合同价格、计量与支付（合同价格形式、预付款等 5 条）。

13）验收与工程试车（分部分项工程验收、竣工验收与工程试车等 6 条）。

14）竣工结算（竣工结算申请、审核等 4 条）。

15）缺陷责任与保修（工程保修原则、缺陷责任期等 4 条）。

16）违约（发包人、承包人和第三方造成的违约等 3 条）。

17）不可抗力（不可抗力的确认、通知等 4 条）。

18）保险（工程保险、工伤保险等 7 条）。

19）索赔（承包人索赔及处理、发包人索赔及处理等 5 条）。

20）争议解决（和解、调解等 5 条）。

上述 20 部分的具体内容在 5.3 节中详细介绍。

（3）专用条款是发包人与承包人根据法律、行政法规规定，结合具体工程实际，经协商达成一致意见的条款，是对通用条款的具体化、补充或修改，体现了建筑产品的单体性和生产的单件性的特点。专用条款也有 20 部分，与通用条款一致，为承发包双方补充和完善提供了一个可供参考的提纲或格式。

5.3　建设工程施工合同主要内容

本部分内容是按照《建设工程施工合同示范文本》（GF-2013-0201）介绍其同通用条款规定的主要内容。

5.3.1　一般约定

5.3.1.1　词语定义与解释

词语定义是对施工合同中频繁出现、含义复杂、可能引发歧义的词语或术语做出明确的规范表示，赋予特定而唯一的含义。这些合同术语的含义是根据建设工程施工合同的需要而特定的，可能不同于其他文件或词典的定义或解释。合同协议书、通用合同条款、专用合同条款中的 6 类 45 个施工合同常用词或关键词具有本款所赋予的含义。

（1）合同。

1）合同是指根据法律规定和合同当事人约定具有约束力的文件，构成合同的文件包括合同协议书、中标通知书（如果有）、投标函及其附录（如果有）、专用合同条款及其附件、通用合同条款、技术标准和要求、图纸、已标价工程量清单或预算书以及其他合同文件。

2）合同协议书。是指构成合同的由发包人和承包人共同签署的称为"合同协议书"的书面文件。

3）中标通知书。是指构成合同的由发包人通知承包人中标的书面文件。

4）投标函。是指构成合同的由承包人填写并签署的用于投标的称为"投标函"的文件。

5）投标函附录。是指构成合同的附在投标函后的称为"投标函附录"的文件。

6）技术标准和要求。是指构成合同的施工应当遵守的或指导施工的国家、行业或地方的技术标准和要求，以及合同约定的技术标准和要求。

7）图纸。是指构成合同的图纸，包括由发包人按照合同约定提供或经发包人批准的设计文件、施工图、鸟瞰图及模型等，以及在合同履行过程中形成的图纸文件。图纸应当按照法律规定审查合格。

8）已标价工程量清单。是指构成合同的由承包人按照规定的格式和要求填写并标明价格的工程量清单，包括说明和表格。

9）预算书。是指构成合同的由承包人按照发包人规定的格式和要求编制的工程预算文件。

10）其他合同文件。是指经合同当事人约定的与工程施工有关的具有合同约束力的文件或书面协议。合同当事人可以在专用合同条款中进行约定。

（2）合同当事人及其他相关方。

1）合同当事人。是指发包人和（或）承包人。

2）发包人。是指与承包人签订合同协议书的当事人及取得该当事人资格的合法继承人。

3）承包人。是指与发包人签订合同协议书的，具有相应工程施工承包资质的当事人及取得该当事人资格的合法继承人。

4）监理人。是指在专用合同条款中指明的，受发包人委托按照法律规定进行工程监督管理的法人或其他组织。

5）设计人。是指在专用合同条款中指明的，受发包人委托负责工程设计并具备相应工程设计资质的法人或其他组。

6）分包人。是指按照法律规定和合同约定，分包部分工程或工作，并与承包人签订分包合同的具有相应资质的法人。

7）发包人代表。是指由发包人任命并派驻施工现场在发包人授权范围内行使发包人权利的人。

8）项目经理。是指由承包人任命并派驻施工现场，在承包人授权范围内负责合同履行，且按照法律规定具有相应资格的项目负责人。

9）总监理工程师。是指由监理人任命并派驻施工现场进行工程监理的总负责人。

（3）工程和设备工程是指与合同协议书中工程承包范围对应的永久工程和（或）临时工程。

1）永久工程。是指按合同约定建造并移交给发包人的工程，包括工程设备。

2) 临时工程。是指为完成合同约定的永久工程所修建的各类临时性工程，不包括施工设备。

3) 单位工程。是指在合同协议书中指明的，具备独立施工条件并能形成独立使用功能的永久工程。

4) 工程设备。是指构成永久工程的机电设备、金属结构设备、仪器及其他类似的设备和装置。

5) 施工设备。是指为完成合同约定的各项工作所需的设备、器具和其他物品，但不包括工程设备、临时工程和材料。

6) 施工现场。是指用于工程施工的场所，以及在专用合同条款中指明作为施工场所组成部分的其他场所，包括永久占地和临时占地。

7) 临时设施。是指为完成合同约定的各项工作所服务的临时性生产和生活设施。

8) 永久占地。是指专用合同条款中指明为实施工程需永久占用的土地。

9) 临时占地。是指专用合同条款中指明为实施工程需要临时占用的土地。

（4）日期和期限。

1) 开工日期。包括计划开工日期和实际开工日期。计划开工日期是指合同协议书约定的开工日期；实际开工日期是指监理人按照开工通知约定发出的符合法律规定的开工通知中载明的开工日期。

2) 竣工日期。包括计划竣工日期和实际竣工日期。计划竣工日期是指合同协议书约定的竣工日期；实际竣工日期按照竣工日期的约定确定。

3) 工期。是指在合同协议书约定的承包人完成工程所需的期限，包括按照合同约定所作的期限变更。

4) 缺陷责任期。是指承包人按照合同约定承担缺陷修复义务，且发包人预留质量保证金的期限，自工程实际竣工日期起计算。

5) 保修期。是指承包人按照合同约定对工程承担保修责任的期限，从工程竣工验收合格之日起计算。

6) 基准日期。招标发包的工程以投标截止日前 28 天的日期为基准日期，直接发包的工程以合同签订日前 28 天的日期为基准日期。

7) 天。除特别指明外，均指日历天。合同中按天计算时间的，开始当天不计入，从次日开始计算，期限最后一天的截止时间为当天 24：00 时。

（5）合同价格和费用。

1) 签约合同价。是指发包人和承包人在合同协议书中确定的总金额，包括安全文明施工费、暂估价及暂列金额等。

2) 合同价格。是指发包人用于支付承包人按照合同约定完成承包范围内全部工作的金额，包括合同履行过程中按合同约定发生的价格变化。

3) 费用。是指为履行合同所发生的或将要发生的所有必需的开支，包括管理费和应分摊的其他费用，但不包括利润。

4) 暂估价。是指发包人在工程量清单或预算书中提供的用于支付必然发生但暂时不能确定价格的材料、工程设备的单价、专业工程以及服务工作的金额。

5) 暂列金额。是指发包人在工程量清单或预算书中暂定并包括在合同价格中的一笔款项，用于工程合同签订时尚未确定或者不可预见的所需材料、工程设备、服务的采购，施工中可能发生的工程变更、合同约定调整因素出现时的合同价格调整以及发生的索赔、现场签证确认等的费用。

6）计日工。是指合同履行过程中，承包人完成发包人提出的零星工作或需要采用计日工计价的变更工作时，按合同中约定的单价计价的一种方式。

7）质量保证金。是指按照质量保证金约定承包人用于保证其在缺陷责任期内履行缺陷修补义务的担保。

8）总价项目。是指在现行国家、行业以及地方的计量规则中无工程量计算规则，在已标价工程量清单或预算书中以总价或以费率形式计算的项目。

（6）其他。书面形式：是指合同文件、信函、电报、传真等可以有形地表现所载内容的形式。

5.3.1.2　合同文件构成及解释顺序

合同文件应能相互解释，互为说明。除专用条款另有约定外，组成合同的文件及优先解释顺序依次如下：

（1）合同协议书。

（2）中标通知书（如果有）。

（3）投标函及其附录（如果有）。

（4）专用合同条款及其附件。

（5）通用合同条款。

（6）技术标准和要求。

适用于工程的国家标准、行业标准、工程所在地的地方性标准，以及相应的规范、规程等，合同当事人有特别要求的，应在专用合同条款中约定。发包人要求使用国外标准、规范的，发包人负责提供原文版本和中文译本，并在专用合同条款中约定提供标准规范的名称、份数和时间。

发包人对工程的技术标准、功能要求高于或严于现行国家、行业或地方标准的，应当在专用合同条款中予以明确。除专用合同条款另有约定外，应视为承包人在签订合同前已充分预见前述技术标准和功能要求的复杂程度，签约合同价中已包含由此产生的费用。

（7）图纸。发包人应按照专用合同条款约定的期限、数量和内容向承包人免费提供图纸，并组织承包人、监理人和设计人进行图纸会审和设计交底。发包人最迟不得晚于开工通知载明的开工日期前 14 天向承包人提供图纸。因发包人未按合同约定提供图纸导致承包人费用增加和（或）工期延误的，按照因发包人原因导致工期延误的约定办理。

承包人在收到发包人提供的图纸后，发现图纸存在差错、遗漏或缺陷的，应及时通知监理人。监理人接到该通知后，应提出相关意见并立即报送发包人，发包人应在收到监理人报送的通知后的合理时间内做出决定。合理时间是指发包人在收到监理人的报送通知后，毫不延迟地完成图纸修改补充所需的时间。图纸需要修改和补充的，应经图纸原设计人及审批部门同意，并由监理人在工程或工程相应部位施工前将修改后的图纸或补充图纸提交给承包人，承包人应按修改或补充后的图纸施工。

承包人应按照专用合同条款的约定提供由其编制的与工程施工有关的文件，并按照专用合同条款约定的期限、数量和形式提交监理人，并由监理人报送发包人。除专用合同条款另有约定外，监理人应在收到承包人文件后 7 天内审查完毕，监理人对承包人文件有异议的，承包人应予以修改，并重新报送监理人。监理人的审查并不减轻或免除承包人根据合同约定应当承担的责任。

除专用合同条款另有约定外，承包人应在施工现场另外保存一套完整的图纸和承包人文件，供发包人、监理人及有关人员进行工程检查时使用。

(8) 工程量清单。

(9) 工程报价单。

在上述九项中，具有优先解释效力的是合同协议书。在合同订立及履行过程中形成的与合同有关的文件均构成合同文件组成部分，并根据其性质确定优先解释顺序。如果合同当事人就该项合同文件作出补充和修改，属于同一类内容的文件，应以最新签署的为准。

5.3.1.3 联络

(1) 与合同有关的通知、批准、证明、证书、指示、指令、要求、请求、同意、意见、确定和决定等，均应采用书面形式，并应在合同约定的期限内送达接收人和送达地点。

(2) 发包人和承包人应在专用合同条款中约定各自的送达接收人和送达地点。任何一方合同当事人指定的接收人或送达地点发生变动的，应提前 3 天以书面形式通知对方。

(3) 发包人和承包人应当及时签收另一方送达至送达地点和指定接收人的来往信函。拒不签收的，由此增加的费用和（或）延误的工期由拒绝接收一方承担。

5.3.1.4 严禁贿赂

合同当事人不得以贿赂或变相贿赂的方式，谋取非法利益或损害对方权益。因一方合同当事人的贿赂造成对方损失的，应赔偿损失，并承担相应的法律责任。

承包人不得与监理人或发包人聘请的第三方串通损害发包人利益。未经发包人书面同意，承包人不得为监理人提供合同约定以外的通讯设备、交通工具及其他任何形式的利益，不得向监理人支付报酬。

5.3.1.5 化石、文物

施工现场发掘的所有文物、古迹，以及具有地质研究或考古价值的其他遗迹、化石、钱币或物品属于国家所有。一旦发现上述文物，承包人应采取合理有效的保护措施，防止任何人员移动或损坏上述物品，并立即报告有关政府行政管理部门，同时通知监理人。

发包人、监理人和承包人应按有关政府行政管理部门要求采取妥善的保护措施，由此增加的费用和（或）延误的工期由发包人承担。

承包人发现文物后不及时报告或隐瞒不报，致使文物丢失或损坏的，应赔偿损失，并承担相应的法律责任。

5.3.1.6 交通运输

(1) 出入现场的权利。除专用合同条款另有约定外，发包人应根据施工需要，负责取得出入施工现场所需的批准手续和全部权利，以及取得因施工所需修建道路、桥梁及其他基础设施的权利，并承担相关手续费用和建设费用。承包人应协助发包人办理修建场内外道路、桥梁及其他基础设施的手续。

承包人应在订立合同前查勘施工现场，并根据工程规模及技术参数合理预见工程施工所需的进出施工现场的方式、手段、路径等。因承包人未合理预见所增加的费用和（或）延误的工期由承包人承担。

（2）场外交通。发包人应提供场外交通设施的技术参数和具体条件，承包人应遵守有关交通法规，严格按照道路和桥梁的限制荷载行驶，执行有关道路限速、限行、禁止超载的规定，并配合交通管理部门的监督和检查。场外交通设施无法满足工程施工需要的，由发包人负责完善并承担相关费用。

（3）场内交通。发包人应提供场内交通设施的技术参数和具体条件，并应按照专用合同条款的约定向承包人免费提供满足工程施工所需的场内道路和交通设施。因承包人原因造成上述道路或交通设施损坏的，承包人负责修复并承担由此增加的费用。

除发包人按照合同约定提供的场内道路和交通设施外，承包人负责修建、维修、养护和管理施工所需的其他场内临时道路和交通设施。发包人和监理人可以为实现合同目的使用承包人修建的场内临时道路和交通设施。

场外交通和场内交通的边界由合同当事人在专用合同条款中约定。

（4）超大件和超重件的运输。由承包人负责运输的超大件或超重件，应由承包人负责向交通管理部门办理申请手续，发包人给予协助。运输超大件或超重件所需的道路和桥梁临时加固改造费用和其他有关费用，由承包人承担，但专用合同条款另有约定除外。

（5）道路和桥梁的损坏责任。因承包人运输造成施工场地内外公共道路和桥梁损坏的，由承包人承担修复损坏的全部费用和可能引起的赔偿。

（6）水路和航空运输。上述各项的内容适用于水路运输和航空运输，其中"道路"一词的涵义包括河道、航线、船闸、机场、码头、堤防，以及水路或航空运输中其他相似结构物；"车辆"一词的涵义包括船舶和飞机等。

5.3.1.7 知识产权

（1）除专用合同条款另有约定外，发包人提供给承包人的图纸、发包人为实施工程自行编制或委托编制的技术规范，以及反映发包人要求的或其他类似性质的文件的著作权属于发包人，承包人可以为实现合同目的而复制、使用此类文件，但不能用于与合同无关的其他事项。未经发包人书面同意，承包人不得为了合同以外的目的而复制、使用上述文件或提供给任何第三方。

（2）除专用合同条款另有约定外，承包人为实施工程所编制的文件，除署名权以外的著作权属于发包人，承包人可因实施工程的运行、调试、维修、改造等目的而复制、使用此类文件，但不能用于与合同无关的其他事项。未经发包人书面同意，承包人不得为了合同以外的目的而复制、使用上述文件或提供给任何第三方。

（3）合同当事人保证在履行合同过程中应不侵犯对方及第三方的知识产权。承包人在使用材料、施工设备、工程设备或采用施工工艺时，因侵犯他人的专利权或其他知识产权所引起的责任，由承包人承担；因发包人提供的材料、施工设备、工程设备或施工工艺导致侵权的，由发包人承担责任。

（4）除专用合同条款另有约定外，承包人在合同签订前和签订时已确定采用的专利、专有技术、技术秘密的使用费已包含在签约合同价中。

5.3.1.8 保密

除法律规定或合同另有约定外，未经发包人同意，承包人不得将发包人提供的图纸、文件以及声明需要保密的资料信息等商业秘密泄露给第三方。

除法律规定或合同另有约定外，未经承包人同意，发包人不得将承包人提供的技术秘密及声明需要保密的资料信息等商业秘密泄露给第三方。

5.3.1.9 工程量清单错误的修正

除专用合同条款另有约定外，发包人提供的工程量清单，应被认为是准确的和完整的。出现下列情形之一时，发包人应予以修正，并相应调整合同价格。

（1）工程量清单存在缺项、漏项的。

（2）工程量清单偏差超出专用合同条款约定的工程量偏差范围的。

（3）未按照国家现行计量规范强制性规定计量的。

5.3.2 发包人的权利与义务

5.3.2.1 许可或批准

发包人应遵守法律，并办理法律规定由其办理的许可、批准或备案，包括但不限于建设用地规划许可证、建设工程规划许可证、建设工程施工许可证、施工所需临时用水、临时用电、中断道路交通、临时占用土地等许可和批准。发包人应协助承包人办理法律规定的有关施工证件和批件。

因发包人原因未能及时办理完毕上述许可、批准或备案，应由发包人承担由此增加的费用和（或）延误的工期，并支付承包人合理的利润。

5.3.2.2 发包人代表

发包人应在专用合同条款中明确其派驻施工现场的发包人代表的姓名、职务、联系方式及授权范围等事项。发包人代表在发包人的授权范围内，负责处理合同履行过程中与发包人有关的具体事宜。发包人代表在授权范围内的行为由发包人承担法律责任。发包人更换发包人代表的，应提前7天书面通知承包人。

发包人代表不能按照合同约定履行其职责及义务，并导致合同无法继续正常履行的，承包人可以要求发包人撤换发包人代表。

不属于法定必须监理的工程，监理人的职权可以由发包人代表或发包人指定的其他人员行使。

5.3.2.3 发包人人员

发包人应要求在施工现场的发包人人员遵守法律及有关安全、质量、环境保护、文明施工等规定，并保障承包人免于承受因发包人人员未遵守上述要求给承包人造成的损失和责任。

发包人人员包括发包人代表及其他由发包人派驻施工现场的人员。

5.3.2.4 施工现场、施工条件和基础资料的提供

（1）除专用合同条款另有约定外，发包人应最迟于开工日期7天前向承包人移交施工现场，并应负责提供施工所需要的条件，包括：

1）将施工用水、电力、通讯线路等施工所必需的条件接至施工现场内。

2）保证向承包人提供正常施工所需要的进入施工现场的交通条件。

3）协调处理施工现场周围地下管线和邻近建筑物、构筑物、古树名木的保护工作，并承担相关费用。

4）按照专用合同条款约定应提供的其他设施和条件。

（2）发包人应当在移交施工现场前向承包人提供施工现场及工程施工所必需的毗邻区域内供水、排水、供电、供气、供热、通信、广播电视等地下管线资料，气象和水文观测资料，地质勘察资料，相邻建筑物、构筑物和地下工程等有关基础资料，并对所提供资料的真实性、准确性和完整性负责。

按照法律规定确需在开工后方能提供的基础资料，发包人应尽其努力及时地在相应工程施工前的合理期限内提供，合理期限应以不影响承包人的正常施工为限。

（3）因发包人原因未能按合同约定及时向承包人提供施工现场、施工条件、基础资料的，由发包人承担由此增加的费用和（或）延误的工期。

（4）除专用合同条款另有约定外，发包人应在收到承包人要求提供资金来源证明的书面通知后 28 天内，向承包人提供能够按照合同约定支付合同价款的相应资金来源证明。

除专用合同条款另有约定外，发包人要求承包人提供履约担保的，发包人应当向承包人提供支付担保。支付担保可以采用银行保函或担保公司担保等形式，具体由合同当事人在专用合同条款中约定。

（5）发包人应按合同约定及时组织竣工验收，并按合同约定向承包人及时支付合同价款。

（6）发包人应与承包人、由发包人直接发包的专业工程的承包人签订施工现场统一管理协议，明确各方的权利义务。施工现场统一管理协议作为专用合同条款的附件。

5.3.3 承包人的与权利与义务

5.3.3.1 承包人的一般义务

承包人在履行合同过程中应遵守法律和工程建设标准规范，并履行以下义务：

（1）办理法律规定应由承包人办理的许可和批准，并将办理结果书面报送发包人留存。

（2）按法律规定和合同约定完成工程，并在保修期内承担保修义务。

（3）按法律规定和合同约定采取施工安全和环境保护措施，办理工伤保险，确保工程及人员、材料、设备和设施的安全。

（4）按合同约定的工作内容和施工进度要求，编制施工组织设计和施工措施计划，并对所有施工作业和施工方法的完备性和安全可靠性负责。

（5）在进行合同约定的各项工作时，不得侵害发包人与他人使用公用道路、水源、市政管网等公共设施的权利，避免对邻近的公共设施产生干扰。承包人占用或使用他人的施工场地，影响他人作业或生活的，应承担相应责任。

（6）按照环境保护约定负责施工场地及其周边环境与生态的保护工作。

（7）按安全文明施工约定采取施工安全措施，确保工程及其人员、材料、设备和设施的安全，防止因工程施工造成的人身伤害和财产损失。

（8）将发包人按合同约定支付的各项价款专用于合同工程，且应及时支付其雇用人员工资，并及时向分包人支付合同价款。

（9）按照法律规定和合同约定编制竣工资料，完成竣工资料立卷及归档，并按专用合同条款约定的竣工资料的套数、内容、时间等要求移交发包人。

（10）应履行的其他义务。

5.3.3.2 项目经理

（1）项目经理应为合同当事人所确认的人选，并在专用合同条款中明确项目经理的姓名、职称、注册执业证书编号、联系方式及授权范围等事项，项目经理经承包人授权后代表承包人负责履行合同。项目经理应是承包人正式聘用的员工，承包人应向发包人提交项目经理与承包人之间的劳动合同，以及承包人为项目经理缴纳社会保险的有效证明。承包人不提交上述文件的，项目经理无权履行职责，发包人有权要求更换项目经理，由此增加的费用和（或）延误的工期由承包人承担。

项目经理应常驻施工现场，且每月在施工现场时间不得少于专用合同条款约定的天数。项目经理不得同时担任其他项目的项目经理。项目经理确需离开施工现场时，应事先通知监理人，并取得发包人的书面同意。项目经理的通知中应当载明临时代行其职责的人员的注册执业资格、管理经验等资料，该人员应具备履行相应职责的能力。

承包人违反上述约定的，应按照专用合同条款的约定，承担违约责任。

（2）项目经理按合同约定组织工程实施。在紧急情况下为确保施工安全和人员安全，在无法与发包人代表和总监理工程师及时取得联系时，项目经理有权采取必要的措施保证与工程有关的人身、财产和工程的安全，但应在48小时内向发包人代表和总监理工程师提交书面报告。

（3）承包人需要更换项目经理的，应提前14天书面通知发包人和监理人，并征得发包人书面同意。通知中应当载明继任项目经理的注册执业资格、管理经验等资料，继任项目经理继续履行第（1）项约定的职责。未经发包人书面同意，承包人不得擅自更换项目经理。承包人擅自更换项目经理的，应按照专用合同条款的约定承担违约责任。

（4）发包人有权书面通知承包人更换其认为不称职的项目经理，通知中应当载明要求更换的理由。承包人应在接到更换通知后14天内向发包人提出书面的改进报告。发包人收到改进报告后仍要求更换的，承包人应在接到第二次更换通知的28天内进行更换，并将新任命的项目经理的注册执业资格、管理经验等资料书面通知发包人。继任项目经理继续履行第（1）项约定的职责。承包人无正当理由拒绝更换项目经理的，应按照专用合同条款的约定承担违约责任。

（5）项目经理因特殊情况授权其下属人员履行其某项工作职责的，该下属人员应具备履行相应职责的能力，并应提前7天将上述人员的姓名和授权范围书面通知监理人，并征得发包人书面同意。

5.3.3.3　承包人人员

（1）除专用合同条款另有约定外，承包人应在接到开工通知后7天内，向监理人提交承包人项目管理机构及施工现场人员安排的报告，其内容应包括合同管理、施工、技术、材料、质量、安全、财务等主要施工管理人员名单及其岗位、注册执业资格等，以及各工种技术工人的安排情况，并同时提交主要施工管理人员与承包人之间的劳动关系证明和缴纳社会保险的有效证明。

（2）承包人派驻到施工现场的主要施工管理人员应相对稳定。施工过程中如有变动，承包人应及时向监理人提交施工现场人员变动情况的报告。承包人更换主要施工管理人员时，应提前7天书面通知监理人，并征得发包人书面同意。通知中应当载明继任人员的注册执业资格、管理经验等资料。特殊工种作业人员均应持有相应的资格证明，监理人可以随时检查。

（3）发包人对于承包人主要施工管理人员的资格或能力有异议的，承包人应提供资料证明被质疑人员有能力完成其岗位工作或不存在发包人所质疑的情形。发包人要求撤换不能按照合同约定履行职责及义务的主要施工管理人员的，承包人应当撤换。承包人无正当理由拒绝撤换的，应按照专用合同条款的约定承担违约责任。

（4）除专用合同条款另有约定外，承包人的主要施工管理人员离开施工现场每月累计不超过 5 天的，应报监理人同意；离开施工现场每月累计超过 5 天的，应通知监理人，并征得发包人书面同意。主要施工管理人员离开施工现场前应指定一名有经验的人员临时代行其职责，该人员应具备履行相应职责的资格和能力，且应征得监理人或发包人的同意。

（5）承包人擅自更换主要施工管理人员，或上述人员未经监理人或发包人同意擅自离开施工现场的，应按照专用合同条款约定承担违约责任。

5.3.3.4　承包人现场查勘

承包人应对基于发包人按照提供基础资料条款的约定提交的基础资料所做出的解释和推断负责，但因基础资料存在错误、遗漏导致承包人解释或推断失实的，由发包人承担责任。

承包人应对施工现场和施工条件进行查勘，并充分了解工程所在地的气象条件、交通条件、风俗习惯，以及其他与完成合同工作有关的其他资料。因承包人未能充分查勘、了解前述情况或未能充分估计前述情况所可能产生后果的，承包人承担由此增加的费用和（或）延误的工期。

5.3.3.5　分包

（1）承包人不得将其承包的全部工程转包给第三人，或将其承包的全部工程肢解后以分包的名义转包给第三人。承包人不得将工程主体结构、关键性工作及专用合同条款中禁止分包的专业工程分包给第三人，主体结构、关键性工作的范围由合同当事人按照法律规定在专用合同条款中予以明确。承包人不得以劳务分包的名义转包或违法分包工程。

（2）承包人应按专用合同条款的约定进行分包，确定分包人。已标价工程量清单或预算书中给定暂估价的专业工程，按照暂估价确定分包人。按照合同约定进行分包的，承包人应确保分包人具有相应的资质和能力。工程分包不减轻或免除承包人的责任和义务，承包人和分包人就分包工程向发包人承担连带责任。除合同另有约定外，承包人应在分包合同签订后 7 天内向发包人和监理人提交分包合同副本。

（3）承包人应向监理人提交分包人的主要施工管理人员表，并对分包人的施工人员进行实名制管理，包括但不限于进出场管理、登记造册以及各种证照的办理。

（4）生效法律文书要求发包人向分包人支付分包合同价款的，发包人有权从应付承包人工程款中扣除该部分款项；除前述情况或专用合同条款另有约定外，分包合同价款由承包人与分包人结算，未经承包人同意，发包人不得向分包人支付分包工程价款。

（5）分包人在分包合同项下的义务持续到缺陷责任期届满以后的，发包人有权在缺陷责任期届满前，要求承包人将其在分包合同项下的权益转让给发包人，承包人应当转让。除转让合同另有约定外，转让合同生效后，由分包人向发包人履行义务。

5.3.3.6　工程照管与成品、半成品保护

（1）除专用合同条款另有约定外，自发包人向承包人移交施工现场之日起，承包人应负责照管工程及工程相关的材料、工程设备，直到颁发工程接收证书之日止。

（2）在承包人负责照管期间，因承包人原因造成工程、材料、工程设备损坏的，由承包人负责修复或更换，并承担由此增加的费用和（或）延误的工期。

（3）对合同内分期完成的成品和半成品，在工程接收证书颁发前，由承包人承担保护责任。因承包人原因造成成品或半成品损坏的，由承包人负责修复或更换，并承担由此增加的

费用和（或）延误的工期。

5.3.3.7　履约担保

发包人需要承包人提供履约担保的，由合同当事人在专用合同条款中约定履约担保的方式、金额及期限等。履约担保可以采用银行保函或担保公司担保等形式，具体由合同当事人在专用合同条款中约定。

因承包人原因导致工期延长的，继续提供履约担保所增加的费用由承包人承担；非因承包人原因导致工期延长的，继续提供履约担保所增加的费用由发包人承担。

5.3.3.8　联合体

联合体各方应共同与发包人签订合同协议书。联合体各方应为履行合同向发包人承担连带责任。联合体协议经发包人确认后作为合同附件。在履行合同过程中，未经发包人同意，不得修改联合体协议。联合体牵头人负责与发包人和监理人联系，并接受指示，负责组织联合体各成员全面履行合同。

5.3.4　监理人的权利与义务

5.3.4.1　监理人的一般规定

工程实行监理的，发包人和承包人应在专用合同条款中明确监理人的监理内容及监理权限等事项。监理人应当根据发包人授权及法律规定，代表发包人对工程施工相关事项进行检查、查验、审核、验收，并签发相关指示，但监理人无权修改合同，且无权减轻或免除合同约定的承包人的任何责任与义务。

除专用合同条款另有约定外，监理人在施工现场的办公场所、生活场所由承包人提供，所发生的费用由发包人承担。

5.3.4.2　监理人员

发包人授予监理人对工程实施监理的权利由监理人派驻施工现场的监理人员行使，监理人员包括总监理工程师及监理工程师。监理人应将授权的总监理工程师和监理工程师的姓名及授权范围以书面形式提前通知承包人。更换总监理工程师的，监理人应提前 7 天书面通知承包人；更换其他监理人员，监理人应提前 48h 书面通知承包人。

5.3.4.3　监理人的指示

监理人应按照发包人的授权发出监理指示。监理人的指示应采用书面形式，并经其授权的监理人员签字。紧急情况下，为了保证施工人员的安全或避免工程受损，监理人员可以口头形式发出指示，该指示与书面形式的指示具有同等法律效力，但必须在发出口头指示后 24h 内补发书面监理指示，补发的书面监理指示应与口头指示一致。

监理人发出的指示应送达承包人项目经理或经项目经理授权接收的人员。因监理人未能按合同约定发出指示、指示延误或发出了错误指示而导致承包人费用增加和（或）工期延误的，由发包人承担相应责任。除专用合同条款另有约定外，总监理工程师不应将第 5.4.4.4 款（商定或确定）中约定的应由总监理工程师做出确定的权力授权或委托给其他监理人员。

承包人对监理人发出的指示有疑问的，应向监理人提出书面异议，监理人应在 48h 内对该指示予以确认、更改或撤销，监理人逾期未回复的，承包人有权拒绝执行上述指示。

监理人对承包人的任何工作、工程或其采用的材料和工程设备未在约定的或合理期限内提出意见的，视为批准，但不免除或减轻承包人对该工作、工程、材料、工程设备等应承担的责任和义务。

5.3.4.4　商定或确定

合同当事人进行商定或确定时，总监理工程师应当会同合同当事人尽量通过协商达成一致，不能达成一致的，由总监理工程师按照合同约定审慎做出公正的确定。

总监理工程师应将确定以书面形式通知发包人和承包人，并附详细依据。合同当事人对总监理工程师的确定没有异议的，按照总监理工程师的确定执行。任何一方合同当事人有异议，按照争议解决的约定处理。争议解决前，合同当事人暂按总监理工程师的确定执行；争议解决后，争议解决的结果与总监理工程师的确定不一致的，按照争议解决的结果执行，由此造成的损失由责任人承担。

5.3.5　工程质量

5.3.5.1　质量要求

工程质量标准必须符合现行国家有关工程施工质量验收规范和标准的要求。有关工程质量的特殊标准或要求由合同当事人在专用合同条款中约定。因发包人原因造成工程质量未达到合同约定标准的，由发包人承担由此增加的费用和（或）延误的工期，并支付承包人合理的利润。因承包人原因造成工程质量未达到合同约定标准的，发包人有权要求承包人返工直至工程质量达到合同约定的标准为止，并由承包人承担由此增加的费用和（或）延误的工期。

5.3.5.2　质量保证措施

发包人应按照法律规定及合同约定完成与工程质量有关的各项工作。

承包人按照施工组织设计的约定向发包人和监理人提交工程质量保证体系及措施文件，建立完善的质量检查制度，并提交相应的工程质量文件。对于发包人和监理人违反法律规定和合同约定的错误指示，承包人有权拒绝实施。

承包人应对施工人员进行质量教育和技术培训，定期考核施工人员的劳动技能，严格执行施工规范和操作规程。

承包人应按照法律规定和发包人的要求，对材料、工程设备，以及工程的所有部位及其施工工艺进行全过程的质量检查和检验，并作详细记录，编制工程质量报表，报送监理人审查。此外，承包人还应按照法律规定和发包人的要求，进行施工现场取样试验、工程复核测量和设备性能检测，提供试验样品、提交试验报告和测量成果以及其他工作。

监理人按照法律规定和发包人授权对工程的所有部位及其施工工艺、材料和工程设备进行检查和检验。承包人应为监理人的检查和检验提供方便，包括监理人到施工现场，或制造、加工地点，或合同约定的其他地方进行察看和查阅施工原始记录。监理人为此进行的检查和检验，不免除或减轻承包人按照合同约定应当承担的责任。

监理人的检查和检验应不影响施工正常进行。监理人的检查和检验影响施工正常进行的，且经检查检验不合格的，影响正常施工的费用由承包人承担，工期不予顺延；经检查检验合格的，由此增加的费用和（或）延误的工期由发包人承担。

5.3.5.3　隐蔽工程检查

承包人应当对工程隐蔽部位进行自检，并经自检确认是否具备覆盖条件。除专用合同条款另有约定外，工程隐蔽部位经承包人自检确认具备覆盖条件的，承包人应在共同检查前48h书面通知监理人检查，通知中应载明隐蔽检查的内容、时间和地点，并应附有自检记录和必要的检查资料。

监理人应按时到场并对隐蔽工程及其施工工艺、材料和工程设备进行检查。经监理人检查确认质量符合隐蔽要求，并在验收记录上签字后，承包人才能进行覆盖。经监理人检查质量不合格的，承包人应在监理人指示的时间内完成修复，并由监理人重新检查，由此增加的费用和（或）延误的工期由承包人承担。

除专用合同条款另有约定外，监理人不能按时进行检查的，应在检查前 24h 向承包人提交书面延期要求，但延期不能超过 48h，由此导致工期延误的，工期应予以顺延。监理人未按时进行检查，也未提出延期要求的，视为隐蔽工程检查合格，承包人可自行完成覆盖工作，并作相应记录报送监理人，监理人应签字确认。监理人事后对检查记录有疑问的，可按重新检查的约定重新检查。

承包人未通知监理人到场检查，私自将工程隐蔽部位覆盖的，监理人有权指示承包人钻孔探测或揭开检查，无论工程隐蔽部位质量是否合格，由此增加的费用和（或）延误的工期均由承包人承担。

5.3.5.4 重新检查

承包人覆盖工程隐蔽部位后，发包人或监理人对质量有疑问的，可要求承包人对已覆盖的部位进行钻孔探测或揭开重新检查，承包人应遵照执行，并在检查后重新覆盖恢复原状。经检查证明工程质量符合合同要求的，由发包人承担由此增加的费用和（或）延误的工期，并支付承包人合理的利润；经检查证明工程质量不符合合同要求的，由此增加的费用和（或）延误的工期由承包人承担。

5.3.5.5 不合格工程的处理

因承包人原因造成工程不合格的，发包人有权随时要求承包人采取补救措施，直至达到合同要求的质量标准，由此增加的费用和（或）延误的工期由承包人承担。无法补救的，按照拒绝接收全部或部分工程的约定执行。

因发包人原因造成工程不合格的，由此增加的费用和（或）延误的工期由发包人承担，并支付承包人合理的利润。

5.3.5.6 质量争议检测

合同当事人对工程质量有争议的，由双方协商确定的工程质量检测机构鉴定，由此产生的费用及因此造成的损失，由责任方承担。

合同当事人均有责任的，由双方根据其责任分别承担。合同当事人无法达成一致的，按照商定或确定的约定执行。

5.3.6 安全文明施工与环境保护

5.3.6.1 安全文明施工

（1）安全生产要求。合同履行期间，合同当事人均应当遵守国家和工程所在地有关安全生产的要求，合同当事人有特别要求的，应在专用合同条款中明确施工项目安全生产标准化达标目标及相应事项。承包人有权拒绝发包人及监理人强令承包人违章作业、冒险施工的任何指示。

在施工过程中，如遇到突发的地质变动、事先未知的地下施工障碍等影响施工安全的紧急情况，承包人应及时报告监理人和发包人，发包人应当及时下令停工并报政府有关行政管理部门采取应急措施。

因安全生产需要暂停施工的，按照暂停施工的约定执行。

（2）安全生产保证措施。承包人应当按照有关规定编制安全技术措施或者专项施工方案，建立安全生产责任制度、治安保卫制度及安全生产教育培训制度，并按安全生产法律规定及合同约定履行安全职责，如实编制工程安全生产的有关记录，接受发包人、监理人及政府安全监督部门的检查与监督。

承包人应按照法律规定进行施工，开工前做好安全技术交底工作，施工过程中做好各项安全防护措施。承包人为实施合同而雇用的特殊工种的人员应受过专门的培训并已取得政府有关管理机构颁发的上岗证书。

承包人在动力设备、输电线路、地下管道、密封防震车间、易燃易爆地段及临街交通要道附近施工时，施工开始前应向发包人和监理人提出安全防护措施，经发包人认可后实施。

实施爆破作业，在放射、毒害性环境中施工（含储存、运输、使用）及使用毒害性、腐蚀性物品施工时，承包人应在施工前 7 天以书面通知发包人和监理人，并报送相应的安全防护措施，经发包人认可后实施。

需单独编制危险性较大分部分项专项工程施工方案的，及要求进行专家论证的超过一定规模的危险性较大的分部分项工程，承包人应及时编制和组织论证。

（3）文明施工。承包人在工程施工期间，应当采取措施保持施工现场平整，物料堆放整齐。工程所在地有关政府行政管理部门有特殊要求的，按照其要求执行。合同当事人对文明施工有其他要求的，可以在专用合同条款中明确。

在工程移交之前，承包人应当从施工现场清除承包人的全部工程设备、多余材料、垃圾和各种临时工程，并保持施工现场清洁整齐。经发包人书面同意，承包人可在发包人指定的地点保留承包人履行保修期内的各项义务所需要的材料、施工设备和临时工程。

安全文明施工费由发包人承担，发包人不得以任何形式扣减该部分费用。因基准日期后合同所适用的法律或政府有关规定发生变化，增加的安全文明施工费由发包人承担。

承包人经发包人同意采取合同约定以外的安全措施所产生的费用，由发包人承担。未经发包人同意的，如果该措施避免了发包人的损失，则发包人在避免损失的额度内承担该措施费。如果该措施避免了承包人的损失，由承包人承担该措施费。

除专用合同条款另有约定外，发包人应在开工后 28 天内预付安全文明施工费总额的50%，其余部分与进度款同期支付。发包人逾期支付安全文明施工费超过 7 天的，承包人有权向发包人发出要求预付的催告通知，发包人收到通知后 7 天内仍未支付的，承包人有权暂停施工，并按发包人违约情形的约定执行。

承包人对安全文明施工费应专款专用，承包人应在财务账目中单独列项备查，不得挪作他用，否则发包人有权责令其限期改正。逾期未改正的，可以责令其暂停施工，由此增加的费用和（或）延误的工期由承包人承担。

（4）安全生产责任。发包人应负责赔偿以下各种情况造成的损失：

1）工程或工程的任何部分对土地的占用所造成的第三者财产损失。

2）由于发包人原因在施工场地及其毗邻地带造成的第三者人身伤亡和财产损失。

3）由于发包人原因对承包人、监理人造成的人员人身伤亡和财产损失。

4）由于发包人原因造成的发包人自身人员的人身伤害以及财产损失。

由于承包人原因在施工场地内及其毗邻地带造成的发包人、监理人以及第三者人员伤亡和财产损失，由承包人负责赔偿。

5.3.6.2　职业健康

（1）劳动保护。承包人应按照法律规定安排现场施工人员的劳动和休息时间，保障劳动者的休息时间，并支付合理的报酬和费用。承包人应依法为其履行合同所雇用的人员办理必要的证件、许可、保险和注册等，承包人应督促其分包人为分包人所雇用的人员办理必要的证件、许可、保险和注册等。

承包人应按照法律规定保障现场施工人员的劳动安全，并提供劳动保护，并应按国家有关劳动保护的规定，采取有效的防止粉尘、降低噪声、控制有害气体和保障高温、高寒、高空作业安全等劳动保护措施。承包人雇佣人员在施工中受到伤害的，承包人应立即采取有效措施进行抢救和治疗。

承包人应按法律规定安排工作时间，保证其雇佣人员享有休息和休假的权利。因工程施工的特殊需要占用休假日或延长工作时间的，应不超过法律规定的限度，并按法律规定给予补休或付酬。

（2）生活条件。承包人应为其履行合同所雇用的人员提供必要的食宿条件和生活环境，承包人应采取有效措施预防传染病，保证施工人员的健康，并定期对施工现场、施工人员生活基地和工程进行防疫和卫生的专业检查和处理，在远离城镇的施工场地，还应配备必要的伤病防治和急救的医务人员与医疗设施。

5.3.6.3　环境保护

承包人应在施工组织设计中列明环境保护的具体措施。在合同履行期间，承包人应采取合理措施保护施工现场环境。对施工作业过程中可能引起的大气、水、噪声及固体废物污染采取具体可行的防范措施。

承包人应当承担因其原因引起的环境污染侵权损害赔偿责任，因上述环境污染引起纠纷而导致暂停施工的，由此增加的费用和（或）延误的工期由承包人承担。

5.3.7　工期和进度

5.3.7.1　施工组织设计

施工组织设计应包含以下 9 项内容：

（1）施工方案。

（2）施工现场平面布置图。

（3）施工进度计划和保证措施。

（4）劳动力及材料供应计划。

（5）施工机械设备的选用。

（6）质量保证体系及措施。

（7）安全生产、文明施工措施。

（8）环境保护、成本控制措施。

（9）合同当事人约定的其他内容。

除专用合同条款另有约定外，承包人应在合同签订后 14 天内，但最迟不得晚于开工通知载明的开工日期前 7 天，向监理人提交详细的施工组织设计，并由监理人报送发包人。除专用合同条款另有约定外，发包人和监理人应在监理人收到施工组织设计后 7 天内确认或提出修改意见。对发包人和监理人提出的合理意见和要求，承包人应自费修改完善。根据工程实际情况需要修改施工组织设计的，承包人应向发包人和监理人提交修改后的施工组织设计。施工进度计划的编制和修改按照施工进度计划执行。

5.3.7.2　施工进度计划

承包人应按照施工组织设计约定提交详细的施工进度计划，施工进度计划的编制应当符合国家法律规定和一般工程实践惯例，施工进度计划经发包人批准后实施。施工进度计划是控制工程进度的依据，发包人和监理人有权按照施工进度计划检查工程进度情况。

如果施工进度计划不符合合同要求或与工程的实际进度不一致的，承包人应向监理人提交修订的施工进度计划，并附具有关措施和相关资料，由监理人报送发包人。除专用合同条款另有约定外，发包人和监理人应在收到修订的施工进度计划后7天内完成审核和批准或提出修改意见。发包人和监理人对承包人提交的施工进度计划的确认，不能减轻或免除承包人根据法律规定和合同约定应承担的任何责任或义务。

5.3.7.3　开工

除专用合同条款另有约定外，承包人应按照施工组织设计约定的期限，向监理人提交工程开工报审表，经监理人报发包人批准后执行。开工报审表应详细说明按施工进度计划正常施工所需的施工道路、临时设施、材料、工程设备、施工设备、施工人员等落实情况以及工程的进度安排。除专用合同条款另有约定外，合同当事人应按约定完成开工准备工作。

发包人应按照法律规定获得工程施工所需的许可。经发包人同意后，监理人发出的开工通知应符合法律规定。监理人应在计划开工日期7天前向承包人发出开工通知，工期自开工通知中载明的开工日期起算。

除专用合同条款另有约定外，因发包人原因造成监理人未能在计划开工日期之日起90天内发出开工通知的，承包人有权提出价格调整要求，或者解除合同。发包人应当承担由此增加的费用和（或）延误的工期，并向承包人支付合理利润。

5.3.7.4　测量放线

除专用合同条款另有约定外，发包人应在最迟不得晚于开工通知载明的开工日期前7天通过监理人向承包人提供测量基准点、基准线和水准点以及其书面资料。发包人应对其提供的测量基准点、基准线和水准点，以及其书面资料的真实性、准确性和完整性负责。

承包人发现发包人提供的测量基准点、基准线和水准点，以及其书面资料存在错误或疏漏的，应及时通知监理人。监理人应及时报告发包人，并会同发包人和承包人予以核实。发包人应就如何处理和是否继续施工作出决定，并通知监理人和承包人。

承包人负责施工过程中的全部施工测量放线工作，并配置具有相应资质的人员、合格的仪器、设备和其他物品。承包人应矫正工程的位置、标高、尺寸或准线中出现的任何差错，并对工程各部分的定位负责。

施工过程中对施工现场内水准点等测量标志物的保护工作由承包人负责。

5.3.7.5　工期延误

（1）因发包人原因导致工期延误。在合同履行过程中，因下列情况导致工期延误和（或）费用增加的，由发包人承担此延误的工期和（或）增加的费用，且发包人应支付承包人合理的利润。

1）发包人未能按合同约定提供图纸或所提供图纸不符合合同约定的。

2）发包人未能按合同约定提供施工现场、施工条件、基础资料、许可、批准等开工条件的。

3）发包人提供的测量基准点、基准线和水准点及其书面资料存在错误或疏漏的。

4）发包人未能在计划开工日期之日起7天内同意下达开工通知的。

5）发包人未能按合同约定日期支付工程预付款、进度款或竣工结算款的。

6）监理人未按合同约定发出指示、批准等文件的。

7）专用合同条款中约定的其他情形。

因发包人原因未按计划开工日期开工的，发包人应按实际开工日期顺延竣工日期，确保实际工期不少于合同约定的工期总日历天数。因发包人原因导致工期延误需要修订施工进度计划的，按照施工进度计划修订的约定执行。

（2）因承包人原因导致工期延误。可以在专用合同条款中约定逾期竣工违约金的计算方法和逾期竣工违约金的上限。承包人支付逾期竣工违约金后，不免除承包人继续完成工程及修补缺陷的义务。

5.3.7.6 不利物质条件和异常恶劣的气候条件

不利物质条件是指有经验的承包人在施工现场遇到的不可预见的自然物质条件、非自然的物质障碍和污染物，包括地表以下物质条件和水文条件，以及专用合同条款约定的其他情形，但不包括气候条件。

承包人遇到不利物质条件时，应采取克服不利物质条件的合理措施继续施工，并及时通知发包人和监理人。通知应载明不利物质条件的内容及承包人认为不可预见的理由。监理人经发包人同意后应当及时发出指示，指示构成变更的，按变更约定执行。承包人因采取合理措施而增加的费用和（或）延误的工期由发包人承担。

异常恶劣的气候条件是指在施工过程中遇到的，有经验的承包人在签订合同时不可预见的，对合同履行造成实质性影响的，但尚未构成不可抗力事件的恶劣气候条件。合同当事人可以在专用合同条款中约定异常恶劣的气候条件的具体情形。

5.3.7.7 暂停施工

（1）发包人原因引起的暂停施工。监理人经发包人同意后，应及时下达暂停施工指示。情况紧急且监理人未及时下达暂停施工指示的，按照紧急情况下的暂停施工的约定执行。发包人应承担由此增加的费用和（或）延误的工期，并支付承包人合理的利润。

（2）承包人原因引起的暂停施工。承包人应承担由此增加的费用和（或）延误的工期，且承包人在收到监理人复工指示后84天内仍未复工的，视为承包人违约的情形所约定的承包人无法继续履行合同的情形。

（3）指示暂停施工。监理人认为有必要时，并经发包人批准后，可向承包人作出暂停施工的指示，承包人应按监理人指示暂停施工。

（4）紧急情况下的暂停施工。因紧急情况需暂停施工，且监理人未及时下达暂停施工指示的，承包人可先暂停施工，并及时通知监理人。监理人应在接到通知后24小时内发出指示，逾期未发出指示，视为同意承包人暂停施工。监理人不同意承包人暂停施工的，应说明理由，承包人对监理人的答复有异议，按照相关争议解决约定处理。

（5）暂停施工后的复工。暂停施工后，发包人和承包人应采取有效措施积极消除暂停施工的影响。在工程复工前，监理人会同发包人和承包人确定因暂停施工造成的损失，并确定工程复工条件。当工程具备复工条件时，监理人应经发包人批准后向承包人发出复工通知，承包人应按照复工通知要求复工。

承包人无故拖延和拒绝复工的，承包人承担由此增加的费用和（或）延误的工期；因发包人原因无法按时复工的，按照因发包人原因导致工期延误的约定办理。

（6）暂停施工持续 56 天以上。监理人发出暂停施工指示后 56 天内未向承包人发出复工通知，除该项停工属于承包人原因引起的暂停施工及不可抗力的约定的情形外，承包人可向发包人提交书面通知，要求发包人在收到书面通知后 28 天内准许已暂停施工的部分或全部工程继续施工。发包人逾期不予批准的，则承包人可以通知发包人，将工程受影响的部分视为按变更的范围的相关规定可取消工作。

暂停施工持续 84 天以上不复工的，且不属于承包人原因引起的暂停施工及不可抗力约定的情形，并影响到整个工程以及合同目的实现的，承包人有权提出价格调整要求，或者解除合同。解除合同的，按照因发包人违约解除合同的约定执行。

（7）暂停施工期间的工程照管。暂停施工期间，承包人应负责妥善照管工程并提供安全保障，由此增加的费用由责任方承担。

（8）暂停施工的措施。暂停施工期间，发包人和承包人均应采取必要的措施确保工程质量及安全，防止因暂停施工扩大损失。

5.3.7.8 提前竣工

发包人要求承包人提前竣工的，发包人应通过监理人向承包人下达提前竣工指示，承包人应向发包人和监理人提交提前竣工建议书，提前竣工建议书应包括实施的方案、缩短的时间、增加的合同价格等内容。发包人接受该提前竣工建议书的，监理人应与发包人和承包人协商采取加快工程进度的措施，并修订施工进度计划，由此增加的费用由发包人承担。承包人认为提前竣工指示无法执行的，应向监理人和发包人提出书面异议，发包人和监理人应在收到异议后 7 天内予以答复。任何情况下，发包人不得压缩合理工期。

发包人要求承包人提前竣工，或承包人提出提前竣工的建议能够给发包人带来效益的，合同当事人可以在专用合同条款中约定提前竣工的奖励。

5.3.8 材料与设备

5.3.8.1 发包人供应材料与工程设备

发包人自行供应材料、工程设备的，应在签订合同时在专用合同条款的附件"发包人供应材料设备一览表"中明确材料、工程设备的品种、规格、型号、数量、单价、质量等级和送达地点。

承包人应提前 30 天通过监理人以书面形式通知发包人供应材料与工程设备进场。承包人按照施工进度计划的修订的约定修订施工进度计划时，需同时提交经修订后的发包人供应材料与工程设备的进场计划。

发包人供应的材料和工程设备，承包人清点后由承包人妥善保管，保管费用由发包人承担，但已标价工程量清单或预算书已经列支或专用合同条款另有约定除外。因承包人原因发生丢失毁损的，由承包人负责赔偿；监理人未通知承包人清点的，承包人不负责材料和工程设备的保管，由此导致丢失毁损的由发包人负责。

发包人供应的材料和工程设备使用前，由承包人负责检验，检验费用由发包人承担，不合格的不得使用。

5.3.8.2 承包人采购材料与工程设备

承包人负责采购材料、工程设备的，应按照设计和有关标准要求采购，并提供产品合格证明及出厂证明，对材料、工程设备质量负责。合同约定由承包人采购的材料、工程设备，发包人不得指定生产厂家或供应商，发包人违反本款约定指定生产厂家或供应商的，承包人有权拒绝，并由发包人承担相应责任。

承包人采购的材料和工程设备由承包人妥善保管，保管费用由承包人承担。法律规定材料和工程设备使用前必须进行检验或试验的，承包人应按监理人的要求进行检验或试验，检验或试验费用由承包人承担，不合格的不得使用。

发包人或监理人发现承包人使用不符合设计或有关标准要求的材料和工程设备时，有权要求承包人进行修复、拆除或重新采购，由此增加的费用和（或）延误的工期，由承包人承担。

5.3.8.3　材料与工程设备的接收与拒收

发包人应按"发包人供应材料设备一览表"约定的内容提供材料和工程设备，并向承包人提供产品合格证明及出厂证明，对其质量负责。发包人应提前 24h 以书面形式通知承包人、监理人材料和工程设备到货时间，承包人负责材料和工程设备的清点、检验和接收。

发包人提供的材料或工程设备不符合合同要求的，承包人有权拒绝，并可要求发包人更换，由此增加的费用和（或）延误的工期由发包人承担，并支付承包人合理的利润。因发包人原因导致交货日期延误或交货地点变更等情况的，按照发包人违约的约定办理。

承包人采购的材料和工程设备，应保证产品质量合格，承包人应在材料和工程设备到货前 24h 通知监理人检验。承包人进行永久设备、材料的制造和生产的，应符合相关质量标准，并向监理人提交材料的样本以及有关资料，并应在使用该材料或工程设备之前获得监理人同意。

承包人采购的材料和工程设备不符合设计或有关标准要求时，承包人应在监理人要求的合理期限内将不符合设计或有关标准要求的材料、工程设备运出施工现场，并重新采购符合要求的材料、工程设备，由此增加的费用和（或）延误的工期，由承包人承担。

监理人有权拒绝承包人提供的不合格材料或工程设备，并要求承包人立即进行更换。监理人应在更换后再次进行检查和检验，由此增加的费用和（或）延误的工期由承包人承担。监理人发现承包人使用了不合格的材料和工程设备，承包人应按照监理人的指示立即改正，并禁止在工程中继续使用不合格的材料和工程设备。

5.3.8.4　施工设备和临时设施

承包人应按合同进度计划的要求，及时配置施工设备和修建临时设施。进入施工场地的承包人设备需经监理人核查后才能投入使用。承包人更换合同约定的承包人设备的，应报监理人批准。除专用合同条款另有约定外，承包人应自行承担修建临时设施的费用，需要临时占地的，应由发包人办理申请手续并承担相应费用。承包人使用的施工设备不能满足合同进度计划和（或）质量要求时，监理人有权要求承包人增加或更换施工设备，承包人应及时增加或更换，由此增加的费用和（或）延误的工期由承包人承担。

发包人提供的施工设备或临时设施在专用合同条款中约定。

5.3.9　试验与检验

承包人根据合同约定或监理人指示进行的现场材料试验，应由承包人提供试验场所、试验人员、试验设备及其他必要的试验条件。监理人在必要时可以使用承包人提供的试验场所、试验设备及其他试验条件，进行以工程质量检查为目的的材料复核试验，承包人应予以协助。

承包人应按专用合同条款的约定提供试验设备、取样装置、试验场所和试验条件，并向监理人提交相应进场计划表。承包人配置的试验设备要符合相应试验规程的要求并经过具有资质的检测单位检测，且在正式使用该试验设备前，需要经过监理人与承包人共同校定。承包人应向监理人提交试验人员的名单及其岗位、资格等证明资料，试验人员必须能够熟练进行相应的检测试验，承包人对试验人员的试验程序和试验结果的正确性负责。

承包人应按合同约定进行材料、工程设备和工程的试验和检验，并为监理人对上述材料、工程设备和工程的质量检查提供必要的试验资料和原始记录。按合同约定应由监理人与承包人共同进行试验和检验的，由承包人负责提供必要的试验资料和原始记录。试验属于自检性质的，承包人可以单独进行试验。试验属于监理人抽检性质的，监理人可以单独进行试验，也可由承包人与监理人共同进行。承包人对由监理人单独进行的试验结果有异议的，可以申请重新共同进行试验。约定共同进行试验的，监理人未按照约定参加试验的，承包人可自行试验，并将试验结果报送监理人，监理人应承认该试验结果。

监理人对承包人的试验和检验结果有异议的，或为查清承包人试验和检验成果的可靠性要求承包人重新试验和检验的，可由监理人与承包人共同进行。重新试验和检验的结果证明该项材料、工程设备或工程的质量不符合合同要求的，由此增加的费用和（或）延误的工期由承包人承担；重新试验和检验结果证明该项材料、工程设备和工程符合合同要求的，由此增加的费用和（或）延误的工期由发包人承担。

5.3.10 变更

5.3.10.1 变更的范围与变更权

除专用合同条款另有约定外，合同履行过程中发生以下情形的，应按照约定进行变更。

（1）增加或减少合同中任何工作，或追加额外的工作。

（2）取消合同中任何工作，但转由他人实施的工作除外。

（3）改变合同中任何工作的质量标准或其他特性。

（4）改变工程的基线、标高、位置和尺寸。

（5）改变工程的时间安排或实施顺序。

发包人和监理人均可以提出变更。变更指示均通过监理人发出，监理人发出变更指示前应征得发包人同意。承包人收到经发包人签认的变更指示后，方可实施变更。未经许可，承包人不得擅自对工程的任何部分进行变更。

涉及设计变更的，应由设计人提供变更后的图纸和说明。如变更超过原设计标准或批准的建设规模时，发包人应及时办理规划、设计变更等审批手续。

5.3.10.2 变更程序

（1）发包人提出变更。应通过监理人向承包人发出变更指示，变更指示应说明计划变更的工程范围和变更的内容。

（2）监理人提出变更建议。需要向发包人以书面形式提出变更计划，说明计划变更工程范围和变更的内容、理由，以及实施该变更对合同价格和工期的影响。发包人同意变更的，由监理人向承包人发出变更指示。发包人不同意变更的，监理人无权擅自发出变更指示。

（3）变更执行。承包人收到监理人下达的变更指示后，认为不能执行，应立即提出不能执行该变更指示的理由。承包人认为可以执行变更的，应当书面说明实施该变更指示对合同价格和工期的影响，且合同当事人应当按照变更估价的约定确定变更估价。

5.3.10.3　变更估价

（1）变更估价原则。除专用合同条款另有约定外，变更估价按照以下约定处理。

1）已标价工程量清单或预算书有相同项目的，按照相同项目单价认定。

2）已标价工程量清单或预算书中无相同项目，但有类似项目的，参照类似项目的单价认定。

3）变更导致实际完成的变更工程量与已标价工程量清单或预算书中列明的该项目工程量的变化幅度超过 15%的，或已标价工程量清单或预算书中无相同项目及类似项目单价的，按照合理的成本与利润构成的原则，由合同当事人按照商定或确定条款中确定变更工作的单价。

（2）变更估价程序。承包人应在收到变更指示后 14 天内，向监理人提交变更估价申请。监理人应在收到承包人提交的变更估价申请后 7 天内审查完毕并报送发包人，监理人对变更估价申请有异议，通知承包人修改后重新提交。发包人应在承包人提交变更估价申请后 14 天内审批完毕。发包人逾期未完成审批或未提出异议的，视为认可承包人提交的变更估价申请。

因变更引起的价格调整应计入最近一期的进度款中支付。

因变更引起工期变化的，合同当事人均可要求调整合同工期，由合同当事人按照商定或确定条款执行，并参考工程所在地的工期定额标准确定增减工期天数。

5.3.10.4　暂估价

暂估价是指总承包招标时，不能确定价格而由招标人在招标文件中暂时估定的工程、货物、服务的金额。暂估价专业分包工程、服务、材料和工程设备的明细由合同当事人在专用合同条款中约定。

对于依法必须招标的暂估价项目，可以采取以下两种方式确定。合同当事人也可以在专用合同条款中选择其他招标方式。

（1）对于依法必须招标的暂估价项目，由承包人招标，对该暂估价项目的确认和批准按照以下约定执行。

1）承包人应当根据施工进度计划，在招标工作启动前 14 天将招标方案通过监理人报送发包人审查，发包人应当在收到承包人报送的招标方案后 7 天内批准或提出修改意见。承包人应当按照经过发包人批准的招标方案开展招标工作。发包人有权确定招标控制价并按照法律规定参加评标。

2）承包人与供应商、分包人在签订暂估价合同前，应当提前 7 天将确定的中标候选供应商或中标候选分包人的资料报送发包人，发包人应在收到资料后 3 天内与承包人共同确定中标人；承包人应当在签订合同后 7 天内，将暂估价合同副本报送发包人留存。

（2）对于依法必须招标的暂估价项目，由发包人和承包人共同招标确定暂估价供应商或分包人的，承包人应按照施工进度计划，在招标工作启动前 14 天通知发包人，并提交暂估价招标方案和工作分工。发包人应在收到后 7 天内确认。确定中标人后，由发包人、承包人与中标人共同签订暂估价合同。

除专用合同条款另有约定外，对于不属于依法必须招标的暂估价项目，采取以下三种方式确定。

　　（1）对于不属于依法必须招标的暂估价项目，按以下约定确认和批准。

　　1）承包人应根据施工进度计划，在签订暂估价项目的采购合同、分包合同前28天向监理人提出书面申请。监理人应当在收到申请后3天内报送发包人，发包人应当在收到申请后14天内给予批准或提出修改意见，发包人逾期未予批准或提出修改意见的，视为该书面申请已获得同意。

　　2）发包人认为承包人确定的供应商、分包人无法满足工程质量或合同要求的，发包人可以要求承包人重新确定暂估价项目的供应商、分包人。

　　3）承包人应当在签订暂估价合同后7天内，将暂估价合同副本报送发包人留存。

　　（2）承包人按照依法必须招标的暂估价项目约定的方式（1）确定暂估价项目。

　　（3）承包人直接实施的暂估价项目。

　　承包人具备实施暂估价项目的资格和条件的，经发包人和承包人协商一致后，可由承包人自行实施暂估价项目，合同当事人可以在专用合同条款约定具体事项。因发包人原因导致暂估价合同订立和履行迟延的，由此增加的费用和（或）延误的工期由发包人承担，并支付承包人合理的利润。因承包人原因导致暂估价合同订立和履行迟延的，由此增加的费用和（或）延误的工期由承包人承担。

5.3.11　价格调整

5.3.11.1　市场价格波动引起的调整

　　除专用合同条款另有约定外，市场价格波动超过合同当事人约定的范围，合同价格应当调整。合同当事人可以在专用合同条款中约定选择以下任一种方式对合同价格进行调整。

　　（1）采用价格指数进行价格调整。

　　1）价格调整公式。因人工、材料和设备等价格波动影响合同价格时，根据专用合同条款中约定的数据，按公式计算差额并调整合同价格。

$$\Delta P = P_0 \left[A + \left(B_1 \times \frac{F_{t1}}{F_{01}} + B_2 \times \frac{F_{t2}}{F_{02}} + B_3 \times \frac{F_{t3}}{F_{03}} + \cdots + B_n \times \frac{F_{tn}}{F_{0n}} \right) - 1 \right]$$

式中　　　　　　ΔP——需调整的价格差额；

　　　　　　　　P_0——约定的付款证书中承包人应得到的已完成工程量的金额。此项金额应不包括价格调整、不计质量保证金的扣留和支付、预付款的支付和扣回。约定的变更及其他金额已按现行价格计价的，也不计在内；

　　　　　　　　A——定值权重（即不调部分的权重）；

B_1，B_2，B_3，$\cdots$，B_n——各可调因子的变值权重（即可调部分的权重），为各可调因子在签约合同价中所占的比例；

F_{t1}，F_{t2}，F_{t3}，$\cdots$，F_{tn}——各可调因子的现行价格指数，指约定的付款证书相关周期最后一天的前42天的各可调因子的价格指数；

F_{01}，F_{02}，F_{03}，$\cdots$，F_{0n}——各可调因子的基本价格指数，指基准日期的各可调因子的价格指数。

　　以上价格调整公式中的各可调因子、定值和变值权重，以及基本价格指数及其来源在投标函附录价格指数和权重表中约定，非招标订立的合同，应由合同当事人在专用合同条款中约定。价格指数应首先采用工程造价管理机构发布的价格指数，无前述价格指数时，可采用工程造价管理机构发布的价格代替。

2) 暂时确定调整差额。计算调整差额时无现行价格指数的，合同当事人可暂用前次价格指数计算。实际价格指数有调整的，合同当事人应进行相应调整。

3) 权重的调整。因变更导致合同约定的权重不合理时，应按照双方商定或确定条款执行。

4) 因承包人原因工期延误后的价格调整。因承包人原因未按期竣工的，对合同约定的竣工日期后继续施工的工程，在使用价格调整公式时，应采用计划竣工日期与实际竣工日期的两个价格指数中较低的一个作为现行价格指数。

(2) 采用造价信息进行价格调整。合同履行期间，因人工、材料、工程设备和机械台班价格波动影响合同价格时，人工、机械使用费按照国家或省、自治区、直辖市建设行政管理部门、行业建设管理部门或其授权的工程造价管理机构发布的人工、机械使用费系数进行调整；需要进行价格调整的材料，其单价和采购数量应由发包人审批，发包人确认需调整的材料单价及数量，作为调整合同价格的依据。

1) 人工单价发生变化且符合省级或行业建设主管部门发布的人工费调整规定，合同当事人应按省级或行业建设主管部门或其授权的工程造价管理机构发布的人工费等文件调整合同价格，但承包人对人工费或人工单价的报价高于发布价格的除外。

2) 材料、工程设备价格变化的价款调整按照发包人提供的基准价格，按以下风险范围规定执行：

a. 承包人在已标价工程量清单或预算书中载明材料单价低于基准价格的，除专用合同条款另有约定外，合同履行期间材料单价涨幅以基准价格为基础超过 5% 时，或材料单价跌幅以在已标价工程量清单或预算书中载明材料单价为基础超过 5% 时，其超过部分据实调整。

b. 承包人在已标价工程量清单或预算书中载明材料单价高于基准价格的，除专用合同条款另有约定外，合同履行期间材料单价跌幅以基准价格为基础超过 5% 时，材料单价涨幅以在已标价工程量清单或预算书中载明材料单价为基础超过 5% 时，其超过部分据实调整。

c. 承包人在已标价工程量清单或预算书中载明材料单价等于基准价格的，除专用合同条款另有约定外，合同履行期间材料单价涨跌幅以基准价格为基础超过 ±5% 时，其超过部分据实调整。

d. 承包人应在采购材料前将采购数量和新的材料单价报发包人核对，发包人确定用于工程时，应确认采购材料的数量和单价。发包人在收到承包人报送的确认资料后 5 天内不予答复的视为认可，作为调整合同价格的依据。未经发包人事先核对，承包人自行采购材料的，发包人有权不予调整合同价格。发包人同意的，可以调整合同价格。

上述基准价格是指由发包人在招标文件或专用合同条款中给定的材料、工程设备的价格，该价格原则上应当按照省级或行业建设主管部门或其授权的工程造价管理机构发布的信息价编制。

3) 施工机械台班单价或施工机械使用费发生变化超过省级或行业建设主管部门或其授权的工程造价管理机构规定的范围时，按规定调整合同价格。

(3) 专用合同条款约定的其他方式。

5.3.11.2　法律变化引起的调整

基准日期后，法律变化导致承包人在合同履行过程中所需要的费用发生除市场价格波动引起的调整条款约定以外的增加时，由发包人承担增加的费用；减少时，应从合同价格中予以扣减。基准日期后，因法律变化造成工期延误时，工期应予以顺延。

因法律变化引起的合同价格和工期调整，合同当事人无法达成一致的，应由总监理工程师按照商定或确定条款的约定处理。

因承包人原因造成工期延误，在工期延误期间出现法律变化的，因此增加的费用和（或）延误的工期应由承包人承担。

5.3.12　合同价格、计量与支付

5.3.12.1　合同价格形式

发包人和承包人应在合同协议书中选择下列一种合同价格形式：

（1）单价合同。是指合同当事人约定以工程量清单及其综合单价进行合同价格计算、调整和确认的施工合同，在约定的范围内合同单价不作调整。合同当事人应在专用合同条款中约定综合单价包含的风险范围和风险费用的计算方法，并约定风险范围以外的合同价格的调整方法，其中因市场价格波动引起的调整按市场价格波动引起的调整条款约定执行。

（2）总价合同。是指合同当事人约定以施工图、已标价工程量清单或预算书及有关条件进行合同价格计算、调整和确认的施工合同，在约定的范围内合同总价不作调整。合同当事人应在专用合同条款中约定总价包含的风险范围和风险费用的计算方法，并约定风险范围以外的合同价格的调整方法，其中因市场价格波动引起的调整应按市场价格波动引起的调整条款约定执行；因法律变化引起的调整应按法律变化引起的调整条款约定执行。

（3）其他价格形式。合同当事人可在专用合同条款中约定其他合同价格形式。

5.3.12.2　预付款

预付款的支付按照专用合同条款约定执行，但最迟应在开工通知载明的开工日期前7天支付。预付款应当用于材料、工程设备、施工设备的采购及修建临时工程、组织施工队伍进场等。

除专用合同条款另有约定外，预付款在进度付款中同比例扣回。在颁发工程接收证书前，提前解除合同的，尚未扣完的预付款应与合同价款一并结算。

发包人逾期支付预付款超过7天的，承包人有权向发包人发出要求预付的催告通知，发包人收到通知后7天内仍未支付的，承包人有权暂停施工，并按发包人违约的情况执行。

发包人要求承包人提供预付款担保的，承包人应在发包人支付预付款7天前提供预付款担保，专用合同条款另有约定除外。预付款担保可采用银行保函、担保公司担保等形式，具体由合同当事人在专用合同条款中约定。在预付款完全扣回之前，承包人应保证预付款担保持续有效。

发包人在工程款中逐期扣回预付款后，预付款担保额度应相应减少，但剩余的预付款担保金额不得低于未被扣回的预付款金额。

5.3.12.3　计量

（1）计量原则和和周期。工程量计量按照合同约定的工程量计算规则、图纸及变更指示等进行计量。工程量计算规则应以相关的国家标准、行业标准等为依据，由合同当事人在专用合同条款中约定。除专用合同条款另有约定外，工程量的计量按月进行。

（2）单价合同的计量。除专用合同条款另有约定外，单价合同的计量按照下列约定执行。

1）承包人应于每月 25 日向监理人报送上月 20 日至当月 19 日已完成的工程量报告，并附进度付款申请单、已完成工程量报表和其他有关资料。

2）监理人应在收到承包人提交的工程量报告后 7 天内完成对承包人提交的工程量报表的审核并报送发包人，以确定当月实际完成的工程量。监理人对工程量有异议的，有权要求承包人进行共同复核或抽样复测。承包人应协助监理人进行复核或抽样复测，并按监理人要求提供补充计量资料。承包人未按监理人要求参加复核或抽样复测的，监理人复核或修正的工程量应视为承包人实际完成的工程量。

3）监理人未在收到承包人提交的工程量报表后的 7 天内完成审核的，承包人报送的工程量报告中的工程量视为承包人实际完成的工程量，并据此计算工程价款。

（3）总价合同的计量。除专用合同条款另有约定外，按月计量支付的总价合同，按照下列约定执行。

1）承包人应于每月 25 日向监理人报送上月 20 日至当月 19 日已完成的工程量报告，并附进度付款申请单、已完成工程量报表和有关资料。

2）监理人应在收到承包人提交的工程量报告后 7 天内完成对承包人提交的工程量报表的审核并报送发包人，以确定当月实际完成的工程量。监理人对工程量有异议的，有权要求承包人进行共同复核或抽样复测。承包人应协助监理人进行复核或抽样复测，并按监理人要求提供补充计量资料。承包人未按监理人要求参加复核或抽样复测的，监理人审核或修正的工程量视为承包人实际完成的工程量。

3）监理人未在收到承包人提交的工程量报表后的 7 天内完成复核的，承包人提交的工程量报告中的工程量视为承包人实际完成的工程量。

4）总价合同采用支付分解表计量支付的，可以按照总价合同的计量的约定进行计量，但合同价款按照支付分解表进行支付。

此外，合同当事人可在专用合同条款中约定其他价格形式合同的计量方式和程序。

5.3.12.4 工程进度款支付

除专用合同条款另有约定外，付款周期应按照计量周期的约定与计量周期保持一致。工程进度款支付的程序包括编制与提交进度付款申请单、进度款审核和支付、进度付款的修正、支付分解表的编制与审批等。

（1）编制进度付款申请单。除专用合同条款另有约定外，进度付款申请单应包括下列内容。

1）截至本次付款周期已完成工作对应的金额。

2）根据变更应增加和扣减的变更金额。

3）根据预付款约定应支付的预付款和扣减的返还预付款。

4）根据质量保证金约定应扣减的质量保证金。

5）根据索赔应增加和扣减的索赔金额。

6）对已签发的进度款支付证书中出现错误的修正，应在本次进度付款中支付或扣除的金额。

7）根据合同约定应增加和扣减的其他金额。

（2）提交进度付款申请单。

1）单价合同进度付款申请单的提交。按照单价合同的计量约定的时间按月向监理人提交，并附上已完成工程量报表和有关资料。单价合同中的总价项目按月进行支付分解，并汇总列入当期进度付款申请单。

2）总价合同进度付款申请单的提交。总价合同按月计量支付的，承包人按照总价合同的计量约定的时间按月向监理人提交进度付款申请单，并附上已完成工程量报表和有关资料。

总价合同按支付分解表支付的，承包人应按照支付分解表及进度付款申请单的编制的约定向监理人提交进度付款申请单。

合同当事人可在专用合同条款中约定其他价格形式合同的进度付款申请单的编制和提交程序。

（3）进度款审核和支付。除专用合同条款另有约定外，监理人应在收到承包人进度付款申请单以及相关资料后 7 天内完成审查并报送发包人，发包人应在收到后 7 天内完成审批并签发进度款支付证书。发包人逾期未完成审批且未提出异议的，视为已签发进度款支付证书。

发包人和监理人对承包人的进度付款申请单有异议的，有权要求承包人修正和提供补充资料，承包人应提交修正后的进度付款申请单。监理人应在收到承包人修正后的进度付款申请单及相关资料后 7 天内完成审查并报送发包人，发包人应在收到监理人报送的进度付款申请单及相关资料后 7 天内，向承包人签发无异议部分的临时进度款支付证书。存在争议的部分，按照合同中争议解决的约定处理。

除专用合同条款另有约定外，发包人应在进度款支付证书或临时进度款支付证书签发后 14 天内完成支付，发包人逾期支付进度款的，应按照中国人民银行发布的同期同类贷款基准利率支付违约金。

发包人签发进度款支付证书或临时进度款支付证书，不表明发包人已同意、批准或接受了承包人完成的相应部分的工作。

（4）进度付款的修正。在对已签发的进度款支付证书进行阶段汇总和复核中发现错误、遗漏或重复的，发包人和承包人均有权提出修正申请。经发包人和承包人同意的修正，应在下期进度付款中支付或扣除。

（5）支付分解表。支付分解表的编制要求如下：

1）支付分解表中所列的每期付款金额，应为进度付款申请单第一项的估算金额。

2）实际进度与施工进度计划不一致的，合同当事人可按照商定或确定条款修改支付分解表。

3）不采用支付分解表的，承包人应向发包人和监理人提交按季度编制的支付估算分解表，用于支付参考。

总价合同支付分解表的编制与审批要求如下：

1）除专用合同条款另有约定外，承包人应根据施工进度计划约定的施工进度计划、签约合同价和工程量等因素对总价合同按月进行分解，编制支付分解表。承包人应当在收到监理人和发包人批准的施工进度计划后 7 天内，将支付分解表及编制支付分解表的支持性资料报送监理人。

2）监理人应在收到支付分解表后 7 天内完成审核并报送发包人。发包人应在收到经监理人审核的支付分解表后 7 天内完成审批，经发包人批准的支付分解表为有约束力的支付分解表。

3）发包人逾期未完成支付分解表审批的，也未及时要求承包人进行修正和提供补充资料的，则承包人提交的支付分解表视为已经获得发包人批准。

单价合同的总价项目支付分解表的编制与审批要求如下：除专用合同条款另有约定外，单价合同的总价项目，由承包人根据施工进度计划和总价项目的总价构成、费用性质、计划发生时间和相应工程量等因素按月进行分解，形成支付分解表，其编制与审批参照总价合同支付分解表的编制与审批执行。

5.3.13　验收和工程试车

5.3.13.1　分部分项工程验收

分部分项工程质量应符合国家有关工程施工验收规范、标准及合同约定，承包人应按照施工组织设计的要求完成分部分项工程施工。

除专用合同条款另有约定外，分部分项工程经承包人自检合格并具备验收条件的，承包人应提前 48 小时通知监理人进行验收。监理人不能按时进行验收的，应在验收前 24 小时向承包人提交书面延期要求，但延期不能超过 48 小时。监理人未按时进行验收，也未提出延期要求的，承包人有权自行验收，监理人应认可验收结果。分部分项工程未经验收的，不得进入下一道工序施工。

分部分项工程的验收资料应当作为竣工资料的组成部分。

5.3.13.2　竣工验收

（1）工程具备以下条件的，承包人可以申请竣工验收。

1）除发包人同意的甩项工作和缺陷修补工作外，合同范围内的全部工程及有关工作，包括合同要求的试验、试运行及检验均已完成，并应符合合同要求。

2）已按合同约定编制了甩项工作和缺陷修补工作清单及相应的施工计划。

3）已按合同约定的内容和份数备齐竣工资料。

（2）除专用合同条款另有约定外，承包人申请竣工验收的，应当按照以下程序进行。

1）承包人向监理人报送竣工验收申请报告，监理人应在收到竣工验收申请报告后 14 天内完成审查并报送发包人。监理人审查后认为尚不具备验收条件的，应通知承包人在竣工验收前还需完成的工作内容，承包人应在完成监理人通知的全部工作内容后，再次提交竣工验收申请报告。

2）监理人审查后认为已具备竣工验收条件的，应将竣工验收申请报告提交发包人，发包人应在收到经监理人审核的竣工验收申请报告后 28 天内审批完毕并组织监理人、承包人、设计人等相关单位完成竣工验收。

3）竣工验收合格的，发包人应在验收合格后 14 天内向承包人签发工程接收证书。发包人无正当理由逾期不颁发工程接收证书的，自验收合格后第 15 天起视为已颁发工程接收证书。

4）竣工验收不合格的，监理人应按照验收意见发出指示，要求承包人对不合格工程返工、修复或采取其他补救措施，由此增加的费用和（或）延误的工期由承包人承担。承包人在完成不合格工程的返工、修复或采取其他补救措施后，应重新提交竣工验收申请报告，并按本项约定的程序重新进行验收。

5) 工程未经验收或验收不合格，发包人擅自使用的，应在转移占有工程后 7 天内向承包人颁发工程接收证书；发包人无正当理由逾期不颁发工程接收证书的，自转移占有后第 15 天起视为已颁发工程接收证书。

除专用合同条款另有约定外，发包人不按照本项约定组织竣工验收、颁发工程接收证书的，每逾期一天，应以签约合同价为基数，按照中国人民银行发布的同期同类贷款基准利率支付违约金。

工程经竣工验收合格的，以承包人提交竣工验收申请报告之日为实际竣工日期，并在工程接收证书中载明；因发包人原因，未在监理人收到承包人提交的竣工验收申请报告 42 天内完成竣工验收，或完成竣工验收不予签发工程接收证书的，以提交竣工验收申请报告的日期为实际竣工日期；工程未经竣工验收，发包人擅自使用的，以转移占有工程之日为实际竣工日期。

对于竣工验收不合格的工程，承包人完成整改后，应当重新进行竣工验收，经重新组织验收仍不合格的且无法采取措施补救的，则发包人可以拒绝接收不合格工程，因不合格工程导致其他工程不能正常使用的，承包人应采取措施确保相关工程的正常使用，由此增加的费用和（或）延误的工期由承包人承担。

除专用合同条款另有约定外，合同当事人应当在颁发工程接收证书后 7 天内完成工程的移交。

发包人无正当理由不接收工程的，发包人自应当接收工程之日起，承担工程照管、成品保护、保管等与工程有关的各项费用，合同当事人可以在专用合同条款中另行约定发包人逾期接收工程的违约责任。

承包人无正当理由不移交工程的，承包人应承担工程照管、成品保护、保管等与工程有关的各项费用，合同当事人可以在专用合同条款中另行约定承包人无正当理由不移交工程的违约责任。

5.3.13.3　提前交付单位工程的验收

发包人需要在工程竣工前使用单位工程的，或承包人提出提前交付已经竣工的单位工程且经发包人同意的，可进行单位工程验收，验收的程序按照竣工验收的约定进行。

验收合格后，由监理人向承包人出具经发包人签认的单位工程接收证书。已签发单位工程接收证书的单位工程由发包人负责照管。单位工程的验收成果和结论作为整体工程竣工验收申请报告的附件。

发包人要求在工程竣工前交付单位工程，由此导致承包人费用增加和（或）工期延误的，由发包人承担由此增加的费用和（或）延误的工期，并支付承包人合理的利润。

5.3.13.4　工程试车

工程需要试车的，除专用合同条款另有约定外，试车内容应与承包人承包范围相一致，试车费用由承包人承担。工程试车应按以下程序进行。

（1）具备单机无负荷试车条件，承包人组织试车，并在试车前 48h 书面通知监理人，通知中应载明试车内容、时间、地点。承包人准备试车记录，发包人根据承包人要求为试车提供必要条件。试车合格的，监理人在试车记录上签字。监理人在试车合格后不在试车记录上签字，自试车结束满 24h 后视为监理人已经认可试车记录，承包人可继续施工或办理竣工验收手续。

监理人不能按时参加试车，应在试车前 24h 以书面形式向承包人提出延期要求，但延期不能超过 48h，由此导致工期延误的，工期应予以顺延。监理人未能在前述期限内提出延期要求，又不参加试车的，视为认可试车记录。

（2）具备无负荷联动试车条件，发包人组织试车，并在试车前 48h 以书面形式通知承包人。通知中应载明试车内容、时间、地点和对承包人的要求，承包人按要求做好准备工作。试车合格，合同当事人在试车记录上签字。承包人无正当理由不参加试车的，视为认可试车记录。

因设计原因导致试车达不到验收要求，发包人应要求设计人修改设计，承包人按修改后的设计重新安装。发包人承担修改设计、拆除及重新安装的全部费用，工期相应顺延。因承包人原因导致试车达不到验收要求，承包人按监理人要求重新安装和试车，并承担重新安装和试车的费用，工期不予顺延。

因工程设备制造原因导致试车达不到验收要求的，由采购该工程设备的合同当事人负责重新购置或修理，承包人负责拆除和重新安装，由此增加的修理、重新购置、拆除及重新安装的费用及延误的工期由采购该工程设备的合同当事人承担。

如需进行投料试车的，发包人应在工程竣工验收后组织投料试车。发包人要求在工程竣工验收前进行或需要承包人配合时，应征得承包人同意，并在专用合同条款中约定有关事项。

投料试车合格的，费用由发包人承担；因承包人原因造成投料试车不合格的，承包人应按照发包人要求进行整改，由此产生的整改费用由承包人承担；非因承包人原因导致投料试车不合格的，如发包人要求承包人进行整改的，产生的费用由发包人承担。

5.3.13.5　施工期运行

施工期运行是指合同工程尚未全部竣工，其中某项或某几项单位工程或工程设备安装已竣工，根据专用合同条款约定，需要投入施工期运行的，经发包人按提前交付单位工程的验收的约定验收合格，证明能确保安全后，才能在施工期投入运行。在施工期运行中发现工程或工程设备损坏或存在缺陷的，由承包人按缺陷责任期的约定进行修复。

5.3.13.6　竣工退场

颁发工程接收证书后，承包人应按以下要求对施工现场进行清理：

（1）施工现场内残留的垃圾已全部清除出场。

（2）临时工程已拆除，场地已进行清理、平整或复原。

（3）按合同约定应撤离的人员、承包人施工设备和剩余的材料，包括废弃的施工设备和材料，已按计划撤离施工现场。

（4）施工现场周边及其附近道路、河道的施工堆积物，已全部清理。

（5）施工现场其他场地清理工作已全部完成。

施工现场的竣工退场费用由承包人承担。承包人应在专用合同条款约定的期限内完成竣工退场，逾期未完成的，发包人有权出售或另行处理承包人遗留的物品，由此支出的费用由承包人承担，发包人出售承包人遗留物品所得款项在扣除必要费用后应返还承包人。

承包人应按发包人要求恢复临时占地及清理场地，承包人未按发包人的要求恢复临时占地，或者场地清理未达到合同约定要求的，发包人有权委托其他人恢复或清理，所发生的费用由承包人承担。

5.3.14 竣工结算

竣工结算包括竣工结算申请、审核和结清等环节，下面依次进行说明。

5.3.14.1 竣工结算申请

在竣工结算申请环节中，除专用合同条款另有约定外，承包人应在工程竣工验收合格后28天内向发包人和监理人提交竣工结算申请单，并提交完整的结算资料，有关竣工结算申请单的资料清单和份数等要求由合同当事人在专用合同条款中约定。除专用合同条款另有约定外，竣工结算申请单应包括以下内容：

(1) 竣工结算合同价格。

(2) 发包人已支付承包人的款项。

(3) 应扣留的质量保证金。

(4) 发包人应支付承包人的合同价款。

5.3.14.2 竣工结算审核

除专用合同条款另有约定外，监理人应在收到竣工结算申请单后14天内完成核查并报送发包人。发包人应在收到监理人提交的经审核的竣工结算申请单后14天内完成审批，并由监理人向承包人签发经发包人签认的竣工付款证书。监理人或发包人对竣工结算申请单有异议的，有权要求承包人进行修正和提供补充资料，承包人应提交修正后的竣工结算申请单。

发包人在收到承包人提交竣工结算申请书后28天内未完成审批且未提出异议的，视为发包人认可承包人提交的竣工结算申请单，并自发包人收到承包人提交的竣工结算申请单后第29天起视为已签发竣工付款证书。

除专用合同条款另有约定外，发包人应在签发竣工付款证书后的14天内，完成对承包人的竣工付款。发包人逾期支付的，应按照中国人民银行发布的同期同类贷款基准利率支付违约金；逾期支付超过56天的，应按照中国人民银行发布的同期同类贷款基准利率的2倍支付违约金。

承包人对发包人签认的竣工付款证书有异议的，对于有异议部分应在收到发包人签认的竣工付款证书后7天内提出异议，并由合同当事人按照专用合同条款约定的方式和程序进行复核，或按照争议解决的约定处理。对于无异议部分，发包人应签发临时竣工付款证书，并按规定完成付款。承包人逾期未提出异议的，视为认可发包人的审批结果。

发包人要求甩项竣工的，合同当事人应签订甩项竣工协议。在甩项竣工协议中应明确，合同当事人按照"竣工结算申请"及"竣工结算审核"的约定，对已完合格工程进行结算，并支付相应合同价款。

5.3.14.3 最终结清

除专用合同条款另有约定外，承包人应在缺陷责任期终止证书颁发后7天内，按专用合同条款约定的份数向发包人提交最终结清申请单，并提供相关证明材料。

除专用合同条款另有约定外，最终结清申请单应列明质量保证金、应扣除的质量保证金、缺陷责任期内发生的增减费用。发包人对最终结清申请单内容有异议的，有权要求承包人进行修正和提供补充资料，承包人应向发包人提交修正后的最终结清申请单。

除专用合同条款另有约定外，发包人应在收到承包人提交的最终结清申请单后14天内完成审批并向承包人颁发最终结清证书。发包人逾期未完成审批，又未提出修改意见的，视为发包人同意承包人提交的最终结清申请单，且自发包人收到承包人提交的最终结清申请单后 15 天起视为已颁发最终结清证书。

除专用合同条款另有约定外，发包人应在颁发最终结清证书后 7 天内完成支付。发包人逾期支付的，按照中国人民银行发布的同期同类贷款基准利率支付违约金；逾期支付超过 56 天的，按照中国人民银行发布的同期同类贷款基准利率的两倍支付违约金。承包人对发包人颁发的最终结清证书有异议的，按争议解决的约定办理。

5.3.15　缺陷责任与保修

5.3.15.1　缺陷责任

在工程移交发包人后，因承包人原因产生的质量缺陷，承包人应承担质量缺陷责任和保修义务。缺陷责任期届满，承包人仍应按合同约定的工程各部位保修年限承担保修义务。

缺陷责任期自实际竣工日期起计算，合同当事人应在专用合同条款约定缺陷责任期的具体期限，但该期限最长不超过 24 个月。

单位工程先于全部工程进行验收，经验收合格并交付使用的，该单位工程缺陷责任期自单位工程验收合格之日起算。因发包人原因导致工程无法按合同约定期限进行竣工验收的，缺陷责任期自承包人提交竣工验收申请报告之日起开始计算。发包人未经竣工验收擅自使用工程的，缺陷责任期自工程转移占有之日起开始计算。

工程竣工验收合格后，因承包人原因导致的缺陷或损坏致使工程、单位工程或某项主要设备不能按原定目的使用的，则发包人有权要求承包人延长缺陷责任期，并应在原缺陷责任期届满前发出延长通知，但缺陷责任期最长不能超过 24 个月。

任何一项缺陷或损坏修复后，经检查证明其影响了工程或工程设备的使用性能，承包人应重新进行合同约定的试验和试运行，试验和试运行的全部费用应由责任方承担。

除专用合同条款另有约定外，承包人应于缺陷责任期届满后 7 天内向发包人发出缺陷责任期届满通知，发包人应在收到缺陷责任期满通知后 14 天内核实承包人是否履行缺陷修复义务，承包人未能履行缺陷修复义务的，发包人有权扣除相应金额的维修费用。发包人应在收到缺陷责任期届满通知后 14 天内，向承包人颁发缺陷责任期终止证书。

经合同当事人协商一致扣留质量保证金的，应在专用合同条款中予以明确。承包人提供质量保证金有以下三种方式：

（1）质量保证金保函。

（2）相应比例的工程款。

（3）双方约定的其他方式。

除专用合同条款另有约定外，质量保证金原则上采用质量保证金保函的方式。质量保证金的扣留有以下三种方式：

（1）在支付工程进度款时逐次扣留，在此情形下，质量保证金的计算基数不包括预付款的支付、扣回以及价格调整的金额。

（2）工程竣工结算时一次性扣留质量保证金。

（3）双方约定的其他扣留方式。

除专用合同条款另有约定外，质量保证金的扣留原则上采用逐次扣留的方式。发包人累计扣留的质量保证金不得超过结算合同价格的 5%，如承包人在发包人签发竣工付款证书后

28 天内提交质量保证金保函，发包人应同时退还扣留的作为质量保证金的工程价款。

5.3.15.2　保修

工程保修期从工程竣工验收合格之日起算，具体分部分项工程的保修期由合同当事人在专用合同条款中约定，但不得低于法定最低保修年限。在工程保修期内，承包人应当根据有关法律规定及合同约定承担保修责任。发包人未经竣工验收擅自使用工程的，保修期自转移占有之日起算。

保修期内，修复的费用按照以下约定处理：

（1）保修期内，因承包人原因造成工程的缺陷、损坏，承包人应负责修复，并承担修复的费用及因工程的缺陷、损坏造成的人身伤害和财产损失。

（2）保修期内，因发包人使用不当造成工程的缺陷、损坏，可以委托承包人修复，但发包人应承担修复的费用，并支付承包人合理利润。

（3）因其他原因造成工程的缺陷、损坏，可以委托承包人修复，发包人应承担修复的费用，并支付承包人合理的利润，因工程的缺陷、损坏造成的人身伤害和财产损失由责任方承担。

在保修期内，发包人在使用过程中，发现已接收的工程存在缺陷或损坏的，应书面通知承包人予以修复，但情况紧急必须立即修复缺陷或损坏的，发包人可以口头通知承包人并在口头通知后 48 小时内书面确认，承包人应在专用合同条款约定的合理期限内到达工程现场并修复缺陷或损坏。

因承包人原因造成工程的缺陷或损坏，承包人拒绝维修或未能在合理期限内修复缺陷或损坏，且经发包人书面催告后仍未修复的，发包人有权自行修复或委托第三方修复，所需费用由承包人承担。但修复范围超出缺陷或损坏范围的，超出范围部分的修复费用由发包人承担。

5.3.16　违约

5.3.16.1　发包人违约

（1）在合同履行过程中发生的下列情形，属于发包人违约：

1）因发包人原因未能在计划开工日期前 7 天内下达开工通知的。

2）因发包人原因未能按合同约定支付合同价款的。

3）发包人违反变更的范围相关约定，自行实施被取消的工作或转由他人实施的。

4）发包人提供的材料、工程设备的规格、数量或质量不符合合同约定，或因发包人原因导致交货日期延误或交货地点变更等情况的。

5）因发包人违反合同约定造成暂停施工的。

6）发包人无正当理由没有在约定期限内发出复工指示，导致承包人无法复工的。

7）发包人明确表示或者以其行为表明不履行合同主要义务的。

8）发包人未能按照合同约定履行其他义务的。

发包人发生除本项第 7）项以外的违约情况时，承包人可向发包人发出通知，要求发包人采取有效措施纠正违约行为。发包人收到承包人通知后 28 天内仍不纠正违约行为的，承包人有权暂停相应部位工程施工，并通知监理人。

发包人应承担因其违约给承包人增加的费用和（或）延误的工期，并支付承包人合理的利润。此外，合同当事人可在专用合同条款中另行约定发包人违约责任的承担方式和计算方法。

除专用合同条款另有约定外，承包人按发包人违约的情形的约定暂停施工满 28 天后，发包人仍不纠正其违约行为并致使合同目的不能实现的，或出现发包人违约的情形属第 7）项约定的违约情况时，承包人有权解除合同，发包人应承担由此增加的费用，并支付承包人合理的利润。

（2）承包人按照本款约定解除合同的，发包人应在解除合同后 28 天内支付下列款项，并解除履约担保：

1）合同解除前所完成工作的价款。

2）承包人为工程施工订购并已付款的材料、工程设备和其他物品的价款。

3）承包人撤离施工现场以及遣散承包人人员的款项。

4）按照合同约定在合同解除前应支付的违约金。

5）按照合同约定应当支付给承包人的其他款项。

6）按照合同约定应退还的质量保证金。

7）因解除合同给承包人造成的损失。

合同当事人未能就解除合同后的结清达成一致的，按照争议解决的约定处理。

承包人应妥善做好已完结工程和与工程有关的已购材料、工程设备的保护和移交工作，并将施工设备和人员撤出施工现场，发包人应为承包人撤出提供必要条件。

5.3.16.2　承包人违约

在合同履行过程中发生的下列情形，属于承包人违约。

1）承包人违反合同约定进行转包或违法分包的。

2）承包人违反合同约定采购和使用不合格的材料和工程设备的。

3）因承包人原因导致工程质量不符合合同要求的。

4）承包人违反材料与设备专用要求的约定，未经批准，私自将已按照合同约定进入施工现场的材料或设备撤离施工现场的。

5）承包人未能按施工进度计划及时完成合同约定的工作，造成工期延误的。

6）承包人在缺陷责任期及保修期内，未能在合理期限对工程缺陷进行修复，或拒绝按发包人要求进行修复的。

7）承包人明确表示或者以其行为表明不履行合同主要义务的。

8）承包人未能按照合同约定履行其他义务的。

承包人发生除第 7）项约定以外的其他违约情况时，监理人可向承包人发出整改通知，要求其在指定的期限内改正。

承包人应承担因其违约行为而增加的费用和（或）延误的工期。此外，合同当事人可在专用合同条款中另行约定承包人违约责任的承担方式和计算方法。

除专用合同条款另有约定外，出现承包人违约的情形为上述第 7）项约定的违约情况时，或监理人发出整改通知后，承包人在指定的合理期限内仍不纠正违约行为并致使合同目的不能实现的，发包人有权解除合同。合同解除后，因继续完成工程的需要，发包人有权使用承包人在施工现场的材料、设备、临时工程、承包人文件和由承包人或以其名义编制的其他文件，合同当事人应在专用合同条款约定相应费用的承担方式。发包人继续使用的行为不免除或减轻承包人应承担的违约责任。

因承包人违约解除合同的，发包人有权要求承包人将其为实施合同而签订的材料和设备的采购合同的权益转让给发包人，承包人应在收到解除合同通知后 14 天内，协助发包人与采购合同的供应商达成相关的转让协议。

5.3.17　不可抗力

不可抗力是指合同当事人在签订合同时不可预见，在合同履行过程中不可避免且不能克服的自然灾害和社会性突发事件，如地震、海啸、瘟疫、骚乱、戒严、暴动、战争和专用合同条款中约定的其他情形。

不可抗力发生后，发包人和承包人应收集证明不可抗力发生及不可抗力造成损失的证据，并及时认真统计所造成的损失。合同当事人对是否属于不可抗力或其损失的意见不一致的，由监理人按商定或确定的约定处理。发生争议时，按争议解决的约定处理。

合同一方当事人遇到不可抗力事件，使其履行合同义务受到阻碍时，应立即通知合同另一方当事人和监理人，书面说明不可抗力和受阻碍的详细情况，并提供必要的证明。不可抗力持续发生的，合同一方当事人应及时向合同另一方当事人和监理人提交中间报告，说明不可抗力和履行合同受阻的情况，并于不可抗力事件结束后 28 天内提交最终报告及有关资料。

5.3.17.1　不可抗力后果的承担

不可抗力引起的后果及造成的损失由合同当事人按照法律规定及合同约定各自承担。不可抗力发生前已完成的工程应当按照合同约定进行计量支付。不可抗力导致的人员伤亡、财产损失、费用增加和（或）工期延误等后果，由合同当事人按以下原则承担。

（1）永久工程、已运至施工现场的材料和工程设备的损坏，以及因工程损坏造成的第三人人员伤亡和财产损失由发包人承担。

（2）承包人施工设备的损坏由承包人承担。

（3）发包人和承包人承担各自人员伤亡和财产的损失。

（4）因不可抗力影响承包人履行合同约定的义务，已经引起或将引起工期延误的，应当顺延工期，由此导致承包人停工的费用损失由发包人和承包人合理分担，停工期间必须支付的工人工资由发包人承担。

（5）因不可抗力引起或将引起工期延误，发包人要求赶工的，由此增加的赶工费用由发包人承担。

（6）承包人在停工期间按照发包人要求照管、清理和修复工程的费用由发包人承担。

不可抗力发生后，合同当事人均应采取措施尽量避免和减少损失的扩大，任何一方当事人没有采取有效措施导致损失扩大的，应对扩大的损失承担责任。因合同任何一方迟延履行合同义务，在迟延履行期间遭遇不可抗力的，不免除其违约责任。

5.3.17.2　因不可抗力解除合同

因不可抗力导致合同无法履行连续超过 84 天或累计超过 140 天的，发包人和承包人均有权解除合同。合同解除后，由双方当事人按照商定或确定条款的约定来商定或确定发包人应支付的款项，该款项包括：

（1）合同解除前承包人已完成工作的价款。

（2）承包人为工程订购的并已交付给承包人，或承包人有责任接受交付的材料、工程设备和其他物品的价款。

（3）发包人要求承包人退货或解除订货合同而产生的费用，或因不能退货或解除合同而产生的损失。

（4）承包人撤离施工现场以及遣散承包人人员的费用。

（5）按照合同约定在合同解除前应支付给承包人的其他款项。

（6）扣减承包人按照合同约定应向发包人支付的款项。

（7）双方商定或确定的其他款项。

除专用合同条款另有约定外，合同解除后，发包人应在商定或确定上述款项后 28 天内完成上述款项的支付。

5.3.18　保险

虽然我国对工程保险（主要是施工过程中的保险）没有强制性的规定，但随着项目法人责任制的推行，由国家承担不可抗力风险的情况将会有很大改变，工程项目参加保险的情况会越来越多。

除专用合同条款另有约定外，发包人应投保建筑工程的一切保险或安装工程一切保险。发包人委托承包人投保的，因投保产生的保险费和其他相关费用由发包人承担。同时，发包人应依照法律规定参加工伤保险，并为在施工现场的全部员工办理工伤保险，缴纳工伤保险费，且应要求监理人及由发包人为履行合同聘请的第三方依法参加工伤保险。承包人应依照法律规定参加工伤保险，并为其履行合同的全部员工办理工伤保险，缴纳工伤保险费，并要求分包人及由承包人为履行合同聘请的第三方依法参加工伤保险。发包人和承包人可以为其施工现场的全部人员办理意外伤害保险并支付保险费，包括其员工及为履行合同聘请的第三方的人员，具体事项由合同当事人在专用合同条款约定。

除专用合同条款另有约定外，承包人应为其施工设备等办理财产保险。

合同当事人应与保险人保持联系，使保险人能够随时了解工程实施中的变动，并确保按保险合同条款要求持续保险。合同当事人应及时向另一方当事人提交其已投保的各项保险的凭证和保险单复印件。

如果发包人未按合同约定办理保险，或未能使保险持续有效的，则承包人可代为办理，所需费用由发包人承担。发包人未按合同约定办理保险，导致未能得到足额赔偿的，由发包人负责补足。如果承包人未按合同约定办理保险，或未能使保险持续有效的，则发包人可代为办理，所需费用由承包人承担。承包人未按合同约定办理保险，导致未能得到足额赔偿的，由承包人负责补足。

除专用合同条款另有约定外，发包人变更除工伤保险之外的保险合同时，应事先征得承包人同意，并通知监理人；承包人变更除工伤保险之外的保险合同时，应事先征得发包人同意，并通知监理人。事故发生时，投保人应按照保险合同规定的条件和期限及时向保险人报告。发包人和承包人应当在知道保险事故发生后及时通知对方。

5.3.19　索赔

在建设工程中，索赔是指在建设合同的实施过程中，合同一方因对方不履行或未能正确履行合同所规定的义务或未能保住承诺的合同条件实现而受到损失后，向对方提出的赔偿要求。

当一方当事人向另一方当事人提出索赔时，要有正当索赔理由，且有索赔事件发生时的有效证据。

5.3.19.1　承包人的索赔

（1）承包人索赔程序。根据合同约定，承包人认为有权得到追加付款和（或）延长工期的，应按以下程序向发包人提出索赔。

1）承包人应在知道或应当知道索赔事件发生后 28 天内，向监理人递交索赔意向通知书，并说明发生索赔事件的事由；承包人未在前述 28 天内发出索赔意向通知书的，丧失要求追加付款和（或）延长工期的权利。

2）承包人应在发出索赔意向通知书后 28 天内，向监理人正式递交索赔报告。索赔报告应详细说明索赔理由以及要求追加的付款金额和（或）延长的工期，并附必要的记录和证明材料。

3）索赔事件具有持续影响的，承包人应按合理时间间隔继续递交延续索赔通知，并说明持续影响的实际情况和记录，列出累计的追加付款金额和（或）工期延长天数。

4）在索赔事件影响结束后 28 天内，承包人应向监理人递交最终索赔报告，说明最终要求索赔的追加付款金额和（或）延长的工期，并附必要的记录和证明材料。

（2）对承包人的索赔处理。当承包人提出索赔要求后，对承包人索赔的处理如下。

1）监理人应在收到索赔报告后 14 天内完成审查并报送发包人。监理人对索赔报告存在异议的，有权要求承包人提交全部原始记录副本。

2）发包人应在监理人收到索赔报告或有关索赔的进一步证明材料后的 28 天内，由监理人向承包人出具经发包人签认的索赔处理结果。发包人逾期答复的，则视为认可承包人的索赔要求。

3）承包人接受索赔处理结果的，索赔款项在当期进度款中进行支付；承包人不接受索赔处理结果的，按照争议解决的约定处理。

承包人按竣工结算审核的约定接收竣工付款证书后，应被视为已无权再提出在工程接收证书颁发前所发生的任何索赔。承包人按最终结清条款提交的最终结清申请单中，只限于提出工程接收证书颁发后发生的索赔。提出索赔的期限自接受最终结清证书时终止。

5.3.19.2　发包人的索赔

根据合同约定，发包人认为有权得到赔付金额和（或）延长缺陷责任期的，监理人应向承包人发出通知并附有详细的证明。

发包人应在知道或应当知道索赔事件发生后 28 天内通过监理人向承包人提出索赔意向通知书，发包人未在前述 28 天内发出索赔意向通知书的，丧失要求赔付金额和（或）延长缺陷责任期的权利。发包人应在发出索赔意向通知书后 28 天内，通过监理人向承包人正式递交索赔报告。

当发包人提出索赔要求后，对发包人索赔的处理如下：

（1）承包人收到发包人提交的索赔报告后，应及时审查索赔报告的内容、查验发包人证明材料。

（2）承包人应在收到索赔报告或有关索赔的进一步证明材料后 28 天内，将索赔处理结果答复发包人。如果承包人未在上述期限内作出答复的，则视为对发包人索赔要求的认可。

（3）承包人接受索赔处理结果的，发包人可从应支付给承包人的合同价款中扣除赔付的金额或延长缺陷责任期；发包人不接受索赔处理结果的，按争议解决的约定处理。

关于建设工程施工合同索赔的原则、依据、技巧及案例等相关理论在第七章详细论述。

5.3.20　争议解决

发包人、承包人在履行合同时发生争议，可以和解或者要求有关主管部门调解。当事人不愿和解、调解或者和解、调解不成的，双方可以在专用条款内约定以下任一种方式解决争议：

（1）双方约定采取争议评审方式解决争议以及评审规则。

（2）双方达成仲裁协议，向约定的仲裁委员会申请仲裁。

（3）向有管辖权的人民法院起诉。

合同当事人可以就争议自行和解，或请求建设行政主管部门、行业协会或其他第三方进行调解。自行和解和调解达成协议的经双方签字并盖章后作为合同补充文件，双方均应遵照执行。

合同当事人也可以共同选择一名或三名争议评审员，组成争议评审小组。除专用合同条款另有约定外，合同当事人应当自合同签订后28天内，或者争议发生后14天内，选定争议评审员。选择一名争议评审员的，由合同当事人共同确定；选择三名争议评审员的，各自选定一名，第三名成员为首席争议评审员，由合同当事人共同确定或由合同当事人委托已选定的争议评审员共同确定，或由专用合同条款约定的评审机构指定第三名首席争议评审员。除专用合同条款另有约定外，评审员报酬由发包人和承包人各承担一半。

合同当事人可在任何时间将与合同有关的任何争议共同提请争议评审小组进行评审。争议评审小组应秉持客观、公正原则，充分听取合同当事人的意见，依据相关法律、规范、标准、案例经验及商业惯例等，自收到争议评审申请报告后14天内作出书面决定，并说明理由。合同当事人可以在专用合同条款中对本项事项另行约定。

争议评审小组作出的书面决定经合同当事人签字确认后，对双方具有约束力，双方应遵照执行。任何一方当事人不接受争议评审小组决定或不履行争议评审小组决定的，双方可选择采用其他争议解决方式。

合同有关争议解决的条款独立存在，合同的变更、解除、终止、无效或者被撤销均不影响其效力。

发生争议后，除非出现下列情况的，否则双方都应继续履行合同，保持施工连续，保护好已完工程：

（1）单方违约导致合同确已无法履行，双方协议停止施工。

（2）调解要求停止施工，且为双方接受。

（3）仲裁机构要求停止施工。

（4）法院要求停止施工。

5.4　建设工程施工合同的履行

建设工程项目的实施过程实质上是项目相关的施工合同的履约过程。要保证工程项目正常、按计划、高效率地实施，必须正确地执行施工合同，即对工程施工合同的履约进行严格管理。

按照法律和工程惯例，业主是项目管理者，负责相关合同的管理和协调，并承担由于协调失误而造成的损失责任。例如土建承包商、安装承包商、供应商都与业主签订了主合同，由于供应商不能及时交付设备，造成土建和安装工程的推迟，这时安装和土建承包商就直接向业主索赔。所以在工程现场需委托专人来负责施工合同的协调和控制，通常监理工程师的职责就是合同管理。

5.4.1　施工合同交底工作

在合同实施前，必须对相关合同进行分析和交底。这对业主和承包商都是十分重要的。

（1）合同履行分析。主要是从执行的角度对合同内容进行研究，分析合同要求和对合同条款的解释，将合同中的规定落实到相关的项目实施的具体问题和各工程活动上，使合同成为一份可执行文件。合同履行分析主要包括：

1）承包商的主要合同责任、工程范围和权力。

2）业主的主要责任和权力。

3）监理工程师的权力和责任。

4）合同价格、计价方法、付款方式、工程结算程序、合同价格的调整和补偿条件。

5）合同工期、工程进度管理程序、进度的调整、工期补偿条件。

6）工程质量管理方法和过程，如材料、工艺、工程的验收方法、工程的质量控制程序等。

7）双方的违约责任。

8）索赔程序和争执的解决程序。

9）合同履行时应注意的问题和风险等。

（2）合同交底。合同交底是合同签订到执行的一个重要环节。通过合同交底达到以下目的：

1）将合同和合同分析文件下达落实到具体的责任人，例如各职能人员、相关的工程负责人和分包商等。

2）对项目管理班子、相关的工程负责人宣讲合同精神，落实合同责任，使参加的各个实施者都了解相关合同的内容，并能熟练地掌握。

3）在我国建设工程项目中，无论是业主还是承包商都存在着合同谈判和签订的人员与合同执行的人员不是同一班人的情况。例如许多承包企业，投标、合同谈判和签订有企业的经营部门负责，合同签订后由项目班子执行。则通过合同交底应将合同签订过程中的问题，双方的商谈，合同签订前双方的各种文件，以及对市场、业主情况、监理单位的情况的信息向项目班子交底。

这些对于合同的顺利执行是十分重要的。

（3）在项目组织的建立、责任的落实、项目管理系统的建立过程中，落实合同规定。

5.4.2　合同控制

（1）"漏洞工程师"。在施工现场，项目组中必须设专职的合同工程师起"漏洞工程师"的作用。但合同工程师并不是寻求与其他方面的对抗，因为任何对抗只会导致项目实施的困难，而应以积极合作的精神，协助各个方面完成各个合同。

1）实施前寻找合同和计划中的漏洞，以防止对工程施工造成干扰，对工程实施起预警作用，将计划、工作安排做得更完备。

2）及时地寻找和发现自己在合同执行中出现的漏洞、失误，保证自己不违约。在发出一个指令、作出一个决策时要考虑是否会违反合同，是否会产生索赔。

3）及时地寻找对方合同执行中的漏洞，及时提出预先警告或索赔要求。

4）寻找各个合同协调中的漏洞，通过组织协调弥补这些漏洞。

"漏洞工程师"不仅可使工程实施更为顺利，而且可以防止合同执行中的争执，防止索赔事件的发生。

（2）合同实施控制的主要工作。

1）给项目经理、各职能人员、所属承（分）包商在合同关系上以帮助，处理与合同相关的事务性的工作，例如解释合同，进行工作指导，对来往信件、会谈纪要、指令等进行合同法律方面的审查，对付款账单进行相关的审查和确认等。

2）协助项目经理正确行使合同规定的各项权力，防止产生违约行为。

3）对工程项目的各个合同执行进行协调。

4）做合同实施档案管理，记录任何合同条款的变更和工作范围变更，对由此导致的成本、进度计划、工程量和质量的变更进行确认；记录对合同的修订，收集、记录和保存业主的批准、通知、双方的谈判纪要和来往信件。

5）对合同实施过程进行监督，对照合同监督自己的各工程小组，各承（分）包商的施工，做好协调和管理工作，应定期进行验证，以确保项目组、承（分）包商、业主都正确履行合同。验证的结果应得到各方面的认可。

6）对合同实施进行跟踪和诊断，及时向各层次的管理人员提供合同实施情况的报告，并对合同的实施状况作出分析判断，提出建议、意见甚至警告。

7）调解合同争执，对争执进行合同分析，提出解决的意见或建议。

8）处理索赔与反索赔事务。

（3）充分利用合同赋予的权力。由于工期、成本、质量为合同所定义的目标，而且合同中规定进度控制、成本控制、质量控制的权力划分和程序，所以合同管理必须与进度管理、成本（投资）管理、质量管理职能协调一致。

在项目实施中合同控制要充分地运用合同所赋予的权力和可能性。例如：

1）利用合同控制手段对各方面进行严格管理，最大限度地利用合同赋予的权力，如指令权、审批权、检查权等来控制工期、成本和质量。同时项目的实施和各个职能管理工作都要符合合同规定的程序。

2）在对工程实施进行跟踪诊断时，要进行合同分析，通过合同分析原因，落实责任，处理出现的问题。

3）在对工程实施进行调整、处理争执和索赔时，要充分利用合同将对方的要求（如赔偿要求）降到最小，或充分保护自己的权利。因此在技术、经济、组织、管理、合同等措施中，首先要考虑到用合同措施来解决问题。

在国际工程中，许多成功的承包商都强调，必须将合同作为工程的"圣经"。

5.4.3 索赔管理

（1）索赔的起因。在工程项目中索赔是经常发生的。项目各参加者属于不同的单位，其经济利益并不一致。而合同是在工程实施前签订的，合同规定的工期和价格是基于对环境状况和工程状况预测基础上确定的，同时又假设合同各方面都能正确地履行合同所规定的责任。而在工程实施中常常会由于如下原因产生索赔：

1）由于业主（包括他的项目管理者）没能正确地履行合同义务，如未及时交付场地、提供图纸，未及时交付业主负责的材料和设备，下达了错误的指令，提供错误的图纸、招标文件，以及超出合同规定干预承包商的施工过程等。

2）由于业主因行使合同规定的权力而增加了承包商的花费和延长了工期，按合同规定应该给予补偿。如增加工程量，增加合同内的附加工程；或要求承包商完成合同中未注明的工作，要求承包商做合同中未规定的检查，而检查结果表明承包商的工程（或材料）完全符合合同要求。

3）由于某一个承包商完不成合同责任而造成的连锁反应，如由于设计单位未及时交付图纸，造成土建、安装工程中断或推迟，土建和安装承包商向业主提出索赔。

4）由于环境的变化。如战争、动乱、市场物价上涨、法律变化、反常的气候条件、异常的地质状况等，则按照合同规定应该延长工期，调整相应的合同价格。

5）由于承包商的失误导致工程质量低劣、工期延长，造成业主的损失。

这些原因都是引起索赔的干扰事件。

（2）索赔管理。由于工程技术和环境的复杂性，索赔是不可能完全避免的。在现代工程中索赔额通常都很大，一般都达到合同价的 $10\% \sim 20\%$。甚至在国际工程中超过合同价的索赔要求也不罕见。而且，业主与承包商、承包商与分包商、业主与供应商、承包商与其供应商、承包商与保险公司之间都可能发生索赔，所以在现代工程建设项目中，各个方面都应十分重视索赔管理。有关索赔管理的具体内容详见第 7 章。

5.5　FIDIC《施工合同条件》简介

5.5.1　FIDIC 组织概述

"FIDIC" 一词是 "国际咨询工程师联合会"（FEDERATION INTERNATIONALEDESINGE-NIEURS-CONSEILS）的缩写，是国际上最具权威性的咨询工程师组织。该组织在每个国家或地区只吸收一个独立的咨询工程师协会作为团体会员，至今已有多个发达国家和发展我国家或地区的成员。我国于 1996 年正式加入 FIDIC 组织。

5.5.2　FIDIC 合同条件简介

为了规范国际工程咨询和承包活动，FIDIC 先后发表过很多重要的各类文件和标准化合同文本范本，FIDIC 条件的标准文本由英语写成。目前，FIDIC 标准化合同文本范本已成为国际工程界公认的标准化合同格式。

FIDIC 合同条件第一版由国际咨询工程师联合会于 1957 年颁布，1963 年第二版、1977 年第三版、1987 年第四版相继问世。目前使用的国际咨询工程师联合会（FIDIC）编制的《业主/咨询工程师标准服务协议书》、《设计—建造与交钥匙工程合同条件》、《电气与机械工程合同条件》、《土木工程施工合同条件》、《土木工程施工分包合同条件》一般分为协议书、通用（标准）条件和专用特殊条件等三大部分。

5.5.3　FIDIC 施工合同条件（红皮书）简介

FIDIC 土木工程施工合同条件包括合同协议书和通用条件部分、专用条件部分两大部分。

5.5.3.1　FIDIC 施工合同条件的合同协议书和通用条件

FIDIC 施工合同条件的合同协议书和通用条件由下列内容构成：①定义及解释；②工程

师及工程师代表；③转让与分包；④合同条件；⑤一般义务；⑥责任的分担和保险的义务；⑦业主办理的保险；⑧承包商的其他义务；⑨劳务；⑩材料、工程设备和工艺；⑪暂时停工；⑫开工和误期；⑬缺陷责任；⑭变更、增添和省略；⑮索赔程序；⑯承包商的设备、临时工程和材料；⑰计量；⑱暂定金额；⑲指定的分包商；⑳证书与支付；㉑补救措施；㉒特殊风险；㉓解除履约；㉔争端的解决；㉕通知；㉖费用和法规的变更；㉗货币及汇率；㉘可能使用的补充条款；㉙投标书；㉚附件。

5.5.3.2　FIDIC 施工合同条件的专用条件

FIDIC 施工合同条件的通用条件和专用条件一起构成了决定合同各方权利与义务的条件。

FIDIC 施工合同条件的专用条件的条款需特别注明：

（1）凡第一部分的措辞中专门要求在第二部分中包含更进一步信息者，而第二部分没有这些信息，那么合同条件不完整。

（2）凡第一部分中有说到在第二部分可能包含有补充材料的地方，但第二部分没有这些信息，合同条件仍不完整。

（3）必须增加工程类型、环境或所在地区条款。

（4）所在国法律或特殊环境要求第一部分所含条款有所变更，则在第二部分加以说明。

我国住建部和国家行政管理局联合颁发的《建设工程施工合同（示范文本）》（GF-2013-0201）就采用了很多 FIDIC《土木工程施工合同条件》的条款（详见 5.3 节）。

5.5.3.3　FIDIC 土木工程施工分包合同条件

FIDIC 土木工程施工分包合同条件第 1 版于 1994 年颁布，与 1992 年再次修订重印的 FIDIC《土木工程施工合同条件》（1987 年第 4 版）配套使用。

FIDIC 土木工程施工分包合同条件是由通用条件和特殊条件编制指南两部分构成，具体内容包括：

（1）通用条件。包括定义及解释，一般义务，分包合同条件，主合同，临时工程、承包商的设备和（或）其他设施（如果有），现场工作和通道，开工和竣工，指示和决定，变更，变更的估价，通知和索赔，分包商的设备、临时工程和材料，保障，未完成的工作和缺陷，保险，支付，主合同的终止，分包商的违约，争端的解决，通知和指示，费用及法规的变更，货币及汇率等 22 个部分。

（2）特殊应用条件编制指南（附报价书及协议书格式）。FIDIC 土木工程施工分包合同通用条件和特殊应用条件与对应的条款编号相联系，共同构成了决定分包合同各方权利和义务的分包合同条件。为适应每一具体的分包合同，特殊应用条件必须特别拟定。特殊应用条件编制指南旨在为各个条款提供适宜的选择方案以帮助进行此项工作。

在特殊应用条件编制指南的条款需特别注明以下方面。

1）第一部分措词特别要求在第二部分中包含进一步的信息，如果第二部分没有这些信息，则分包合同条件不完整。

2）第一部分中的措词提到在第二部分可能包含有补充材料，但第二部分没有这些材料，合同条件仍不完整。

3）分包工程的类型、环境或所在地区，要求需增加的条款（如分包商由雇主指定的情况）。

4）所在国法律或特殊环境要求第一部分所含条款有所变动。即在第二部分中说明第一部分的某条款或删除某条款的一部分，并根据具体情况给出适用的替代条款，或者条款的替代部分。

5.5.3.4 FIDIC 标准化合同文本的优点

FIDIC 编制的标准化合同文本除了通用条件、专用条件外，还包括标准化的投标书（及附录）和协议书的格式文件。这些标准化合同文本具有如下优点：

（1）合同体系完整、严密、责任明确。从合同生效之日起到合同解除为止，正常履行过程中可能涉及的各类情况，以及特殊情况下发生的有关问题，在通用条件内都明确划分了参与合同的有关各方的责任界限，而且还规范了合同履行过程中应遵循的管理程序，条款内容基本覆盖了合同履行过程中可能发生的各类情况。

（2）责任划分较为公正。FIDIC 合同条件适用于采用竞争性招标投标承包商实施的承包工程，各种风险是以作为一个有经验的承包商在投标阶段能否合理预见来划分责任界限的。合同条件属于双务、有偿合同，力求使合同当事双方的权利义务达到总体平衡，风险分担尽可能合理。

这样的合同文本格式既可以使编制招标文件时避免遗漏某些条款，也可以令承包商投标和签订合同时更关注于专用条件中体现的招标工程项目有哪些特殊或专门的要求或规定。

本章复习思考题

1. 简述施工合同的概念与特点。
2. 简述《施工合同文本》的组成及施工合同文件的构成。
3. 比较施工合同文件的解释力的优先顺序。
4. 在施工合同中发包人和承包人的工作是什么？
5. 简述变更价款的确定程序和确定方法。
6. 因不可抗力导致的费用增加和工期延误如何在发包人和承包人之间分担？
7. 简述施工工期计划提交及确认程序。
8. 发包人供应的材料设备与合同约定不符时如何处理？
9. 简述在施工合同中规定的工程师有几种，是如何产生的，其职权有哪些。
10. 承包人在什么情况下可以申请调整合同价款？
11. 如何进行隐蔽工程和中间过程的验收？
12. 施工合同对分包有哪些规定？
13. 什么是转包？我国相关法律对工程施工转包的规定有哪些？
14. 在什么情况下可以解除施工合同？
15. 什么是施工合同工期和施工期？
16. 工程量确认的程序是什么？
17. 工程款（进度款）结算方式有哪些？各有什么特点？
18. 发包人的违约行为表现有哪些？
19. 承包人的违约行为表现有哪些？

20. FIDIC 的《工程施工合同条件》适用哪一类合同？

 本章案例

【案例 5-1】　工程施工要符合质量规定要求

（1）背景材料。原告某房产开发公司与被告某建筑公司签订一份施工合同，修建某住宅小区。小区建成后，经验收质量合格。

验收后 1 个月，房产开发公司发现楼房屋顶漏水，遂要求建筑公司负责无偿修理，并赔偿损失。建筑公司则以施工合同中并未规定质量保证期限，工程已经验收合格为由，拒绝无偿修理要求。房产开发公司遂诉至法院。

（2）法院判决。法院判决施工合同有效，认为合同中虽然并没有约定工程质量保证期限，但依国务院 2000 年 1 月 10 日发布的《建设工程质量管理条例》第四十条规定，在正常使用条件下，建设工程的最低保修期限为：屋面防水工程、有防水要求的卫生间、房间和外墙面的防渗漏为 5 年。因此本案工程交工后 2 个月内出现的质量问题，应由施工单位承担无偿修理并赔偿损失的责任。故判令建筑公司应当承担无偿修理的责任。

（3）判决分析。本案争议的施工合同虽欠缺质量保证期条款，但并不影响双方当事人对施工合同主要义务的履行，故该合同有效。

《合同法》第二百七十五条规定，"施工合同的内容包括工程范围、建设工期、中间交工工程的开工和竣工时间、工程质量、工程造价、技术资料交付时间、材料和设备供应责任、拨款和结算、竣工验收、质量保修范围和质量保证期、双方相互协作等条款"。由于合同中没有质量保证期的约定，故应依照法律、法规的规定或者其他规章确定工程质量保证期。

法院依照《建设工程质量管理条例》的有关规定对欠缺条款进行补充，无疑是正确的。依据该办法规定，出现的质量问题的时间尚属在保证期内，故认定建筑公司承担无偿修理和赔偿损失责任是正确的。

【案例 5-2】　重大工程合同签订须符合规定

（1）背景材料。某城市拟新建一座大型火车站，各有关部门组织成立建设项目法人，在项目建议书、可行性研究报告、设计任务书等经市计划主管部门审核后，报国家计委、国务院审批并向国务院计划主管部门申请国家重大建设工程立项。

审批过程中，项目法人以公开招标方式与 3 家中标的一级建筑单位签订《建设工程总承包合同》，约定由该 3 家建筑单位共同为车站主体工程承包商，承包形式为一次包干，估算工程总造价为 18 亿元。

合同签订后，国务院计划主管部门公布该工程为国家重大建设工程项目，批准的投资计划中主体工程部分仅为 15 亿元。因此，该计划下达后，委托方（项目法人）要求建筑单位修改合同，降低包干造价，建筑单位不同意，委托方诉至法院，要求解除合同。

（2）法院判决。法院认为，双方所签合同标的系重大建设工程项目，合同签订前未经国务院有关部门审批，未取得必要批准文件，并违背国家批准的投资计划，故认定合同无效，委托人（项目法人）负主要责任，赔偿建筑单位损失若干。

（3）判决分析。本案例中车站建设项目属 2 亿元以上大型建设项目，并被列入国家重大

建设工程，应经国务院有关部门审批并按国家批准的投资计划订立合同，不得任意扩大投资规模。

本案例中合同双方在审批过程中签订建筑合同，签订时并未取得有审批权限主管部门的批准文件，缺乏合同成立的前提条件，合同金额也超出国家批准的投资的有关规定，扩大了固定资产投资规模，违反了国家计划，故法院认定合同无效，过错方承担赔偿责任，其认定是正确的。完全符合《合同法》第二百七十三条"国家重大建设工程合同，应当按照国家规定的程序和国家批准的投资计划、可行性研究报告等文件订立"的规定。

【案例 5-3】 合同约定的竣工验收单位不明确

（1）背景材料。

上诉人：某建设工程有限公司

上诉人：某工贸发展有限公司

上诉人某建设工程有限公司（以下简称北区公司）与上诉人某工贸发展有限公司（以下简称大元公司）为拖欠工程款、损失赔偿纠纷一案，均不服某省高级人民法院民事判决，向最高法院提起上诉。

1995年9月18日，北区公司与大元公司签订《建设工程施工合同》，合同约定：土建工程、室内电器线路及照明、室内给排水等工程造价为 6 818 457 元；玻璃幕墙的设计等6项工程另行结算。工期220天，开工日期为1995年9月20日，竣工日期为1996年4月30日。中间验收部位和时间约定为：除隐蔽工程检查签证作为分项工程局部验收外，101工业厂房1、2层在正式开工之日起110天（即1996年1月8日）竣工验收，交付使用；104办公楼、仓库楼1/4面积的建筑物于150天（即1996年2月17日）局部验收交付使用。如因北区公司原因造成工期延误，每延误1天罚款2万元；北区公司提前竣工，每提前1天，由大元公司奖励北区公司2万元。由有关部门对工程验收签证之日为工程竣工日，竣工7天内交付大元公司使用。若工期按时竣工，大元公司奖励北区公司10万元。若因设计变更造成返工，增补费用及延误时间，须经大元公司驻工地代表签证认可。北区公司在工程竣工验收后一周内把所建楼房交付大元公司使用，并于1个月内向大元公司提交完整的竣工资料一式2份。对工程款的支付时间和金额等约定为：1995年9月30日支付100万元；同年10月30日支付100万元；开工起100天主体封顶支付100万元，若主体工程未能及时封顶待封顶后5天内支付；主体工程封顶后每30天支付75万元，分4次付清；余款待工程竣工验收结算后1个月内付清。超过付款时间5天后，按拖欠款的日5‰罚款，但北区公司不得顺延工期。保修金额为工程总造价的1％，保修期满后10天内退还北区公司。合同签订后北区公司于1995年9月20日开工，同年11月13日主体工程封顶。1996年1月18日，101厂房1、2层正式启用，但是土建、水电部分一些工程尚未完成。施工中因停水、停电延误工期7天，104办公楼、仓库楼因变更设计，经双方签证同意延长工期14天。据此，101厂房1、2层应于1996年1月15日交付使用，而实际交付使用日期为1月18日，拖延3天工期；104办公楼、仓库楼1/4部分应于1996年3月10日中间验收交付使用，而该部分工程实际未进行中间验收，工程总竣工日期应顺延至1996年5月21日。1996年4月6日，北区公司向大元公司递交了"基本工程竣工报告"，同年4月19日，由施工、建设、设计、质监等单位参加进行竣工验评，市建设工程质量监督站在单位工程质量验评记录（纪要）上除同意合格验收外，对所存在的问题提出进行局部返修的意见。经过局部返修，于1996年4月30日复检通过。同年9月24日，由公安分局消防科出具《建设工程竣工消防验收意见书》，同意消防验收。1996年6月10日，双方经结算核定工程造价为8 091 540.67元。大元公司从1995年9月28日起至1996年8月16日止付给北区公司工程款4 642 060.67元，代北区公司垫付水费5 268.6元、电费58 750.04元、电话费3 368.1元，代购挡风玻璃4 380.00元。大元公司付给北区公司工程款及各种代垫款合计4 713 827.61元。北区公司未按时交付101厂房3、5、6层及104办公楼、仓库楼。

另查明，北区公司于1995年9月20日与陈某签订《建筑安装工程承包合同》，将大元工业国第一期工程承包给陈某。工程款由北区公司与大元公司进行结算，大元公司支付给陈某的工程款经北区公司签字认可，并已结算。双方结算后，从1996年8月31日至11月6日，陈某向大元公司借款104万余元，以个人名义出具5张借条和收条。1996年5月31日，大元公司与某建筑机械有限公司（陈某为该公司法定代表人，以下简称国安公司）签订《商品房预售合同》，向国安公司出售房屋，房款为2 535 506.40元。大元公司主张上述款项系支付给北区公司的工程款，但北区公司对此不予认可。大元公司与台商合资成立某精密铸造有限公司，大元公司以该案讼争的4200m²厂房的15年使用权作为投资，台商以设备、原材料等出资，分别作价为8 330.000元人民币、636 338.36美元，共计13 630 698.54元人民币。

一审期间，上诉人北区公司提出财产保全申请并提供担保，一审法院据此于1996年12月28日做出民事裁定，冻结大元公司在银行账户中的资金及限制101厂房部分产权的转移。

北区公司与大元公司对一审判决均不服，又向最高法院提起上诉。

（2）法院判决。

一审法院认为：大元公司与北区公司签订的《建设工程施工合同》系双方当事人的真实意思表示，内容没有违法，应为有效。1996年6月10日经双方结算工程总造价为8 091 540.69元，大元公司已付工程款、代垫款计4 713 527.61元。再扣除预留保修费80 952元后，大元公司应支付北区公司工程款3 296 761.08元。同时，大元公司历次延期支付工程进度款及工程余款，依约应承担违约金，经济损失计3 859 005.8元。但北区公司对承建的101厂房1、2层和104办公楼、仓库楼1/4的工程未依约进行中间验收亦应承担罚款1 100 000元。同时北区公司至今未依约把104办公楼、仓库楼等交付大元公司使用，致使大元公司投资合作的项目某精密铸造有限公司投资的13 630 698.54元至今未能启动投产，应从1996年5月27日起至1997年3月28日止按银行同期贷款利率计算，赔偿大元公司的经济损失。由于双方对参加工程总竣工验收单位的约定不明确，因此，双方各自提出竣工日期，要求对方奖励或罚款，缺乏无公证据，不予采纳。大元公司要求赔偿楼房出租可得利益的损失，缺乏事实依据，不予支持。

一审法院判决：

1）大元公司应于判决生效后10天内一次性返还北区公司工程款3 296 761.08元，拖欠工程进度款及余款违约金及经济损失3 859 005.8元。

2）北区公司应于判决生效后10天内支付给大元公司延迟中间验收罚款计1 100 000元，及赔偿大元公司13 630 698.54元投资款的银行同期同类贷款利息（计息时间从1996年5月

27 日起至 1997 年 3 月 28 日止）。

3）北区公司应于判决生效之日交付 101 厂房 3、5、6 层、104 办公楼、仓库楼及完整的竣工资料给大元公司。

4）驳回双方的其他诉讼请求。

该次诉讼费 53 500 元，反诉诉讼费 5300 元，共计 101 700 元，由大元公司与北区公司各承担一半，诉讼保全费 44 500 元由北区公司承担。

最高法院认为：北区公司与大元公司于 1995 年 9 月 18 日签订的《建设工程施工合同》系双方当事人真实意思表示，且内容合法，应认定有效。双方当事人应严格按约履行。1996 年 6 月 10 日，经双方结算工程总造价为 8 091 540.67 元，大元公司已付北区公司工程款 4 642 060.87 元、各种代垫款 71 766.74 元，共计 4 713 827.61 元，扣除保修金 80 952 元后，尚欠工程款 3 296 761.08 元。大元公司主张其以人民币、房产等形式支付工程款 353 万余元，因没有北区公司签字认可，也不能证明系用于该工程，因此该项请求不予支持。一审法院判决大元公司偿付北区公司拖欠工程进度款及余款 3 296 761.06 元及其违约金 3 859 005.8 元并无不当。大元公司认为北区公司非法转包工程，无权要求大元公司支付工程款，因双方并未约定工程不得转包，且大元公司直接付给陈某的工程款，也已经北区公司认可结算，所以上述主张不能成立。北区公司虽然迟延 3 天中间验收交付 101 厂房 1、2 层，104 办公楼、仓库楼 1/4 部分未经中间验收，但双方在合同中并未约定迟延中间验收的奖罚条款。因此，一审法院判决北区公司支付大元公司罚款 1 100 000 元缺乏依据。某精密铸造有限公司 13 630 698.54 元的投资系大元公司以厂房、台商以设备和原材料出资的作价款。大元公司主张因北区公司未按期交付工程，致使精密铸造有限公司未能启动投产，给其造成经济损失，但未提供充分证据。一审法院判决北区公司支付该部分款项的利息缺乏依据。大元公司关于赔偿其合资公司的年利润及出租房屋租金的请求，因利润、租金未发生，故不予支持。北区公司未按期交付 101 厂房 3、5、6 层及 104 办公楼、仓库楼，应承担相应的责任。鉴于双方对总工程竣工验收单位的约定不明确，北区公司要求大元公司给付奖金、大元公司要求北区公司支付罚款的请求，均不予支持。

依照《中华人民共和国经济合同法》第三十一条、《中华人民共和国民事诉讼法》第一百五十三条第一款第（三）项之规定，最高法院于 1998 年 7 月 8 日判决如下：

1）维持一审法院民事判决第一、三、四项。

2）撤销一审法院民事判决第二项。

3）北区公司于判决生效之日起 10 日内支付大元公司工程总造价以 91 540.67 元的 60% 的银行同期同类贷款利息（计息时间自 1996 年 5 月 27 日起算至 1997 年 3 月 28 日止）。

一审案件受理费 101 700 元，由北区建设工程有限公司负担 50 810 元，大元工贸发展有限公司负担 50 810 元，一审诉讼保全费 44 500 元，由北区建设工程公司负担；二审案件受理费 203 000 元，由北区建设工程公司负担 81 360 元，大元工贸发展有限公司负担 122 040 元。

（3）判决分析。

1）关于本案例的竣工验收。本案例判决中应注意："鉴于双方对总工程竣工验收单位的约定不明确，北区公司要求大元公司给付奖金、大元公司要求北区公司支付罚款的请求，均不予支持。"这是针对合同中的规定"由有关部门对工程验收签证之日为工程竣工日"。由于没有具体明确规定哪一个验收单位的验收签证的日期作为竣工日，导致当事人在确定竣工日期上的分歧，也导致当事人的相应约定落空。

最高法院的这一判决结果提示当事人在拟订合同时要进一步明确验收程序，由哪一些当事人和相关机构参加验收，如何确定最后竣工日期。

GF-1999-0201《建设工程施工合同（示范文本）》第32.2款规定："发包人收到竣工验收报告后28天内组织有关单位验收，并在验收后14天内给予认可或提出修改意见。"没有明确具体验收单位，需要结合有关法规在专用条款中明确。比较合理的办法是由监理工程师或业主代表对承包商的竣工验收报告进行初验，初验合格后出具整个工程的移交证书；再由业主或发包人组织质量监督站等单位进行最终验收。如果最终验收肯定了初验结论，应当以初验通过的时间为竣工日期，因为这个日期当事人双方能够控制。从这时开始工程的照管及其他相应的保险责任也都转移给了业主。

但是GF-2013-0201《建设工程施工合同（示范文本）》对此进行了修正，13.2.2条规定："监理人审查后认为已具备竣工验收条件的，应将竣工验收申请报告提交发包人，发包人应在收到经监理人审核的竣工验收申请报告后28天内审批完毕并组织监理人、承包人、设计人等相关单位完成竣工验收。"明确地确定了验收单位。

FIDIC合同条件规定由工程师签发移交证书，并在证书中确定竣工的日期。关于"竣工"，国际上的一般惯例是指"基本竣工"，而不是完全竣工，即不要求竣工时承包商没有任何要完成的剩余工作。有一些零星的扫尾工作和修补工作不应当影响竣工，但一般要求工程应当能够按照预定目的被业主占有和使用，工程合格地通过了竣工检验。

《建筑法》第六十一条规定："交付竣工验收的建设工程，必须符合规定的建设工程质量标准，有完整的工程技术经济资料和经签署的工程保修书，并具备国家规定的其他竣工条件。建设工程竣工经验收合格后，方可交付使用；未经验收或者验收不合格的，不得交付使用。"这里并没有界定竣工验收时必须有哪些机构参加。

国务院颁布的《建设工程质量管理条例》第四十九条规定："建设单位应当自建设工程竣工验收合格之日起15日内，将建设工程竣工验收报告和规划、公安消防、环保等部门出具的认可文件或者准许使用文件报建设行政主管部门或者其他有关部门备案。建设行政主管部门或者其他有关部门发现建设单位在竣工验收过程中有违反国家有关建设工程质量管理规定行为的，责令停止使用，重新组织竣工验收。"这里的竣工验收明显就是指合同当事人的验收。

因此，在合同中约定由当事人双方参加验收（实际上是业主或由监理工程师验收）并确定最后的竣工日期是可以的。这样约定的最大好处是当事人可以控制。如果在合同中约定由国家有关机构，例如建设工程质量监督站、规划、消防、环保等机构的验收合格为最后的竣工验收，对承包商就太不公平了。例如本案例中质量监督站在1996年4月30日复检通过，9月24日公安机关才完成消防验收，将这近5个月的时间作为承包商迟延交工的时间进行罚款显然太不公平。

2）关于转包和向受转包人或分包人付款。大元公司主张：北区公司非法将工程转包给陈某，不仅无权按合同约定主张大元公司偿付迟延支付的工程款，还应对因此给大元公司造成的损失承担赔偿责任。这一主张没有得到最高法院的支持。即便法律和合同明确禁止转包，大元公司的主张也不应得到支持。大元公司不能明知北区公司转包合同，甚至直接向陈某付款，还要以此为由向北区公司索赔。明知和直接付款行为已经表明大元公司放弃了合同要求。如果转包违法，则大元公司与北区公司都违法，都应当受到行政处罚。假如大元公司在得知北区公司转包合同后及时要求解除合同并要求赔偿损失，法院应当支持。

当事人必须注意合同的相对性，必须注意自己行为的合同依据。大元公司与陈某之间没有合同关系，因此大元公司不能直接向陈某付款。这一关系同样适用于业主与分包商之间的关系。业主与分包商之间通常也没有合同关系，业主也不能直接向分包商付款，除非合同有特别的规定。因此，最高法院认定："大元公司主张其以人民币、房产等形式支付工程款353万元，因没有北区公司签字认可，也不能证明系用于该工程，因此该项请求不予支持。"这一判决是正确的。作者认为，即使用于该工程也不能支持；否则就有可能损害北区公司的利益，因为北区公司可能利用付款手段约束分包商执行合同。

3）关于延期竣工损失范围的确定。建筑合同中通常规定延期竣工的赔偿办法。FIDIC合同第4版也规定了"误期损害赔偿"（liquidateddamages）。在合同中规定延期竣工赔偿办法的用意就是事先估计一个延期竣工的赔偿额，用以补偿业主因延期竣工的损失。这一约定的目的就在于一旦发生延期竣工，避免当事人在确定实际损失范围上发生争议。因此，如果合同中规定了延期竣工的赔偿办法或"误期损害赔偿"，当事人要求赔偿实际损失一般就不能支持。

当然，当事人最好在合同中明确规定，误期损害赔偿是当事人因延期竣工所应支付的唯一款项，而且合同中应确定一个最高限额。如果合同中没有最高限额，赔偿额不能无限增加，法院可以在判决中确定一个最高限额。因此，一般在合同法中应尽量避免惩罚性的赔偿责任。

【案例5-4】 对额外工程和设计变更约定不明

上诉人：某市人民政府
被上诉人：某设计工程公司
上诉人某市人民政府为与某设计工程公司（以下简称新时代公司）建筑装修工程施工合同纠纷一案，不服某省高级人民法院的民事判决，向最高法院提起上诉。

（1）背景材料。
1991年11月14日，某市人民政府交际处（以下简称交际处）与新时代公司签订合同，由新时代公司承担市人民政府招待所（以下简称招待所）的内部改造装修工程。合同约定：装修工程内容为改扩建大楼1层门厅、装修普通客房78间、套间18间、小会议室2间、公共卫生间、大小餐厅6间、咖啡厅1间、酒吧间1间、4层卡拉OK酒吧间、办公室2间、接待室2间、安装中央空调系统等。整个工程造价为235万元人民币。如施工过程中有任何更改，必须双方研究通过，方可列入工程造价内增减。工程自1991年11月18日开工，绝对工期90天完工，如更改设计，则根据更改情况，工期顺延（新年、春节扣除法定假日7天）。如误工每天罚款0.5万元，如提前竣工每天奖励0.5万元。增减项目的工期由双方协商确定。合同还约定了付款方式、双方责任等相关内容。

合同签订后，交际处向新时代公司支付工程款1855573.18元。新时代公司在施工中，除完成了合同约定的装修项目外，还完成了合同中未予明确的大门外台阶、2间普通客房、消毒间、台球室、大会议室、小会议室、上下水工程等装修项目。招待所工程逾期完工。

1992 年 6 月，交际处在未办理验收手续的情况下接收使用了装修后的招待所。

在招待所工程施工期间，新时代公司还与市人民政府下属的宾馆筹建办公室（以下简称筹建办）及交际处于 1991 年 12 月 9 日签订合同。合同约定：由新时代公司承接宾馆 1～3 号楼的内部改造装修工程，并严格按照交际处、筹建办提供的施工图与说明，保质保量地按期竣工交付使用。工期为 3.5 个月，自 1991 年 12 月 15 日至 1992 年 3 月末。工程总造价暂定为 228 万元人民币，如审查后的施工预算图变更，签证按实结算。合同还就付款方式、装修质量、验收标准、设备材料供应、双方责任、争议的解决方式等做了约定。

合同签订后，交际处、筹建办向新时代公司支付工程款 180 万元人民币。因原设计多处变更和土建工程逾期，新时代公司未能如期完工。1992 年 9 月，交际处、筹建办接收和使用了未经验收的宾馆。上述两项工程完工后，新时代公司向交际处、筹建办追索欠款未果，遂于 1995 年 9 月 1 日起诉至某省高级人民法院，请求判令市人民政府偿还欠款人民币 1 479 444.51 元，偿付滞纳金 540 000 元。

一审法院在审理期间，根据双方当事人的申请，委托某银行某省分行对工程造价进行鉴定，招待所内部改造装修工程造价为 2 923 991 元，宾馆内部改造装修工程造价为 2 672 255 元，两项工程合计造价为人民币 5 596 246 元。

（2）法院判决。

1）一审判决。一审法院认为：交际处、筹建办均是某市人民政府的下属部门，不具有法人资格，其与新时代公司所签订的招待所、宾馆的内部改造装修工程合同的权利义务应由市人民政府享有和履行。新时代公司在招待所内部改造装修工程施工中，除施工了预算内项目外，还对部分预算外项目和变更原设计项目进行施工。根据双方约定，招待所装修工程内容详见工程预算和设计图纸，而工程预算又是以设计图纸为基础的，且该预算已经市人民政府审核同意。因此，招待所内部改造装修工程造价既应包括预算内项目造价，也应包括预算外增加项目的造价和变更原设计项目的差价。某省分行依此所做的造价鉴定，一审法院予以确认。新时代公司是否应承担招待所内部改造装修工程逾期责任问题，因该工程施工中增加项目和变更原设计导致工程逾期，其责任不在新时代公司，故不予追究其逾期责任。宾馆的内部改造装修工程造价，已经某省分行依据双方约定的按实结算方式做了鉴定，一审法院对该鉴定结论予以确认。至于该工程未能按期完工，其原因是施工中原设计多处变更及土建工程的影响，其责任也不应由新时代公司承担。某市人民政府先后给付了新时代公司部分工程款，尚欠部分亦应给付，并承担相应的利息。

一审法院判决如下：

a. 判决生效后 10 日内，某市人民政府给付新时代公司尚欠工程款人民币 1 940 672.82 元。

b. 前项工程款的利息自 1992 年 10 月 16 日至判决生效之日止，按中国人民银行同期流动资金贷款利率计息。

c. 一审案件受理费人民币 20 107 元，鉴定费 20 000 元，由某市人民政府负担。

某市人民政府不服一审判决，向最高法院上诉称：交际处和筹建办均是市人民政府办公厅（以下简称办公厅）的下属部门，他们与新时代公司签订的两份合同所涉及的一切权利义务均应由办公厅承担。市人民政府不应作为本案的当事人。招待所内部改造装修是按照合同约定的项目施工，不存在预算外增加项目造价问题。一审判决对某分行以新时代公司提供的决算书为依据所做的鉴定予以认定，违背合同"经双方签证按实结算"的约定，请求重新鉴定。新时代公司延误招待所内部装修工期 73 天，应承担违约金人民币 365 000 元。请求撤销一审判决，发回重审或依法改判。

新时代公司答辩，要求维持原判。

最高法院审理期间查明，宾馆少安装 1 台新风机组设备。新时代公司表示放弃宾馆 18 间客房灯具装修人工费、3 号楼大餐厅漏水维修费、14 套卫生洁具费、2 号楼卫生间水管人工费等。

2）高院判决。

最高法院认为：交际处、筹建办及办公厅均是某市人民政府所属的不具有法人资格的部门，具有法人资格的市人民政府应为本案被告。某分行根据双方提供的预算书，并经现场勘察，听取双方当事人意见后对招待所、宾馆内部改造装修工程造价做出的鉴定结论，基本符合客观事实，但双方对已完成的招待所的大门外台阶、2 间普通客房、消毒间、台球室、大会议室、小会议室、上下水工程项目约定不明确，双方均有过错，该部分项目的费用人民币 402 806 元由双方各半负担。宾馆内部改造装修工程造价中应扣除 1 台新风机组的设备费 25 300 元。对新时代公司放弃宾馆 18 间客房灯具装修人工费、3 号楼大餐厅漏水维修费、14 套卫生洁具费、2 号楼里生间水管人工费等共计 31 355 元的表示，最高法院予以照准。因约定不明及变更原设计等原因导致招待所内部改造装修工程逾期完工，双方均有责任，故对市人民政府提出的延误工期损失人民币 365 000 元，应由双方各半负担。

一审判决将有争议的项目作为预算外增加项目，由市人民政府负担，且未追究新时代公司的逾期完工违约责任不妥。

根据《中华人民共和国民法通则》第一百一十二条第二款、第一百一十三条，《中华人民共和国民事诉讼法》第一百五十三条第一款第（三）项之规定，最高法院于 1998 年 4 月 14 日判决如下：

a. 变更一审法院民事判决第一项为，某市人民政府于本判决生效后 10 日内给付新时代公司尚欠工程款共计人民币 1 500 114.82 元。

b. 维持一审法院民事判决第二项。

c. 驳回某市人民政府其他上诉请求。

d. 一审案件受理费人民币 20 107 元，某市人民政府负担 16 085.6 元，新时代公司负担 4021.4 元。鉴定费人民币 20 000 元，某市人民政府负担 16 000 元，新时代公司负担 4000 元。

e. 二审案件受理费人民币 20 107 元，某市人民政府负担 16 085.6 元，新时代公司负担 4021.4 元。

（3）判决分析。

导致本案例纠纷一方面是合同对额外工程价格调整和设计变更导致的造价和工期变更没有规定可操作的处理办法和索赔程序；另一方面当事人也没有严格按合同及时进行索赔。

建设工程中出现合同以外的额外工程，以及在施工过程中发生设计变更，几乎是难以避免的。解决问题可参考以下方法：

1）签订详细的、操作性强的建筑合同，GF-0201-1999《建设工程施工合同》和 FIDIC 合同条件都有相当规范的规定，当事人可以采纳。

2）当事人应当严格按合同办事。按照建设工程合同的惯例，如果业主要求承包商履行合同以外的额外工程，承包商应当按照合同的程序及时提出异议、索赔这一额外工程将导致的费用增加和工期延长，说明索赔的依据；业主则应及时给予答复。设计变更也一样，承包商应及时索赔，业主及时给予答复。如果承包商对于额外工程和设计变更不及时索赔，就可能被视为自愿履行额外工程或设计变更，而不给予费用补偿。

一审法院将额外工程的费用和设计变更导致的费用和工期全部都算在业主账下，没有考虑承包商在这一过程中应当承担的责任，确实有失公允；二审法院将这些费用判决为各半负担，更合理一些。在这种情况下确实很难精确划分双方的责任比例。

某市人民政府主张："一审判决对某分行以新时代公司提供的决算书为依据所作的鉴定予以认定，违背合同'经双方签证按实结算'的约定，请求重新鉴定。"这一主张并非完全没有道理。如果合同明确约定了结算方法，法院不能不顾合同而对造价重新进行鉴定。这是一个必须遵守的基本原则。

但本案有特殊情况，一审法院在审理期间是根据双方当事人的申请委托鉴定的，这说明当事人对于合同造价的约定已经有弃权行为。某市人民政府在二审期间申请重新鉴定，又没有说明一审鉴定有违法和其他不公正的地方，二审法院不予支持是正确的。

【案例 5 - 5】　总包与分包有连带责任

（1）背景材料。

某市服务公司因建办公楼与建设工程总公司签订了建设工程承包合同。其后，经服务公司同意，建设工程总公司分别与市建筑设计院和某建设工程公司签订了建设工程勘察设计合同和建筑安装合同。

建设工程勘察设计合同约定由市建筑设计院对服务公司的办公楼、水房、化粪池、给水排水及采暖外管线工程提供勘察、设计服务，做出工程设计书及相应施工图纸和资料。

建筑安装合同约定由建设工程公司根据市建筑设计院提供的设计图纸进行施工，工程竣工时依据国家有关验收规定及设计图纸进行质量验收。

合同签订后，建筑设计院按时做出设计书，并将相关图纸资料交付某建设工程公司，建筑公司依据设计图纸进行施工。工程竣工后，发包人会同有关质量监督部门对工程进行验收，发现工程存在严重质量问题，是由于设计不符合规范所致。原来市建筑设计院未对现场进行仔细勘察即自行进行设计导致设计不合理，给发包人带来了重大损失。由于设计人拒绝承担责任，建设工程总公司又以自己不是设计人为由推卸责任，发包人遂以市建筑设计院为被告向法院起诉。

（2）法院判决。

法院受理后，追加建设工程总公司为共同被告，让其与市建筑设计院一起对工程建设质量问题承担连带责任。

（3）判决分析。

本案例中，某市服务公司是发包人，市建设工程总公司是总承包人，市建筑设计院和某建设工程公司是分包人。对工程质量问题，建设工程总公司作为总承包人应承担责任，而市建筑设计院和某建设工程公司也应该依法分别向发包人承担责任。

总承包人以不是自己勘察设计和建筑安装的理由企图不对发包人承担责任，以及分包人以与发包人没有合同关系为由不向发包人承担责任，都是没有法律依据的。

根据《合同法》第二百七十二条中"总承包人或者勘察、设计、施工承包人经发包人同意，可以将自己承包的部分工作交由第三人完成；第三人就其完成的工作成果与总承包人或者勘察、设计、施工承包人向发包人承担连带责任；承包人不得将其承包的全部建设工程转包给第三人或者将其承包的全部建设工程肢解以后以分包的名义分别转包给第三人"的规定，本案判决市建设工程总公司和市建筑设计院共同承担连带责任是正确的。

值得说明的是：按照《合同法》第二百七十二条及《建筑法》第二十八条、第二十九条的规定，禁止承包单位将其承包的全部工程转包给他人，施工总承包的建设工程主体结构的施工必须由总承包单位自行完成。

本案中建设工程总公司作为总承包人没有自行施工，而将工程全部转包他人，虽经发包人同意，但违反禁止性规定，亦为违法行为。

【案例5-6】　不及时交付竣工的争议

(1) 背景材料。

上诉人：某建筑公司

上诉人：某房地产公司

1994年4月9日，双方当事人签订了建筑安装工程协议书，约定：某房地产公司将某小区A、B两座综合楼发包给某建筑公司建设施工。承包方式为包工包料。承建范围包括土建及给排水、电照、采暖、安装工程。1994年9月，双方为完善合同又签订了一份建设工程施工合同协议条款及合同附件，约定：工程总造价暂按1800万元计，待审定预算后调整。A座于1994年4月22日开工，竣工日期为1995年1月25日，工期278天；B座于1994年9月15日开工，竣工日期为1995年6月30日，工期289天。双方还约定：建筑公司每月28日向房地产公司报送工程月进度表及下月施工进度计划，如建筑公司按计划100%完成当月进度，经发包方查验复核工程量并批准下月进度后，3日内支付当月工程进度款；工程竣工时，房地产公司付款应达到工程总造价的95%，余5%作为保证金，1年后的第1个月付清，施工过程中，有的月份资金难以满足，但也要达到当月应付款的70%；属房地产公司负责供应的材料，房地产公司委托建筑公司代办供应，价格要征得房地产公司的同意，房地产公司按商定的时间拨款。另外，房地产公司先预付40万元备料款。工程每提前1天，奖励承包方工程总造价的万分之五；每迟延1天，罚工程总造价的万分之十。房地产公司不按时付款则按中国人民银行公布的贷款利率计息。

合同履行中，建筑公司未按合同约定逐月向房地产公司报送工程进度表和下月施工进度计划，而是有时报送工程进度表，有时报送下月施工进度计划。1995年12月31日，A座楼竣工验收，延迟竣工341天；1996年6月2日，B座楼竣工验收，延迟竣工359天。经市建设工程质量监督站核验，A、B两楼均为合格工程。工程竣工时，房地产公司付款未达到合同约定的95%。一审期间，双方共同确定的工程总价款为27 581 324.09元，房地产公司欠建筑公司工程款8 742 317.42元。

另查明：一审期间，双方当事人就工程质量及维修、代垫水电费、清理施工现场等问题自愿达成协议。工程交付后，房地产公司没有在合同约定的收到建筑公司的结算报告18天内向建筑公司支付工程款，双方也未能及时就工程结算依据和取费标准形成一致意见。

（2）法院判决。

省高级人民法院经审理认为：双方当事人所签订的建筑安装工程协议和建设工程施工合同为有效合同。建筑公司未按合同约定向房地产公司报送工程量和工程进度计划，属违约行为；房地产公司在工程竣工时拨付工程款总额未达合同约定的 95％，亦属违约。故对造成工程延期竣工双方均有过错。建筑公司应按合同约定向房地产公司支付其应承担的违约金，房地产公司未按约定时间向建筑公司支付所欠 8 742 317.21 元工程款，亦应承担违约责任。

一审中双方就部分争议自愿达成的协议符合法律规定，属有效民事行为；房地产公司要求建筑公司赔偿延期交工所造成的损失，因已发生的损失数额未超过建筑公司应支付的违约金数额，故不予支持。据此判决：

1）建筑公司于判决生效后 30 日内向房地产公司支付违约金 317.7 万元（按每日 1‰）。

2）房地产公司于判决生效后 30 日内偿付建筑公司工程款 874.231 742 万元。

3）房地产公司于判决生效后 30 日内向建筑公司支付自 1996 年 7 月 24 日至本判决生效之日每日 0.5‰的违约金。

4）驳回房地产公司要求建筑公司赔偿其他经济损失的请求。

案件受理费 25 895 元，房地产公司负担 8632 元，建筑公司负担 17 263 元；反诉费 58 158元，建筑公司负担 9 386 元，房地产公司负担 48 772 元。

一审判决后，双方当事人均不服，向最高人民法院提起上诉。

最高人民法院依法组成合议庭审理认为：双方当事人签订的建筑安装工程协议、建设工程施工合同协议条款及合同附件合法有效。建筑公司迟延交付工程，应承担违约责任。建筑公司在施工期间并未因房地产公司欠款而向其发出催款通知或停工报告，其提出的工期延误是房地产公司拖欠巨额工程款造成的主张，不予支持。其主张根据双方签证的延误工日顺延工期 139 天，因计算方法缺乏依据，不予认可。房地产公司在工程竣工时，付款未达到合同约定的 95％。在收到结算报告后，未及时向建筑公司支付所欠工程款，亦应承担违约责任。房地产公司提出应以实际工程总造价款作为基数计算建筑公司应付违约金的请求，不符合双方约定，不予支持。建筑公司提出合同中有关工期每迟延 1 天，按工程总价款的万分之十处罚的约定，与双方约定适用的地方规章相悖，应当予以调整的上诉请求，予以支持。房地产公司请求依照合同约定，按银行贷款利率承担违约责任，予以支持。一审法院在认定事实和适用法律上均有不妥之处，应予纠正。

根据《中华人民共和国经济合同法》第二十九条第一款、第三十一条，《中华人民共和国民事诉讼法》第一百五十三条第一款第（二）、（三）项的规定，1998 年 1 月 19 日，最高人民法院民事判决如下：

1）变更省高级人民法院民事判决第一项为：建筑公司于本判决生效后 30 日内向房地产公司支付违约金 3 117 000 元（按每日 0.5‰计算）。

2）变更省高级人民法院民事判决第二、三项为：房地产公司于本判决生效后 30 日内向建筑公司支付所欠工程款 8 742 317.42 元，并按中国建设银行同期同类贷款利率给付利息（自 1996 年 7 月 24 日起至本判决确定的给付之日止）。

3）维持省高级人民法院民事判决第四项。

一审案件受理费 25 895 元，房地产公司负担 8632 元，建筑公司负担 17 263 元；反诉费58 158 元，建筑公司负担 9386 元，房地产公司负担 48 772 元。二审案件受理费 84 053 元，由房地产公司负担 42 026.5 元；建筑公司负担 42 026.5 元。

（3）判决分析。

建筑公司向最高法院上诉，提出了 7 条理由：业主房地产公司拖欠巨额工程款；变更水电安装设计；备料款未按期到位；其他公司在现场施工不能按时开工；冬季施工等。这些理由大部分看起来都是充分的，但大部分都没有被最高法院采纳。最高法院的判决理由是："建筑公司在施工期间并未因房地产公司欠款而向其发出催款通知或停工报告，其提出的工期延误是房地产公司拖欠巨额工程款造成的主张，不予支持。其主张根据双方签证的延误工日顺延工期 139 天，因计算方法缺乏依据，不予认可"。作者坚信建筑公司所述的理由大多数是成立的，同时也坚决同意最高法院的判决。

建设工程合同的当事人一定要树立合同观念。假设本案承包商建筑公司每月及时提交工程进度报告，对业主房地产公司没有按时拨付工程款能及时提出异议，对变更水电安装设计能及时提出索赔要求，对没有按时拨付备料款和提供施工现场能够及时提出工期延长的索赔，审判结果一定会大不一样。建筑公司可能不必承担 300 余万元的违约金，相反还可能取得一定的索赔款。不及时提交报告，不及时提出异议和索赔，等到诉讼的时候才想到提出，一则时过境迁，很难准备充分的诉讼证据；二则法院完全有理由认定没有提出异议就是默认了发生的变更，放弃了索赔请求。承包商因此受到损失完全因为没有严格进行合同管理。

导致这种状况的主要原因是我国长期以来在建设工程领域没有建立严格的合同观念，解决履约过程中的分歧主要靠当事人之间的关系。承包商担心提出索赔和异议会损害其与业主的和谐关系。实践证明，必须严格执行合同，靠当事人之间的人际关系来解决合同纠纷是极不可靠的。业主与承包商之间的利益是冲突的，对此当事人要有足够的认识。另外，我国建设工程承包中没有形成严格的签收制度。业主主张没有收到承包商提交的进度报告和催款通知，这里可能就是因为没有签收造成的。当事人之间递送的信函、通知等文件一定要取得对方的签收凭证。签收问题实际上是幼稚的、无聊的问题，但确实是当前困扰合同当事人的一个严重问题。

当事人递交信函等文件，一定要对方签收；如果对方拒绝签收，则可以通过邮局的特快专递送达，并保留存根。在审判上，对方不签收的文件等于没有送达，因此很难证明曾经送达过文件。

本案例中合同对提前竣工和延期竣工约定了不同的奖罚比例，最高法院没有支持，认为"双方约定的提前奖与迟延工期处罚的标准不一致，违反了公平原则。应当本着奖罚一致的原则，建筑公司按万分之五的比例，支付违约金。"

【案例 5-7】　工程量增加的责任分配问题

（1）背景材料。

北京 F 滑水有限公司（以下简称 F 公司）是一家经营水上娱乐项目的公司，2000 年 4 月，该公司与北京 G 机械工程公司（以下简称 G 公司）签订了挖水道土方工程合同书。合同约定，G 公司施工内容包括挖土、土方搬运、推土、坡面河底平整，以及坡与水面交界处卵石堆放；工程量为 57.2 万 m³，由 G 公司测量，F 公司核定。工程单价为人民币 4.80 元/m³（按实方计算）。合同签订后，G 公司于当月正式进场开工。

但实际开挖后出现了地下水位上涨，为此 G 公司增加了排水设备，边排水边施工，增加了工程的难度和费用。G公司于5月20、22、23、25日4次致函F公司要求验收，并根据该工程的特点明确告之，不验收将影响今后施工和质量。但F公司均以工程尚未完工和G公司因施工技术上问题而影响了工期进展为由，不同意验收。后G公司撤离施工现场。

2000年7月，G公司起诉至法院，称与F公司签订了挖水道土方合同并依约施工，但F公司以未完工为由不予验收并拒付工程款，诉请法院判决双方所签合同无效，由F公司给付所欠工程款。F公司辩称，该工程存在质量问题，也未完工，不同意G公司的诉讼请求，并要求对工程质量重新进行检测。

（2）法院判决。

法院审理后认为，F公司与G公司签订的施工合同合法有效。合同中约定的4.8元/m³的工程单价对双方当事人均有约束力，双方均应依约履行。G公司在施工过程中，出现了地下水位上涨的问题，增加了施工难度和费用，对此F公司应予补偿。关于未完工责任的认定问题，法院认为，G公司曾几次致函要求F公司验收，认为不验收将影响今后施工和质量，F公司坚持未完工不予验收，现F公司以此追究G公司的违约责任没有依据。因施工现场已经变化，无法再行鉴定，故对F公司要求对质量进行检测的请求不予支持。最终做出判决：F公司给付G公司土方工程款336万元。

（3）判决分析。

本案例引申出的问题是应该适用"合同解释"还是"合同补缺"。

案例表面上的主要争议——F公司是否应该支付G公司工程款问题，实际上并不复杂，因为审理中已经查明，F公司在G公司数次要求验收的情况下，拒不验收，而庭审中又不能就工程未完工提供充分证据，因此F公司毫无疑问应向G公司支付工程款。笔者认为困难的是如何确定F公司向G公司支付的工程款计算标准，即由于地下水位上涨，G公司带水作业增加的施工难度和投入和工程量可否计算在内。

《合同法》第六十二条第二项规定："当事人就价款或者报酬约定不明确的，按照订立合同时履行地的市场价格履行。"

但法官认为，依据《合同法》第六十二条的规定，合同解释仅限于合同条款有约定，而约定不明确的情况。F公司与G公司在合同书中约定的干土工程单价是双方明确而具体的真实意思表示，不存在"价款或者报酬约定不明确"的情况。因此法院不能以合同的一部分未做约定而视合同的全部为约定不明，进而使用合同解释的方法排除合同中已明确约定的部分。

鉴于本案例中合同解释方法并不适用，法院最后采用了"合同补缺"的法律技术。因为F公司与G公司未就工程中的出水做出约定，但在工程施工中，面对地下出水的情况，G公司将湿土增加的施工量已超出原有合同范围的情况，向F公司做了报告，已给了F公司拒绝其继续施工的充分机会；F公司对出现湿土增加了施工量这一情况完全了解，对于G公司继续施工的性质有完全的认识，也完全有机会对G公司超出合同约定范围的行为加以拒绝，但事实上F公司并未做出任何拒绝的意思表示。从这一履行情况看，双方均做出了继续履行合同的选择，这一选择是明确而具体的。法官认为据此可以推定在地下出水后，当事人之间的合同包含了这样的隐含条款：依据公认的、合理的单价，双方对增加的工程量继续履行原合同。

【案例 5 - 8】 隐蔽工程应及时检查

(1) 背景材料。

某建筑公司负责修建某学校学生宿舍楼 1 幢，双方签订建设工程合同。由于宿舍楼设有地下室，属隐蔽工程，因而在建设工程合同中，双方约定了对隐蔽工程（地下层）的验收检查条款。规定：地下室的验收检查工作由双方共同负责，检查费用由校方负担。地下室竣工后，建筑公司通知校方检查验收，校方却答复：因校内事务繁多，由建筑公司自行检查，出具检查记录即可。但其后 15 日，校方又聘请专业人员对地下室质量进行检查，发现未达到合同所定标准，遂要求建筑公司负担该次检查费用，并对地下室工程进行返工。建筑公司则认为：合同约定的检查费用由校方负担，本方不应负担该项费用，但对返工重修地下室的要求予以认可。校方多次要求公司付款未果，诉至法院。

(2) 案例分析。

本案例争议焦点在于隐蔽工程（地下室）隐蔽后，发包方事后检查的费用由哪一方负担。

按《合同法》第二百七十八条规定："隐蔽工程在隐蔽以前，承包人应当通知发包人检查。发包人没有及时检查的，承包人可以顺延工程日期，并有权要求赔偿停工、窝工等损失。"承包方在隐蔽工程竣工后，应通知发包方检查，发包方未及时检查，承包方可以停工。

在本案例中，对于校方不履行检查义务的行为，建筑公司有权停工待查，停工造成的损失应当由校方承担。但建筑公司未这样做，反而自行检查，并出具检查记录交与校方后，继续进行施工。对此，双方均有过失。至于校方的事后检查费用，则应视检查结果而定。如果检查结果是地下室质量未达到标准，因这一后果是承包方所致，则检查费用应由承包方承担；如果检查质量符合标准，重复检查的结果是校方未履行义务所致，则检查费用应由校方承担。

【案例 5 - 9】 承包商应按约定提供材料与设备

(1) 背景材料。

1992 年 2 月 4 日，某外国语学院与某建筑公司签订了一项建设工程承包合同，由建筑公司为外语学院建设图书馆。合同约定：建筑面积为 7600m²，高 9 层，总造价 1080 万元；由外语学院提供建设材料指标，建筑公司包工包料；1993 年 8 月 10 日竣工验收，验收合格后交付使用；交付使用后，如果在 1 年之内发生较大质量问题，由施工方负责修复；工程费的结算，开工前付工程材料费 50%，主体工程完工后付 30%，余额于验收合格后全部结清；如延期竣工，建筑公司偿付延期交付的违约金。

1993 年该工程如期竣工。验收时，外语学院发现该图书馆的阅览室隔音效果不符合约定，楼顶也不符合要求，地板、墙壁等多处没有能达到国家规定的建筑质量标准。为此，外语学院要求建筑公司返工修理后再验收，建筑公司拒绝返工修理，认为不影响使用。双方协商不成，外语学院以建设工程质量不符合约定为由诉至法院。

(2) 法院判决。

法院判决建筑公司对不合格工程进行返工、修理。

（3）判决分析。

在该案中，外语学院与建筑公司签订的建设工程承包合同意思表示真实，合法有效。建筑公司应当履行合同约定的义务，保证建设工程的质量，向发包人外语学院交付验收合格的工程。既然建筑公司承建的图书馆经验收查明质量不符合合同的约定，发包人外语学院又要求建筑公司对质量不合格的部分进行返工、修理，那么建筑公司理应承担返工、修理的责任。根据《合同法》第二百八十一条："施工人的原因致使建设工程质量不符合约定的，发包人有权要求施工人在合理期限内无偿修理或者返工、改建。经过修理或者返工、改建后，造成逾期交付的，施工人应当承担违约责任。"建筑公司无理拒绝外语学院的正当要求，显然既违反了双方订立的合同，又违反了法律的规定。因此，法院认定建筑公司承担修理、返工的责任，是完全正确的。

【案例 5 - 10】　FIDIC 有关条款在某国际土建项目的应用

某国际土建合同采用 FIDIC 施工合同条件第 4 版，合同条件由三部分组成。除按 FIDIC 要求原样引用"通用合同条款"，并按照 FIDIC 提供的格式编制"专用合同条款"外，业主根据工程情况，将一些特殊和具体要求汇总编写了"特殊合同条款"，内容包括进现场设施、对施工计划的要求、环保、当地费用调价和外币调价等。下面对 FIDIC 中某些具体条款在该工程中的运用情况做简要介绍。

1. 关于变更的条款

变更是在工程项目中难以避免的，对工程的影响又是最普遍的，也往往是引发索赔的主要原因。但关于变更处理又最容易发生争议。因此，对变更要首先尽可能避免；如果不能避免，则应在工程开始及变更实施的过程中，做好各项基础工作，以便及时处理变更，减少对工程的影响。

按照 FIDIC "通用条款"第 51 条的规定，"变更"包括下列几方面的含义：

（1）合同实施范围的变更，包括原合同范围内工作量的增加或减少，增加合同以外的附加工作。

（2）合同实施内容的变更，如改变工作类型或性质、提高质量标准或提高设计安全系数。

（3）合同实施时间安排的变更，如改变原合同规定的施工顺序或时间安排。

变更的影响包括两方面，即费用和工期。变更的影响不仅仅是变更本身，还可能对在工作区域或计划安排上有关的项目产生影响。变更也往往成为证明承包商的索赔依据。在任何类型的合同中，普遍认可的原则是变更即意味着改变了原合同签订的基础，因此双方的权利和义务应做出调整。如在地下开挖这一关键路线上的工作，工程师根据设计的要求指示承包商大量增加支护或提高支护标准，则承包商就可以提出如下要求：

（1）提高支护的单价和授予承包商延期。

（2）增加支护对相关区域的工作也产生了影响和干扰。

（3）支护强度或标准的提高证明承包商遇到了比招标文件所指示的更加不利的岩石条件，这是承包商所不能预见的。这个条件即"12.2 款条件"，而且其影响是普遍的。因支护设计取决于岩石条件，如果地下开挖又恰处于关键路线，则支护变更就将成为承包商索赔的有力借口。由此带来的影响和索赔，将远远超过支护工程本身。

对于变更影响的认定及评估，承包商和工程师很容易发生争议。关于单价的确定（工期将在下面讨论），首先是是否采用原合同单价；即使双方同意以原合同单价为基础调整单价、或完全采用新单价，对于单价的确定，FIDIC 中也并无明确的方法可循。

国内和国外对于单价的确定方法是不同的。在国际合同中，除采用类比合同单价法或按计日工计价外，对于新的施工项目，也按照承包商投标时作价的方法确定单价。即按照现场实际投入资源（要按照投标时的效率水平进行核定）作为直接费，再按固定比例计算间接费和管理费。因此，在招标阶段，业主针对那些将来可能变化的项目，应要求承包商提供足够的单价分解，并就间接费和管理费达成固定比例。

为了使变更的费用控制在合理的程度，工程师首先要对承包商所报的施工方案仔细审查，充分利用现场现有设备，保证施工方案在经济和时间方面都是合理的。此外，在施工过程中，应对施工情况做全面记录，确保记录的完整、详细和准确，并得到双方的确认。

2. 关于费用和利润

根据 FIDIC 中的词语解释，费用（Costs）包括管理费和应分摊的其他费用，但不包括利润。在 FIDIC 中，因承包商责任以外原因导致承包商增加费用时，对承包商的补偿分为两种。一种补偿是仅仅补偿"费用"而不包括利润，其表述为由工程师确定增加到合同价格上的"该类费用的数额"（The Amount of Such Costs），条款包括 6.4 款（图纸延误）、12.2 款（不利的外界障碍或条件）、27.1 款（保护化石）、36.5 款（对合同未要求的试验的费用）、40.2 款（合同规定和承包商原因以外导致的暂停施工）、42.2 款（业主未能及时提供现场和设施）、65.5 款（特殊风险引起的费用增加）和 70.2 款（后继法规）等，这些补偿都排除了利润。另一种补偿是按照 52 款，即按照变更进行估价。合同由工程师按照合同第 52 款确定"对合同价格的增加部分（An Addition to the Contract Price）"。这些项目包括 17.1 款（重新放线）、20.3 款（因业主风险造成的损失或损害）、31.2 款（为其他承包商提供方便）、49.3 款（修补缺陷）、58.2 款（暂定金额的使用）和 65.3 款（特殊风险对工程的损害）等，都与变更一样，须按照 52 款确定单价给予合同价的增加。这些补偿认为应包含利润（但 FIDIC 并未明确指出）。FIDIC 是如何分类的也未做出说明。新版 FIDIC 更为明确，要求按变更估价的要包括利润。在具体对合同以外的工作和费用进行评估时，做出上述区分十分重要。

3. 关于当地费用调整

合同第 70.1 款规定，"应根据劳务费和（或）材料费或影响工程施工费用的任何其他事项的费用涨落对合同价格增加或扣除相应金额"。这部分主要指通货膨胀及汇率变化对工程成本的影响。

在 FIDIC 合同中建议了两种费用调整方式，即"基本价格"法（或称证据法）和"指数"法。FIDIC 推荐第二种方法，因为该方法既减轻了工作量、便于管理，又能使善于采购的承包商增加收益。但其前提是可以得到合适的指数。如对外币部分的调整，一般采用"指数"法，因为在国外可以得到能比较准确反应各项成本物价水平、由权威部门发布的指数。

由于目前在国内没有权威的指数，所以对于当地币部分都采用"基本价格"法，或采取"基本价格"法和"指数"法相结合的混合方法。"基本价格"工作量虽然很大，但只要能得到合适的"价格"，操作难度不大。但在目前经济条件和价格转轨过程中，采用"基本价格"法仍存在两方面的问题：一方面是数量难以控制，如材料和雇佣工人的数量；另一方面是很难得到现行的统一价格（基本价格可以双方提前确定），国家有关部门发布的价格（如劳务工资和运输服务的价格）又难以真正反映市场的水平。

如果采用"基本价格"法和"指数"法相结合的混合方法，如某工程对当地劳务费用调整采用的方法，则应保证指数能真正反映市场水平，而且基础指数要与承包商投标中的基础工资相一致。最根本的是促使市场发育逐步完善，由市场自身确定各项价格指标，并由权威部门发布与市场价格水平相一致的价格指数。

4. 关于"不可预见的外界障碍或条件"

FIDIC 合同一般条件 12.2 款，即"一个有经验承包商也不能预见的不利的外界条件或障碍"（以下简称"12.2 款条件"），是 FIDIC 最容易引起争议的条款，也是国际承包商在索赔时经常引用的。这可能是因为该款包括了一个很大的范围，即"现场气候条件以外"的"外界障碍或条件"，但没有提及任何可以参照的内容，这为承包商提出"12.2 款条件"提供了很大的选择余地；这些"外界障碍或条件"是否可以预见首先是根据一个"有经验承包商"的判断，而什么是"有经验"本身就是一个根据个人经验判断的问题；其次是工程师的判断，如果工程师认为这类外界障碍或条件是一个"有经验的承包商无法合理预见到的"，那么工程师就应该确定给予承包商工期和费用。工程师与承包商关于"有经验"肯定有不同的看法，而什么是"合理预见"又是容易引起争议的问题。工程师认为可以"合理预见"的，承包商可能说自己完全无法预见。如果确定承包商确实遇到了"12.2 款条件"，那么工程师应该给予承包商工期延期的权利，并确定"承包商发生的任何费用"。这里实际上是指承包商的"实际费用"。

因此，根据这一条款，承包商可以根据自己的判断，将任何实际遇到的与招标条件有所不同的条件，特别是地下条件归为不可预见的"外界障碍或条件"，要求给予延期并补偿实际费用。合同允许以实际费用方式进行计算，可以最大限度地对承包商予以补偿。这为承包商的索赔提供了非常有利的合同依据。

确定不可预见的基础是业主招标时提供的资料（主要是勘察资料）和承包商现场视察所得。这就是合同 11.1 款的规定，"应当认为承包商的投标书是以业主提供的可供利用的资料和承包商自己进行的现场视察和检查为依据的"。因此，在判定是否"不可预见"时，要确定两项责任：业主是否提供了所有的资料；承包商是否对现场进行了充分的考察。这两项即划分"可否预见"的界线。

从业主角度，为尽可能避免"不可预见"情况，业主首先应提供自己所有的资料（也包括那些为本工程而做、但业主自己不拥有的资料）。如果资料太多，可提供场所供承包商查阅。其次，业主应提供充分的时间安排标前考察，保证各投标者到达与现场条件有关的各个地点，并对现场考察情况详细记录或录像。此外，业主对在项目进行之前或进行之中的各项科研研究工作要全面掌握，并避免其中的个别观点被承包商用做"不利条件"的证据。

5. 关于延期和赶工

在 FIDIC 条款中，工期延期是承包商的一种正常的和普遍的合同权利。根据合同，承包商在许多条件下都可以得到工期延期的权利。如获得现场占有权的延误；颁发图纸或指示的延误；不利的外界障碍或条件；暂时停工；变更或额外的工作等。对土建工程，特别是对大型水电项目而言，希望完全避免这些延误的发生是不现实的，实际情况是所有这些因素都可能存在。所以工期延期在合同执行中是一种非常普遍的现象。

　　在项目的实际进展中，业主往往不会同意承包商将工程竣工日期延期。因为延期将给工程、尤其是大型水电项目带来严重的影响。如某工程，即使授予承包商几十天的延期，也可能导致工程截流延迟1年，不但带来其他承包商的巨额索赔，业主遭受晚发电的损失，对黄河防洪所带来的风险更是难以估量。在这种情况下，业主所要求的赶工不但是必要的，也是必需的。但是，按照FIDIC条款的规定，承包商除了因自身原因而"加速施工"外，并没有为挽回业主的延误而进行"赶工"的合同义务。"赶工"已超出了原合同范围，"赶工"必须基于双方的自愿，即通过协议方式确定双方的权利和义务。

　　根据FIDIC的规定，一旦出现原合同范围以外的工作、且是非承包商原因造成的延误，则工程师应该授予承包商延期，赶工则必须基于业主和承包商双方事先达成的协议。即使是承包商自身造成的延误，承包商也有权选择工程延期——只要承包商愿意支付误期损害赔偿。这就给始终希望保证合同工期的业主和工程师执行合同带来了很大的困难。

　　为了克服这一困难，在该工程土建二标1995年因各种原因出现延误、需要赶工以保证截流时，业主和承包商首先就区分赶工责任、实施赶工并保证截流进行了多次协商，虽因责任和费用问题未达成书面协议，但双方达成了"搁置争议、实施赶工"的共识。工程师则按照这一共识，并根据合同51.1款的（f）款"改变工程任何部分的任何规定的施工顺序或时间安排"，以"变更"的方式指令承包商进行赶工。尽管这一方式遭到工程争议评审团（DRB）的质疑，认为工程师无权根据合同51.1款指令承包商赶工。但不能否认，工程师的指令既考虑了业主承包商作为合同双方所达成的"共识"，又有承包商所难以反驳的合同依据，因此，承包商不得不采取了赶工措施。

　　当然，最好的办法是及时确定双方对延误的责任，并就赶工的责任和费用事先达成一致。事实证明做到这一点有很大的难度，因为确定承包商延期权利容易，但要确定延期的时间，双方却往往无法达成一致；签署协议并非轻而易举，由于双方完全是自愿和平等的，已不存在招标时的竞争局面，因此很难就费用达成协议。

　　我国最近颁布的《水利水电土建工程施工合同条件》在延期和赶工方面做了较大的调整。规定只有影响到"关键项目"才可以要求延长工期（但非关键项目的延期也可能导致关键路线的改变并相应改变工期），以及在进度延误时承包商应报送赶工措施和赶工计划。这些规定解决了FIDIC中关于延期和赶工等方面对业主不利的规定，只是工程师仍负有评估延期和确定赶工费用的责任。

　　6. 关于工程的分包

　　在工程1996、1997年导流洞项目的赶工中，OTFF发挥了关键的、不可替代的作用。由于承包商缺乏在我国施工和管理的经验，进场后雇佣了大量零散、无组织和缺乏专业技能的劳务人员，承包商在国外的管理办法对这些劳务人员难以奏效。因此，即使工程师通过指令要求承包商赶工，仅靠承包商的管理也无法完成导流洞的开挖和衬砌工作。因此，工程师和业主提出引进成建制施工队伍的建议，并经水利部全面考虑和慎重决策，由国内优秀的专业施工队伍组成的OTFF联营体进入了现场，并很快掌握了施工的主动。

　　工程师和业主在当时做出这样的选择时经历了一个艰难的过程。二标承包商在招标时是作为第二个最低标中标的。从进场设备及初期进场的人员看，他们缺乏中标的准备。在突然中标后，才仓促安排施工设备进场，现场管理人员也是临时抽调组成的，对工程和我国情况并不十分了解，管理没有达到应有的效果。最重要的是，外方与中方的施工单位合作还不十分默契，并未及时将中外双方的优势结合起来，充分发挥中方组织、人员及提供临时设备的能力。因此，业主曾考虑换承包商，但考虑到重新招标所需要的繁琐和漫长的程序，业主只能另做选择。

关于工程师所提出的对工程进行分包，引入施工能力强、有组织的施工队伍，在合同的操作上有很大的难度。因为分包只能由主承包商自己提出来，而且由承包商自己选择分包商。虽然业主可以确定"指定分包商"，但业主必须在招标时就做出选择并指定分包的项目。在施工过程中，业主虽然还可以指定分包商，但指定分包商只能进行与暂定金额有关的工程施工或货物、服务的提供。对导流洞这样大的、合同内的项目，业主无权指定分包商进行分包。因此，唯一的办法是说服承包商选择由业主推荐的施工队伍作为分包商。通过工程师与承包商长时间艰苦的协商，承包商终于接受工程师的观点，认识到引入成建制的分包商是追赶工期和保证按期截流的最好选择。事实证明，OTFF 的引入对成功截流起到了关键作用。

由于 FIDIC 中的严格规定，在工程进展过程中，业主或工程师无权干预原合同范围内承包商的工作。因此，业主在招标时，既要选择优秀的、有能力的承包商，还要保证该承包商对工程有比较深入的了解，其投标书也是在充分了解和完备的准备工作基础上编写的。此外，由于目前国际承包商一般都与国内施工单位组成优势互补的联营体（这也是业主所鼓励的），所以国际承包商要获得成功，仅靠自己的管理经验和资金实力是不够的。如果能在充分了解情况、并根据工程需要选择一些具有专业施工经验的当地分包商，对各个方面都是十分有利的。

在 FIDIC 严格的合同条件下，OTFF 的引入在工程上是成功的，在合同处理上也是非常成功的。在 FIDIC 条件下，面对合同观念很强的国际承包商，如果合同问题处理不好，则很难保证工程的顺利进行。遵守合同是处理一切问题、保证工程顺利进行的前提。这一方式不但为承包商接受，也得到了业主的咨询专家和世界银行专家的肯定。

在《水利水电土建工程施工合同条件》中，扩大了业主关于指定分包商的权利。在实施过程中，业主为更有效保证某项工程的质量或进度，在得到承包人同意后划出承包人的部分工作由指定分包商承担。该指定分包商视同承包人雇用的分包人。但这样的分包应不增加主承包商的费用。这一规定对于保证工程和合同各方的最大利益是有益的。

7. 关于常见的工程索赔的处理方法

无论工程索赔的原因是什么，如变更、不可预见的地质条件或赶工等，承包商的补偿要求通常包括两个方面，即工期和费用。在工期和费用的计算方法中，承包商最常用的是"总时间法"和"总费用法"。如对于按合同"12.2 款条件"提出的索赔，承包商一般采用"总费用法"和"总时间法"提出索赔要求，即在该项工作（或整个工程项目）结束时，将承包商所谓的实际花费全部累加起来，扣除承包商根据原合同已经得到的该项工作（或整个工程项目）的支付，其差值即承包商认为由于"12.2 款条件"影响造成的、应予补偿的额外费用；对于"12.2 款条件"引起的工期延期，承包商将网络计划内每个项目的实际延误（其计算方法是该项目的实际完工时间，减去承包商在投标时提交的基线计划中该项目的计划时间），加载到承包商的基线计划中，经网络计算后最终完工时间与基线计划相比的延期，即承包商认为应该得到的工期延期。

🔍 前沿探讨 ▌

2013 年版施工合同修改重点及八项新的合同管理制度❶

2013 年版施工合同修改重点主要体现在以下六个方面。

1. 完善八项合同管理制度

2013 年版施工合同，借鉴 FIDIC 创设的八项合同管理新制度，具体包括：

(1) 通用条款第 2.5、3.7 款确定承发包双方的双方互为担保制度。

(2) 通用条款第 11.1 款确定价格市场波动的合理调价制度。

(3) 通用条款第 14.4 确定逾期付款的违约双倍赔偿制度。

(4) 通用条款第 13.2 和 15.2 款规定两项工程移交证书制度。

(5) 通用条款第 15.2 款规定保修金返还的缺陷责任定期制度。

(6) 通用条款 18 条确定风险防范的工程系列保险制度。

(7) 通用条款第 19.1 和 19.3 款规定的索赔过期作废制度。

(8) 通用条款第 20.3 款规定前置程序的争议过程评审制度。

2. 完善合同要素结构与体系

合同要素由原 11 个增加为 20 个，并力求系统化，且配置合理的权利义务，有利于引导工程建设市场的健康发展；建立以监理人为施工管理和文件传递核心的合同体系，提高施工管理的合理性和科学性。

1999 年版合同的 11 个要素包括：词语定义及合同文件、双方一般权利和义务、施工组织设计和工期、质量与检验、安全施工、合同价款及调整、材料设备供应、工程变更、竣工验收与结算、违约索赔和争议、其他。

2013 年版合同的 20 个要素包括：一般约定、发包人、承包人、监理人、工程质量、安全文明施工与环境保护、工期和进度、材料与设备、试验与检验、变更、价格调整、合同价格、计量与支付、验收和工程试车、竣工结算、缺陷责任与保修、违约、不可抗力、保险、索赔和争议解决。

3. 完善合同价格类型

2013 年版合同为了适应工程计价模式发展和工程管理实践需要，完善了合同价格类型，按照价格形式将合同分为单价合同、总价合同、及其他价格形式合同。

4. 注重对发承包人市场行为的引导

发承包人市场行为的引导体现指引和自由竞争双重目标，如在通用合同条款中配置专用合同条款的指向，以充分尊重自由约定；体现对常见违法行为的约束，如增加承诺性条款和项目管理具体措施，防范阴阳合同、违法转包、违法分包等行为，促进建筑市场的有序健康发展；体现对停工、支付、移交、保修等重要合同行为的规范，包括其条件、程序、责任等方面；体现对发包人和承包人权利义务的合理配置，如双向担保、合理调价、不利物质条件等；体现对争议解决的及时性，避免合同履行陷入僵局。

---

❶ 资料取自上海建纬律师事务所的公开资料。

5. 实现与法律和其他文本的衔接

2013 年版合同反映现行法律法规的精神和要求，如条例、司法解释等方面内容，充分借鉴九部委标准施工招标文件、国家有关部委发布行业标准文件、FIDIC 合同文本，包括：

（1）法律以及《建设工程质量管理条例》、《建设工程安全生产管理条例》、《建设工程勘察设计管理条例》、《招标投标法实施条例》《建设工程价款结算暂行办法》、《房屋建筑工程质量保修办法》、《建设工程质量保证金管理暂行办法》。

（2）文本。包括《标准施工招标文件》、《FIDIC 施工合同条件》（1999 年）、《房屋建筑和市政基础设施工程标准施工资格预审文件》、《房屋建筑和市政基础设施工程标准施工招标文件》。

（3）国家标准。包括《建设工程工程量清单计价规范》、《工程建设监理规定》、《建筑工程施工组织设计规范》。

另外，2013 年版合同还强调合同履行程序。

第6章 建设工程的其他合同

―――― 本章摘要 ――――

由于现代社会化大生产和专业化分工，一个稍大一些的工程项目，其相关的合同就有几十、几百甚至几千份。由于这些合同都是为了完成项目目标，定义项目的活动，它们之间存在复杂的关系，形成项目的合同体系。业主必须将经过项目目标分解和结构分析所确定的各种工程任务委托出去，由专门的单位来完成。通常业主必须签订咨询（监理）合同、勘察设计合同、供应合同（业主负责的材料和设备供应）、工程施工合同等。

建设工程施工合同已在上一章中详细分析了，本章将就建设工程监理合同、勘察设计合同和物资设备采购的概念及主要内容等进行简要介绍。

6.1 建设工程监理合同

6.1.1 建设工程监理合同概述

6.1.1.1 建设工程监理合同概念

建设工程监理合同是委托合同的一种，是指委托方与监理方为完成特定建设工程项目的监理任务，明确了相互之间权利义务关系的协议。工程监理合同是监理人开展监理工作，获得监理报酬的依据；也是委托方衡量监理服务，支付监理费用的依据。发包方与监理方的关系通过监理合同来维系。

《建筑法》第30条规定：国家推行建设工程监理制度。国务院可以规定实行强制监理的建设工程的范围。第31条规定：实行监理的建设工程，由建设单位委托具有相应资质条件的工程监理单位监理。建设单位与其委托的工程监理单位应当订立书面委托监理合同。

6.1.1.2 建设工程监理合同特征

（1）监理合同的标的是服务。在工程建设项目实施阶段，业主与任何其他第三方所签订的合同，如勘察设计合同、施工合同、物资采购合同等，其合同标的都是有形的物质成果或信息成果，而监理合同的标的是无形的服务。监理单位与业主签订建设工程监理合同后，其派驻的监理工程师应当依照法律、行政法规及有关的技术标准、设计文件和建设工程承包合同，对承包单位在施工质量、建设工期和建设资金使用等方面，代表建设单位实施监督，即监理工程师依据自己的知识、经验和技能为业主提供监督、协调、管理的服务。因此，我国《合同法》将监理合同划入委托合同的范畴。

（2）监理合同是非承包性合同。监理合同的非承包性表现在以下方面：

1）监理单位不向业主承包造价。

2）尽管监理合同也有服务起止期限的规定，但该规定与所监理的其他合同（如施工合同）能否顺利实现有关。如果被监理的合同因非监理单位责任的原因延期或延误完成，则监理合同的期限也要相应顺延，因此监理合同期限也不是一个完全固定的概念。在合同约定的有效期内，如果所监理的工程因非监理单位原因不能顺利完成，监理单位不仅不对业主承担赔偿工程延误损失的责任，而且有权要为业主对相应展延合同期内的服务工作给予额外的酬金补偿。

3）对工程质量的缺陷，监理单位不负直接责任，保质、保量完成工程是其他合同实施者的义务，监理单位仅仅负责质量的控制和检验。

（3）监理合同属于非经营性合同。工程项目建设阶段所涉及的合同大多为经营性合同，即承包方签订和履行合同是以经营为目的，一方面在合同承包价格内含有合理的预期利润，另一方面在实施过程中通过加强管理、采用先进技术等手段尽可能地降低成本，以此获得更高的利润。

监理单位接受业主的委托签订监理合同，不是以经营性盈利为目的的，而是提供相应的服务来获得酬金。监理单位的预期利润也包含在签订合同的酬金内，除此以外，不得再在合同履行过程中从业主或者被监理单位处获得经营性盈利，否则就失去了监理工作应有的公正性。

监理单位可能会因为对工程实施采取有效、严格控制，或者对业主提出合理化建议，使得工程在保证质量的前提下节约了工程投资而获得业主给予的奖励。但是，承包方接受了监理的指导或建议节约施工成本支出，监理单位不参与其盈利分配。

6.1.2　建设工程监理合同主要内容

目前，在我国签订建设工程监理合同一般采用《建设工程委托监理合同示范文本》（GF-1999-0202）。该范本是我国建设部和国家工商行政管理局为了规范监理行为，与国际工程建设的惯例接轨，于 2000 年联合颁发的。该范本以 FIDIC 编制的文本为基础，结合我国工程建设的具体特点修订而成。

《建设工程委托监理合同示范文本》由"建设工程委托监理合同协议书"、"建设工程委托监理合同标准条件"和"建设工程委托监理合同专用条件"三部分构成。

本部分内容按照《建设工程委托监理合同示范文本》介绍建设工程委托监理合同的主要内容。

6.1.2.1　建设工程委托监理合同协议书

监理合同协议书是确定监理合同关系的总括性文件，它定义了监理委托人和监理人，界定了监理项目及监理合同文件的构成，原则性地约定了双方的义务，规定了合同的履行期，最后由双方法定代表人或其代理人签字并加盖法人章后合同成立。

监理合同协议书的主要条款如下：

（1）委托人与监理人的详细、完整名称。

（2）委托人委托监理人监理的工程概况。包括工程名称、工程地点、工程规模和总投资。

（3）合同中的有关词语含义的规定。

（4）合同文件的组成部分。包括：

1）监理投标书或中标通知书。

2）该合同标准条件。

3）该合同专用条件。

4）在实施过程中双方共同签署的补充与修正文件。

(5) 监理人向委托人的承诺。按照合同协议书的规定，承担合同专用条件中议定范围内的监理业务。

(6) 委托人向监理人的承诺。按照合同注明的期限、方式、币种，向监理人支付报酬。

(7) 合同的起止期限。

(8) 具有同等法律效力的合同份数。

(9) 合同双方签字、盖章及日期。

6.1.2.2 建设工程监理合同标准条件

监理合同标准条件是针对监理合同文件自身以及监理双方一般性的权利义务确定的合同条款，具有普遍性和通用性。

(1) 监理合同的词语定义、适用范围和法规。监理合同的词语定义规定：

1)"工程"是指委托人委托实施监理的工程。

2)"委托人"是指承担直接投资责任和委托监理业务的一方以及其合法继承人。

3)"监理人"是指承担监理业务和监理责任的一方，以及其合法继承人。

4)"监理机构"是指监理人派驻本工程现场实施监理业务的组织。

5)"总监理工程师"是指经委托人同意，监理人派到监理机构全面履行本合同的全权负责人。

6)"承包人"是指除监理人以外，委托人就工程建设有关事宜签订合同的当事人。

7)"工程监理的正常工作"是指双方在专用条件中约定，委托人委托的监理工作范围和内容。

8)"工程监理的附加工作"是指委托人委托监理范围以外，通过双方书面协议另外增加的工作内容；由于委托人或承包人原因，使监理工作受到阻碍或延误，因增加工作量或持续时间而增加的工作。

9)"工程监理的额外工作"是指正常工作和附加工作以外，根据有关条款规定监理人必须完成的工作，或非监理人自己的原因而暂停或终止监理业务，其善后工作及恢复监理业务的工作。

10) 时间表示。"月"是指根据公历从一个月份中任何一天开始到下一个月相应日期的前一天的时间段；"日"是指任何一天零时至第二天零时的时间段。

监理合同适用范围和法规包括：建设工程委托监理合同适用的法律是指国家的法律、行政法规，以及专用条件中议定的部门规章或工程所在地的地方法规、地方规章。

监理合同文件使用汉语语言文字书写、解释和说明。如专用条件约定使用两种以上（含两种）语言文字，汉语应为解释和说明该合同的标准语言文字。

(2) 监理人义务。

1) 监理人按合同约定派出监理工作需要的监理机构及监理人员，向委托人报送委派的总监理工程师及其监理机构主要成员名单、监理规划，完成监理合同专用条件中约定的监理工程范围内的监理业务。在履行合同义务期间，应按合同约定定期向委托人报告监理工作。

2) 监理人在履行合同的义务期间，应认真、勤奋地工作，为委托人提供与其水平相适应的咨询意见，公正维护各方面的合法权益。

3) 监理人使用委托人提供的设施和物品属委托人的财产。在监理工作完成或中止时，应将设施和剩余的物品按合同约定的时间和方式移交给委托人。

4) 在合同期内或合同终止后，未征得有关方同意，不得泄露与工程、合同业务有关的保密资料。

（3）监理人权利。

1) 监理人在委托人委托的工程范围内，享有以下权利。

a. 选择工程总承包人的建议权；选择工程分包人的认可权。

b. 对工程建设有关事项包括工程规模、设计标准、规划设计、生产工艺设计和使用功能要求，向委托人的建议权。

c. 对工程设计中的技术问题，按照安全和优化的原则，向设计人提出建议。

d. 如果拟提出的建议可能会提高工程造价或延长工期，应当事先征得委托人的同意。当发现工程设计不符合国家颁布的建设工程质量标准或设计合同约定的质量标准时，监理人应当书面报告委托人并要求设计人更正。

e. 审批工程施工组织设计和技术方案，按照保质量、保工期和降低成本的原则，向承包人提出建议，并向委托人提出书面报告。

f. 主持工程建设有关协作单位的组织协调，重要协调事项应当事先向委托人报告。

g. 征得委托人同意，监理人有权发布开工令、停工令、复工令，但应当事先向委托人报告。如在紧急情况下未能事先报告，则应在 24h 内向委托人提供书面报告。

h. 工程上使用的材料和施工质量的检验权。对于不符合设计要求和合同约定及国家质量标准的材料、构配件、设备，有权通知承包人停止使用。

i. 对于不符合规范和质量标准的工序、分部分项工程和不安全施工作业，有权通知承包人停工整改、返工。承包人得到监理机构复工令后才能复工。

j. 工程施工进度的检查、监督权，以及工程实际竣工日期提前或超过工程施工合同规定的竣工期限的签认权。

k. 在工程施工合同约定的工程价格范围内，工程款支付的审核和签认权，以及工程结算的复核确认权与否决权。未经总监理工程师签字确认，委托人不支付工程款。

2) 监理人在委托人授权下，可对任何承包人合同规定的义务提出变更。如果由此严重影响了工程费用或质量、进度，则这种变更须经委托人事先批准。在紧急情况下未能事先报委托人批准时，监理人所做的变更也应尽快通知委托人。在监理过程中如发现工程承包人员工作不力，监理机构可要求承包人调换有关人员。

3) 在委托的工程范围内，委托人或承包人对对方的任何意见和要求（包括索赔要求），均必须首先向监理机构提出，由监理机构研究处置意见，再同双方协商确定。当委托人和承包人发生争议时，监理机构应根据自己的职能，以独立的身份判断，公正地进行调解。当双方的争议由政府建设行政主管部门调解或仲裁机关仲裁时，应当提供做证的事实材料。

（4）委托人义务。

1) 委托人在监理人开展监理业务之前应向监理人支付预付款。

2) 委托人应当负责工程建设的所有外部关系的协调，为监理工作提供外部条件。根据需要，如将部分或全部协调工作委托监理人承担，则应在专用条件中明确委托的工作和相应的报酬。

3) 委托人应当在双方约定的时间内免费向监理人提供与工程有关的监理工作所需要的工程资料。

4）委托人应当在专用条款约定的时间内就监理人书面提交并要求做出决定的一切事宜做出书面决定。

5）委托人应当授权一名熟悉工程情况、能在规定时间内做出决定的常驻代表（在专用条款中约定），负责与监理人联系。更换常驻代表要提前通知监理人。

6）委托人应当将授予监理人的监理权利，以及监理人主要成员的职能分工、监理权限及时书面通知已选定的承包合同的承包人，并在与第三人签订的合同中予以明确。

7）委托人应在不影响监理人开展监理工作的时间内提供如下资料：与工程合作的原材料、构配件、机械设备等生产厂家名录；提供与工程有关的协作单位、配合单位的名录。

8）委托人应免费向监理人提供办公用房、通信设施、监理人员工地住房及合同专用条件约定的设施，对监理人自备的设施给予合理的经济补偿。经济补偿公式为：

补偿金额＝设施在工程使用时间占折旧年限的比例×设施原值＋管理费

9）根据情况需要，如果双方约定由委托人免费向监理人提供其他人员，应在监理合同专用条件中予以明确。

（5）委托人权利。

1）委托人有选定工程总承包人，以及与其订立合同的权利。

2）委托人有对工程规模、设计标准、规划设计、生产工艺设计和设计使用功能要求的认定权，以及对工程设计变更的审批权。

3）监理人调换总监理工程师须事先经委托人同意。

4）委托人有权要求监理人提交监理工作月报及监理业务范围内的专项报告。

5）当委托人发现监理人员不按监理合同履行监理职责，或与承包人串通给委托人或工程造成损失的，委托人有权要求监理人更换监理人员，直到终止合同并要求监理人承担相应的赔偿责任或连带赔偿责任。

（6）监理人责任。

1）监理人的责任期即委托监理合同有效期。在监理过程中，如果因工程建设进度的推迟或延误而超过书面约定的日期，双方应进一步约定相应延长的合同期。

2）监理人在责任期内，应当履行约定的义务，如果因监理人过失而造成了委托人的经济损失，应当向委托人赔偿。累计赔偿总额（除不按监理合同履行监理职责，或与承包人串通给委托人或工程造成损失的）不应超过监理报酬总额（除去税金）。

3）监理人对承包人违反合同规定的质量要求和完工（交图、交货）时限，不承担责任。因不可抗力导致委托监理合同不能全部或部分履行，监理人不承担责任。但对违反"监理人在履行合同的义务期间，应认真、勤奋地工作，为委托人提供与其水平相适应的咨询意见，公正维护各方面的合法权益"的规定引起的与之有关的事宜，向委托人承担赔偿责任。

4）监理人向委托人提出赔偿要求不能成立时，监理人应当补偿由于该索赔所导致委托人的各种费用支出。

（7）委托人责任。

1）委托人应当履行委托监理合同约定的义务，如有违反应当承担违约责任，赔偿给监理人造成的经济损失。监理人处理委托业务时，因非监理人原因的事由受到损失的，可以向委托人要求补偿损失。

2）委托人如果向监理人提出赔偿的要求不能成立，则应当补偿由该索赔所引起的监理人的各种费用支出。

（8）合同生效、变更与终止。

1）由于委托人或承包人的原因使监理工作受到阻碍或延误，以致发生了附加工作或延长了持续时间，则监理人应当将该情况与可能产生的影响及时通知委托人。完成监理业务的时间相应延长，并得到附加工作的报酬。

2）在委托监理合同签订后，实际情况发生变化，使得监理人不能全部或部分执行监理业务时，监理人应当立即通知委托人。该监理业务的完成时间应予延长。当恢复执行监理业务时，应当增加不超过 42 日的时间用于恢复执行监理业务，并按双方约定的数量支付监理报酬。

3）监理人向委托人办理完竣工验收或工程移交手续，承包人和委托人已签订工程保修责任书，监理人收到监理报酬尾款，合同即终止。保修期间的责任，双方在专用条款中约定。

4）当事人一方要求变更或解除合同时，应当在 42 日前通知对方，因解除合同使一方遭受损失的，除依法可以免除责任的外，应由责任方负责赔偿。变更或解除合同的通知或协议必须采取书面形式，协议未达成之前原合同仍然有效。

5）监理人在应当获得监理报酬之日起 30 日内仍未收到支付单据，而委托人又未对监理人提出任何书面解释时，或根据合同相关条款规定已暂停执行监理业务时限超过 6 个月的，监理人可向委托人发出终止合同的通知；发出通知后 14 日内仍未得到委托人答复，可进一步发出终止合同的通知；如果第二份通知发出后 42 日内仍未得到委托人答复，可终止合同或自行暂停或继续暂停执行全部或部分监理业务。委托人承担违约责任。

6）监理人由于非自己的原因而暂停或终止执行监理业务，其善后工作以及恢复执行监理业务的工作，应当视为额外工作，有权得到额外的报酬。

7）当委托人认为监理人无正当理由而又未履行监理义务时，可向监理人发出指明其未履行义务的通知。若委托人发出通知后 21 日内没有收到答复，可在第一个通知发出后 35 日内发出终止委托监理合同的通知，合同即行终止。监理人承担违约责任。

8）合同协议的终止并不影响各方应有的权利和应当承担的责任。

（9）监理报酬。

1）正常的监理工作、附加工作和额外工作的报酬，按照监理合同专用条件约定的方法计算，并按约定的时间和数额支付。

2）如果委托人在规定的支付期限内未支付监理报酬，自规定之日起，还应向监理人支付滞纳金。滞纳金从规定支付期限最后一日起计算。

3）支付监理报酬所采取的货币币种、汇率由合同专用条件约定。

4）如果委托人对监理人提交的支付通知中报酬或部分报酬项目提出异议，应当在收到支付通知书 24h 内向监理人发出表示异议的通知，但委托人不得拖延其他无异议报酬项目的支付。

（10）其他。

1）委托的建设工程监理所必要的监理人员出外考察、材料设备复试，其费用支出经委托人同意的，在预算范围内向委托人实报实销。

2）在监理业务范围内，如需聘用专家咨询或协助，由监理人聘用的，其费用由监理人承担；由委托人聘用的，其费用由委托人承担。

3）监理人在监理工作过程中提出的合理化建议，使委托人得到了经济效益，委托人应按专用条件中的约定给予经济奖励。

4）监理人驻地监理机构及其职员不得接受监理工程项目施工承包人的任何报酬或者经济利益。监理人不得参与可能与合同规定的与委托人的利益相冲突的任何活动。

5）监理人在监理过程中，不得泄露委托人申明的秘密，监理人亦不得泄露设计人、承包人等提供并申明的秘密。

6）监理人对于由其编制的所有文件拥有版权，委托人仅有权为该工程使用或复制此类文件。

（11）争议的解决。因违反或终止合同而引起的对对方损失和损害的赔偿，双方应当协商解决，如未能达成一致，可提交主管部门协调，如仍未能达成一致时，根据双方约定提交仲裁机关仲裁，或向人民法院起诉。

6.1.2.3　建设工程监理合同专用条件

建设工程监理合同专用条件是对标准条件的补充，是标准条件在具体工程项目上的具体化。在使用专用条件时要特别注意的是反映具体监理项目的实际、合同双方的特别约定，因此不能在专用条件上填写为"按标准条件执行"。监理合同需要通过专用条件来约定的内容主要包括：

（1）法律依据。适用的法律及监理依据。

（2）监理工作约定。

1）监理工作的范围和内容。

2）监理工作的外部条件。

（3）委托人约定。

1）委托人应提供的工程资料及提供时间。

2）委托人必须对监理人书面提交并要求做出决定的事宜做出书面答复的时间。

3）委托人的常驻代表。

4）委托人免费向监理机构提供的设施，以及由监理人自备，但给予经济补偿的设施名称、数量极其补偿金额。

5）在监理期间，委托人免费向监理机构提供的工作人员以及服务人员的数量，且明确规定监理机构不用对此类人员极其行为负责。

（4）监理人约定。

1）监理人在责任期内失职，其承担责任的办法及赔偿损失的计算方法。

2）监理报酬。监理报酬包括完成监理委托合同约定任务的基本报酬、附加工作报酬以及额外工程报酬的计算方法、支付时间、货币种类（包括计算汇率）、金额。监理报酬根据国家相关规定由双方协商确定，但法定必须进行监理的施工项目必须执行政府指导价。

3）当监理人为监理项目做出特别贡献时的奖励办法。如提出合理化建议被业主采纳，给委托人带来直接经济效益时，可以按可计算效益额的 10％～30％ 奖励给监理机构。

（5）争议处理。在监理合同履行过程中发生争议且无法达成协商意见时，约定是提交仲裁机构还是向人民法院起诉。

6.1.2.4　补偿协议

在监理实施过程中，难免会发生一些变化。如果这些变化超出了原合同约定的范围，就有必要在原合同的基础上进行适当的补充或修改。合同的任何补充或修改都必须是合同当事人协商一致的结果，并经过合同双方的法人代表或其授权代理人签署之后才能生效。

根据我国《招标投标法》第 46 条的规定，招标人和中标人按照招标文件和中标人的投标文件订立书面合同后，招标人和中标人不得再行订立背离合同实质性内容的其他协议。因此，在合同履行过程中补充或修改的条款不能与中标条件相违背。

6.2　建设工程勘察设计合同

6.2.1　建设工程勘察设计合同概述

6.2.1.1　建设工程勘察设计合同概念

建设工程勘察设计合同是委托方与承包方为完成一定的勘察设计任务，明确双方权利义务关系的协议。

建设工程勘察工作主要是根据建设工程的要求，查明、分析、评价建设场地的地址地理环境特征和岩土工程条件，据此编制建设工程勘察文件；建设工程设计工作主要是根据建设工程的要求，对建设工程所需的技术、经济、资源、环境等条件进行综合分析、论证，并编制建设工程设计文件。

工程勘察设计合同的委托方通常是业主，承包方是勘察设计单位。因为勘察设计工作具有专业特殊性、勘察成果的不确定性以及对工程的主要作用，所以通常建设工程的勘察工作都由业主委托完成。即使是总承包合同，也由业主向承包商提交工程的地质和水文资料。

勘察设计单位必须有符合工程要求的资质证书和许可证，且其企业级别、业务规格、专业范围也必须符合工程的要求。

根据建设工程勘察设计合同，勘察设计单位完成业主委托的勘察、设计任务，业主接受符合约定要求的勘察设计成果，并支付约定的报酬。

6.2.1.2　建设工程勘察设计合同的特征

建设工程勘察设计合同具有如下特征：

（1）勘察设计合同的承包方必须具有法人资格。勘察设计合同的发包方应当是具有完全民事权利能力和民事行为能力，取得法人资格的组织或者其他组织及个人。承包方应当是具有国家批准的勘察设计许可证，并经有关部门核准的资质等级的勘察设计法人组织。

（2）勘察设计合同的订立必须符合工程项目建设程序。建设工程勘察设计合同的签订必须以我国的《合同法》、《建筑法》、《建设工程勘察设计市场管理规定》及国家和地方有关建设工程勘察设计管理法规和规章及建设工程批准文件为基础。

（3）勘察设计合同具有建设工程合同的基本特征。

6.2.1.3　建设工程勘察设计合同的分类

建设工程勘察设计合同按照委托的内容（即合同标的）及计价不同而有不同的合同形式。

（1）按委托内容分类。

1）勘察设计总承包合同。有具有相应资质的承包人与发包人签订的包含勘察和设计两部分内容的承包合同。其中承包人可以是具有勘察和设计双重资质的勘察设计单位；可以是由具有勘察资质的勘察单位和具有设计资质的设计单位组成的联合体；也可以是由设计单位作为总承包商并承担其中的设计任务，勘察单位作为勘察分包商。

勘察设计总承包合同可以减轻发包人的协调工作，尤其是减少了勘察和设计之间的责任推诿的现象。

2）勘察合同。发包人与具有勘察资质的勘察单位签订的委托勘察合同。

3）设计合同。发包人与具有设计资质的勘察单位签订的委托设计合同。

（2）按计价方式分类。

1）按工程造价的比例收费的合同。适用于勘察设计总承包合同和设计合同。

2）总价合同。既适用于勘察设计总承包合同，也适用于勘察合同和设计合同。

3）单价合同。勘察设计总承包合同、勘察和设计分别承包的合同都适用于单价合同形式。

6.2.1.4 建设工程勘察设计合同的订立

（1）订立条件。

1）当事人条件。

a. 双方都应是法人或者其他组织。

b. 承包商必须具有相应的完成签约项目等级的勘察设计资质。

c. 承包商具有承揽建设工程勘察设计任务所必须具备的相应的权利能力和行为能力。

2）委托勘察设计项目所必须具备的条件。

a. 建设工程项目可行性研究报告或项目建议书已获批准。

b. 已办理了建设用地规划许可证等手续。

c. 法律、法规规定的其他条件。

3）勘察设计任务委托方式的限定条件。建设工程勘察设计任务有招标委托或直接委托两种方式。但依法必须进行招标的项目，必须按照《工程建设项目勘察设计招标投标方法》，通过招标投标的方式来委托，否则所签订的勘察设计合同无效。

（2）建设工程勘察设计合同当事人的资信与能力审查。在签订合同前，为了保障合同能够顺利实施，必须对当事人的资格进行审查。具体审查项目包括：

1）资格审查。审查当事人是否属于按照法律规定成立的法人组织，有无法人章程和营业执照，其经营活动是否超过章程或营业执照规定的经营范围。同时，还有审查签订合同的有关人员是否是法定代表人或法人委托的代理人，以及代理人的活动是否在授权范围内等。

2）资信审查。审查委托方的资信，企业的生产经营状况和银行信用情况及履约态度等，以保证所签订的合同是基于诚信原则的。

3）履约能力审查。主要审查承包商的专业业务能力，可以通过审查承包商的勘察设计证书了解其级别、业务规格和专业范围，同时还应了解承包商以往的工程业绩及正在履行的合同数量。对委托方应审查其建设资金的落实情况及支付能力。

（3）合同签订的程序。依法必须进行招标的工程勘察设计任务通过招标或设计方案的竞投确定勘察设计单位后，应签订勘察设计合同。建设工程勘察设计合同的签订程序包括：

1）确定合同标的。合同标的是合同的中心，确定合同标的是指确定勘察设计分开发包还是合并发包。

2）选定勘察设计承包商。依法必须招标的工程建设项目，按招标投标程序优先选出中标人即为勘察设计认为的承包商。可依法不招标的小型项目由发包人直接选定勘察设计的承包商。

3）签订勘察设计合同。如果通过招标方式确定的承包商，根据招投标文件的规定及中标文件内容签署合同；通过直接委托方式签订勘察设计合同，还需要经过详细的合同谈判，通过谈判确定合同条款内容。当合同当事人双方对合同的全部条款取得一致意见后，即可由双方法定代表人或其有效代理人正式签署，并加盖公司法人章生效。

6.2.2　建设工程勘察合同主要内容

我国建设部与国家工商行政管理局于 2000 年颁发了《建设工程勘察合同示范文本》，该文本有两种格式：一种格式适用于岩土工程勘察、水文地质勘察（含凿井）工程测量、工程物探，即 GF-2000-0203；另一种格式适用于岩土工程设计、治理、监测，即 GF-2000-0204。

两种文本均采用单式合同形式，即不分标准条款、专用条款；合同本身既是协议书，也是具体条款。合同形式和内容都比较简单。

6.2.2.1　概述

建设工程勘察合同概述部分包括委托方和承包方的概况和工程概况两部分。工程概况主要说明建设工程名称，工程规模、特征，工程建设地点，工程勘察任务委托文号、日期，工程勘察任务（内容）与技术要求，承接方式，预计勘察工作量。

6.2.2.2　委托方的义务和权利

（1）委托方的义务和责任。

1）在勘察工作开展前，发包人应及时向勘察人提供下列文件资料，并对其准确性、可靠性负责。

a. 提供工程批准文件（复印件），以及用地（附红线范围）、施工、勘察许可等批件（复印件）。

b. 提供工程勘察任务委托书、技术要求和工作范围的地形图、建筑总平面布置图。

c. 提供勘察工作范围已有的技术资料及工程所需的坐标与标高资料。

d. 提供勘察工作范围地下已有埋藏物的资料（如电力、电信电缆、各种管道、人防设施、洞室等）及具体位置分布图。

e. 发包人不能提供上述资料，由勘察人收集的，发包人需向勘察人支付相应费用。

2）在勘察工作范围内，没有资料、图纸的地区（段），发包人应负责查清地下埋藏物，若因未提供上述资料、图纸，或提供的资料图纸不可靠、地下埋藏物不清，致使勘察人在勘察工作过程中发生人身伤害或造成经济损失的，由发包人承担民事责任。

3）发包人应及时为勘察人提供并解决勘察现场的工作条件和出现的问题（如落实土地征用、青苗树木赔偿、拆除地上地下障碍物、处理施工扰民及影响施工正常进行的有关问题、平整施工现场、修好通行道路、接通电源水源、挖好排水沟渠以及水上作业用船等），并承担其费用。

4）若勘察现场需要看守，特别是在有毒、有害等危险现场作业时，发包人应派人负责安全保卫工作，按国家有关规定，对从事危险作业的现场人员进行保健防护，并承担费用。

5）工程勘察前，若发包人负责提供材料，应根据勘察人提出的工程用料计划，按时提供各种材料及其产品合格证明，并承担费用和运到现场，派人与勘察人的人员一起验收。

6）勘察过程中的任何变更，经办理正式变更手续后，发包人应按实际发生的工作量支付勘察费。在合同履行期间，由于工程停建而终止合同或发包人要求解除合同时，勘察人未进行勘察工作的，不退还发包人已付定金。已进行勘察工作的，完成的工作量在50％以内时，发包人应向勘察人支付预算额50％的勘察费；完成的工作量超过50％时，则应向勘察人支付预算额100％的勘察费。

7）为勘察人的工作人员提供必要的生产、生活条件，并承担费用；如不能提供，应一次性付给勘察人临时设施费。因发包人未给勘察人提供必要的工作生活条件而造成停工、窝工或来回进出场地的，发包人除应支付勘察人停工、窝工费（金额按预算的平均工日产值计算），工期按实际工日顺延外，还应付给勘察人来回进出场费和调遣费。

8）由于发包人原因造成勘察人停、窝工，除工期顺延外，发包人应支付停、窝工费；发包人若要求在合同规定时间内提前完工（或提交勘察成果资料），发包人应按合同约定的标准计算加班费。

9）发包人应保护勘察人的投标书、勘察方案、报告书、文件、资料图纸、数据、特殊工艺（方法）、专利技术和合理化建议，未经勘察人同意，发包人不得复制、泄露、擅自修改、传送、向第三人转让或用于合同外的项目；如发生上述情况，发包人应负法律责任，勘察人有权索赔。

（2）委托方的权利。从勘察承包商处获得约定勘察任务的准确、可靠的勘察结果。

6.2.2.3 勘察方的义务和权利

（1）勘察方的义务和责任。

1）勘察人应按国家技术规范、标准、规程和发包人的任务委托书及技术要求进行工程勘察。按合同规定的时间提交质量合格的勘察成果资料，并对其负责。承包方的工作范围由勘察合同的附件定义，包括测量任务和质量要求表、工程地质勘察任务和质量要求表等。

2）由于勘察人提供的勘察成果资料质量不合格，勘察人应负责无偿给予补充完善，使其达到质量合格；若勘察人无力补充完善，需另委托其他单位，勘察人应承担全部勘察费用；或因勘察质量造成重大经济损失或工程事故，勘察人除应负法律责任和免收直接受损失部分的勘察费外，还应根据损失程度向发包人支付赔偿金，赔偿金由发包人、勘察人在合同中约定。

3）在工程勘察前，提出勘察纲要或勘察组织设计，派人与发包人的人员一起验收发包人提供的材料。

4）勘察过程中，根据工程的岩土工程条件（或工作现场地形地貌、地质和水文地质条件）及技术规范要求，向发包人提出增减工作量或修改勘察工作的意见，并办理正式变更手续。

5）在现场工作的勘察人的人员，应遵守发包人的安全保卫及其他有关的规章制度，承担对有关资料的保密义务。

6）合同有关条款规定和补充协议中勘察人应负的其他责任。

（2）勘察方的权利。按合同的约定完成勘察任务，提交准确、可靠的勘察结果，有权按合同约定的时间获得合同约定的勘察费。当发包人不能履行或不恰当履行合同约定的义务并给勘察人造成损失时，勘察人有权向发包人索赔。

6.2.2.4　收费标准及付费方式

（1）勘察工作的取费标准是按照勘察工作的内容决定的。勘察费用一般按实际完成的工作量收取。工程勘察按国家规定的现行收费标准计取费用，或以"预算包干"、"中标价加签证"、"实际完成工作量结算"等方式计取收费。国家规定的收费标准中没有规定的收费项目，由发包人、勘察人另行议定。

（2）工程勘察合同生效后 3 天内，发包人应向勘察人支付预算勘察费的 20％作为定金，合同履行后，定金抵做勘察费。

（3）对于特殊工程的勘察工作，其合同价格可由双方商讨，在正常勘察工程总价基础上加收一定比例（通常为 20％～40％）。特殊工程指自然地质条件复杂、技术要求高，勘察手段超出现行规范，特别重大、紧急，有特殊要求的工程，或特别小的工程等。

（4）勘察规模大、工期长的大型勘察工程，发包人还应按约定，向勘察人支付工程进度款。

（5）勘察工作外业结束后，发包人向勘察人支付部分勘察费；全部勘察工作结束后，承包方按合同规定向委托方提交勘察报告和图纸；委托方在收取勘察成果资料后 10 天内，按实际勘察工作量付清勘察费。

6.2.2.5　违约责任

（1）发包人未按合同规定时间（日期）拨付勘察费，每超过一日，应偿付未支付勘察费的千分之一逾期违约金。

（2）勘察人未按合同规定时间（日期）提交勘察成果资料，每超过一日，应减收勘察费千分之一。

（3）合同签订后，勘察人不履行合同时，应双倍返还定金。

6.2.2.6　合同争议的解决

在合同实施过程中，如双方发生争执，发包人、勘察人应及时协商解决，也可由当地建设行政主管部门调解，协商或调解不成时，发包人、勘察人约定仲裁委员会仲裁。发包人、勘察人未在合同中约定仲裁机构、事后又未达成书面仲裁协议的，可向人民法院起诉。

6.2.2.7　其他规定

（1）合同的生效和失效日期。通常勘察合同在全部勘察工作验收合格后失效。

（2）勘察合同的未尽事宜，需经双方协商，做出补充规定。补充规定与原合同具有同等效力，但不得与原合同内容冲突。

6.2.3　建设工程设计合同的主要内容

我国建设部与国家工商行政管理局于 2000 年颁发了《建设工程设计合同示范文本》。该文本有两种格式：一种格式适用于民用建设工程，即 GF-2000-0209；另一种格式适用于专业工程设计工程，即 GF-2000-0210。两种文本的主要内容基本相同。现以民用建设工程合同示范文本为例介绍设计合同的主要内容。设计合同一般由合同协议书和附件组成，附件包括设计任务书、工程设计取费表、补充协议书等。

6.2.3.1　概述

建设工程勘察合同概述部分包括建设工程名称、规模、投资额、地点，合同双方的简单介绍等。

6.2.3.2　委托方的义务和权利

（1）委托方的义务和责任。

1）如果委托初步设计，委托方应在规定的日期内向设计方提供经过批准的设计任务书（或可行性研究报告）、选择建设地址的报告，以及原料、燃料、水电、运输等方面的协议文件和能满足初步设计要求的勘察资料、经科研取得的技术资料等。

2）如果委托施工图设计，委托方应在规定日期内向设计方提供经过批准的初步设计文件和能满足施工图设计要求的勘察资料、施工条件，以及有关设备的技术资料等。

3）如果委托设计中有配合引进设备的设计，则在引进过程中，从询价、对外谈判、国内外技术考察直到建成投产的各个阶段，都应通知承担有关设计任务的单位参加。

4）委托方应明确设计范围和深度，并负责及时地向有关部门办理各阶段设计文件的审批工作。

5）在设计人员进入施工现场工作时，委托方应提供必要的工作和生活条件。

6）委托方变更委托设计项目、规模、条件或因提交的资料错误，或所提交的资料做较大修改，造成设计人的设计工程需返工时，双方除需另行协商签订补充协议（或另订合同）、重新明确有关条款外，委托方应按照设计方所耗费的工作量向设计方增付设计费。

7）在未正式签订合同前且委托方同意的情况下，设计方为委托方所做的各项设计工作，应按收费标准支付相应的设计费。委托人要求设计方提前交付设计资料文件时，委托方应向设计方支付赶工费。

8）在合同履行期间，委托人要求终止或解除合同，设计人未开始设计工作的，不退还委托人已付定金；已开始设计工作的，委托人应根据实际工作量支付设计费。完成的工作量在50%以内时，委托人应向设计人支付预算额50%的设计费；完成的工作量超过50%时，则应向设计人支付预算额100%的设计费。

9）委托方要按照合同规定付给设计方设计费，维护设计方的设计成果权，不得擅自修改，也不得转让给第三方重复使用，否则便侵犯了设计方的智力成果权，并承担相应的法律责任。

（2）委托方的权利。

1）获得工程建设所需要的设计文件。

2）对设计方的违约行为进行索赔。

6.2.3.3　设计方的义务和权利

（1）设计方的义务和责任。

1）设计方要根据批准的设计任务书（或可行性研究报告）或上阶段设计的批准文件，以及有关设计的技术经济文件、设计标准、技术规范、规程、定额等提出勘察技术要求和进行设计，并按合同规定的进度和质量要求，提交设计文件（还包括概预算文件、材料设备清单）。

2）初步设计经上级主管部门审查后，在原定任务书范围内的必要修改，由设计方承担。

3）设计方对所承担设计任务的工程项目应配合施工，进行施工前技术交底，解决施工中的有关设计问题，负责设计变更和修改预算，参加隐蔽工程验收和工程竣工验收。

4）设计方应保护委托方的知识产权，不得向第三方泄露、转让委托人提交的产品图纸等技术经济资料。

5）设计人对设计资料及文件出现的遗漏或错误负责修改或补充。由于设计人错误，造成工程质量事故损失的，设计人除负责采取补救措施外，应免收直接受损失部分的设计费；损失严重的，根据损失的程度和设计人责任大小，向委托人支付赔偿金，赔偿金占实际损失的比例由双方在合同中约定。

（2）设计方的权利。

1）获得合同约定的设计报酬。

2）对委托方的违约行为进行索赔。

6.2.3.4　设计的修改和停止

（1）设计文件批准后，不能任意修改和变更。如果需要修改，必须经有关部门批准，其批准权限视修改的内容所涉及的范围而定。

1）如果修改的部分属于初步设计的内容（如总平面布置图、工艺流程、设备、面积、建筑标准、定员、概算等），须经设计任务书的原批准机关或初步设计批准机关同意。

2）如果修改部分属于设计任务书的内容（如建设规模、产品方案、建设地点及主要协作关系等），则须经设计任务书的原批准单位批准。

3）施工图设计的修改，须经设计单位的同意。

（2）委托方因故要求修改工程的设计，经设计方同意后，除设计文件的提交时间另定外，委托方还应按设计方实际返工修改的工作量增付设计费。

（3）原定设计任务书或初步设计如有重大变更而需要重作或修改时，需经双方当事人协商后另订合同。委托方负责支付已经进行了的设计的费用。

（4）委托方因故要求中途停止设计，应及时书面通知设计方，已付的设计费不退，并按该阶段实际耗用工日，增付和结清设计费，同时结束合同关系。

6.2.3.5　收费标准及付费方式

设计工作的取费，一般应根据工程种类、建设规模和工程的简繁程度确定，执行我国建设主管部门颁发的工程设计收费标准。

设计费的计算较多采用按估算总投资乘以设计取费费率的方法，也有采用单位面积或单位生产能力为基础计算设计费的，还有采取设计总费用包干的。但无论采用何种方法，除了小型工程项目外，设计费一般均采取分期支付的方法。

（1）设计定金。也称设计费的首期支付，一般在合同里约定在签约后 3 天内支付，支付额常为设计费的 20％。

（2）提交各阶段设计文件的同时支付各阶段设计费，支付比例由双方在合同中约定。

（3）在提交最后一部分施工图的同时结清全部设计费，不留尾款。

（4）实际设计费按初步设计概念（施工图设计概算）核定。实际设计费与估算设计费出现差额时，双方另行签订补充协议，多退少补。

（5）合同履行后，定金抵做设计费。

6.2.3.6　违约责任

（1）委托人未按合同规定时间（日期）拨付设计费，每超过一日，应偿付未支付设计费的千分之二逾期违约金。

（2）设计人未按合同规定时间（日期）提交设计成果资料，每超过一日，应减收设计费千分之二。

（3）合同签订后，设计人不履行合同时，双倍返还定金。

6.2.3.7　合同争议的解决

在合同实施过程中，如双方发生争执，委托人、设计人应及时协商解决，也可由当地建设行政主管部门调解，协商或调解不成时，委托人、设计人约定仲裁委员会仲裁。委托人、设计人未在合同中约定仲裁机构，事后又未达成书面仲裁协议的，可向人民法院起诉。

6.2.3.8　其他规定

合同自委托人和设计人签字盖章后成立，委托人支付设计定金后生效；设计合同还应按规定到省级建设行政主编部门指定的建设工程设计合同审查部门备案；当双方认为必要时，还可到项目所在地工商行政管理部门申请签证或到公证部门办理公证。

6.2.3.9　附件

（1）设计项目收费表范例见表6-1。

（2）工程设计补充协议书范例见表6-2。

表6-1　　　　　　　　　　　　　　设计项目收费表范例

设计项目收费表项目编号	项目名称	单位平方米	设计内容	单位造价（立方米/元 m²）	工程款量平方米	投资估算（元）	设计费收费率（%）	设计费（元）
本工程委托设计共项平方米投资估算总计　　　元，估计设计费总计　　　元。签订合同时由甲方付给乙方设计费50%，暂按元拨付								

注：投资估算为甲方所得，设计后的投资金额以批准的初步设计概算或修正设计概算为准。

建设单位：（盖章）设计单位：（盖章）

基建负责人：＿＿＿＿＿＿＿基建负责人：＿＿＿＿＿＿＿

签订收费协议：＿＿＿＿＿＿＿年＿＿＿月＿＿＿日

表6-2　　　　　　　　　　　　　　工程设计补充协议书范例

本协议依据＿＿＿＿＿＿＿号建筑设计合同签订，为原合同的附件。业经＿＿＿＿＿＿＿需编制＿＿＿＿＿＿＿设计，双方协定。

甲方应按时提交下列建设文件设计基础资料：

序号	文件和资料名称	交付日期（或期间）

乙方应在甲方按时提交上述文件、资料的前提下，按时交付下列设计文件：

序　号	文件和资料名称	交付日期（或期间）

建设单位：_____（盖章）

　　建设单位：_____（盖章）设计单位：_____（盖章）

　　基建负责人：_____设计室主任：_____

　　签订协议日期：_____年____月____日

6.3　建设工程物资采购合同

6.3.1　建设工程物资采购合同概述

　　物资采购供应工作是工程项目建设的重要组成部分，签订一个好的物资设备采购合同并保证合同能如期顺利履行，对工程项目建设的成败和经济效益有着直接、重大的影响。工程项目建设过程中所需物资包括建筑材料和设备两大类。做好物资设备采购供应合同的管理工作既要有工程技术、经济管理经验，又要具备商务知识。

6.3.1.1　建设工程物资采购合同的概念

　　建设工程物资采购合同，是指具有平等主体的自然人、法人、其他组织之间为实现建设工程物资买卖，设立、变更、终止相互权利义务关系的协议。依据协议，出卖人转移建设工程物资的所有权于买受人，买受人接受该项建设工程物资并支付价款。

　　工程项目建设阶段需要采购的物资设备种类繁多，合同形式各异，但根据合同标的物供应方式的不同，可将涉及的各种合同大致划分为物资设备采购合同和大型设备采购合同两大类。物资设备采购合同，是指采购方（业主或承包人）与供货方（供货商或生产厂家）就供应工程建设所需的建筑材料和市场上可直接购买定型生产的中小型通用设备所签订的合同；而大型设备采购合同则是指采购方（通常为业主，也可能是承包人）与供货方（大多为生产厂家，也可能是供货商）为提供工程项目所需的大型复杂设备而签订的合同。大型设备采购合同的标的物可能是非标准产品，需要专门加工制作；也可能虽为标准产品，但技术复杂而市场需求量较小，一般没有现货供应，待双方签订合同后由供货方专门进行加工制作。

6.3.1.2　建设工程物资采购合同的特征

　　建设工程物资采购合同属于买卖合同，具有买卖合同的一般特点。此外，它还具有以下特征：

　　（1）建设工程物资采购合同应依据施工合同订立。建设工程施工合同中确立了关于物资采购的协商条款，无论是发包人供应材料和设备，还是承包人供应材料和设备，都应依据施工合同采购物资。应根据施工合同的工程量来确定所需物资的数量，以及根据施工合同的类别来确定物资的质量要求。因此，建设工程施工合同一般是订立物资采购合同的前提。

　　（2）建设工程物资采购合同以转移财物和支付价款为基本内容。建设工程物资采购合同内容繁多、条款复杂，涉及物资的数量和质量条款、包装条款、运输方式、结算方式等。但最根本的是双方应尽的义务，即卖方按质、按量、按时地将建设物资的所有权转归买方；买方按时、按量地支付货款。这两项主要义务构成了建设工程物资采购合同最主要的内容。

（3）建设工程物资采购合同的标的品种繁多，供货条件复杂。建设工程物资采购合同的标的是建筑材料和设备，包括钢材、木材、水泥和其他辅助材料及机电成套设备等。这些建设物资的特点在于品种、质量、数量和价格差异较大，根据建设工程的需要，有的数量庞大，有的要求技术条件较高。因此，在合同中必须对各种所需物资逐一明细，以满足工程施工的需要。

（4）建设工程物资采购合同应实际履行。由于物资采购合同是依据施工合同订立的，物资采购合同的履行直接影响施工合同的履行，所以建设工程物资采购合同一经订立，卖方义务一般不能解除，不允许卖方以支付违约金和赔偿金的方式代替合同的履行，除非合同的延迟履行对买方成为不必要。

（5）建设工程物资采购合同采用书面形式。根据《合同法》的规定，订立合同依照法律、行政法规或当事人约定采用书面形式的，应当采用书面形式。建设工程物资采购合同中的标的物用量大，质量要求复杂，且根据工程进度计划分期分批均衡履行，同时还涉及售后维修服务工作，因此合同履行周期长，应当采用书面形式。

6.3.1.3　物资设备采购合同与大型设备采购合同的主要区别

（1）物资设备采购合同的标的是物的转移，而大型设备采购合同的标的是完成约定的工作，并表现为一定的劳动成果。大型设备采购合同的定制物表面上与物资设备采购合同的标的物没有区别，但它却是供货方按照采购方提出的特殊要求加工制造的，或虽有定型生产的设计和图纸，但不是大批量生产的产品。采购方还可能根据工程项目特点，对定型设计的设备图纸提出更改某些技术参数或结构要求后，由厂家再进行制造。

（2）物资设备采购合同的标的物可以是在合同成立时已经存在的，也可能是签订合同时还未生产，签订合同后按采购方要求数量生产的。而大型设备采购合同的标的物，必须是合同成立后供货方依据采购方的要求制造的特定产品，在合同签约前并不存在。

（3）物资设备采购合同的采购方只能在合同约定期限到来时要求供货方履行，一般无权过问供货方是如何组织生产的。而大型设备采购合同的供货方必须按照采购方交付的任务和要求去完成工作，在不影响供货方正常制造的情况下，采购方还要对加工制造过程中的质量和期限等进行检查和监督，一般情况下都派有驻厂代表或聘请监理工程师（也称设备监造）负责对生产过程进行监督控制。

（4）物资设备采购合同中订购的货物不一定是供货方自己生产的，供货方也可以通过各种渠道组织货源，完成供货任务。而大型设备采购合同则要求供货方必须用自己的劳动、设备、技能独立地完成定制物的加工制造。

（5）物资设备采购合同供货方按质、按量、按期将订购货物交付采购方后即完成了合同义务；而大型设备采购合同中有时还可能包括要求供货方承担设备安装服务，或在其他承包人进行设备安装时负责协助、指导等的合同约定，以及对生产技术人员的培训服务等内容。

6.3.1.4　选择供货商的方式

由于物资设备采购合同与大型设备采购合同存在上述差异，所以采购方选择供货商的方式也不尽相同。当为采购一般建筑材料或设备而订立物资设备采购合同时，采购方一般选用下列方式之一挑选供货商：

（1）招标选择供货商。采购方通过公开招标或邀请招标的方式进行材料采购。这种方式适用于采购标的数额较大、市场竞争比较激烈的建筑材料或设备供应，易于使采购方获得较为有利的合同价格。招标程序可参见第 6 章。

（2）询价—报价—签订合同。采购方向若干家供货商发出询价函，要求供货商在规定时间内提出报价。采购方收到各供货商的报价后，通过对产品的质量、供货能力、报价等方面综合考虑，与最终选定的供货商签订合同。这种方式是物资采购最常采用的形式。

（3）直接订购。采购方直接向供货商报价，供货商接受报价，双方签订合同。另外还有大量的零星材料（品种多、价格低），双方可以直接采购形式交易，不需签订书面的供应合同。这种方式适用于小批量物资的采购或与供货商一直保持有良好的商务合作关系，以及限于工程项目所处地理位置，没有更多选择机会的条件下采用。

大型设备采购合同由于标的物的特殊性，要求供货方应具备一定的资质条件，以及相应的加工技术能力，因此均应采用公开招标或邀请招标的方式，由采购方以合同形式将生产任务委托给承揽加工制造的供货商来实施。

6.3.1.5　国内和国际物资采购合同的差异

随着我国经济的快速发展，工程建设项目也日益向大型化、复杂化、技术水平先进化的方向发展。物资设备的采购已从原来只限于国内市场的范围，转向面对国际大市场。采购方在国内和国际市场范围内，力求以较低的价格获得质量优良、技术先进的物资设备。由于国际采购的特殊性，所以国际采购合同比国内采购合同要复杂得多。国际采购合同除应包括国内采购合同应遵循的基本原则外，还将涉及有关价格、国际运输、保险、关税等问题，以及支付方式中的汇率、支付手段等内容。

国际采购货物的买卖都是按照货物的价格条件成交，而在国际贸易中，货物的价格不同于国内采购时其价格仅反映货物的生产成本和供货商计取的利润，还涉及货物交接过程中的各种费用由哪一方承担，并反映了双方权利义务的划分。采购方就某一产品询价时，对方可能报出几种价格，并非该产品的出厂价在浮动，而是说明不同价格中除了出厂价之外，在货物交接过程中还会发生许多其他费用。

按照国际惯例，不同的计价合同类型，反映着采购方和供货方之间在货物交接过程中不同的权利和责任。虽然国际贸易中采用的合同种类较多，但按照惯例最常采用的有以下三种类型。

（1）到岸价（CIF 价）合同。这种计价方式是国际上采用最多的合同类型，也可称为成本、保险加运费合同。按照国际商会《1990 年国际贸易术语解释通则》中的规定，合同双方的责任应分别为：

1）供货方责任。

a. 提供符合合同规定的货物。提供符合采购合同规定的货物和商业发票或相等的电信单证，以及合同可能要求的证明货物符合合同标准的任何其他凭证。

b. 许可证、批准证件及海关手续。自行承担风险和费用，取得出口许可证或其他官方批准证件，并办理货物出口所必需的一切海关手续。

c. 运输合同与保险合同。按照通常条件自行负担费用订立运输合同，根据合同约定自行负担费用取得货物保险，使采购方或任何其他对货物拥有保险权益的人直接向保险人索赔，并向采购方提供保险单或其他形式的保险凭证。

d. 交货。在规定的日期或时间内，在装运港将货物交付至船上。

e. 风险转移。除采购方第四项责任外，承担货物灭失或损坏的一切风险，直至货物在装运港已越过船舷时为止。

f. 费用划分。支付运费、保险费，以及出口所需的一切关税、捐税和官方收取的费用。

g. 通知采购方。给予采购方货物已装船的充分通知，以及为使采购方采取需要的措施能够提取货物所需要的其他任何通知。

h. 交货凭证。除非另有约定，应自行负担费用，毫不迟延地向采购方提供约定目的港通常所需的运输单证。

i. 核查、包装、标记。支付根据供货方责任第 d. 项交货目的所需的货物核查费用。自行负担费用提供为安排货物运输所要求的包装。

j. 其他义务。

2) 采购方责任。

a. 支付价款。支付采购合同规定的价款。

b. 许可证、批准证件及海关手续。采购方自行承担风险及费用，取得进口许可证或其他官方批准证件，并办理货物进口及必要时须经由另一国家过境运输所需的一切海关手续。

c. 受领货物。在指定的目的港从承运人处收领货物。

d. 风险转移。自货物在装运港已越过船舷起，承担货物灭失或损坏的一切风险。

e. 费用划分。支付进口税、捐税及其他各项清关手续费。

f. 通知供货方。在采购方有权确定装运货物的时间和/或目的港时，给予供货方充分的通知。

g. 凭证。根据供货方第八项责任，接受符合合同规定的运输单证。

h. 货物检验。除非另有规定，支付装运前货物的检验费用，出口国有关当局的强制检验除外。

i. 其他义务。

从以上责任分担可以看出，CIF 价合同规定，除了在供货方所在国进行的发运前货物检验费用由采购方承担外，运抵目的港前所发生的各种费用支出均由供货方承担。也即供货方应将这些开支计入到货物价格之内。这些费用包括：货物包装费、出口关税、制单费、租船费、装船费、海运费、运输保险费，以及到达目的港卸船前可能发生的各种费用。而采购方则负责卸船及以后所发生的各种费用开支，包括卸船费、港口仓储费、进口关税、进口检验费、国内运输费等。另外，CIF 价采用的是验单付款方式，即供货方是按货单交货、凭单索付的原则向对方交付合同规定的一切有效单证，采购方审查无误后即应通过银行拨付，而不是验货后再付款。这里可能有某种风险，即供货方已向船主交了货，向保险公司办理了投保手续，并将合同规定的一切单据交付给银行即可拿到货款。尽管采购方尚未见到货物，只要提货单和一切单据内容符合合同规定，采购方银行即应向对方银行拨付该笔款项。如果到货后发现货物有损坏、短少或灭失情况，只要发运单与合同要求相符，供货方不负责任，由采购方会同有关方面查找受损原因后，向海运公司或保险公司索赔。

(2) 离岸价（FOB 价）合同。离岸价合同与到岸价（CIF 价）合同的主要区别表现在费用承担责任的划分上。离岸价合同由采购方负责租船定仓，办理好有关手续后，将装船时间、船名、泊位通知供货方。供货方负责包装、供货方所在国的内陆运输、办理出口有关手续、装船时货物吊运过船舷前发生的有关费用等。采购方负责租船、装船后的平仓、办理海运保险，以及货物运达目的港后的所有费用开支。风险责任的转移也以货物吊运至船上越过船舱空间的时间作为时间界限。

（3）成本加运费价（C&F 价）合同。成本加运费价合同与到岸价（CIF 价）合同的主要差异，仅为办理海运保险的责任和费用的承担不同。由到岸价合同双方责任的划分可以看到，尽管合同规定由供货方负责办理海运保险并支付保险费，但这只是属于为采购方代办性质，因为合同规定供货方承担风险责任的时间仅限于货物在启运港吊运过船舱空间时为止。也就是说，虽然由供货方负责办理海运保险并承担该项费用支出，但在海运过程中出现货物损坏或灭失时，供货方不负有向保险公司索赔的责任，仍由采购方向保险公司索赔，供货方只承担采购方向保险公司索赔时的协助义务。由于这一原因，从到岸价合同演变出成本加运费价合同，即其他责任和费用都与到岸价规定相同，只是将办理海运保险一项工作转由采购方负责办理并承担相应的费用支出。

6.3.2　材料设备采购合同的主要内容

为满足工程项目建设的需要，采购方与供货方无论是签订还是履行物资采购供应合同，均属于法律行为，既要受到法律的约束，又可得到法律的保护。订立国内物资购销合同时，由于合同双方当事人都是我国的企业法人、经济组织，应遵循《合同法》、国务院颁发的《工矿产品购销合同条例》，以及其他相关的法规和规范要求。若供货方为国外的公司或供货商时，则还应遵守国际惯例。

6.3.2.1　材料设备采购合同的主要结构

采购建筑材料和通用设备的购销合同，分为约首、合同条款和约尾三部分。约首主要写明采购方和供货方的单位名称、合同编号和签订约地点。约尾是双方当事人就条款内容达成一致后，最终签字盖章使合同生效的有关内容，包括签字的法定代表人或委托代理人姓名、开户银行和账号、合同的有效起止日期等。双方在合同中的权利和义务，均由条款部分来约定。国内物资购销合同的示范文本规定，条款部分应包括以下几方面内容：

（1）合同标的。包括产品的名称、品种、商标、型号、规格、等级、花色、生产厂家、订购数量、合同金额、供货时间及每次供应数量等。

（2）质量要求的技术标准、供货方对质量负责的条件和期限。

（3）交（提）货地点、方式。

（4）运输方式及到站、港和费用的负担责任。

（5）合理损耗及计算方法。

（6）包装标准、包装物的供应与回收。

（7）验收标准、方法及提出异议的期限。

（8）随机备品、配件工具数量及供应办法。

（9）结算方式及期限。

（10）如需提供担保，另立合同担保书作为合同附件。

（11）违约责任。

（12）解决合同争议的方法。

（13）其他约定事项。

6.3.2.2　主要条款的约定内容

标准化的示范文本涉及内容较为全面，以便广泛用于各类标的的采购合同，对有关内容仅做出指导性的要求，因此就某一具体合同而言，要依据采购标的物的特点加以详细约定。

（1）标的物的约定。

1）物资名称。合同中标的物应按行业主管部门颁布的产品目录规定正确填写，不能用习惯名称或自行命名，以免产生由于订货差错而造成物资积压、缺货、拒收或拒付等情况。订购产品的商品牌号、品种、规格型号是标的物的具体化，综合反映产品的内在素质和外观形态，应填写清楚。订购特定产品时应注明其用途，以免事后产生不必要的纠纷。但对品种、型号、规格、等级明确的产品，则不必再注明用途，如订购425号硅酸盐水泥，名称本身就已说明了它的品种、规格和等级要求。

2）质量要求和技术标准。产品质量应满足规定用途的特性指标，因此合同内必须约定产品应达到的质量标准。约定质量标准的一般原则是：

a. 按颁布的国家标准执行。

b. 无国家标准而有部颁标准的产品，按部颁标准执行。

c. 没有国家标准和部颁标准作为依据时，可按企业标准执行。

d. 没有上述标准，或虽有上述某一标准但采购方有特殊要求时，按双方在合同中商定的技术条件、样品或补充的技术要求执行。

合同内必须写明执行的质量标准代号、编号和标准名称，明确各类材料的技术要求、试验项目、试验方法、试验频率等。采购成套产品时，合同内还需规定附件的质量要求。

3）产品的数量。合同内约定产品数量时，应写明订购产品的计量单位、供货数量、允许的合理磅差范围和计算方法。建筑材料数量的计量方法一般有理论换算计量、检斤计量和计件三种。

凡国家、行业或地方规定有计量标准的产品，合同中应按统一标准注明计量单位。没有规定的，可由当事人协商执行，不可用含糊不清的计量单位。应注意的是，某些建筑材料或产品有计量换算问题，应按标准计量单位签订订购数量。如国家规定的平板玻璃计量单位为标准重量箱，即某一厚度的玻璃每一块有标准尺寸，在每一标准箱中规定放置若干块。因此，采购方应依据设计图纸计算所需玻璃的平米数后，按重量箱换算系数折算成订购的标准重量箱数，并在合同中写明，而不能用平米数作为计量单位。

供货方发货时所采用的计量单位与计量方法应与合同一致，并在发货明细表或质量证明书上注明，以便采购方检验。运输中转单位也应按供货方发货时所采用的计量方法进行验收和发货。

订购数量必须在合同内注明，尤其是一次订购分期供货的合同，还应明确每次交货的时间、地点、数量。对于某些机电产品，要明确随机的易耗品备件和安装修理专用工具的数量。若为成套供应的产品，需明确成套的供应范围，详细列出成套设备清单。

建筑材料在运输过程中容易造成自然损耗，如挥发、飞散、干燥、风化、潮解、破碎、漏损等，在装卸操作或检验环节中换装、拆包检查等也会造成物资数量的减少，这些都属于途中自然减量。另外有些情况不能作为自然减量，如非人力能抗拒的自然灾害所造成的非正常损失，由于工作失职和管理造成的失误等。因此，为避免合同履行过程中发生纠纷，一般建筑材料的购销合同中应列明每次交货时允许的交货数量与订购数量之间的合理磅差、自然损耗的计算方法，以及最终的合理尾差范围。

（2）订购产品的交付。

1）产品的交付方式。订购物资或产品的供应方式，可以分为采购方到合同约定地点自提货物和供货方负责将货物送达指定地点两大类，而供货方送货又可细分为将货物负责送抵现场或委托运输部门代运两种形式。为了明确货物的运输责任，应在相应条款内写明所采用的交（提）货方式、交（接）货物的地点、接货单位（或接货人）的名称。由于工程用料数量大、体积大、品种繁杂、时间性较强，当事人应采取合理的交付方式，明确交货地点，以便及时、准确、安全、经济地履行合同。运输方式可分为铁路、公路、水路、航空、管道运输及海上运输等，一般由采购方在合同签订时提出采取何种运输方式。

2）交货期限。货物的交（提）货期限，是指货物交接的具体时间要求。它不仅关系到合同是否按期履行，还可能会出现货物意外灭失或损坏时的责任承担问题。合同内应对交（提）货期限写明月份或更具体的时间（如旬、日）。如果合同内规定分批交货，还需注明各批次交货的时间，以便明确责任。

合同履行过程中，判定是否按期交货或提货，依照约定的交（提）货方式不同，可能有以下几种情况：

a. 供货方送货到现场的交货日期，以采购方接收货物时在货单上签收的日期为准。

b. 供货方负责代运货物，以发货时承运部门签发货单上的戳记日期为准。

c. 采购方自提产品，以供货方通知提货的日期为准。但在供货方的提货通知中，应为采购方合理预留必要的途中时间。

实际交（提）货日期早于或迟于合同规定的期限，都应视为提前或逾期交（提）货，由有关方承担相应责任。

3）产品包装。产品的包装是保护材料在储运过程中免受损坏不可缺少的环节。根据《工矿产品购销合同条例》有关规定：凡国家或业务主管部门对包装有技术规定的产品，应按国家标准或专业标准技术规定的类型、规格、容量、印刷标志，以及产品的盛放、衬垫、封袋方法等要求执行。无国家标准或专业标准规定可循的某些专用产品，双方应在合同内议定包装方法，应保证材料包装适合材料的运输方式，并根据材料特点采取防潮、防雨、防锈、防震、防腐蚀等保护措施。除特殊情况外，包装材料一般由供货方负责并包括在产品价格内，不得向采购方另行收取费用。如果采购方对包装提出特殊要求，双方应在合同内商定，超过原标准费用部分，由采购方承担；反之，若议定的包装标准低于有关规定标准，应相应降低产品价格。

对于可以多次使用的包装材料，或使用一次后还可以加工利用的包装物，双方应协商回收办法。该协议作为合同附件。包装物的回收办法可以采用如下两种形式之一：

a. 押金回收，适用于专用的包装物，如电缆卷筒、集装箱、大中型木箱等。

b. 折价回收，适用于可以再次利用的包装器材，如油漆桶、麻袋、玻璃瓶等。

回收办法中还要明确规定回收品的质量、回收价格、回收期限和验收办法等事项。

（3）产品验收。合同内应对验收明确以下几方面的问题。

1）验收依据。供货方交付产品时，可以作为双方验收依据的资料包括：双方签订的采购合同；供货方提供的发货单、计量单、装箱单及其他有关凭证；合同内约定的质量标准，应写明执行的标准代号、标准名称；产品合格证、检验单；图纸、样品或其他技术证明文件；双方当事人共同封存的样品。

2）验收内容。查明产品的名称、规格、型号、数量、质量是否与供应合同及其他技术文件相符；设备的主机、配件是否齐全；包装是否完整，外表有无损坏；对需要化验的材料进行必要的物理化学检验；合同规定的其他需要检验事项。

3）验收方式。具体写明检验的内容和手段，以及检测应达到的质量标准。对于抽样检查的产品，还应约定抽检的比例和取样的方法，以及双方共同认可的检测单位。

a. 驻厂验收。即在制造时期，由采购方派人在供应的生产厂家进行材质检验。

b. 提运验收。对于加工订制、市场采购和自提自运的物资，由提货人在提取产品时检验。

c. 接运验收。由接运人员对到达的物资进行检查，发现问题应当场做出记录。

d. 入库验收。这是大量采用的正式的验收方式，由仓库管理人员负责数量和外观检验。

4）对产品提出异议的时间和办法。合同内应具体写明采购方对不合格产品提出异议的时间和拒付货款的条件。在采购方提出的书面异议中，应说明检验情况，出具检验证明和对不符合规定产品提出具体处理意见。凡因采购方使用、保管、保养不善等原因导致的质量下降，供货方不承担责任。在接到采购方的书面异议通知后，供货方应在 10 天内（或合同商定的时间内）负责处理，否则即视为默认采购方提出的异议和处理意见。

（4）货款结算。产品的价格应在合同订立时明确定价。有国家定价的产品，应按国家定价执行；按规定应由国家定价但国家尚无定价的，其价格应报请物价主管部门批准；不属于国家定价的产品，可以由供需双方协商约定价格。合同内应明确规定以下各项内容。

1）办理结算的时间和手续。合同内首先需明确是验单付款还是验货付款，然后再约定结算方式和结算时间。尤其对分批交货的物资，还应明确注明每批交付后应在多少天内支付货款。我国现行结算方式可分为现金结算和转账结算两种。现金结算只适用于成交货物数量少且金额小的购销合同；转账结算在异地之间进行，可分为托收承付、委托收款、信用证、汇兑或限额结算等方法；转账结算在同城市或同地区内进行，包括支票、付款委托书、托收无承付和同城托收承付。

2）拒付货款条件。采购方有权部分或全部拒付货款的情况大致包括：

a. 交付货物的数量少于合同约定，拒付少交部分的货款。

b. 有权拒付质量不符合合同要求部分货物的货款。

c. 供货方交付的货物多于合同规定的数量且采购方不同意接收部分的货物，在承付期内可以拒付。

3）逾期付款的利息。合同内应规定采购方逾期付款应偿付违约金的计算办法。按照中国人民银行有关延期付款的规定，延期付款利率一般按每天万分之五计算。

（5）违约责任。在合同中，当事人应对违反合同所负的经济责任做出明确规定。

1）承担违约责任的形式。当事人任何一方不能正确履行合同义务时，均应以违约金的形式承担违约赔偿责任。国务院颁布的《工矿产品购销合同条例》对违约金的计算做出了明确规定：通用产品的违约金按违约部分货款总额的 1%～5% 计算；专用产品按违约部分货款总额的 10%～30% 计算。双方应通过协商，将具体采用的比例数在合同条款内写明。

2）供货方的违约责任。

a. 未能按合同约定交付货物。这类违约行为可能包括不能供货和不能按期供货两种情况，由于这两种错误行为给对方造成的损失不同，因此承担违约责任的形式也不完全一样。

如果因供货方应承担责任的原因导致不能全部或部分交货，应按合同约定的违约金比例乘以不能交货部分货款计算违约金。若违约金不足以偿付采购方所受到的实际损失，可以修改违约金的计算方法，使实际受到的损害能够得到合理的补偿。如施工承包人为了避免停工待料，不得不以较高价格紧急采购不能供应部分的货物而受到的价差损失等。

供货方不能按期交货的行为，又可以进一步区分为逾期交货和提前交货两种情况。只要发生供货方逾期交货的情况，即不论合同内规定由供货方将货物送达指定地点交接，还是采购方自提，均要按合同约定依据逾期交货部分货款总价计算违约金。对约定由采购方自提货物而不能按期交付的，若发生采购方的其他额外损失，该笔实际开支的费用也应由供货方承担。如采购方已按期派车到指定地点接收货物，而供货方又不能交付，则派车损失应由供货方支付。发生逾期交货事件后，供货方还应在发货前与采购方就发货的有关事宜进行协商。如采购方仍需要，可继续发货照数补齐，并承担逾期付货责任；如果采购方认为已不再需要，有权在接到发货协商通知后的 15 天内，通知供货方办理解除合同手续。但逾期不予答复视为同意供货方继续发货。

对于提前交付货物的情况，属于约定由采购方自提货物的合同，采购方接到对方发出的提前提货通知后，可以根据自己的实际情况拒绝提前提货；对于供货方提前发运或交付的货物，采购方仍可按合同规定的时间付款，而且对多交货部分，以及品种、型号、规格、质量等不符合合同规定的产品，在代为保管期内实际支出的保管、保养等费用由供货方承担。代为保管期内，不是因采购方保管不善原因而导致的损失，仍由供货方负责。

b. 产品的质量缺陷。交付货物的品种、型号、规格、质量不符合合同规定，如果采购方同意利用，应当按质论价；如果采购方不同意使用，由供货方负责调换或修理。不能修理或调换的产品，按供货方不能交货对待。

c. 供货方的运输责任。主要涉及包装责任和发运责任两个方面。合理的包装是安全运输的保障，供货方应按合同约定的标准对产品进行包装。凡因包装不符合规定而造成货物运输过程中的损坏或灭失，均由供货方负责赔偿。

供货方如果将货物错发到货地点或接货人，除应负责运交合同规定的到货地点或接货人外，还应承担对方因此多支付的一切实际费用和逾期交货的违约金。供货方应按合同约定的路线和运输工具发运货物，如果未经对方同意私自变更运输工具或路线，要承担由此增加的费用。

3）采购方的违约责任。

a. 不按合同约定接受货物。合同签订后或履行过程中，采购方要求中途退货，应向供货方支付按退货部分货款总额计算的违约金。对于实行供货方送货或代运的物资，采购方违反合同规定拒绝接货，要承担由此造成的货物损失和运输部门的罚款。合同约定为自提的产品，采购方不能按期提货，除需支付按逾期提货部分货款总值计算延期付款的违约金之外，还应承担逾期提货时间内供货方实际发生的代为保管、保养费用。逾期提货，可能是未按合同约定的日期提货，也可能是已同意供货方逾期交付货物，而接到提货通知后未在合同规定的时限内去提货两种情况。

b. 逾期付款。采购方逾期付款，应按照合同内约定的计算办法，支付逾期付款利息。

c. 延误提供包装物。如果合同约定由采购方提供包装物，但采购方未能按约定时间和要求提供给对方而导致供货方不能按期发运，除交货日期应予顺延外，还应比照延期付款的规定支付相应的违约金。如果不能提供，按中途退货处理。但该项规定不适用于应由供货方提供多次使用包装物的回收情况。

d. 货物交接地点错误的责任。不论是由于采购方在合同内错填到货地点或接货人，还是未在合同约定的时限内及时将变更的到货地点或接货人通知对方，导致供货方送货或代运过程中不能顺利交接货物，所产生的后果均由采购方承担。责任范围包括：自行将货物运到所需地点或承担供货方及运输部门按采购方要求改变交货地点的一切额外支出。

6.3.2.3　材料设备采购合同履行过程中的管理

（1）交货数量的允许增减范围。合同履行过程中，经常会发生发货数量与实际验收数量不符，或实际交货数量与合同约定的交货数量不符的情况，其原因可能是供货方的责任，也可能是运输部门的责任，或由于运输过程中的合理损耗。前两种情况要追究有关方的责任，第三种情况则应控制在合理的范围之内。有关行政主管部门对通用的物资和材料规定了货物交接过程中允许的合理磅差和尾差界限，如果合同约定供应的货物无规定可循，也应在条款内约定合理的差额界限，以免交接验收时发生合同争议。交付货物的数量在合理的尾差和磅差内，不按多交或少交对待，双方互不退补。超过界限范围时，按合同约定的方法计算多交或少交部分的数量。

磅差是指供货方发运数量与实际验收数量之间的差额。其原因可能是装运时的误差，也可能是运输途中货物发生物理、化学变化导致的自然增减量，以及装卸过程中的合理损耗。为了避免追究少量差额的原因是属于供货方责任，还是归于合理损耗，双方应在合同内明确约定合理磅差。尾差则是指实际交货数量与合同规定交货数量之间的正负差额。尤其当一次订购分批交货的合同履行过程中，供货方每次发运时为了凑足整车便于发送，可对发运数量酌情增减以便节约运费。合同内也要规定允许的尾差范围，通常对大宗货物以不超过订购数量的1%为限。

合同内对磅差和尾差规定出合理的界限范围，既可以划清责任，也可为供货方合理组织发运提供灵活变通的条件。如果超过合理范围，则按实际交货数量计算。不足部分由供货方补齐或退回不足部分的货款；采购方同意接受的多交付部分，进一步支付溢出数量货物的货款。但在计算多交或少交数量时，应按订购数量与实际交货数量比较，均不再考虑合理磅差和尾差因素。

（2）合同的变更或解除。合同履行过程中，如需变更合同内容或解除合同，都必须依据《合同法》的有关规定执行。一方当事人要求变更或解除合同时，在未达成新的协议以前，原合同仍然有效。要求变更或解除合同一方应及时将自己的意图通知对方，对方也应在接到书面通知后的15天或合同约定的时间内予以答复，逾期不答复的视为默认。

材料设备采购合同变更的内容可能涉及订购数量的增减、包装物标准的改变、交货时间和地点的变更等方面。采购方对合同内约定的订购数量不得少要或不要，否则要承担中途退货的责任。只有当供货方不能按期交付货物，或交付的货物存在严重质量问题而影响工程使用时，采购方认为继续履行合同已成为不必要，才可以拒收货物，甚至解除合同关系。如果采购方要求变更到货地点或接货人，应在合同规定的交货期限前40天通知供货方，以便供货方修改发运计划和组织运输工具。迟于上述规定期限，双方应当立即协商处理。如果已不可能变更或变更后会发生额外费用支出，其后果均应由采购方承担。

（3）货物的交接管理。

1）采购方自提货物。采购方应在合同约定的时间或接到供货方发出的提货通知后，到指定地点提货。采购方如果不能按时提货，应承担逾期提货的违约责任。当供货方早于合同约定日期发出提货通知时，采购方可根据施工的实际需要和仓储保管能力，决定是否按通知的时间提前提货。采购方有权拒绝提前提货，也可以按通知时间提货后仍按合同规定的交货时间付款。

2）供货方负责送货到指定地点。货物的运输费用由采购方承担，但应在合同内写明是由供货方送货到现场还是代运，因为这两种方式判定供货方是否按期履行合同的时间责任不一样。合同内约定采用代运方式时，供货方必须根据合同规定的交货期、数量、到站、接货人等，按期编制运输作业计划，办理托运、装车（船）、查验等发货手续，并将货运单、合格证等交寄对方，以便采购方在指定车站或码头接货。如果因单证不齐导致采购方无法接货，由此造成的站场存储费和运输罚款等额外支出费用，应由供货方承担。

合同履行过程中，经常会发生交货的时间或数量与合同约定不一致的情况，应按以下原则处理：

a. 交货时间与合同约定不符。提前交货时，采购方接货后仍可按合同约定的交货时间付款，并有权要求对方偿付代管期内实际支出的保管费。逾期交货时，供货方在发运前应先发出协商通知。如采购方仍需要，供货方可照数补齐并承担逾期交货的违约责任；若采购方已不再需要，也应在接到供货方通知后 15 天内发出解除合同通知，逾期不予答复视为同意继续发货。

b. 交货数量与合同不符。供货方交付的数量多于合同约定，且采购方不同意接受时，可在承付期内拒付多交部分的货款和运杂费。合同双方在同一城市，采购方可以拒收多交部分；双方不在同一城市，采购方应先把货物接收下来并负责保管，然后将详细情况和处理意见在到货后的 10 天内通知对方。当供货方交付的数量少于合同约定时，采购方凭有关的合法证明在承付期内可以拒付少交部分的货款，也应在到货后的 10 天内将详情和处理意见通知对方，否则即被视为数量验收合格。供货方接到通知后应在 10 天内答复，否则视为同意对方的处理意见。

（4）货物的验收管理。

1）验收方法。到货产品的验收，可分为数量验收和质量验收。数量验收的方法主要有：

a. 衡量法。即根据各种物资不同的计量单位进行检尺、检斤，以衡量其长度、面积、体积、重量等，如胶管衡量其长度、钢板衡量其面积、木材衡量其体积、钢筋衡量其重量等是否与合同约定一致。

b. 理论换算法。如管材等各种定尺、倍尺的金属材料，量测其直径和壁厚后，再按理论公式换算验收。换算依据为国家规定标准或合同约定的换算标准。

c. 查点法。采购定量包装的计件物资，只要查点到货数量即可。包装内的产品数量或重量应与包装物的标明一致，否则应由厂家或封装单位负责。

质量验收的方法可以采用经验鉴别法、物理试验和化学分析等方法。

a. 经验鉴别法。即通过目测、手触或以常用的检测工具量测后，判定质量是否符合要求。

b. 物理试验。根据对产品的性能检验目的，可以进行拉伸试验、压缩试验、冲击试验、金相试验及硬度试验等。

c. 化学分析。即抽出一部分样品进行定性分析或定量分析的化学试验，以确定其内在质量。

2）责任划分。不论采用何种交接方式，采购方均应在合同约定由供货方对质量负责的条件和期限内，对交付产品进行验收和试验。某些必须安装运转后才能发现内在质量缺陷的设备，应在合同内约定缺陷责任期或保修期。在该期限内，凡检测不合格的物资或设备，均由供货方负责。如果采购方在规定时间内未提出质量异议，或因其使用、保管、保养不善而造成质量下降，供货方不再负责。

由供货方代运的货物，采购方在站场提货地点应与运输部门共同验货，以便发现灭失、短少、损坏等情况时，能及时分清责任。采购方接收后，运输部门不再负责。属于交运前出现的问题，由供货方负责；运输过程中发生的问题，由运输部门负责。

a. 凭包装印记交接的货物。凡原装、原封、原标记完好无异，但发货数量少于合同约定，属于供货方责任。采购方凭运输部门编制的记录证明，可以拒付短缺部分的货款，并在到货后10天内通知供货方，否则即视为验收无误。供货方接到通知后，也应于10天内答复，提出处理意见。逾期不答复，即按少交货物论处。虽然件数相符，但重量、尺寸短缺，或实际重量与包装标明重量相符而包装内数量短缺，采购方可凭本单位的书面证明，拒付短缺部分的货款，亦应在到货后10天内通知对方。

封印脱落、损坏时，发生货物灭失、短少、损坏、变质、污染等情况，除能证明属于供货方责任外，均由运输部门负责。

b. 凭现状交接的货物。货物发生短少、损坏、变质、污染等情况，如果发生在交付运输部门前，由供货方负责；发生在运输过程中，由运输部门负责；发生在采购方接货后，自行负责。凡采购方在接货时无法从外部直接发现短少、损坏的情况，仍应由供货方负责的部分，采购方凭运输部门的交接证明和本单位的验收书面证明，在承付期内可以拒付短少、损坏部分的货款，并在到货后10天内通知对方，否则视为验收无误。

3）验收中发现质量不符的处理。如果在验收中发现建筑材料不符合合同规定的质量要求，采购方应将材料妥善保管，并向供货方提出书面异议。通常按以下规定办理：

a. 建筑材料的外观、品种、型号不符合合同规定，采购方应在到货后10天内提出书面异议。

b. 建筑材料的内在质量不符合合同规定，采购方应在合同规定的条件和期限内检验，提出书面异议。

c. 对某些只有在安装后才能发现内在质量缺陷的产品，除另有规定或当事人双方另有约定的期限外，一般在运转之日起6个月内提出异议。

d. 在书面异议中，应说明合同号和检验情况，提出检验证明，对质量不符合合同规定的产品提出具体处理意见。

4）质量争议。如果当事人双方对产品的质量检测、试验结果发生争议，应按《中华人民共和国标准化管理条例》的规定，请标准化管理部门的质量监督检验机构进行仲裁检验。

（5）结算管理。产品的货款、实际支付的运杂费和其他费用的结算，应按照合同中商定的结算方式和中国人民银行结算办法的规定办理。但对以下两点应予注意：

1）变更银行账户。采用转账方式和托收承付方式办理结算手续时，均由供货方将有关单证交付采购方开户银行办理划款手续。当采购方变更合同内注明的开户银行、账户名称和账号时，应在合同规定的交货期前30天通知供货方。如果未及时通知或通知有错误而影响结算，采购方要负逾期付款责任。若供货方接到通知后仍按变更前的账户办理，后果由供货方承担。

2）拒付货款。采购方拒付货款，应当按照中国人民银行结算办法的拒付规定办理。采用托收承付结算时，如果采购方的拒付手续超过承付期，银行不予受理。采购方对拒付货款的产品必须负责接收，并妥为保管不准动用。如果发现动用，由银行代供货方扣收货款，并按逾期付款对待。

6.3.2.4　工程师对材料设备采购合同的管理

由于建设工程材料设备采购合同的履行直接影响工程施工的质量和进度，在施工过程中，监理工程师也要加强对材料设备采购合同的管理。主要包括以下几方面工作：

（1）对材料设备采购合同及时进行统一编号管理。

（2）监督材料设备采购合同的订立。工程师虽不参与材料设备采购合同的订立，但应监督材料设备采购合同符合建设工程施工合同中的描述，指令合同中标的的质量等级及技术要求，并对采购合同的履行期限进行控制。

（3）检查材料设备采购合同的履行。工程师应对进场材料做全面检查和检验，对检查或检验的材料认为有缺陷或不符合合同要求，工程师可拒收这些材料设备，并指示在规定的时间内将材料设备运出现场，也可以指示用合格适用的材料取代原来的材料。

（4）分析合同的执行。对材料设备采购合同执行情况的分析，应从投资控制、进度控制或质量控制的角度对执行中可能出现的问题和风险进行全面分析，防止由于材料设备采购合同的执行原因造成施工合同不能全面履行。

6.3.3　大型设备采购合同的主要内容

6.3.3.1　大型设备采购合同的主要结构

一个较为完备的大型设备采购合同，通常由合同条款和附件组成。合同条款一般包括约首、正文（主要内容）、约尾三部分。约首即合同的开头部分，包括项目名称、合同号、签约日期、签约地点、双方当事人名称或姓名、住所等条款。约尾即合同的结尾部分，包括双方的名称、签字盖章及签字时间、地点等。

（1）合同条款的主要内容。当事人双方在合同内根据具体订购设备的特点和要求，约定的内容包括：合同文件、合同中的词语定义；合同标的；供货范围和数量；合同价格；付款；交货和运输；包装与标记；技术服务；质量监督与检验；安装、调试、验收；保证与索赔；保险；税费；分包与外购；合同的变更、修改、中止和终止；不可抗力；合同争议的解决；其他。

（2）主要附件。为了对合同中某些约定条款涉及内容较多部分做出更为详细的说明，还需要编制一些附件作为合同的一个组成部分。附件通常可能包括：技术规范；供货范围；技术资料的内容和交付安排；交货进度；监造、检验和性能验收试验；价格表；技术服务的内容；分包加外购计划；大部件说明表等。

6.3.3.2　设备制造期内双方的责任

（1）设备监造。

1）监造的概念。设备监造也称设备制造监理，指在设备制造过程中采购方委托有资质的监造单位派出驻厂代表，对供货方提供合同设备的关键部位进行质量监督。但质量监造不解除供货方对合同设备质量应负的责任。

2）供货方的义务。

a. 在合同约定的时间内向采购方提交订购设备的设计、制造和检验的标准，包括与设备监造有关的标准、图纸、资料、工艺要求。

b. 合同设备开始投料制造时，向监造代表提供整套设备的生产计划。

c. 每个月月末均应提供月报表，说明该月包括工艺过程和检验记录在内的实际生产进度，以及下月的生产、检验计划。中间检验报告需说明检验的时间、地点、过程、试验记录，以及不一致性原因分析和改进措施。

d. 监造代表在监造中如果发现设备和材料存在质量问题或不符合规定的标准或包装要求而提出意见并暂不予以签字，供货方需采取相应改进措施，以保证交货质量。无论监造代表是否要求或是否知道，供货方均有义务主动及时地向其提供合同设备制造过程中出现的较大的质量缺陷和问题，不得隐瞒，在监造单位不知道的情况下供货方不得擅自处理。

e. 监造代表发现重大问题要求停工检验时，供货方应当遵照执行。

f. 为监造代表提供工作、生活必要的方便条件。

g. 不论监造代表是否参与监造与出厂检验，或者监造代表参加了监造与检验并签署了监造与检验报告，均不能被视为免除供货方对设备质量应负的责任。

3）采购方的义务。

a. 制造现场的监造检验和见证，尽量结合供货方工厂实际生产过程进行，不应影响正常的生产进度（不包括发现重大问题时的停工检验）。

b. 监造代表应按时参加合同规定的检查和实验。若监造代表不能按供货方通知时间及时到场，供货方工厂的试验工作可以正常进行，试验结果有效。但是监造代表有权事后了解、查阅、复制检查试验报告和结果（转为文件见证）。若供货方未及时通知监造代表而单独检验，采购方将不承认该检验结果，供货方应在监造代表在场的情况下进行该项试验。

4）监造方式。监造实行现场见证和文件见证两种方式。现场见证的形式包括：

a. 以巡视的方式监督生产制造过程，检查使用的原材料、元件质量是否合格，制造操作工艺是否符合技术规范的要求等。

b. 接到供货方的通知后，参加合同内规定的中间检查试验和出厂前的检查试验。

c. 在认为必要时，监造代表有权要求进行合同内没有规定的检验。如对某一部分的焊接质量有疑问，可以对该部分进行无损探伤试验。

文件见证指对所进行的检查或检验认为质量达到合同规定的标准后，在检查或试验记录上签署认可意见，以及就制造过程中有关问题发给供货方的相关文件。

（2）工厂内的检验。

1）监造内容的约定。当事人双方需在合同内约定设备监造的内容，以便监造代表进行检查和试验。具体内容应包括：监造的部套数量（以订购范围确定）；每套的监造内容；监造方式（可以是现场见证、文件见证或停工待检之一）；检验的数量等。

2）检查和试验的范围。工厂内的检验包括的检查和试验范围有：原材料和元器件的进厂检验、部件的加工检验和实验、出厂前预组装检验和包装检验。

供货方供应的所有合同设备、部件（包括分包与外购部分），在生产过程中都需进行严格的检验和试验，出厂前还需进行部套或整机总装试验。所有检验、试验和总装（装配）必须有正式的记录文件。只有以上所有工作完成后才能出厂发运。这些正式记录文件和合格证明提交给采购方，作为技术资料的一部分存档。此外，供货方还应在随机文件中提供合格证和质量证明文件。

6.3.3.3　现场交货

（1）货物交接。

1）供货方的义务。

a. 应在发运前合同约定的时间内向采购方发出通知，以便对方做好接货准备工作。

b. 向承运部门办理申请发运设备所需的运输工具计划，负责合同设备从供货方到现场交货地点的运输。

c. 每批合同设备交货日期以到货车站（码头）的到货通知单时间戳记为准，以此判定是否延误交货。

d. 在每批货物备妥及装运车辆（船）发出 24h 内，应以电报或传真将该批货物的如下内容通知采购方：合同号；机组号；货物备妥发运日期；货物名称及编号和价格；货物总毛重；货物总体积；总包装件数；交运车站（码头）的名称、车号（船号）和运单号；重量超过 20t 或尺寸超过 9m×3m×3m 的每件特大型货物的名称、重量、体积和件数，对每件该类设备（部件）还必须标明重心和吊点位置，并附有草图。

2）采购方的义务。

a. 在接到发运通知后做好现场接货的准备工作。

b. 按时到运输部门提货。

c. 如果由于采购方原因要求供货方推迟设备发货，应及时通知对方，并承担推迟期间的仓储费和必要的保养费。

（2）到货检验。

1）检验程序。

a. 货物到达目的地后，采购方向供货方发出到货检验通知，邀请对方派代表共同进行检验。

b. 货物清点。双方代表共同根据运单和装箱单对货物的包装、外观和件数进行清点。如果发现任何不符之处，经过双方代表确认属于供货方责任后，由供货方处理解决。

c. 开箱检验。货物运到现场后，采购方应尽快与供货方共同进行开箱检验，如果采购方未通知供货方而自行开箱或每一批设备到达现场后在合同规定时间内不开箱，产生的后果由采购方承担。双方共同检验货物的数量、规格和质量，检验结果和记录对双方有效，并作为采购方向供货方提出索赔的证据。

2）损害、缺陷、短少的责任。

a. 现场检验时，如发现设备由于供货方原因（包括运输）有任何损坏、缺陷、短少或不符合合同中规定的质量标准和规范，应做好记录，并由双方代表签字，各执一份，作为采购方向供货方提出修理或更换索赔的依据。如果供货方要求采购方修理损坏的设备，所有修理设备的费用由供货方承担。

b. 由于采购方原因，发现损坏或短缺，供货方在接到采购方通知后，应尽快提供或替换相应的部件，但费用由采购方自负。

c. 供货方如对采购方提出修理、更换、索赔的要求有异议，应在接到采购方书面通知后合同约定的时间内提出，否则上述要求即告成立。如有异议，供货方应在接到通知后派代表赴现场同采购方代表共同复验。

d. 双方代表在共同检验中对检验记录不能取得一致意见时，可由双方委托的权威第三方检验机构进行裁定检验。检验结果对双方都有约束力，检验费用由责任方负担。

e. 供货方在接到采购方提出的索赔后，应按合同约定的时间尽快修理、更换或补发短缺部分，由此产生的制造、修理和运费及保险费均应由责任方负担。

6.3.3.4　设备安装验收

（1）供货方的现场服务。按照合同约定不同，设备安装工作可以由供货方负责，也可以在供货方提供必要的技术服务条件下由采购方承担。如果由采购方负责设备安装，供货方应提供的现场服务内容可能包括以下方面。

1）派出必要的现场服务人员。供货方现场服务人员的职责包括指导安装和调试，处理设备的质量问题，参加试车和验收试验等。

2）技术交底。安装和调试前，供货方的技术服务人员应向安装施工人员进行技术交底，讲解和示范将要进行工作的程序和方法。对合同约定的重要工序，供货方的技术服务人员要对施工情况进行确认和签证，否则采购方不能进行下一道工序。经过确认和签证的工序，如果因技术服务人员指导错误而发生问题，由供货方负责。

3）重要安装、调试的工序。

a. 整个安装、调试过程应在供货方现场技术服务人员的指导下进行。重要工序须经供货方现场技术服务人员签字确认。安装、调试过程中，若采购方未按供货方的技术资料规定和现场技术服务人员指导、未经供货方现场技术服务人员签字确认而出现问题，采购方自行负责（设备质量问题除外）；若采购方按供货方技术资料规定和现场技术服务人员的指导、供货方现场技术服务人员签字确认而出现问题，供货方承担责任。

b. 设备安装完毕后的调试工作由供货方的技术人员负责，或采购方的人员在其指导下进行。供货方应尽快解决调试中出现的设备问题，所需时间应不超过合同约定的时间，否则将视为延误工期。

（2）设备验收。

1）启动试车。安装调试完毕后，双方共同参加启动试车的检验工作。试车分成无负荷空运和带负荷试运行两个步骤进行，且每一阶段均应按技术规范要求的程序维持一定的持续时间，以检验设备的质量。试验合格后，双方在验收文件上签字，正式移交采购方进行生产运行。若检验不合格，属于设备质量原因，由供货方负责修理、更换并承担全部费用；如果是由于工程施工质量问题，由采购方负责拆除后纠正缺陷。不论何种原因试车不合格，经过修理或更换设备后应再次进行试车试验，直到满足合同规定的试车质量要求为止。

2）性能验收。性能验收又称性能指标达标考核。启动试车只是检验设备安装完毕后是否能够顺利安全运行，但各项具体的技术性能指标是否达到供货方在合同内承诺的保证值还无法判定，因此合同中均要约定设备移交试生产稳定运行多少个月后进行性能测试。由于合同规定的性能验收时间采购方已正式投产运行，这项验收试验由采购方负责，供货方参加。

试验大纲由采购方准备，与供货方讨论后确定。试验现场和所需的人力、物力由采购方提供。供货方应提供试验所需的测点、一次性元件和装设的试验仪表，以及做好技术配合和人员配合工作。

性能验收试验完毕，每套合同设备都达到合同规定的各项性能保证值指标后，采购方与供货方共同会签合同设备初步验收证书。

如果合同设备经过性能测试检验表明未能达到合同约定的一项或多项保证指标，可以根据缺陷或技术指标试验值与供货方在合同内的承诺值偏差程度，按下列原则区别对待：

a. 在不影响合同设备安全、可靠运行的条件下，如有个别微小缺陷，供货方在双方商定的时间内免费修理，采购方则可同意签署初步验收证书。

b. 如果第一次性能验收试验达不到合同规定的一项或多项性能保证值，则双方应共同分析原因，澄清责任，由责任一方采取措施，并在第一次验收试验结束后合同约定的时间内进行第二次验收试验。如能顺利通过，则签署初步验收证书。

c. 在第二次性能验收试验后，如仍有一项或多项指标未能达到合同规定的性能保证值，按责任的原因分别对待。如果属于采购方原因，合同设备应被认为初步验收通过，共同签署初步验收证书。此后供货方仍有义务与采购方一起采取措施，使合同设备性能达到保证值。如果属于供货方原因，则应按照合同约定的违约金计算方法赔偿采购方的损失。

d. 在合同设备稳定运行规定的时间后，如果由于采购方原因造成性能验收试验的延误超过约定的期限，采购方也应签署设备初步验收证书，视为初步验收合格。初步验收证书只是证明供货方所提供的合同设备性能和参数截至出具初步验收证明时可以按合同要求予以接受，但不能视为供货方对合同设备中存在的可能引起合同设备损坏的潜在缺陷所应负责任解除的证据。所谓潜在缺陷指设备的隐患在正常情况下不能在制造过程中被发现，供货方应承担纠正缺陷责任。供货方的质量缺陷责任期时间应保证到合同规定的保证期终止后或到第一次大修时。当发现该类潜在缺陷时，供货方应按照合同的规定进行修理或调换。

3）最终验收。

a. 合同内应约定具体的设备保证期限。保证期从签发初步验收证书之日起开始计算。

b. 在保证期内的任何时间，如果由于供货方责任而需要进行检查、试验、再试验、修理或调换，当供货方提出请求时，采购方应做好安排进行配合。供货方应负担修理或调换的费用，并按实际修理或更换使设备停运所延误的时间将保证期限做相应延长。

c. 如果供货方委托采购方施工人员进行加工、修理、更换设备，或由于供货方设计图纸错误及因供货方技术服务人员的指导错误造成返工，供货方应承担因此所发生合理费用的责任。向采购方支付的费用可按发生时的费率水平用如下公式计算：

$$P = ah + M + Cm$$

式中：P 为总费用（元）；a 为人工费 [元/（小时·人）]；h 为人员工时 [（小时·人）]；M 为材料费（元）；C 为机械台班数（台·班）；m 为每台机械设备的台班费 [元/（台·班）]。

d. 合同保证期满后，采购方在合同规定时间内应向供货方出具合同设备最终验收证书。条件是此前供货方已完成采购方保证期满前提出的各项合理索赔要求，设备的运行质量符合合同的约定。供货方对采购方人员的非正常维修和误操作，以及正常磨损造成的损失不承担责任。

e. 每套合同设备最后一批交货到达现场之日起，如果因采购方原因在合同约定的时间内未能进行试运行和性能验收试验，期满后即视为通过最终验收。此后采购方应与供货方共同会签合同设备的最终验收证书。

6.3.3.5　合同价格与支付

（1）合同价格。大型设备采购合同通常采用固定总价合同，在合同交货期内为不变价格。合同价内包括合同设备（含备品备件、专用工具）、技术资料、技术服务等费用，还包括合同设备的税费、运杂费、保险费等与合同有关的其他费用。

（2）付款。支付的条件、支付的时间和费用内容应在合同内具体约定。目前大型设备采购合同较多采用如下程序。

1）支付条件。合同生效后，供货方提交金额为合同设备价格约定的某一百分比不可撤销履约保函，作为采购方支付合同款的先决条件。

2）支付程序。关于合同设备款的支付，订购的合同设备价款一般分三次支付：

a. 设备制造前供货方提交履约保函和金额为合同设备价格 10％的商业发票后，采购方支付合同设备价格的 10％作为预付款。

b. 供货方按交货顺序在规定的时间内将每批设备（部组件）运到交货地点，并将该批设备的商业发票、清单、质量检验合格证明、货运提单提供给采购方，采购方支付该批设备价格的 80％。

c. 剩余合同设备价格的 10％作为设备保证金，待每套设备保证期满没有问题，采购方签发设备最终验收证书后支付。

关于技术服务费的支付，合同约定的技术服务费一般分两次支付：

a. 第一批设备交货后，采购方支付给供货方该套合同设备技术服务费的 30％。

b. 每套合同设备通过该套机组性能验收试验，初步验收证书签署后，采购方支付该套合同设备技术服务费的 70％。

关于运杂费的支付，运杂费在设备交货时由供货方分批向采购方结算，结算总额为合同规定的运杂费。

3）采购方的支付责任。付款时间以采购方银行承付日期为实际支付日期，若该日期晚于合同约定的付款日期，即从约定的日期开始按合同约定计算迟付款违约金。

6.3.3.6 违约责任

为了保证合同双方的合法权益，虽然在前述条款中已说明责任的划分，如修理、置换、补足短少部件等规定，但双方还应在合同内约定承担违约责任的条件、违约金的计算办法和违约金的最高赔偿限额等。违约金通常包括以下几方面内容。

（1）供货方的违约责任。

1）延误责任的违约金。

a. 设备延误到货的违约金计算办法。

b. 未能按合同规定时间交付严重影响施工的关键技术资料违约金的计算办法。

c. 因技术服务的延误、疏忽或错误导致工程延误违约金的计算办法。

2）质量责任的违约金。是指经过二次性能试验后，一项或多项性能指标仍达不到保证指标时，各项具体性能指标违约金的计算办法。

3）不能供货的违约金。合同履行过程中如果因供货方原因不能交货，按不能交货部分设备价格约定某一百分比用于计算违约金。

4）由于供货方中途解除合同，采购方可采取合理的补救措施，并要求供货方赔偿损失。

（2）采购方的违约责任。

1）延期付款违约金的计算办法。

2）延期付款利息的计算办法。

3）如果因采购方原因中途要求退货，按退货部分设备价格约定某一百分比用于计算违约金。

双方在违约责任条款内还应分别列明任何一方严重违约时，对方可以单方面终止合同的条件、终止程序和后果责任等。

6.3.3.7　工程师对大型设备采购合同的管理

由于建设工程大型设备采购合同的履行也对工程施工的质量和进度有影响，在施工过程中，监理工程师也要加强对大型设备采购合同的管理。主要包括以下几方面工作：

（1）对大型设备采购合同及时编号、统一管理。

（2）参与大型设备采购合同的订立。工程师可参与大型设备采购合同的招标工作，参加招标文件的编写，提出对设备的技术要求及交货期限的要求。

（3）监督大型设备采购合同的履行。在设备制造期间，工程师有权根据合同提供的全部工程设备的材料和工艺进行检查、研究和检验，同时检查其制造进度。根据合同规定或取得供货方的同意，工程师可将工程设备的检查和检验授权给一个独立的检验单位。

工程师认为检查、研究或检验的结果是设备有缺陷或不符合合同规定时，可拒收该类工程设备，并就此立即通知供货方。

任何工程设备必须得到工程师的书面许可后方可运至现场。

本章复习思考题

1. 简述监理合同的概念与特点。
2. 简述监理合同的附加工作与额外工作有哪些。
3. 比较施工合同文件解释力的优先顺序。
4. 监理合同终止的条件有哪些？
5. 哪些条件下，监理合同可以变更？
6. 试述勘察合同的主要内容。
7. 试述设计合同的主要内容。
8. 简述建设工程物资采购合同的概念与特征。
9. 简述供应建筑材料采购合同与订购大型机械设备采购合同的区别。
10. 建设工程物资采购合同中各方会存在哪些违约行为？
11. 计算题

某工程业主与承包商签订了施工合同，合同中包含两个子项工程，估算工程量甲项为 2300m³，乙项为 3200m³，经协商合同价款甲项为 180 元/m³，乙项为 160 元/m³。承包合同规定：

（1）开工前业主应向承包商支付合同价 20% 的预付款；

（2）业主自第 1 个月起，从承包商的工程款中按 5% 的比例扣留保留金；

（3）当子项工程实际工程量超过估算工程量 10% 时，可进行调价，调整系数为 0.9；

（4）根据市场情况规定价格调整系数平均按 1.2 计算；

（5）监理工程师签发月度付款最低金额为 25 万元；

（6）预付款在最后 2 个月扣除，每月扣 50%。

承包商每月实际完成并经监理工程师签字确认的工程量如表 6-3 所示。

表 6-3　　　　　　　　　　　承包商完成工作量

时间（月） 合同项目	1	2	3	4
甲项	500	800	800	600
乙项	700	900	800	600

试计算：

（1）预付款是多少？

（2）每月工程量价款是多少？监理工程师应签证的工程款是多少？实际签发的付款凭证金额是多少？

12.案例分析：监理工作方法和程序

案例背景：某日监理员王某到工地办公室上班，经过正在进行基础钢筋工程施工的框架结构 D 号楼工程，发现施工现场运进了一批长度约为 9m 的 φ25 钢筋，钢筋工正在制作安装。

该工程 2 天前由于业主提出改变使用功能，要求柱距增大，梁的断面不变，经监理同意和设计确认，将梁 DJL-6 的钢筋 φ18 全部改为 φ25，其他不变按原图施工。监理员王某走近观察发现钢筋实物外观粗糙、标识不清，且有部分锈斑，意识到这批钢筋可能有问题，立刻到工地办公室查看 D 号楼的钢筋原材料报验情况，没有 φ25 钢筋出厂质量证明资料。

王某马上打电话向监理工程师吴某说明 φ25 钢筋情况。吴某赶到工地并对现场的情况进行了核实，施工现场没有技术管理人员在场，向材料员周某了解到：由于工期紧张，这批 φ25 的钢筋是从 20 号楼运来的。20 号楼也是由周某负责材料采购，出厂质量证明资料齐全，经监理见证送样复验也合格，周某向吴某保证这批 φ25 钢筋没有问题。

监理员王某补充说他以前在 20 号楼监理，这批钢筋出厂的资料齐全，经复验也合格。回到监理办公室，吴某提出了 3 种处理意见并与王某进行沟通，选择其中一种方法进行处理：①根据了解的情况这批 φ25 钢筋是合格的，但要求施工单位除锈后才能使用，不再见证复验；②让施工单位上报出厂质量证明资料，由监理员王某核查钢筋出厂质量证明文件，对该批 φ25 钢筋进行见证送样复验；③施工单位未经申报擅自使用 φ25 钢筋，为了保证工程质量，也避免施工单位造成更大的材料损失，由吴某发布工程局部停工令。

请思考下列问题：

（1）监理员王某和监理工程师吴某在监理工作方法和程序上有什么不妥的地方？

（2）如果你是该工程的监理工程师，怎样处理比较合理？

📖 **本章案例**

【案例 6-1】　监理公司监理职责范畴

案例背景

某房地产开发企业投资开发建设某住宅小区，与某工程咨询监理公司签订委托监理合同。在监理职责条款中，合同约定："乙方（监理公司）负责甲方（房地产开发企业）小区工程设计阶段和施工阶段的监理业务。房产开发企业应于监理业务结束之日起 5 日内支付最后 20％的监理费用。"

小区工程竣工 1 周后，监理公司要求房产开发企业支付剩余 20％的监理费，房产开发企业以双方有口头约定，监理公司监理职责应履行至工程保修期满为由，拒绝支付，监理公司索款未果，诉至法院。

法院判决双方口头商定的监理职责延至保修期满的内容不构成委托监理合同的内容，房产开发企业到期未支付最后一笔监理费，构成违约，应承担违约责任，支付监理公司剩余 20％监理费及延期付款利息。

案例分析

根据《合同法》第二百七十六条规定："建设工程实行监理的，发包人应当与监理人采用书面形式订立委托监理合同。发包人与监理人的权利和义务以及法律责任，应当依照本法委托合同以及其他有关法律、行政法规的规定。"

该案例房地产开发企业开发住宅小区，属于需要实行监理的建设工程，理应与监理人签订委托监理合同。争议焦点在于确定监理公司的监理义务范围。依书面合同约定，监理范围包括工程设计和施工两个阶段，而未包括工程的保修阶段，双方只是口头约定还应包括保修阶段。依《合同法》规定，委托监理合同应以书面形式订立，口头形式约定不成立委托监理合同。因此，该委托监理合同关于监理义务的约定，只能包括工程设计阶段和施工阶段，不应包括保修阶段。也就是说，监理公司已完全履行了合同义务，房产开发企业逾期未支付监理费用，属违约行为，故判决其承担违约责任，支付监理费及利息。该类案件中，当事人还应注意监理单位的资质条件。另外，如监理单位不履行义务，给委托人造成损失，监理单位应与承包单位承担连带赔偿责任。

【案例 6 - 2】　监理单位的权限问题

某水运工程在施工过程中，建设单位的生产对施工造成了很大的影响，施工单位向建设单位提出索赔（符合合同条款）。在向监理单位提出索赔报告后，监理单位也对报告进行了审核，并确定了最终索赔金额。工程结算时，建设单位认为监理单位未得到建设单位的授权，对索赔金额不认可。

与该案例相关的法律规定：

《建筑法》第三十三条规定，"实施建筑工程监理前，建设单位应当将委托的工程监理单位、监理内容和监理权限，书面通知被监理的建筑施工企业"。但该案例中，建设单位在实际工程进行过程中，并未向施工单位发过任何相关函件。

《水运工程建设市场管理办法》第三十六条规定，"监理合同应采用交通部《水运工程施工监理合同范本（试行）》，应与施工合同中赋予监理的权限和现任相一致"。

但该案例的施工合同中，专用条款只说明了监理单位为某监理公司，通用条款中也未对监理单位的权限进行明确。

通常，监理的权责必须在监理合同中有明确的约定，否则监理单位只拥有建议权，而不是决策权。

第7章 建设工程施工合同索赔管理

———— 本章摘要 ————

进行有效的索赔管理不仅能追回损失，而且能够防止损失的发生，还能极大地提高合同管理、项目管理和企业管理水平。鉴于建设工程施工合同集中体现的变更频繁、分歧较多、索赔额度大等特点，本章主要探讨在施工合同条件下引发的索赔相关问题。具体内容包括：索赔和索赔管理的一些基本概念，包括索赔的定义、索赔的起因、索赔的作用和条件、索赔的分类、索赔管理等相关内容；另外还介绍了承包商的索赔管理工作过程，包括索赔机会搜寻、索赔理由、索赔的证据、起草索赔报告等。建设工程施工索赔工作过程必须符合施工合同的规定，必须贯穿在承包商的整个项目管理系统中。

7.1 建设工程施工合同索赔概述

"索赔"在工程建设领域越来越为人们所熟悉。在市场经济条件下，工程索赔在建筑市场中是一种正常的现象。工程索赔在国际建筑工程市场上是合同当事人保护自身正当权益、弥补工程损失、提高经济效益的重要且有效的手段。许多国际工程项目，承包人通过成功的索赔能使工程收入增加的幅度达到工程造价的 $10\%\sim20\%$，有些工程的索赔额甚至超过了合同额本身。"低价中标，高价索赔"便是许多国际承包人的经验总结，尽管这种承包思想有被"共赢的伙伴"思想所取代的趋势。但索赔管理仍然以其本身花费较小、经济效果明显的特点而受到国际承包人的高度重视。

在我国，由于工程索赔处于探索阶段，对工程索赔的认识尚不够全面、正确，在建设工程施工中，还存在发包人（业主）忌讳索赔、承包人索赔意识不强、监理工程师不懂如何处理索赔的现象。

7.1.1 施工合同索赔概念

7.1.1.1 施工合同索赔的定义

仅从字面意思看，索赔（Claim）即索取赔偿。在《辞海》中，索赔被具体解释为"交易一方不履行或未正确履行契约上规定的义务而受到损失，向对方提出赔偿的要求"。在LONGMAN词典中对索赔的解释为"作为合法的所有者，根据自己的权利提出的有关某一资格、财产、金钱等方面的要求"。

对一般合同而言，索赔指在合同的实施过程中，合同一方因对方不履行或未能正确履行合同所规定的义务而受到损失，向对方提出赔偿要求。所以索赔就是提出某项要求或申请，这种解释已将索取赔偿的范围具体化。

但是在建设工程中，索赔不仅有索取赔偿的意思，而且表示"有权要求"，是向对方提出赔偿要求的权利，法律上称为"有权主张"，是合同和法律赋予的基本权力。即在工程施工合同履行过程中，合同当事人一方因非自身责任或对方不履行或未能正确履行合同而受到经济损失或权利损害时，通过一定的合法程序向对方提出经济或时间补偿的要求。索赔是一种正当的权利要求，是发包人、工程师和承包人之间一项正常的、大量发生而且普遍存在的合同管理业务，是一种以法律和合同为依据的、合情合理的行为。

索赔有广义和狭义两种概念。广义的索赔是指合同双方向对方提出的索赔。而通常意义上所讲的索赔是狭义的索赔，是指承包商对业主的索赔。对承包商来说，一般只要不是承包商自身责任，而由于外界干扰（业主或业主代表违约，合同文件的缺陷、合同变更、不可抗力事件等）造成工期延长和成本增加，都可以通过合法的途径与方式向业主提出索赔要求。

7.1.1.2　建设工程施工合同索赔的特征

（1）索赔具有的基本特征。

1）索赔是双向的，不仅承包人可以向发包人索赔，发包人同样也可以向承包人索赔。但实践中发包人向承包人索赔发生的频率相对较低，而且在索赔处理中，发包人始终处于主动和有利的地位，可以直接从应付工程款中扣抵或没收履约保函、扣留保留金甚至留置承包商的材料设备作为抵押等来实现自己的索赔要求，不存在"索"。因此在工程实践中，大量发生的、处理比较困难的是承包人向发包人的索赔，也是索赔管理的主要对象和重点内容。承包人的索赔范围非常广泛，一般认为只要因非承包人自身责任造成工程工期延长或成本增加，都有可能向发包人提出索赔要求。

2）只有实际发生了经济损失或权利损害，一方才能向对方索赔。经济损失是指发生了合同外的额外支出，如人工费、材料费、机械费、管理费等额外开支；权利损害是指虽然没有经济上的损失，但造成了一方权利上的损害，如由于恶劣气候条件对工程进度造成不利影响，承包人有权要求工期延长等。发生了实际的经济损失或权利损害，是一方提出索赔的一个基本前提条件。

3）索赔是一种未经对方确认的单方行为，它与工程签证不同。在施工过程中签证是承发包双方就额外费用补偿或工期延长等达成一致的书面证明材料和补充协议，它可以直接作为工程款结算或最终增减工程造价的依据；而索赔则是单方面行为，对对方尚未形成约束力，这种要求能否最终实现，必须要通过确认（如双方协商、谈判、调解或仲裁、诉讼）。

（2）索赔具有的本质特征。

1）索赔是要求给予补偿（工期或费用）的一种权利、主张。

2）索赔的依据是法律法规、合同文件及工程建设惯例，但主要是合同文件。

3）索赔是因非自身原因导致的，要求索赔一方没有过错。

4）与原合同相比较，已经发生了额外的经济损失或工期延迟。

5）索赔必须有切实有效的证据。

6）索赔是单方行为，双方还没有达成协议。

7.1.1.3　建设工程施工合同索赔的意义

索赔的性质属于经济补偿行为，而不是惩罚。索赔的损失结果与被索赔人的行为并不一定存在法律上的因果关系。

索赔工作是承发包双方之间经常发生的管理业务，是双方合作的方式，而不是对立。实践证明，开展健康的索赔活动对于培养和发展新的建筑市场、促进建筑业健康发展、提高工程建设效益有非常重要的作用。

（1）索赔有利于双方加强内部合同管理，严格履行合同，有助于双方提高管理素质，维护市场正常秩序。

（2）让双方更快熟悉国际惯例，熟练掌握索赔和处理索赔的方法和技巧，有助于开展对外开放和对外工程承包。

（3）加快政府职能的转变，使合同双方依据合同和实际情况实事求是地协商工程造价和工期，从而使政府从繁琐的调整概算和协调双方关系等微观管理工作中解脱出来。

（4）增强工程造价的合理性，可以把原定为工程报价中的不可预见费用，用实际发生的损失支付，便于降低工程造价，使工程造价更逼近造价本身。

7.1.2　施工合同索赔原因

与其他行业相比，建筑业是一个索赔多发的行业。这是由建筑产品、建筑生产过程、建筑产品市场经营方式决定的。在现代承包工程中，特别在国际承包工程中，索赔经常发生，而且索赔额很大，其中尤以施工合同为甚。

引起施工合同履行中工程索赔的原因很多也很复杂，主要有以下方面：

（1）工程项目的特殊性。现代建设工程的特点是工程量大、投资多、结构复杂、技术和质量要求高、工期长。工程本身和工程的环境有许多不确定性，在工程实施中会有很大变化。最常见的不确定性包括：地质条件的变化、建筑市场和建材市场的变化、货币的贬值、城建和环保部门对工程新的建议和要求或干涉、自然条件的变化等。这些变化都会形成对工程实施的内外部干扰，直接影响工程设计和计划，进而影响工期和成本。

（2）工程项目内外部环境的复杂性和多变性。施工合同必须在工程开工前签订，不可能对工程项目所有问题都做出合理的预见和规定，对所有的工程做出准确的说明。工程施工合同条件越来越复杂，合同中难免有考虑不周的条款、缺陷和不足之处。而工程项目的技术环境、经济环境、社会环境、法律环境的变化，会在工程实施过程中经常发生，使得工程的实际情况与计划预测的情况不一致，所有的变化因素会与工期、成本、价格产生联系，最终导致在合同实施中双方对责任、义务和权力的分歧。

（3）业主的要求变化导致大量工程变更出现。合同工期和价格是以业主招标文件确定的要求为依据，同时以业主不干扰承包商实施过程、业主圆满履行其合同责任为前提，如果业主提出改变建筑的功能、形式、质量标准、实施方式和过程、工程量、工程质量的变化的要求，就会导致承包商索赔。另外，业主管理的疏忽、未履行或未正确履行其应承担的合同责任，也会产生承包商的索赔。

（4）参与工程建设主体的多元性。一个建设工程项目往往会有发包人、总承包人、工程师、分包人、指定分包人、材料设备供应人等众多参加单位，各方面技术和经济关系错综复杂，互相联系又互相影响，尤其是各方承担的技术和经济责任的界限常常很难明确分清。在实际工作中，管理上的失误是不可避免的。但一方失误，不仅会造成自己的损失，而且会殃及其他合作者，影响整个工程的实施。当然，在总体上，应按合同约定平等对待各方利益，坚持"谁过失，谁赔偿"的原则，保证受损失者的正当索赔权力。

（5）工程合同的复杂性及易出错性。建设工程施工合同体系中的文件多且复杂，经常会出现措词不当、缺陷、图纸错误，以及合同文件前后自相矛盾或者可做不同解释等问题，容易造成合同双方对合同文件理解不一致，从而出现索赔。如某高速公路的施工规范中，路基的"清理与掘出"和"道路填方"施工要求的提法不一致。在"清理与掘出"中规定"凡路基填方地段，均应将路堤基底上所有树根、草皮和其他有机杂质清除干净"；而在"道路填方"中规定"除非工程师另有指示，凡是修建的道路路堤高度低于1m的地方，其原地面上所有草皮、树根及有机杂质均予以清除，并将表面翻松，深度为250mm"。承包商按施工规范中"道路填方"的施工要求进行施工，对有些路堤高于1m处的草皮、树根未予清除，而业主和监理工程师则认为未达到"清理与掘除"规定的施工要求，要求清理草皮和树根，由于有些路段树根多达1000余棵，承包商为此向业主提出费用索赔。

合同双方对合同理解的差异也会引发工程实施中行为的失调，造成工程管理失误。由于合同文件十分复杂、数量多、分析困难，且双方的立场、角度不同，会造成对合同权利和义务的范围、界限的划定理解不一致，造成合同争执。

在国际承包工程中，合同双方来自不同的国度，使用不同的语言，适应不同的法律参照系，有不同的工程习惯，双方对合同责任理解的差异是引起索赔的主要原因之一。

（6）投标的竞争性。现代建筑市场竞争激烈，承包人的利润水平逐步降低，在竞标时，大部分靠低标价甚至保本价中标，回旋余地较小。特别是在招标投标过程中，每个合同专用文件内的具体条款，一般是由发包人自己或委托工程师、咨询单位编写后列入招标文件的，编制过程中承包人没有话语权。虽然承包人在投标书的致函内以及与发包人进行谈判的过程中，可以要求修改某些对承包方风险较大的条款内容，但不能要求修改的条款数目过多，否则就构成对招标文件有实质上的背离而被发包人拒绝。因而工程合同在实践中，往往形成发包人与承包人承担的风险不公平的现象，把主要风险转嫁于承包人一方，稍遇条件变化，承包人即处于亏损的边缘，这必然迫使承包商寻找一切可能的索赔机会来减轻自己承担的风险。因此，索赔实质上是工程实施阶段承包人和发包人之间在承担工程风险比例上的合理再分配，这也是目前国内外建筑工程市场中，无论在索赔数量上还是索赔款额上都呈现增长趋势的一个重要原因。

以上这些问题会随着建设工程施工活动的逐步开展而不断暴露出来，使工程项目建设过程必然受到影响，导致工程项目的成本和工期发生变化，这就是索赔形成的根源。因此，索赔的发生，不仅是索赔意识或合同观念的问题，从本质上讲，索赔也是一种必然的客观存在。

7.1.3　施工合同索赔分类

从不同的角度，按不同的标准，建设工程施工合同索赔有下列几种分类方法。

7.1.3.1　按照干扰事件的性质分类

按照干扰事件的性质分类，索赔包括工期拖延索赔、不可预见索赔、工程变更索赔、工程终止索赔和其他索赔。

（1）工期拖延索赔。由于业主未能按合同规定提供施工条件（如未及时交付设计图纸、技术资料、场地、道路等；或非承包商原因业主指令停止工程实施；或其他不可抗力因素作用等原因），造成工程中断，或工程进度放慢，使工期拖延。承包商对此提出索赔。

（2）不可预见索赔。不可预见的外部障碍或条件索赔。如在施工期间，承包商在现场遇到一个有经验的承包商通常不能预见到的外界障碍或条件；或地质与预计的（业主提供的资料）不同，出现未预见到的岩石、淤泥或地下水等。

（3）工程变更索赔。由于业主或工程师指令修改设计、增加或减少工程量、增加或删除部分工程、修改实施计划、变更施工方法和次序、增加合同中没有的但是必要的工作，造成工期延长和费用损失。

（4）工程终止索赔。由于某种原因，如不可抗力因素影响、业主违约等使工程被迫在竣工前停止实施，并不再继续进行，使承包商蒙受经济损失，因此提出索赔。

（5）其他索赔。如货币贬值、汇率变化、物价、工资上涨、政策法令变化、业主推迟支付工程款等原因引起的索赔。

7.1.3.2 按合同类型分类

按合同类型分类，索赔包括总承包合同索赔、分包合同索赔、联营承包合同索赔、劳务合同索赔和其他合同索赔。

（1）总承包合同索赔，即承包商和业主之间的索赔。

（2）分包合同索赔，即总承包商和分包商之间的索赔。

（3）联营承包合同索赔，即联营成员之间的索赔。

（4）劳务合同索赔，即承包商与劳务供应商之间的索赔。

（5）其他合同索赔，如承包商与材料设备供应商、保险公司、银行等之间的索赔。

7.1.3.3 按索赔目的分类

按索赔目的分类，索赔包括工期索赔和费用索赔。

（1）工期索赔，即要求业主延长工期，推迟竣工日期，从而避免了违约罚金的产生。与此相应，业主可以向承包商索赔缺陷通知期（即保修期）。

（2）费用索赔，即要求业主补偿费用（包括利润损失）损失，调整合同价格。同样，业主可以向承包商索赔费用。

7.1.3.4 按索赔的起因分类

如施工准备、进度控制、质量控制、费用控制及管理等原因都可能引起索赔。这种分类能明确指出每一项索赔的根源所在，使业主和工程师便于审核分析。

（1）业主违约。包括业主和监理工程师没有履行合同责任，没有正确地行使合同赋予的权力，工程管理失误，不按合同支付工程款等。

（2）一方当事人的行为、陈述或指示改变或影响另一方当事人的义务。

（3）第三方的行为或不作为影响了合同。

（4）合同错误，如合同条文不全、错误、矛盾、有二义性，设计图纸、技术规范错误等。

（5）合同变更，如双方签订新的变更协议、备忘录、修正案，业主下达工程变更指令等。

（6）双方都不能控制的事件在合同成立后发生，造成实施合同更为困难；工程环境变化，包括法律、市场物价、货币兑换率、自然条件的变化等。

（7）不可抗力因素，如恶劣的气候条件、地震、洪水、战争状态、禁运等。

7.1.3.5 按索赔所依据的理由分类

按索赔所依据的理由分类，索赔包括合同内索赔、合同外索赔和道义索赔。

（1）合同内索赔。即合同规定的索赔，是指索赔涉及的内容在合同文件中能找到依据，业主或承包商可以据此提出索赔要求。这种在合同文件中有明文规定的条款，常被称为明示条款。这是最常见的索赔，也是基本不会发生争议的索赔。

（2）合同外索赔。即非合同规定的索赔，是指工程施工过程中发生的干扰事件的性质已经超过合同范围。在合同中找不出具体的依据，但是可以根据某些条款的含义，推论出有一定的索赔权。这种隐含在合同条款中的要求，常被称为默示条款。默示条款是一个广泛的合同概念，虽然在明示条款中没有明确表示，但符合合同双方签订合同时的设想和当时环境条件的一切条款。这些默示条款，或从明示条款的设想愿望中引申出来，经合同双方协商一致；或被法律法规所明指，都成为合同文件的有效条款，要求合同双方都遵照执行。

（3）道义索赔。即额外支付，是指业主看到承包商为了完成某项困难的施工，承受了额外的费用损失，甚至承受了重大亏损，出于善良意愿给承包商适当的经济补偿。因为合同条款中没有该项规定，所以称为额外支付。这往往是合同双方友好信任的表现，较为罕见。一般只会在以下情况出现时才会有道义索赔：

1）若另觅承包商，费用可能还会扩大。

2）为了树立形象和口碑。

3）出于对承包商的同情和信任。

4）谋求与承包商更长久的合作。

7.1.3.6　按索赔的业务形式分类

按索赔的业务形式分类，索赔包括工程索赔和商务索赔。

（1）工程索赔。工程索赔是指涉及工程项目建设中施工条件或施工技术、施工范围等变化引起的索赔，一般发生频率高，索赔费用多。

（2）商务索赔。商务索赔是指工程建设实施过程中的物资采购、运输、保管等方面的活动引起的索赔事项。由于供货商、运输公司等在物资数量上短缺、质量上不符合要求、运输损坏或不能按期等原因，给承包商造成经济损失时，承包商向供货商、运输商等提出的索赔要求；反之，当承包商不按合同规定付款时，供货商、运输商可向承包商提出索赔。

7.1.3.7　按索赔的处理方式分类

按索赔的处理方式分类，索赔包括单项索赔和总索赔两种。

（1）单项索赔。单项索赔就是采取一事一索赔的方式，即在每一项索赔事项发生后，报送索赔通知书，编报索赔报告，要求单项解决支付，不与其他的索赔事项混在一起。单项索赔要求合同管理人员能迅速识别索赔机会，对索赔做出敏捷的反应。而且单项索赔分析起来比较容易，避免了多项索赔的相互影响和制约，解决起来比较顺手。

（2）总索赔。又称为综合索赔或一揽子索赔，即对整个工程（或某项工程）中所发生的数起索赔事项，综合在一起进行索赔。这种索赔方式是特定情况下被迫采用的一种索赔方法。有时在施工过程中受到非常严重的干扰，以至承包商的施工活动与原来的计划截然不同，原合同规定的工作与变更后的工作混淆，承包商无法为索赔保持准确而详细的成本记录资料，无法分辨哪些费用是原定的，哪些费用是新增的。在这种条件下，无法采用单项索赔。

由于综合索赔中有众多干扰事件，影响因素复杂，责任分析和索赔定量都比较困难，而且索赔金额数目通常都比较大，双方都不愿意也不轻易让步，故综合索赔的处理和解决难度都非常大。

如果必须采取综合索赔，承包商必须解决或证明如下问题：

（1）承包商的报价是合理的，不存在故意低报价的行为。

（2）实际发生的成本是合理的。

（3）承包商对成本增加没有任何责任，成本的增加是由于业主工程变更或其他非承包商的原因引起的。

（4）不能采取其他方法准确地计算出实际发生的损失数额。

7.1.4 施工合同索赔的证据与文件

7.1.4.1 施工合同索赔的依据

索赔的依据主要是法律、法规及工程建设惯例，尤其是双方签订的工程合同文件。由于不同的具体工程有不同的合同文件，索赔的依据也就不完全相同，合同当事人的索赔权利也不同。表7-1和表7-2分别给出了FIDIC合同条件（1987年第四版）和我国《建设工程施工合同示范文本》（GF-2013-0201）中承包商（人）和业主（发包人）的索赔依据和索赔权利，可供参考。

表7-1   承包商向业主的索赔依据（或权利）

合同文本种类	条 款 序 号
FIDIC合同条件	2.5、5.2、6.3、6.4、7.1、12.2、17.1、18.1、20.3、22.3、25.4、27.1、28.1、30.3、31.2、36.4、36.5、38.1、38.2、40.1、40.2、40.3、42.2、44.1、44.3、49.3、50.1、51.1、52.1、52.2、52.3、53.1、59.2、60.10、65.3、65.5～65.8、66.1、69、70.1、70.2、71.1
《建设工程施工合同示范文本》（GF-2013-0201）	1.10.2、1.11.3、1.12、2.1、2.4.2、2.4.3、2.4.4、2.6、3.4、3.7、4.1、4.3、4.4、5.1.2、5.2.3、6.1.6、6.1.7、6.1.9.1、7.3.2、7.5.1、7.7、7.8.1、7.9.1、8.2、8.4.1、8.5.1、10.4.2、11、12.2.1、12.4.6、13.2.2、13.3.2、13.4、13.6.1、14.2、16.1、17.3.2、19.2

表7-2   业主向承包商的索赔依据（或权利）

合同文本种类	条 款 序 号
FIDIC合同条件	6.5、8.2、10.3、20.1、20.2、22.1、24.1、26.128.1、29.1、30.2、37.4、38.2、39.2、46.1、47.1、49.3、49.4、53.1、60.9、63.1、64.1
《建设工程施工合同示范文本》（GF-2013-0201）	1.10.1、1.10.4、1.10.5、1.11.2、1.11.3、1.12、3.1、3.2.1、3.2.3、3.2.4、3.3.3、3.3.5、3.5.1、3.7、3.6、4.4、5.1.3、5.3.2～5.3.4、5.4.1、6.1.6、6.1.7、6.1.9.2、6.3、7.2.2、7.5.2、7.8.2、8.3.2、8.4.1、8.4.2、8.5.1、11、13.2.2、13.2.4、13.3.2、13.6.1、16.2、17.3.2、19.4

7.1.4.2 施工合同索赔证据

索赔证据是当事人用来支持其索赔成立或和索赔有关的证明文件和资料。索赔证据作为索赔文件的组成部分，在很大程度上关系到索赔的成功与否。证据不全、不足或没有证据，索赔就很难获得成功。

在工程项目的实施过程中，会产生大量的工程信息和资料，这些信息和资料是开展索赔的重要依据。如果项目资料不完整，索赔就难以顺利进行。因此在施工过程中应该始终做好资料积累工作，建立完善的资料记录和科学管理制度，认真系统地积累和管理合同文件、质量、进度及财务收支等方面的资料。对于可能发生索赔的工程项目，从开始施工时就要有目的地收集证据资料，系统地拍摄现场，妥善保管开支收据，有意识地为索赔文件积累必要的证据材料。常见的索赔证据如下。

（1）各种合同文件。包括工程合同及附件、中标通知书、投标书、标准和技术规范、图纸、工程量清单、工程报价单或预算书、有关技术资料和要求等。具体如发包人提供的水文地质、地下管网资料，施工所需的证件、批件、临时用地占地证明手续、坐标控制点资料等。

（2）经工程师批准的承包人施工进度计划、施工方案、施工组织设计和具体的现场实施情况记录。各种施工报表包括：

1）驻地工程师填制的工程施工记录表。这种记录能提供关于气候、施工人数、设备使用情况和部分工程局部竣工等情况。

2）施工进度表。

3）施工人员计划表和人工日报表。

4）施工用材料和设备报表。

（3）施工日志及工长工作日志、备忘录等。施工中发生的影响工期或工程资金的所有重大事情均应写入备忘录存档，备忘录应按年、月、日顺序编号，以便查阅。

（4）工程有关施工部位的照片及录像等。保存完整的工程照片和录像能有效地显示工程进度。因此，除了标书上规定需要定期拍摄的工程照片和录像外，承包人自己应经常注意拍摄工程照片和录像，注明日期，作为自己查阅的资料。

（5）工程的各项往来信件、电话记录、指令、信函、通知、答复等。有关工程的来往信件内容常常包括某一时期工程进展情况的总结，以及与工程有关的当事人，尤其是这些信件的签发日期对计算工程延误时间具有很大参考价值。因而来往信件应妥善保存，直到合同全部履行完毕、所有索赔均获解决时为止。

（6）工程的各项会议纪要、协议及其他各种签约、定期与业主雇员的谈话资料等。业主雇员对合同和工程实际情况掌握第一手资料，与他们交谈的目的是摸清施工中可能发生的意外情况，会碰到什么难处理的问题，以便做到事前心中有数，一旦发生进度延误，承包人即可提出延误原因，说明延误原因是业主造成的，为索赔做准备。在施工合同的履行过程中，业主、工程师和承包人定期或不定期会谈所做出的决定或决议，是施工合同的补充，应作为施工合同的组成部分，但会谈纪要只有经过各方签署后方可作为索赔的依据。业主与承包人、承包人与分包人之间定期或临时召开的现场会议讨论工程情况的会议记录，能被用来追溯项目的执行情况，查阅业主签发工程内容变动通知的背景和签发通知的日期，也能查阅在施工中最早发现某一重大情况的确切时间。另外，这些记录也能反映承包人对有关情况采取的行动。

（7）发包人或工程师发布的各种书面指令书和确认书，以及承包人要求、请求、通知书。

（8）气象报告和资料。如温度、风力、雨雪的资料等。

（9）投标前业主提供的参考资料和现场资料。

（10）施工现场记录。包括工程各项有关设计交底记录、变更图纸、变更施工指令等，工程图纸、图纸变更、交底记录的送达份数及日期记录，工程材料和机械设备的采购、订货、运输、进场、验收、使用等方面的凭据及材料供应清单、合格证书，工程送电、送水、道路开通、封闭的日期及数量记录，工程停电、停水和干扰事件影响的日期及恢复施工的日期等。

（11）工程各项经业主或工程师签认的签证。如承包人要求预付通知、工程量核实确认单等。

（12）工程结算资料和有关财务报告。如工程预付款、进度款拨付的数额及日期记录，工程结算书、保修单等。

（13）各种检查验收报告和技术鉴定报告。由工程师签字的工程检查和验收报告反映出某一单项工程在某一特定阶段竣工的程度，并记录了该单项工程竣工的时间和验收的日期，应该妥善保管。如质量验收单、隐蔽工程验收单、验收记录、竣工验收资料、竣工图等。

（14）各类财务凭证。需要收集和保存的工程基本会计资料包括工卡、人工分配表、注销薪水支票、工人福利协议、经会计师核算的薪水报告单、购料定单收讫发票、收款票据、设备使用单据、注销账应付支票、账目图表、总分类账、财务信件、经会计师核证的财务决算表、工程预算、工程成本报告书、工程内容变更单等。工人或雇请人员的薪水单据应按日期编存归档，薪水单上费用的增减能揭示工程内容增减的情况和开始的时间。承包人应注意保管和分析工程项目的会计核算资料，以便及时发现索赔机会，准确地计算索赔的款额，争取合理的资金回收。

（15）其他，包括分包合同、官方的物价指数、汇率变化表，以及国家、省、市有关影响工程造价、工期的文件、规定等。

如某公司承包的一幢地下 2 层、地上 30 层的钢筋混凝土高层建筑，合同规定结构施工工期仅为 13.5 个月，每拖期 1 天罚款 6000 美元。开工之初，许多人都预计要拖期 1 个月。但在施工过程中，项目经理部严格管理，设立专职管理人员，及时收集、整理、保存各种资料和来往函件，根据合同中不可抗力条款，从当地天文台、气象台取得日降水量超过 25mm、6h 内风速连续超过 7 级的气候资料，及时与工程师办理了签证，成功地向业主索赔 40 天工期，并在原定的工期内完成了合同范围内的结构施工。

7.1.4.3　施工合同索赔证据的基本要求

为了确保索赔成功，施工合同索赔证据需要符合下列基本要求：

（1）真实性。索赔证据必须是在实施合同过程中确实存在和实际发生的，是施工过程中产生的真实资料，能经得住推敲。

（2）及时性。索赔证据的取得及提出应当及时。这种及时性反映了承包人的态度和管理水平。

（3）全面性。所提供的证据应能说明事件的全部内容。索赔报告中涉及的索赔理由、事件过程、影响、索赔值等都应有相应证据，不能零乱和支离破碎。

（4）关联性。索赔的证据应当与索赔事件有必然联系，并能够互相说明、符合逻辑，不能互相矛盾。

（5）有效性。索赔证据必须具有法律效力。一般要求证据必须是书面文件，有关记录、协议、纪要必须是双方签署的；工程中重大事件、特殊情况的记录、统计必须由工程师签证认可。

7.1.4.4　施工合同索赔文件（报告）

（1）索赔文件的一般内容。索赔文件也称索赔报告，是合同一方向另一方提出索赔的书面文件，全面反映了一方当事人对一个或若干个索赔事件的所有要求和主张，对方当事人也是通过对索赔文件的审核、分析和评价来做认可、要求修改、反驳甚至拒绝的回答。索赔文件也是双方进行索赔谈判或调解、仲裁、诉讼的依据。因此，索赔文件的表达与内容对索赔的解决有重大影响，索赔方必须认真编写索赔文件。

按照我国《建设工程施工合同（示范文本）》（GF-2013-0201）和 FIDIC《施工合同条件》的规定，在每一起索赔事项的影响结束后，承包商应在 28 天以内写出该索赔事项的总结性索赔报告书，正式报送给工程师和业主，要求审定并支付索赔款。索赔报告书的具体内容，随该项索赔事项的性质和特点而有所不同。每份索赔报告书的必要内容和文字结构如图 7-1 所示。每个部分的文字长短，可根据每个索赔事项的具体情况和需要来决定。

在合同履行过程中，一旦出现索赔事件，承包人应该按照索赔文件的构成内容，及时向业主提交索赔文件。单项索赔文件的一般格式如下：

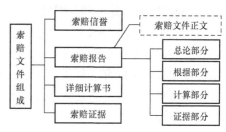

图 7-1　索赔文件的组成内容

1）题目。索赔报告的标题应该能够简要准确地概括索赔的中心内容。如"关于某事件的索赔"。

2）事件。详细描述事件过程，主要包括事件发生的工程部位、发生的时间、原因和经过、影响的范围，以及承包人当时采取的防止事件扩大的措施、事件持续时间、承包人已经向业主或工程师报告的次数及日期、最终结束影响的时间、事件处置过程中主要有关人员办理的有关事项等。也包括双方信件交往、会谈，并指出对方如何违约，证据的编号等。

3）理由。是指索赔的依据，主要是法律依据和合同条款的规定。合理引用法律和合同的有关规定，建立事实与损失之间的因果关系，说明索赔的合理合法性。

4）结论。指出事件造成的损失或损害及其大小，主要包括要求补偿的金额及工期。该部分只须列举各项明细数字及汇总数据即可。

5）详细计算书（包括损失估价和延期计算两部分）。为了证实索赔金额和工期的真实性，必须指明计算依据及计算资料的合理性，包括损失费用、工期延长的计算基础、计算方法、计算公式及详细的计算过程及计算结果。

6）附件。包括索赔报告中所列举事实、理由、影响等各种编过号的证明文件和证据、图表。

对于一揽子索赔，其格式比较灵活，实质上是将许多未解决的单项索赔加以分类和综合整理。一揽子索赔文件往往需要很大的篇幅甚至几百页材料来描述其细节。一揽子索赔文件的主要组成部分如下：

1）索赔致函和要点。

2）总情况介绍（叙述施工过程、对方失误等）。

3）索赔总表（将索赔总数细分、编号，每一条目写明索赔内容的名称和索赔额）。

4）上述事件详述。

5）上述事件结论。

6）合同细节和事实情况。

7）分包人索赔。

8）工期延长的计算和损失费用的估算。

9）各种证据材料等。

（2）索赔文件编写要求。编写索赔文件需要实际工作经验，索赔文件如果起草不当，会失去索赔方的有利地位和条件，使正当的索赔要求得不到合理解决。对于重大索赔或一揽子索赔，最好能在律师或索赔专家的指导下进行。编写索赔文件的基本要求如下：

1）事件真实、准确。索赔事件要真实、证据确凿，这关系到承包商的信誉和索赔成功与否。索赔的根据和款额应符合实际情况，不能虚构和扩大，更不能无中生有，这是索赔的基本要求。为了证明事实的准确性，在索赔文件后面要附上相应的证据资料，以便于业主和工程师核查。

2）逻辑性强，责任划分明确。

a. 符合实际的索赔要求，本身就具有说服力，但除此之外索赔文件中责任分析应清楚、准确。一般索赔所针对的事件都是由于非承包人责任而引起的，因此，在索赔报告中要善于引用法律和合同中的有关条款，详细、准确地分析并明确指出对方应负的全部责任，并附上有关证据材料，绝对不能在责任分析上模棱两可、含糊不清。对事件叙述要清楚明确，不应包含任何估计或猜测。

b. 强调事件的不可预见性和突发性。说明即使一个有经验的承包人对所发生的事情也不可能有预见或有准备，也无法制止，并且承包人为了避免和减轻该事件的影响和损失已尽了最大的努力，采取了能够采取的措施，从而使索赔理由更加充分，更易使对方接受。

c. 论述要有逻辑。明确阐述由于索赔事件的发生和影响，使承包人的工程施工受到严重干扰，并为此增加了支出，拖延了工期。应强调索赔事件、对方责任、工程受到的影响和索赔之间有直接的因果关系。

3）计算准确。索赔文件中应完整列入索赔值的详细计算资料，指明计算依据、计算原则、计算方法、计算过程及计算结果的合理性，必要的地方应详细说明。计算结果要反复校核，做到准确无误，要避免高估冒算。计算上的错误，尤其是扩大索赔款的计算错误，会给对方留下恶劣的印象，对方会因此认为所提出的索赔要求太不严肃，其中必有多处弄虚作假的可能性，最终会会直接影响索赔的成功。

4）简明扼要、用词委婉。索赔文件在内容上应组织合理、条理清楚，各种定义、论述、结论正确，逻辑性强，既能完整地反映索赔要求，又要简明扼要，使对方很快地理解索赔的本质。一般可以考虑用金字塔的形式安排编写，如图7-2所示。

图7-2　索赔报告的形式与内容

索赔文件最好采用活页装订、印刷清晰。同时，用语应尽量婉转，避免使用强硬、不客气的语言。索赔的目的就是取得赔偿，说服对方承认自己索赔要求的合理性，而不能损害对方的面子。所以在索赔报告以及索赔谈判中应强调干扰事件的不可预见性，强调不可抗力的原因或应由对方负责的第三者责任，应避免出现对业主代表和工程师当事人个人的指责。

7.1.5　施工合同索赔的处理程序

索赔工作是指对一个（或一些）具体的干扰事件进行索赔所涉及的工作，它包括许多工作内容和过程。索赔工作程序是指从索赔事件产生到最终处理全过程所包括的工作内容和工作步骤。由于索赔工作实质上是承包人和业主在分担工程风险方面的重新分配过程，涉及双方的众多经济利益，因而是一项繁琐、细致、耗费精力和时间的过程。因此，合同双方必须严格按照合同规定办事，按合同规定的索赔程序工作，才能获得成功的索赔。

7.1.5.1　承包商的索赔工作

从总体上分析，承包商的索赔工作包括以下两个方面：

（1）业务性工作。承包商与业主和工程师之间涉及索赔的一些业务性工作，以及工作过程通常由承包合同条件规定。FIDIC 合同条件对索赔程序和争执的解决程序有非常详细和具体的规定。承包商必须严格按照合同规定办事，按合同规定的程序工作。这是索赔有效性的前提条件之一。

（2）内部管理工作。从承包商进行索赔的角度看，内部管理工作是指承包商为了提出索赔要求和使索赔要求得到合理解决必须进行的一些内部管理工作，这些内部管理工作是为索赔的提出和解决服务，应注意以下几点：

1）内部管理工作必须与合同规定的索赔程序同步、协调地进行。

2）内部管理工作又应融合于整个施工项目管理中，在项目实施过程中处理，同时又获得项目管理的各职能人员和职能部门的支持和帮助。

7.1.5.2　承包商的索赔步骤

索赔工作分为两个阶段，即内部处理阶段和解决阶段。每个阶段又分为许多工作。在国际工程中，索赔工作通常可能细分为以下几个步骤：

（1）索赔意向通知。在干扰事件发生后，承包商必须抓住索赔机会，迅速做出反应，在一定时间内（GF-2013-0201 和 FLDIC 条件规定为 28 天），向工程师和业主递交索赔意向通知。该项通知是承包商就具体的干扰事件向工程师和业主表示的索赔愿望和要求，是保护自己索赔权利的措施。如果超过这个期限，工程师和业主有权拒绝承包商的索赔要求。在国际工程中许多承包商因未能遵守这个期限规定，致使合理的索赔要求无效。

例如，"关于工程变更的索赔通知"大致内容如下：

尊敬的×××先生/女士：

根据合同规定，在工程施工期间，我于××年××月××日接到监理工程师关于工程变更的指令：

指令内容：

工程位置：

我方预计这一工程变更将造成额外的工程成本增加和工期延长。为此，我方根据 FIDIC/GF-2013-0201 的××条规定，向你们提出今后要求工期延长和经济补偿的意向通知。

我们将保持尽可能详细的情况记录，或按你们的要求保持情况记录，以证实额外的工程成本发生数值并符合合同条款的××条的延长工期要求。

我们将把自己认为有权索取的经济补偿尽可能详细地列入到合同条款中所要求的定期索赔账单中。

特此通知。

承包商：×××

日期：

在一般情况下，索赔提出并解决得越早，承包商越主动就越有利。而拖延办理索赔事项，会出现很多不利情况，如：

1）可能超过合同规定的索赔有效期，导致索赔要求无效。

2）尽早提出索赔意向，对业主和工程师起提醒作用，敦促他们及早采取措施，消除干扰事件的影响。这对工程整体效益有利，否则承包商有利用业主和工程师过失（干扰事件）扩大损失，以增加索赔值之嫌。

3）拖延会使业主和工程师对索赔的合理性产生怀疑，影响承包商的有利的索赔地位。

4）"夜长梦多"，可能会给索赔的解决带来新的波折，如工程中会出现新的问题，对方有充裕的时间进行反索赔等。

5）尽早提出，尽早解决，则能尽早获得赔偿，增强承包商的财务能力。拖延会使许多单项索赔集中起来，带来处理和解决的困难。当索赔额很大时，尽管承包商有十分的理由，业主会全力反索赔，会要求承包商在最终解决中做出让步。

（2）索赔的内部处理。一经干扰事件发生，承包商就应进行索赔处理工作，直到正式向工程师和业主提交索赔报告。这一阶段包括许多具体、复杂的分析工作。

1）事态调查，即寻找索赔机会。通过对合同实施的跟踪、分析、诊断，发现了索赔机会，则应对该机会进行详细的调查和跟踪，以了解事件经过、前因后果，掌握事件详细情况。在实际工作中，事态调查可以用合同事件调查表进行。只有存在干扰事件，才可能提出索赔。

2）干扰事件原因分析，即分析这些干扰事件是由谁引起的，责任该由谁来负担。一般只有非承包商责任的干扰事件才有可能提出索赔。如果干扰事件责任常常是多方面的，则必须划分各人的责任范围，按责任大小分担损失。

3）索赔根据，即索赔理由，主要是指合同条文，必须按合同判明干扰事件是否违约，是否在合同规定的赔（补）偿范围之内。只有符合合同规定的索赔要求才有合法性，才能成立。对此必须全面分析合同，对一些特殊的事件必须做合同扩展分析。

4）损失调查，即对干扰事件的影响进行分析，主要侧重调查工期的延长和费用的增加。索赔是以赔偿实际损失为原则，如果干扰事件不造成损失，则无索赔可言。

损失调查的重点是收集、分析、对比实际和计划的施工进度，工程成本和费用方面的资料，在此基础上计算索赔值。

5）收集证据。一经干扰事件发生，承包商应按工程师的要求做好并在干扰事件持续期间内保持当时的完整记录，接受工程师的审查。证据是索赔有效的前提条件。如果在索赔报告中提不出证据，索赔要求是不能成立的。通常，承包商最多只能获得有证据能够证实的那部分索赔要求的支付。因此，承包商必须对收集证据的问题有足够的重视。

6）起草索赔报告。索赔报告是上述各项工作的结果和总括，需要由合同管理人员在其他项目管理职能人员的配合和协助下起草。索赔报告表达了承包商的索赔要求和支持这个要求的详细依据。它将由工程师、业主、调解人或仲裁人进行仔细的审查、分析、评价，从而对承包商提出的索赔要求进行判断。因此，索赔报告决定了承包商的索赔地位，是索赔要求能否获得有利和合理解决的关键。

（3）提交索赔报告。承包商必须在合同规定的时间内向工程师和业主提交索赔报告。GF-2013-0201 和 FIDIC 条件都规定，承包商必须在索赔意向通知发出后的 28 天内，或经工程师同意的合理时间内递交索赔报告。如果干扰事件持续时间长，则承包商应按工程师要求的合理时间间隔，提交中间索赔报告（或阶段索赔报告），并于干扰事件影响结束后的 28 天内提交最终索赔报告。

（4）解决索赔。从递交索赔报告到最终获得赔偿的支付是索赔的解决过程。该阶段工作的重点是双方通过谈判、调解或仲裁，使索赔得到合理的解决。从项目管理的角度来说，索赔应得到合理解决，无论是不符合实际情况的超额赔偿，或通过强词夺理、对合理的索赔要求赖着不赔，都不是索赔的合理解决。解决索赔的程序包括：

1）工程师审查分析索赔报告，评价索赔要求的合理性和合法性。如果认为理由或证据不足，可以要求承包商做出解释，进一步补充证据，或要求承包商修改索赔要求。GF-2013-0201 条件规定工程师应在收到索赔报告后 14 天内完成审查并报送发包人。

2）根据工程师的处理意见，业主审查、批准承包商的索赔报告。业主也可能反驳、否定或部分否定承包商的索赔要求。承包商常常需要做进一步的解释和补充证据；工程师也需要就处理意见做出说明。

GF-2013-0201 条件规定发包人应在工程师收到索赔报告或有关索赔的进一步证明材料后的 28 天内，由工程师向承包人出具经发包人签认的索赔处理结果；FIDIC 工程施工合同规定在承包商提出索赔报告后 42 天内，工程师必须对承包商的索赔要求做出答复。

3）三方就索赔的解决进行磋商，达成一致。在这个环节可能有复杂的谈判过程。对达成一致的，或经工程师和业主认可的索赔要求（或部分要求），承包商有权在工程进度付款中获得支付。

如果承包商和业主双方对索赔的解决方案无法达成一致，有一方或双方都不满意工程师的处理意见（或决定），则产生争执。双方必须按照合同规定的程序解决争执，最典型和在国际工程中通用的是 FIDIC 合同条件规定的争执解决程序。

具体工程的索赔工作程序，应根据双方签订的施工合同产生。图 7 - 3 所示为建设工程项目承包人的索赔工作处理程序，可供参考。

7.1.6　施工合同索赔的机会与艺术

索赔工作既有科学严谨的一面，又有艺术灵活的一面。对于一个确定的索赔事件往往没有预定、确定的解决方案，它受制于双方签订的合同文件、各自的工程管理水平和索赔能力，以及处理问题的公正性、合理性等因素。因此，索赔成功不仅需要令人信服的法律依据、充足的理由和正确的计算方法，索赔的策略、技巧和艺术也相当重要。

7.1.6.1　承包商的索赔机会分析

（1）索赔管理的准则。从总体上讲，承包商提出施工合同索赔，应该遵循客观性、合法性和合理性三项准则。客观性指发生的索赔事项是真实存在的，而且导致的损失有证据；合法性是指索赔事实符合法律规定，导致的损失有因果关系；合理性是指索赔事实在合同条款、法令或惯例上是合理的，需要合理论证和合理技术索赔值。

一个索赔事件，可能符合三项、两项或一项准则，图 7 - 4 所示为索赔三项准则之间的关系。处于合法性范围的 1～4 区索赔相对比较容易获得成功；处于 5～7 区的索赔，不是不可以提出，但是由于缺乏合法性，一般不容易获得成功，除非有特殊原因，如道义索赔才可能获得成功。

（2）寻找索赔机会的途径。索赔机会是由于对方的过错或疏忽，可能造成自己额外损失的事件，因此通过干扰事件的分析可以预测可能引起的索赔。业主、工程师或者由业主负责

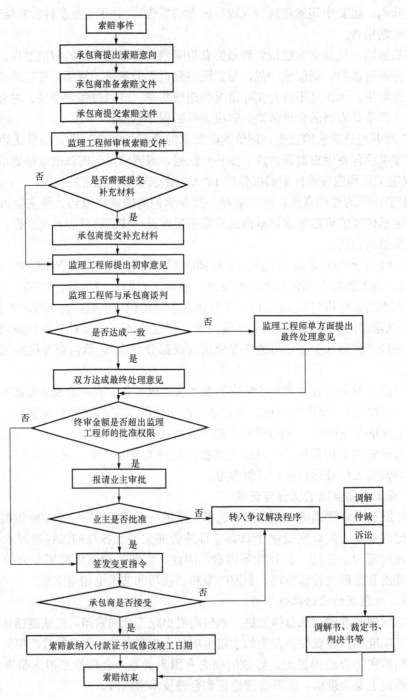

图 7-3 索赔处理流程图

的第三者都可能出现承包商索赔的行为。仅以业主为例，其开工前的违约、供应材料设备违约或者支付工程款违约行为造成承包商索赔的机会如图 7-5～图 7-7 所示。

7.1.6.2 承包商的索赔技巧和艺术

索赔是一门融自然科学、社会科学于一体的边缘科学，涉及工程技术、工程管理、法律、财会、贸易、公共关系等在内的众多学科知识。索赔人员在实践过程中，应注重对这些知识的有机结合和综合应用，不断学习、体会、总结经验教训，才能更好地开展索赔工作。

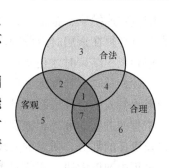

图 7-4　索赔三项准则之间的关系

（1）索赔是一项十分重要和复杂的工作，涉及面广，合同当事人应设专人负责索赔工作，指定专人收集、保管一切可能涉及索赔论证的资料，并加以系统分析研究，做到处理索赔时以事实和数据为依据。对于重大的索赔，双方应不惜重金聘请专家（懂法律和合同，有丰富的施工管理经验，懂会计学，了解施工中的各个环节，善于从图纸、技术规范、合同条款及来往信件中找出矛盾，以及找出有依据的索赔理由的人）指导，组成强有力的谈判小组。

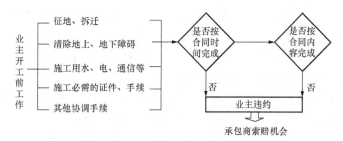

图 7-5　业主开工前工作违约可能

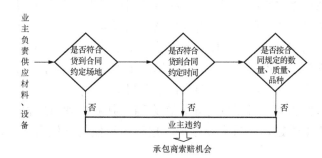

图 7-6　业主供应材料、设备违约可能

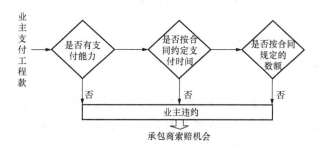

图 7-7　业主支付工程款违约可能

（2）正确把握提出索赔的时机。索赔过早提出，往往容易遭到对方反驳，或在其他方面可能被施加挑剔、报复等；过迟提出，则容易留给对方借口，使索赔要求遭到拒绝。因此，索赔方必须在索赔时效范围内适时提出。如果因为担心影响双方合作关系，而有意将索赔要求拖到工程结束时才正式提出，则可能会事与愿违，适得其反。

（3）及时、合理地处理索赔。索赔发生后，必须依据合同的准则及时对索赔进行处理。如果承包人的合理索赔要求长时间得不到解决，单项工程的索赔积累下来，有时可能影响整个工程的进度。此外，拖到后期综合索赔，往往还牵涉到利息、预期利润补偿、工程结算，以及责任的划分、质量的处理等，大大增加了处理索赔的困难。因此，尽量将单项索赔在执行过程中加以解决，不仅对承包人有益，同时也体现了处理问题的水平，既维护了业主的利益，又照顾了承包人的实际情况。

（4）加强索赔的前瞻性，有效避免过多索赔事件的发生。由于工程项目的复杂多变、现场条件及气候环境的变化、标书及施工说明中的错误等因素不可避免，索赔是不可避免的。在工程的实施过程中，工程师要将预料到的可能发生的问题及时告诉承包人，避免由于工程返工所造成的工程成本上升，这样也可以减轻承包人的压力，减少其想方设法通过索赔途径弥补工程成本上升所造成的利润损失。另外，工程师在项目实施过程中，应对可能引起的索赔有所预测，及时采取补救措施，避免过多索赔事件的发生。

（5）注意索赔程序和索赔文件的要求。承包人应该以正式书面方式向工程师提出索赔意向和索赔文件，索赔文件要求根据充分、条理清楚、数据准确、符合实际。

（6）索赔谈判中注意方式方法。合同一方向对方提出索赔要求，进行索赔谈判时，措词应婉转，说理应透彻，以理服人，而不是得理不让人。应尽量避免使用抗议式提法，在一般情况下少用或不用如"你方违反合同"、"使我方受到严重损害"等类词句，最好采用"请求贵方做公平合理的调整"、"请在×××合同条款下加以考虑"等，既要正确表达自己的索赔要求，又不伤害双方的和气和感情，以达到索赔的良好效果。如果对于索赔方每次合理的索赔要求，对方均拒不合作或置之不理，并严重影响工程的正常进行，则索赔方可以采取较为严厉的措辞和切实可行的手段，以实现自己的索赔目标。

（7）索赔处理时做适当、必要的让步。在索赔谈判和处理时应根据情况做出必要的让步，放弃金额小的小项索赔，坚持大项索赔。这样容易使对方做出让步，达到索赔的最终目的。

（8）发挥公关能力。除了进行书信往来和谈判桌上的交涉外，有时还要发挥索赔人员的公关能力，采用合法的手段和方式，营造适合索赔争议解决的良好环境和氛围，促使索赔问题尽早解决。

7.1.7 施工合同索赔与违约的区别

（1）索赔事件的发生，不一定在合同文件中有约定；而工程合同的违约责任，则必然是合同所约定的。

（2）索赔事件的发生，可以是一定行为造成（包括作为和不作为）的，也可以是不可抗力事件所引起的；而追究违约责任，必须要有合同不能履行或不能完全履行的违约事实的存在，发生不可抗力可以免除追究当事人的违约责任。

（3）索赔事件的发生，可以是合同当事人一方引起的，也可以是任何第三人行为引起的；而违反合同则是由于当事人一方或双方的过错造成的。

（4）一定要有造成损失的结果才能提出索赔，因此索赔具有补偿性；而合同违约不一定要造成损失结果，因为违约具有惩罚性。

（5）索赔的损失结果与被索赔人的行为不一定存在法律上的因果关系，如因业主（发包人）指定分包人原因造成承包人损失的，承包人可以向业主索赔等；而违反合同的行为与违约事实之间存在因果关系。

7.2　工　期　索　赔

所谓工期索赔，是指合同的一方根据建设工程项目合同的规定，在工期超出合同规定的条件下，提出工期补偿要求，以弥补本身遭受的损失。

工程工期是施工合同中的重要条款之一，涉及业主和承包商的多方面权利和义务关系。在工程施工中，常常会发生一些未能预见的干扰事件使施工不能顺利进行，使预定的施工计划受到干扰，结果造成工期延误。

工期延误对合同双方都会造成损失：业主因工程不能及时交付使用，投入生产，不能按计划实现投资目的，失去盈利机会，并增加各种管理费的开支；承包商因工期延长增加支付现场工人工资、机械停置费用、工地管理费、其他附加费用支出等，最终还可能要支付合同规定的误期违约金。

通常，承包商进行工期索赔的目的包括：

（1）免去或推卸自己对已经产生的工期延误的合同责任，使自己不支付或尽可能少支付工期延误的罚款。

（2）确定新的工程竣工日期及相应的保修期。

（3）进行因工期延误而造成的费用损失的索赔。由工期延误而造成的费用索赔值通常比较大。

由此可见，工期索赔和费用索赔是相辅相成、不可分割的，应予整体考虑。

7.2.1　关于工期延误的合同一般规定

如果由于非承包人自身原因造成工程延期，在土木工程合同和房屋建造合同中，通常都规定承包人有权向业主提出工期延长的索赔要求，如果能证实因此造成了额外的损失或开支，承包人还可以要求经济赔偿，这是施工合同赋予承包人要求延长工期的正当权利。

FIDIC 合同条件第 44 条规定："如果由于任何种类的额外或附加工程量，或本合同条件中规定的任何原因的拖延，或异常的恶劣气候条件，或其他可能发生的任何特殊情况，而非由于承包商的违约，使得承包商有理由为完成工程而延长工期，则工程师应确定该项延长的期限，并应相应通知业主和承包商。"

我国建设工程施工合同条件 GF-2013-0201 的第 7 条也对工期可以相应顺延进行了规定。此外，英国 JCT 合同第 23、25 条和 IFC 合同第 2.3、2.4、2.5 条等也有相近的规定。

如果由于承包人自身原因未能在原定的或工程师同意延长的合同工期内竣工，承包人则应承担误期损害赔偿费，这是施工合同赋予业主的正当权利。具体内容主要有两点：

（1）如果承包人没有在合同规定的工期内或按合同有关条款重新确定的延长期限内完成工程，工程师将签署一个承包人延期的证明文件。

（2）根据该证明文件，承包人应承担违约责任，并向业主赔偿合同规定的延期损失。业主可从自己掌握的已属于或应属于承包人的款项中扣除该项赔偿费，且这种扣款或支付，不应解除承包人对完成该项工程的责任或合同规定的承包人的其他责任与义务。

7.2.2　工期延误分类

建设工程施工合同的工期延误意味着工程不能按期投入使用，迫使投产准备时间延长，投产物资准备使资金占用时间增多，市场利润遭遇损失，总建设费用增加。

工期延误按照其发生的原因、索赔结果和时间因素可进行如下分类，见表7-3。

表7-3　　　　　　　　　　　　　　　**工 期 延 误 分 类 表**

工期延误分类	按工期延误原因划分	甲方或甲方代表原因引起的延误	
		乙方原因引起的延误	
		有关第三方原因引起的延误	甲方有关的第三原因引起的延误
			乙方有关的第三原因引起的延误
		不可预见因素引起的延误	不可预见性障碍引起的延误
			不确定性障碍引起的延误
			不可抗力引起的延误
			异常恶劣气候条件引起的延误
			特殊社会条件引起的延误
	按工程延误的可能结果划分	不可补偿延误	
		可补偿延误	可补偿工期的延误
			可补偿工期及补充费用的延误
			不可补偿工期但可补偿用的延误
	按延误之间的时间关联性划分	单一性延误	
		同时性延误	
		交错性延误	
	按延误发生的时间分布划分	关键线路（工序）延期	
		非关键线路（工序）延期	

7.2.2.1　按工程延误原因划分

（1）因业主及工程师原因引起的延误。业主及工程师原因引起的延误一般可分为以下几种，具体包括：

1）业主拖延交付合格的施工现场。在工程项目前期准备阶段，由于业主没有及时完成征地、拆迁、安置等方面的有关前期工作，或未能及时取得有关部门批准的施工执照或准建手续等，造成施工现场交付时间推迟，承包人不能及时进驻现场施工，从而导致工程拖期。

2）业主拖延交付图纸。业主未能按合同规定的时间和数量向承包人提供施工图纸，尤其是目前国内较多设计与施工同时进行的项目，更容易引起工期索赔。

3）业主或工程师拖延审批图纸、施工方案、计划等。

4）业主拖延支付预付款或工程款。

5）业主指定的分包商违约或延误。

6）业主未能及时提供合同规定的材料或设备。

7）业主拖延关键线路上工序的验收时间，造成承包人的下道工序延误。

8）业主或工程师发布指令延误，或发布的指令打乱了承包人的施工计划。

9）业主提供的设计数据或工程数据延误。

10）业主暂停施工导致的延误。

11）业主设计变更或要求修改图纸，导致工程量增加。

12）业主对工程质量的要求超出原合同的约定。

13）业主要求增加额外工程。

14）业主的其他变更指令导致工期延长等。

（2）因承包商原因引起的工期延误。由承包商引起的工期延误一般是其内部计划不周、组织协调不力、指挥管理不当等原因引起的，具体如下：

1）施工组织不当，如出现窝工、停工待料等现象。

2）质量不符合合同要求而造成的返工。

3）资源配置不足，如劳动力不足、机械设备不足或不配套、技术力量薄弱、管理水平低、缺乏流动资金等造成的延误。

4）开工延误。

5）劳动生产率低。

6）承包人雇佣的分包商或供应商引起的延误等。

（3）不可控制因素导致的延误。

1）人力不可抗拒的自然灾害导致的延误。

2）特殊风险，如战争、核装置污染等造成的延误。

3）不利的施工条件或外界阻碍引起的延误等。如施工现场发现化石、文物或未探明的障碍物。

7.2.2.2　按工程延误的可能结果划分

工程延误按照承包人是否应该或能够通过索赔得到合理补偿分为可索赔延误和不可索赔延误。

（1）可索赔延误。可索赔延误是指非承包人原因引起的工程延误，包括业主或工程师的原因和双方不可控制的因素引起的延误，并且该延误工序或作业一般应在关键线路上，此时承包人可提出补偿要求，业主应给予相应的合理补偿。根据补偿内容的不同，可索赔延误可进一步分为以下三种情况：

1）只可索赔工期的延误。该类延误是由业主、承包人双方都不可预料、无法控制的原因造成的延误，如上文所述的不可抗力、异常恶劣气候条件、特殊社会事件、第三方等原因引起的延误。对于该类延误，一般合同规定业主只给予承包人延长工期，不给予费用损失的补偿。但有些合同条件（如 FIDIC）中对一些不可控制因素引起的延误，如"特殊风险"和"业主风险"引起的延误，业主还应给予承包人费用损失的补偿。

2）只可索赔费用的延误。该类延误是指由于业主或工程师的原因引起的延误，但发生延误的活动对总工期没有影响，而承包人却由于该项延误负担了额外的费用损失。在这种情况下，承包人不能要求延长工期，但可要求业主补偿费用损失，前提是承包人必须能证明其受到了损失或发生了额外费用，如因延误造成的人工费增加、材料费增加、劳动生产率降低等。

3）可索赔工期和费用的延误。该类延误主要是由于业主或工程师的原因而直接造成工期延误并导致经济损失。如业主未及时交付合格的施工现场，既造成承包人的经济损失，又侵犯了承包人的工期权利。在这种情况下，承包人不仅有权向业主索赔工期，而且还有权要求业主补偿因延误而发生的、与延误时间相关的费用损失。在正常情况下，对于该类延误，承包人首先应得到工期延长的补偿。但在工程实践中，由于业主对工期要求的特殊性，对于即使因业主原因造成的延误，业主也不批准任何工期的延长，即业主愿意承担工期延误的责任，却不希望延长总工期。业主这种做法实质上是要求承包人加速施工。由于加速施工所采取的各种措施而多支出的费用，就是承包人提出费用补偿的依据。

（2）不可索赔延误。不可索赔延误是指因可预见的条件或在承包人控制之内的情况、或由于承包人自己的问题与过错而引起的延误。如果没有业主或工程师的不合适行为，没有上面所讨论的其他可索赔情况，则承包人必须无条件地按合同规定的时间实施和完成施工任务，而不能获准延长工期，承包人不应向业主提出任何索赔，业主也不会给予工期或费用的补偿。相反，如果承包人未能按期竣工，还应支付误期损失赔偿费。

7.2.2.3　按延误事件之间的时间关联性划分

（1）单一延误。在某一延误事件从发生到终止的时间间隔内，没有其他延误事件发生，则该延误事件引起的延误称为单一延误或非共同延误。

（2）共同延误。当两个或两个以上的单个延误事件从发生到终止的时间完全相同时，这些事件引起的延误称为共同延误。共同延误的补偿分析比单一延误要复杂。

（3）交叉延误。当两个或两个以上的延误事件从发生到终止只有部分时间重合时，称为交叉延误。由于工程项目是一个复杂的系统工程，影响因素众多，常常会出现多种原因引起的延误交织在一起，这种交叉延误的补偿分析比较复杂。实际上，共同延误是交叉延误的一种特殊情况。

7.2.2.4　按延误发生的时间分布划分

（1）关键线路延误。关键线路延误是指发生在工程网络计划关键线路上活动的延误。由于在关键线路上全部工序的总持续时间即为总工期，所以任何工序的延误都会造成总工期的推迟。因此，非承包人原因引起的关键线路延误，必定是可索赔延误。

（2）非关键线路延误。非关键线路延误是指在工程网络计划非关键线路上活动的延误。由于非关键线路上的工序可能存在机动时间，所以当非承包人原因发生非关键线路延误时，会出现两种可能性：

1）延误时间少于该工序的机动时间。在该情况下，所发生的延误不会导致整个工程的工期延误，因而业主一般不会给予工期补偿。但若因延误发生额外开支，承包人可以提出费用补偿要求。

2）延误时间多于该工序的机动时间。此时，非关键线路上的延误会全部或部分转化为关键线路延误，从而成为可索赔延误。

7.2.2.5　工程延误的相关处理原则

（1）工程延误的一般处理原则。上述工程延期的影响因素可以归纳为两大类：

1）合同双方均无过错的原因或因素而引起的延误，主要指不可抗力事件和恶劣气候条件等。

2) 由于业主或工程师原因造成的延误。

一般根据工程惯例，对于第一类原因造成的工程延误，承包人只能要求延长工期，很难或不能要求业主赔偿损失；而对于第二类原因，如果业主的延误已影响了关键线路上的工作，承包人既可要求延长工期，又可要求相应的费用赔偿；如果业主的延误仅影响非关键线路上的工作，且延误后的工作仍属非关键线路，而承包人能证明因为这些延误引起的如劳动窝工、机械停滞费用等损失或额外开支，则承包人不能要求延长工期，但完全有可能要求费用赔偿。

（2）多事件交叉延误的处理观点。多事件交叉条件下工期延误的责任归属和计算原则有如下四种观点：

1) 初始事件原则。初始事件原则是指在多事件交叉时段之前业已发生的事件，承担交叉时段内的全部责任。这种处理原则体现了"逻辑原则"，但是没有考虑交叉时间段内干扰事件的重要性和可能的交互影响，也违背了《合同法》关于"当事人双方都违反合同的，应当各自承担相应责任"的规定，违反了公平原则。

2) 不利于承包商原则。不利于承包商原则的含义是指在交叉时段内，只要出现了承包商的责任或风险，不管其出现次序，亦不论干扰事件的性质，该时段的责任全部由承包商承担。

在新版 FIDIC 条件中对业主做出了更多、更严格的约束，对承包商索赔赋予了更多的权利，并建立了可能更公正的 DBA 程序。不利于承包商原则既不符合逻辑，又违背了公平原则，也与国际惯例相抵。

初始事件原则和不利于承包商原则的最大优势在于能够迅速对交叉时段内的索赔给予定量的判定。

3) 责任分摊原则。责任分摊原则是指当交叉时段的事件由业主、承包商分别承担责任时，按各干扰事件对干扰结果的影响分摊责任，并由干扰事件的责任方分担。

这种折中的处理方式符合公平原则，但是没有定量的概念，很难确定责任比例。

4) 工期从宽、费用从严原则。工期从宽、费用从严原则主要是为了保证合同最终目标的实现，体现了在合作中追求双赢的良性经济关系。因为一旦工期拖延已成为事实，在存在交叉干扰的情况下，不论采取哪种原则，都无法挽回工期损失。不予延期的结果只能使承包商在面临被没收履约保函和承担误期损害赔偿金时，被迫在比原计划更短的时间内完成剩余工程，这将影响到工程质量或安全，实际上最终都会影响到项目的顺利实施，从而影响业主的根本利益。

（3）共同延误和交叉延误的具体处理原则。共同延误可分以下两种情况。

1) 在同一项工作上同时发生两项或两项以上延误，对该情况的基本事件组合及处理原则如下。

a. 可索赔延误与不可索赔延误同时存在。在这种情况下，承包人无权要求延长工期和费用补偿。可索赔延误与不可索赔延误同时发生时，则可索赔延误就变成不可索赔延误，这是工程索赔的惯例之一。

b. 两项或两项以上可索赔工期的延误同时存在，承包人只能得到一项工期补偿。

c. 可索赔工期的延误与可索赔工期和费用的延误同时存在，承包人可获得一项工期和费用补偿。

d. 两项只可索赔费用的延误同时存在，承包人可获得两项费用补偿。

e. 一项可索赔工期的延误与两项可索赔工期和费用的延误同时存在，承包人可获得一项工期和两项费用补偿。即在多项可索赔延误同时存在时，费用补偿可以叠加，工期补偿不能叠加，见图7-8。

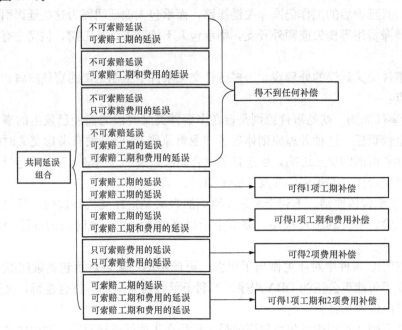

图7-8　共同延误组合及其补偿分析

2) 在不同的工作上同时发生两项或两项以上延误，是从对整个工程的综合影响方面来讲的"共同延误"。该情况比较复杂，由于各项工作在工程总进度表中所处的地位和重要性不同，同等时间的相应延误对工程进度所产生的影响也就不同。所以对这种共同延误的分析就不像第一种情况那样简单。比如，不同工作上业主延误（可索赔延误）和承包人延误（不可索赔延误）同时存在，承包人能否获得工期延长及经济补偿? 对此应通过具体分析才能回答。

首先要分析不同工作上业主延误和承包人延误分别对工程总进度造成了什么影响，然后将两种影响进行比较，对相互重叠部分按第一种情况的原则处理。最后，要看剩余部分是业主延误还是承包人延误造成的。如果是业主延误造成的，则应该对这一部分给予延长工期和经济补偿；如果是承包人延误造成的，就不能给予任何工期延长和经济补偿。对其他几种组合的共同延误也应具体问题具体分析。

对于复杂交叉延误，可能会出现以下几种情况，见图7-9。具体分析如下：

a. 在初始延误是由承包人原因造成的情况下，随之产生的任何非承包人原因的延误都不会对最初的延误性质产生任何影响，直到承包人的延误缘由和影响已不复存在。因此在该延误时间内，业主原因引起的延误和双方不可控制因素引起的延误均为不可索赔延误。见图7-9中（1）～（4）。

b. 如果在承包人的初始延误已解除后，业主原因的延误或双方不可控制因素造成的延误依然在起作用，那么承包人可以对超出部分的时间进行索赔。在图7-9中（2）、（3）

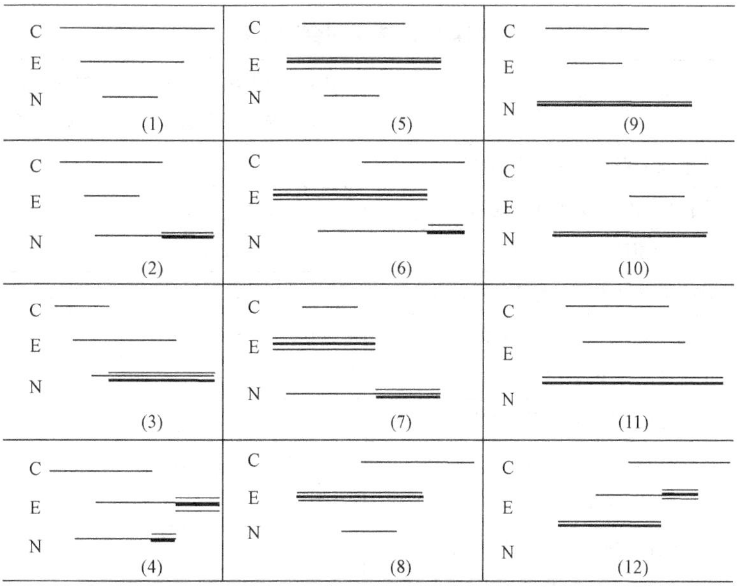

注: C一承包人责任的延误；E一业主责任的延误；N一非双方责任的延误

————　工期不顺延，费用不补偿；　　　━━━　工期可顺延，费用不补偿；

═══　工期可顺延，费用可补偿

图 7-9　工程延误的交叉与补偿分析

情况下，承包人可以获得所示时段的工期延长，并且在图中（4）等情况下还能得到费用补偿。

c. 如果初始延误是由于业主或工程师原因引起的，那么其后由承包人造成的延误将不会使业主摆脱（尽管有时可能减轻）责任。此时承包人将有权获得从业主的延误开始到延误结束期间的工期延长及相应的合理费用补偿，如图 7-9 中（5）～（8）所示。

d. 如果初始延误是由双方不可控制因素引起的，那么在该延误时间内，承包人只可索赔工期，而不能索赔费用，见图 7-9 中（9）～（12）。只有在该延误结束后，承包人才能对由业主或工程师原因造成的延误进行工期和费用索赔，如图 7-9 中（12）所示。

7.2.3　工期索赔依据与成立条件

7.2.3.1　工期索赔依据和证据

（1）工期索赔依据。工期索赔的依据以相关法律规定、合同双方确定的相关合同条款为核心。主要有：

1）合同规定的总工期计划。

2）合同签订后由承包商提交的并经过工程师同意的详细进度计划，如网络图、横道图等。

3）合同双方共同认可的月、季、旬进度实施计划。

此外在合同双方签订的工程施工合同中有许多关于工期索赔的规定，可以作为工期索赔的法律依据，在实际工作中可供参考。

表 7-4 所示为 FIDIC 合同条件（1999 年第 1 版）和我国建设工程施工合同示范文本

（GF-2013-0201）条件中有关工期延误与索赔的规定。

表 7-4　　　　　　　　　　　　　　工期索赔的依据和合同规定

序号	干 扰 事 件	FIDIC 合同条件（1999 年第 1 版）相应条目	建设工程施工合同示范文本（GF-2013-0201）相应条目
一	由于业主或工程师失误造成的延误		
1	业主拖延交付合格的施工现场	2.1，4.7	2.4.4，7.5.1
2	业主拖延交付图纸	1.9，20.1	1.6.1，4.1，7.5.1
3	业主或工程师拖延审批图纸、施工方案、计划等	8.3	7.1.2，7.2.2，7.3.2
4	业主拖延支付工程款或预付款	14.8，16.2，16.4	12.2.1，12.4.4，12.4.6
5	业主指定的分包商违约或延误	5.2	
6	业主未能及时提供合同规定的材料或设备	4.20	8.3.1，8.5.3
7	业主施延验收时间	9.2，10.1～10.3	13.1.2
8	其他	2.2	
二	因业主或工程师的额外要求导致延误		
1	业主要求修改图纸	3.3	
2	业主对质量要求提高		
3	业主指令打乱了施工计划		7.8.1
4	业主要求增加额外工程		
5	业主的其他变更指令	4.6，8.9，13.3	4.3，10.3.3，10.6
三	双方不可控制因素导致的延误		
1	人力不可抗拒的自然灾害	4.12，8.4，19.4，19.6	17.3.1，17.3.2
2	特殊风险	8.4，8.5，13.7，17.4	
3	不利的施工条件或外界阻碍	4.22	1.9，7.6，7.7
四	其他因素		
1	由于合同文件模糊		
2	其他		2.1，5.1.2，5.2.3，5.3.2

（2）工期索赔证据。在建设工程施工过程中，可以作为工期索赔的证据主要有：

1）合同双方共同认可的对工期的修改文件，如确认信、会谈纪要、来往信件等。

2）业主、工程师和承包商共同商定的月进度计划的调整计划。

3）受干扰后实际工程进度，如施工日记、工程进度表、进度报告、气象资料等。

4）业主或工程师的变更指令。

5）影响工期的干扰事件。

6）其他有关工期的资料等。

在每个月的月底及在干扰事件发生时，承包商都应分析对比上述资料，从而发现工期拖延的实际情况，分析拖延原因，进而提出有说服力的索赔要求。

7.2.3.2　工期索赔成立的条件

建设工程施工过程中，并不是所有的工期拖延都可以获得工期补偿。承包商能够成功进行工期索赔的主要条件有：

（1）发生了非承包商自身原因的索赔事件。

（2）索赔事件造成了总工期的延误。

7.2.4　工期索赔流程

7.2.4.1　工期索赔分析流程

工期索赔的分析流程包括延误原因分析、网络计划（CPM）分析、业主责任分析和索赔结果分析等步骤，如图 7-10 所示。

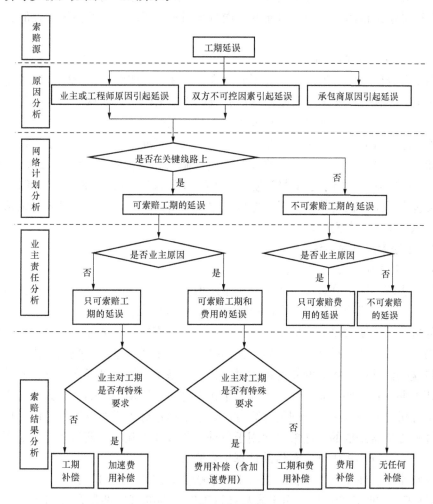

图 7-10　工期索赔的分析流程图

（1）原因分析。分析引起工期延误是哪一方的原因，如果是由于承包人自身原因造成的，则不能索赔，反之则可索赔。

（2）网络计划分析。运用网络计划（CPM）方法分析延误事件是否发生在关键线路上，以决定延误是否可索赔。注意关键线路并不是固定的，随着工程进展，关键线路也在变化，而且是动态变化。关键线路的确定，必须依据最新批准的工程进度计划。在工程索赔中，一般只限于考虑关键线路上的延误，或者一条非关键线路因延误已变成关键线路。

（3）业主责任分析。结合 CPM 分析结果进行业主责任分析，主要是为了确定延误是否能索赔费用。若发生在关键线路上的延误是由于业主原因造成的，则这种延误不仅可索赔工期，而且可索赔因延误而发生的额外费用；否则只能索赔工期。若由于业主原因造成的延误发生在非关键线路上，则只可能索赔费用。

（4）索赔结果分析。在承包人索赔已经成立的情况下，根据业主是否对工期有特殊要求，分析工期索赔的可能结果。如果由于某种特殊原因，工程竣工日期客观上不能改变，即对索赔工期的延误，业主也可以不给予工期延长。这时，业主的行为已实质上构成隐含指令加速施工。因此，业主应当支付承包人采取加速施工措施而额外增加的费用，即加速费用补偿。此处费用补偿是指因业主原因引起的延误时间因素造成承包人负担了额外的费用而得到的合理补偿。

7.2.4.2　工期索赔的程序

不同的工程合同条件对工期索赔有不同的规定。在工程实践中，承包人应紧密结合具体工程的合同条件，在规定的索赔时限内提出有效的工期索赔。下面从承包人的角度来分析几种不同合同条件下进行工期索赔时承包人的职责和一般程序。

建设工程施工合同条件（GF-2013-0201）第7条"工期延误"中规定了工期相应顺延的前提条件和程序（详见5.3.7.5施工阶段的进度控制的相关内容）。此外，建设工程施工合同条件第19条"索赔"中规定如果发包人未能按合同约定履行自己的各项义务或发生错误，以及应由发包人承担责任的其他情况，造成承包人工期延误的，承包人可按照索赔条款规定的程序向发包人提出工期索赔。

7.2.5　工期索赔计算方法

7.2.5.1　网络分析法

（1）分析思路。网络分析法是通过分析索赔事件发生前后的网络计划，对比前后两种工期计算的结果，确定干扰事件对工期的影响值，即工期索赔值。

网络分析法下工期索赔的一般思路是：假设工程一直按原网络计划确定的施工顺序和时间施工，当一个或一些干扰事件发生后，使网络中的某个或某些活动受到干扰而延长施工持续时间。将这些活动受干扰后的新的持续时间代入网络中，重新进行网络分析和计算，即会得到一个新工期。新工期与原工期之差即为干扰事件对总工期的影响，即为承包人的工期索赔值。网络分析是一种科学、合理的计算方法，它是通过分析干扰事件发生前、后网络计划的差异来计算工期索赔值的，通常可适用于各种干扰事件引起的工期索赔。但对于大型、复杂的工程，手工计算比较困难，需借助计算机来完成。

（2）注意事项。使用网络分析法进行工期索赔需要注意下列事项：

1）实际工作中时差的使用。由于多数导致工期延误的事件都是在合同实施过程中发生的，有许多活动已经完成或已经开始。这些活动可能已经占用线路上的时差，在进行网络分析时要特别注意。

2）在实际工程中，网络活动数量巨大，可能会出现工期延误事件较多的情况，许多因素综合影响，会使实际的网络计划与预计的网络计划大相径庭，这就需要丰富的实践经验。

7.2.5.2　比例类推法

在实际工程中，若干扰事件仅影响某些单项工程、单位工程或分部分项工程的工期，要分析它们对总工期的影响，可采用较简单的比例类推法。比例类推法可分为下列两种情况。

1）按工程量进行比例类推。当计算出某一分部分项工程的工期延长后，还要把局部工期转变为整体工期，这可以用局部工程的工作量占整个工程工作量的比例来折算。

按工程量进行比例类推计算工期索赔值的公式为

$$工期索赔值 = 原工期 \times \frac{额外或新增工程量}{原工程量}$$

假设某工程基础施工中，出现了不利的地址阻碍，业主指令承包商进行处理，土方工程量由原来的 2760m³ 增至 3280m³，原定工期为 45 天。因此承包商可提出工期索赔值为

$$工期索赔值 = 原工期 \times \frac{额外或新增工程量}{原工程量} = 45 \times \frac{3280 - 2760}{2760} \approx 8.5(天)$$

若上例中合同规定 10% 范围内的工程量增加为承包商应承担的风险，则工期索赔值为

$$工期索赔值 = 45 \times \frac{3280 - 2760 \times (1 + 10\%)}{2760} \approx 4(天)$$

2）按造价进行比例类推。若施工中出现了很多大小不等的工期索赔事由，较难准确地单独计算且又麻烦，可经双方协商，采用造价比较法确定工期补偿天数。

按造价进行比例类推计算工期索赔的公式为

$$工期索赔值 = 原合同工期 \times \frac{附加或新增工程量价值}{原合同总价}$$

假设某工程合同总价为 380 万元，总工期为 15 个月。施工过程中，业主指令增加额外工程 76 万元，则承包商提出的工期索赔值为

$$工期索赔值 = 原合同工期 \times \frac{附加或新增工程量价值}{原合同总价} = 15 \times \frac{76}{380} = 3(月)$$

3）按单项工程工期拖延的平均值计算。

假设某工程有 A、B、C、D、E 5 个单项工程。合同规定由业主提供水泥。在实际施工中，业主没能按合同规定的日期供应水泥，造成工程停工待料。根据现场工程资料和合同双方的通信等证明，由于业主水泥提供不及时对工程施工造成如下影响：①A 单项工程 500m³ 混凝土基础推迟 21 天；②B 单项工程 850m³ 混凝土基础推迟 7 天；③C 单项工程 225m³ 混凝土基础推迟 10 天；④D 单项工程 480m³ 混凝土基础推迟 10 天；⑤E 单项工程 120m³ 混凝土基础推迟 27 天。

承包商在一揽子索赔中，对业主材料供应不及时造成工期延长提出索赔工期索赔值为

$$总延长天数 = 21 + 7 + 10 + 10 + 27 = 75(天)$$
$$平均延长天数 = 75 \div 5 = 15(天)$$
$$工期索赔值 = 15 + 5 = 20(天)$$

附加 5 天为考虑它们的不均匀性对总工期的影响。

4）比例类推法的特点。

a. 计算简单、方便，不需做复杂的网络分析，较易接受，因此使用也比较多。

b. 常常不符合实际情况，不够合理和科学。因为从网络分析可以看到，关键线路活动的任何延长，即为总工期的延长，而非关键线路活动延长常常对总工期没有影响，所以不能统一以合同价格比例折算。按单项工程平均值计算同样有这个问题。

c. 该分析方法对有些情况不适用。如业主变更工程施工次序，业主指令采取加速措施，业主指令删减工程量或部分工程等，如果仍用该方法，会得到错误的结果。在实际工作中应予以注意。

d. 对工程变更，特别是工程量增加所引起的工期索赔，采用比例计算法存在一个很大的缺陷。由于干扰事件是在工程过程中发生的，承包商没有一个合理的计划期，而合同工期和价格是在合同签订前确定的，承包商有一个合理的做标期。所以它们是不可比的。工程变更会造成施工现场的停工、返工，计划要重新修改，承包商要增加或重新安排劳动力、材料和设备，会引起施工现场的混乱和低效率。这样工程变更的实际影响比按比例法计算的结果要大得多。在这种情况下，工期索赔常常是由施工现场的实际记录决定的。

7.2.5.3 其他方法

在实际工程中，工期补偿天数的确定方法可以是多样的。例如在干扰事件发生前由双方商讨，在变更协议或其他附加协议中直接确定补偿天数；或按实际工期延长记录确定补偿天数等。

（1）直接法。有时干扰事件直接发生在关键线路上或一次性地发生在一个项目上，造成总工期的延误。这时可通过查看施工日志、变更指令等资料，直接将这些资料中记载的延误时间作为工期索赔值。如承包人按工程师的书面工程变更指令，完成变更工程所用的实际工时即为工期索赔值。

如某高层住宅楼工程，开工初期业主提供的地下管网坐标资料不准确，经双方协商，由承包人经过多次重新测算得出准确资料，花费5周时间。在此期间，整个工程几乎陷于停工状态，于是承包人直接向业主提出5周的工期索赔。

（2）工时分析法。某一工种的分项工程项目延误事件发生后，按实际施工的程序统计出所用的工时总量，然后按延误期间承担该分项工程工种的全部人员投入来计算要延长的工期。

以某山体排水洞北坡二期工程工期索赔的情况为例。

某山体排水洞北坡二期工程共4条排水洞，合同总金额1398万元人民币，总工期18个月。其中洞挖目标工期N4洞为12个月，N3洞为15个月，工程每提前或延误一天，奖励或罚款都是2万元，奖罚最高金额为100万元。

工程于1995年10月10日开工，按合同18个月总工期要求，应于1997年4月10日完工，工程实际完工时间为1997年3月18日，较合同要求提前32天。由于工期与奖罚紧密挂钩，施工单位对施工过程中业主原因造成的停水、停电、供图滞后等影响的工期提出索赔167天。监理工程师在收到索赔文件后，对每项影响进行了认真细致的审核，提出索赔处理意见，并组织业主、承包商协商谈判，确定补偿工期的原则。

（1）由于设计变更，N3洞洞长由原来的1303.88m缩短为830.38m。因此，该项目关键线路由原来的N3洞调整为N4洞，N4洞长为1219.12m，在监理的协调下，双方同意将总工期由18个月调整为17个月，并按此工期考虑奖罚。

（2）停水、停电影响。严格按合同划分的责任范围审查，属于业主责任的水厂或变电站、水电主干线的停水、停电可以索赔，支线以下由承包商负责，停工时间按现场监理签认的时间为准，两种影响出现交叉重复时只计一种。

（3）设计变更。原设计N4排水洞桩号0+077.00～0+832.00和+929.00～0+986.56为素混凝土衬砌，根据开挖后观察到的地质情况，改变为钢筋混凝土衬砌，为此施工单位提出索赔工期27天。经分析，改为钢筋混凝土衬砌，只增加钢筋制作安装工序，监理根据增加的钢筋数量，只同意补偿7天。

（4）业主违约供图。根据投标施工组织设计文件，排水孔施工详图提供的时间应在 1995 年 12 月底，但直至 1996 年 9 月 3 日才提交图纸。施工单位据此提出索赔，索赔时间为 1996 年 1 月～1996 年 9 月，期间安排排水孔的施工时间为 72 天。监理依据合同文件，确认索赔理由成立，同意索赔，并根据施工单位实际安排施工的时间，确认索赔从 8 月 6 日起算，审查同意顺延工期 29 天。

（5）外界干扰。北坡二期排水洞与地下输水系统施工分支洞贯通后，输水系统的炮烟及施工机械尾气涌入排水洞工作面，影响了排水洞施工，施工单位提出工期索赔。监理工程师在事件发生后，及时登记备案并进行跟踪，最终认为排水洞与施工支洞贯通在招标时未标明，这是一个有经验承包商所无法预见的，因此同意索赔，但对于与停水、停电、供图影响重复的予以剔除；根据分析结果，影响底板找平混凝土施工，同意索赔工期 3 天。

在以上分析基础上，监理同意顺延工期 59 天，即由 1997 年 3 月 10 日顺延至 1997 年 5 月 8 日。实际工程完工时间为 1997 年 3 月 18 日，因此，核准排水洞二期北坡工程提前于合同执行工期 51 天完成，同意奖励 100 万元人民币。对此工期索赔的处理结果，由于监理工程师坚持实事求是、公平公正的原则，并有详细的施工记录，受理索赔过程中还充分听取甲乙双方的意见，对影响工期的各种原因分析有理有据，所以合同甲乙双方均理解并接受。

7.3 费 用 索 赔

7.3.1 费用索赔的概述

7.3.1.1 费用索赔的含义

费用索赔是指承包商向业主要求补偿不应该由承包商承担的经济损失或额外开支，是工程索赔的核心。索赔费用不应被视为承包商的意外收入，也不应被视为业主的不必要开支。

实际上，费用索赔的存在是建立合同时无法确定的某些应由业主承担的风险因素而导致的结果。承包商的投标报价中一般不考虑应由业主承担的风险对报价的影响，因此，一旦这类风险发生并影响承包商的工程成本，承包商提出费用索赔是一种正常现象，也是合情合理的行为。

7.3.1.2 费用索赔的特点

费用索赔是工程索赔的重要组成部分，是承包商进行索赔的主要目标。与工期索赔相比，费用索赔具有以下特点：

（1）费用索赔的成功与否及其获赔数额多少事关承包商的盈亏，也影响业主工程项目的建设成本，因而费用索赔常常是最困难、也是双方分歧最大的索赔。特别是对于发生亏损或接近亏损的承包商和财务状况不佳的业主，情况更是如此。

（2）费用索赔的计算比索赔资格或权利的确认更为复杂。费用索赔的计算不仅要依据合同条款和合同规定的计算原则和方法，而且还要依据承包商投标时采用的计算基础和方法，以及承包商的历史资料等。费用索赔的计算没有统一的合同双方共同认可的计算方法，因此费用索赔的确定及认可是费用索赔中一项困难的工作。

（3）在工程实践中，常常是许多干扰事件交织在一起，承包商成本的增加或工期延长的发生时间及其原因也常常相互交织在一起，很难清楚、准确地划分，尤其是对于一揽子综合索赔。对于像生产率降低损失及工程延误引起的承包商利润和企业管理费损失等费用的确定，很难准确计算出来，双方往往有很大分歧。

7.3.1.3　费用索赔的原因

引起费用索赔的原因是合同环境发生变化使承包商遭受了额外的经济损失。产生费用索赔的常见原因包括以下几类。

（1）施工现场条件变化引起的费用索赔。施工现场条件变化是指在施工过程中，承包商"遇到了一个有经验的承包商不可能预见到的不利的自然条件或障碍"，因而承包商为完成合同要花费计划外开支，按照国际惯例，应得到业主的补偿。

施工现场条件变化主要是指施工现场地下的条件变化，在国际工程施工中，施工现场条件的变化可以分为两类：

1）与招标文件描述的现场条件严重不符，且承包商在现场考察也无法预见。如在实际地下水位位置与招标文件中的数据相差悬殊。该类现场条件的变化会导致工程量的变化和承包商费用的增加，承包商可以据此向业主提出索赔。

例如某工程在基础工程施工中，因地质条件与合同规定不符，发生了工程量增大的情况，原计划土方量为 4500m³，实际达到 5780m³，合同规定承包人应承担 5% 的工程量增加的风险，管理费率（综合）为 20%。因此，承包人提出如下费用索赔：

$$承包商应承担的土方量 = 4500 \times (1+5\%) = 4725(m^3)$$
$$业主应承担的土方量 = 5780 - 4725 = 1055(m^3)$$
$$土方挖、运、回填直接费用 = 1055 \times 20 元/m^3 = 21\,100(元)$$
$$管理费(综合) = 21\,100 \times 20\% = 4220(元)$$

合计 25 320 元，即承包人提出费用索赔 25 320 元。

2）招标文件中没有提到，是完成未预料到的不利现场条件。该类不利的现场条件是业主与承包商都难以预见到的，如在开挖基础时发现古墓、化石，或遇到高度腐蚀性的地下水、有毒气体等。该类现场条件的变化是业主应承担的风险，承包商可以提出索赔。

例如某高速公路一标段工程，施工难度大，地质条件复杂，质量要求高。承包商与业主合同规定土方比例按土∶软石∶坚石＝2∶2∶6 计价，其中土每方 4.80 元，软石每方 13.5 元，坚石每方 18.5 元。则土方的每方单价平均数为

$$20\% \times 4.80 + 20\% \times 13.5 + 60\% \times 18.5 = 14.76(元)$$

而实际开挖中，土∶软石∶坚石＝1∶2∶7，坚石的比例较高，造成承包商费用增加。承包商向业主和工程师提出费用索赔。

工程师提出处理意见：原设计与实际情况有出入，经业主、勘察设计部门、承包商等实际勘测协商，同意实际调整为土∶软石∶坚石＝1∶2∶7 则其平均单价为

$$10\% \times 4.80 + 20\% \times 13.5 + 70\% \times 18.5 = 16.13(元)$$

业主最终同意了承包商的索赔要求。

（2）工程范围变更引起的费用索赔。工程范围变更是指业主和工程师指令承包商完成某项工作，而承包商认为该项工作超出了原合同的工作范围，或超出了投标时估价的施工条件，因而要求补偿其附加开支，即新增开支。

根据 FIDIC 合同条件的规定，工程范围变更表现在两个方面：

1）合同方面的变更。即对原合同条件的修改和补充协议，包括增加工作范围外的任务，改变合同工期，改变合同规定的程序和方法，改变合同某一方面原承诺提供的条件或改变合

同双方责任、权利、义务的规定。

2）狭义的工程变更。即在合同范围内的修改与补充，对全部工程项目或部分工程项目做的任何变更，包括工程量的增加，工程任务的增减，改变质量标准或类型，改变某部分工程的位置、高程、基线和尺寸，增加附加工程，改变施工工序或工作时间等。

在工程范围变更索赔中，应区分附加工程和额外工程，它们在工程索赔中有不同的处理方法。附加工程可以根据承包商在投标时相应工作的报价，直接计算索赔额；额外工程则需双方重新协商定价。

（3）业主原因引起的费用索赔。业主因为未按合同规定的时间向承包商提供施工现场或道路、未按时提供设计图纸等情况导致工程延期，从而使承包商为完成合同花费了更长的时间和更大的开支。业主原因引起的工程延误的具体情况参见 7.2.2.1。

（4）加速施工导致费用索赔。非承包商原因导致工程延误，业主有两种选择。一种选择是给承包商延长工期，允许整个工程项目的竣工日期相应拖延；另一种选择是要求承包商采取加速施工的措施，增加工程成本，按计划工期建成投产。

业主在决定采取加速施工时，向承包商发出书面指令，并对承包商拟采取的加速施工措施进行审批，同时明确加速施工费用的支付问题。承包商根据加速施工指令，分析其成本，向业主提出书面索赔文件。

承包商在采取加速施工措施时所形成的附加开支主要包括：

1）采购或租赁原施工组织设计中没有考虑的新的施工机械和相关设备。

2）增加施工的工人数量，或采取加班施工。

3）增加建筑材料和生活物资的供应量。

4）采取奖励制度，提供劳动生产率。

5）工地管理费增加。

加速施工会导致工程成本增加，承包商采取加速施工措施一定要确定得到业主和工程师的书面认可。在施工拖期责任归属不明的情况下，未经业主书面认可，承包商采取加速施工措施，会为将来加速施工索赔埋下隐患。

例如某工程地下室施工中，发现有残余的古建筑基础。有关部门对该古建筑基础进行了考古研究，决定对其开挖，然后由承包人继续施工，其间共延误工期 50 天。该事件后，业主要求承包人加速施工，赶回延误损失。因此承包人向业主提出工程加速索赔累计 131 万人民币。

（5）其他。如业主指定分包商违约、合同缺陷、国家政策及法律、法令变更等。

7.3.2　费用索赔的费用构成

7.3.2.1　可索赔费用的分类

（1）按可索赔费用的性质划分。在工程实践中，承包人的费用索赔包括额外工作索赔和损失索赔。额外工作索赔费用包括额外工作实际成本及其相应利润。对于额外工作索赔，业主一般以原合同中的适用价格为基础，或者以双方商定的价格或工程师确定的合理价格为基础给予补偿。实际上，进行合同变更、追加额外工作，可索赔费用的计算相当于一项工作的重新报价。损失索赔包括实际损失索赔和可得利益索赔。实际损失是指承包人多支出的额外成本；可得利益是指如果业主不违反合同，承包人本应取得的、但因业主违约而丧失了的利益。

计算额外工作索赔和损失索赔的主要区别是：前者的计算基础是价格，而后者的计算基础是成本。

（2）按可索赔费用的构成划分。可索赔费用按项目构成可分为直接费和间接费。其中直接费包括人工费、材料费、机械设备费、分包费，间接费包括现场和公司总部管理费、保险费、利息及保函手续费等项目。可索赔费用计算的基本方法是按上述费用构成项目分别分析、计算，最后汇总求出总的索赔费用。

按照工程惯例，承包人对索赔事项的发生原因负有责任的有关费用，承包人对索赔事项未采取减轻措施、因而扩大的损失费用，承包人进行索赔工作的准备费用，索赔金额在索赔处理期间的利息、仲裁费用、诉讼费用等是不能索赔的，不应将这些费用包含在索赔费用中。

7.3.2.2　常见索赔事件的费用构成

索赔费用的主要组成部分，与建设工程施工合同价的组成部分相似。由于我国关于施工合同价的构成规定与国际惯例不尽一致，所以在索赔费用的组成内容上也有所差异。按照我国现行规定，建筑安装工程合同价一般包括直接费、间接费、计划利润和税金。而国际上的惯例是将建设工程合同价分为直接费、间接费、利润三部分。

从原则上说，凡是承包人有索赔权的工程成本的增加，都可以列入索赔的费用。但是，对于不同原因引起的索赔，可索赔费用的具体内容则有所不同。索赔方应根据索赔事件的性质，分析其具体的费用构成内容。表 7-5 所示为工期延误、工程加速、工程中断和工程量增加等索赔事件可能的费用项目。

表 7-5　　　　　　　　　　　索赔事件的费用项目构成示例

索赔事件	可能的费用项目	说　明
工程延误	（1）人工费增加	包括工资上涨、现场停工、窝工、生产效率降低、不合理使用劳动等损失
	（2）材料费增加	因工期延长引起的材料价格上涨
	（3）机械设备费增加	设备因延期的折旧费、保养费、进出场费或租赁费等
	（4）现场管理费增加	包括现场管理人员的工资、津贴等，现场办公设施，现场日常管理费支出，交通费等
	（5）因工期延长的通货膨胀使工程成本增加	
	（6）相应保险费、保函费增加	
	（7）分包商索赔	分包商因延期向承包商提出的费用索赔
	（8）总部管理费公摊增加	因延期造成公司总部管理增加
	（9）推迟支付引起的兑换率损失	工程延期引起支付延迟
工程加速	（1）人工费增加	因业主指令工程加速造成增加劳动投入、不经济地使用劳动力、生产效率降低等
	（2）材料费增加	不经济地使用材料，材料提前交货的费用补偿，材料运输费增加
	（3）机械设备费增加	增加机械投入，不经济地使用机械

续表

索赔事件	可能的费用项目	说　明
工程加速	（4）现场管理费增加	应扣除因工期缩短减少的现场管理费
	（5）资金成本增加	费用增加和支出提前引起负现金流量所支付的利息
工程中断	（1）人工费增加	如留守人员工资、人员的遣返和重新招聘费、对工人的赔偿等
	（2）机械设备费增加	设备停置费、额外的进程场费、租赁机械的费用等
	（3）保函、保险费、银行手续费	
	（4）贷款利息	
	（5）总部管理费	
	（6）其他额外费用	如停工、复工所产生的额外费用，工地重新整理等费用
工程量增加	费用构成与合同报价相同	合同规定承包商应承担一定比例（如 5%～10%）的工程量增加风险，超出部分才给予补偿；合同规定工程量增加超出一定比例时（如 15%～20%）可调整单价，否则合同单价不变

　　此外，索赔费用项目的构成会随工程所在地国家或地区的不同而不同，即使在同一国家或地区，随着合同条件具体规定的不同，索赔费用的项目构成也会不同。美国工程索赔专家 J. J. Adrian 在其《Construction Claims》一书中总结了索赔类型与索赔费用构成的关系，如表 7-6 所示。

表 7-6　　　　　　　　　　索赔类型与索赔费用构成关系表

序号	索赔费用项目	索　赔　类　型			
		延误索赔	工程范围变更索赔	加速施工索赔	现场条件变更索赔
1	人工工时增加费	×	√	×	√
2	生产率降低引起人工损失	√	○	√	○
3	人工单价上涨费	√	○	√	○
4	材料用量增加费	×	√	○	○
5	材料单价上涨费	√	√	○	○
6	新增的分包工程量	×	√	×	○
7	新增的分包工程单价上涨费	√	○	○	√
8	租赁设备费	○	√	√	√
9	自有机械设备使用费	√	√	○	√
10	自有机械台班费率上涨费	○	×	○	○
11	现场管理费（可变）	○	○	○	√
12	现场管理费（固定）	√	×	×	○
13	总部管理费（可变）	○	○	○	○
14	总部管理费（固定）	√	○	×	○
15	融资成本（利息）	√	○	○	○
16	利润	○	√	○	√
17	机会利润损失	○	○	○	○

注　"√"表示一般情况下应包含；"×"表示不包含；"○"表示可包含可不包含，视情况而定。

7.3.2.3　索赔费用主要包括的项目

（1）人工费。人工费主要包括生产工人的工资、津贴、加班费、奖金等。索赔费用中的人工费主要是指完成合同之外的额外工作所花费的人工费用；由于非承包人责任的工效降低所增加的人工费用；超过法定工作时间的加班费用；法定的人工费增长，以及非承包人责任造成的工程延误导致的人员窝工费；相应增加的人身保险和各种社会保险支出等。

在以下几种情况下，承包人可以提出人工费的索赔：

1）因业主增加额外工程，或因业主或工程师原因造成工程延误，导致承包人人工单价的上涨和工作时间的延长。

2）工程所在国法律、法规、政策等变化而导致承包人人工费用方面的额外增加，如提高当地雇佣工人的工资标准、福利待遇或增加保险费用等。

3）若由于业主或工程师原因造成的延误或对工程的不合理干扰打乱了承包人的施工计划，致使承包人劳动生产率降低，导致人工工时增加的损失，承包人有权向业主提出生产率降低损失的索赔。

（2）材料费。在以下两种情况下，承包人可提出材料费的索赔：

1）由于业主或工程师要求追加额外工作、变更工作性质、改变施工方法等，造成承包人的材料耗用量增加，包括使用数量的增加和材料品种或种类的改变。

2）在工程变更或业主延误时，可能会造成承包人材料库存时间延长、材料采购滞后或采用代用材料等，从而引起材料单位成本的增加。

可索赔的材料费主要包括：

1）由于索赔事项导致材料实际用量超过计划用量而增加的材料费。

2）由于客观原因导致材料价格大幅度上涨。

3）由于非承包人责任工程延误导致的材料价格上涨。

4）由于非承包人原因导致材料运杂费、采购与保管费用的上涨。

5）由于非承包人原因导致额外低值易耗品使用等。

（3）机械设备使用费。可索赔的机械设备费主要包括：

1）由于完成额外工作增加的机械设备使用费。

2）非承包人责任导致的工效降低而增加的机械设备闲置、折旧和修理费分摊、租赁费用。

3）由于业主或工程师原因造成的机械设备停工的窝工费。机械设备台班窝工费的计算，如为租赁设备，一般按实际台班租金加上每台班分摊的机械调进调出费计算；如为承包人自有设备，一般按台班折旧费计算，而不能按全部台班费计算，因台班费中包括了设备使用费。

4）非承包人原因增加的设备保险费、运费及进口关税等。

（4）现场管理费。现场管理费是某单个合同发生的、用于现场管理的总费用，一般包括现场管理人员的费用、办公费、通信费、差旅费、固定资产使用费、工具用具使用费、保险费、工程排污费、供热费、供水费及照明费等。现场管理费一般占工程总成本的 5%～10%。索赔费用中的现场管理费是指承包人完成额外工程、索赔事项工作，以及工期延长、延误期间的工地管理费。在确定分析索赔费用时，有时把现场管理费具体又分为可变部分和固定部分。可变部分是指在延期过程中可以调到其他工程部位（或其他工程项目）的人员和设施；固定部分是指施工期间不易调动的人员或设施。

（5）总部管理费。总部管理费是承包人企业总部发生的、为整个企业的经营运作提供支持和服务所发生的管理费用，一般包括总部管理人员费用、企业经营活动费用、差旅交通费、办公费、通信费、固定资产折旧、修理费、职工教育培训费用、保险费、税金等，一般占企业总营业额的 3%～10%。索赔费用中的总部管理费主要指工程延误期间所增加的管理费。

（6）利息。利息又称融资成本或资金成本，是企业取得和使用资金所付出的代价。融资成本主要有额外贷款的利息支出和使用自有资金引起的机会损失两种。只要因业主违约（如业主拖延或拒绝支付各种工程款、预付款或拖延退还扣留的保留金）或其他合法索赔事项直接引起了额外贷款，承包人有权向业主就相关的利息支出提出索赔。利息的索赔通常在下列情况下发生：

1）业主拖延支付预付款、工程进度款或索赔款等，给承包人造成较严重的经济损失，承包人因而提出拖付款的利息索赔。

2）由于工程变更和工期延误增加投资的利息。

3）施工过程中业主错误扣款的利息。

（7）分包商费用。索赔费用中的分包费用是指分包商的索赔款项，一般也包括人工费、材料费、施工机械设备使用费等。因业主或工程师原因造成分包商的额外损失，分包商首先应向承包人提出索赔要求和索赔报告，然后以承包人的名义向业主提出分包工程增加费及相应管理费用索赔。

（8）利润。对于不同性质的索赔，取得利润索赔的成功率是不同的。在以下几种情况下，承包人一般可以提出利润索赔：

1）因设计变更等变更引起的工程量增加。

2）施工条件变化导致的索赔。

3）施工范围变更导致的索赔。

4）合同延期导致机会利润损失。

5）由于业主的原因终止或放弃合同带来预期利润损失等。

（9）其他。如相应保函费、保险费、银行手续费及其他额外费用的增加等。

7.3.3　费用索赔的计算

7.3.3.1　费用索赔的计算原则

费用索赔是整个工程合同索赔的重点和最终目标，工期索赔在很大程度上也是为了费用索赔。在承包工程中，干扰事件对成本和费用的影响的定量分析和计算是极为困难和复杂的。目前，还没有统一认可的、通用的计算方法。而选用不同的计算方法，对索赔值影响很大。计算方法选用必须符合公认的基本原则，能够为业主、工程师、调解人或仲裁人接受。如果计算方法选用不合理，使费用索赔值计算明显过高，会使整个索赔报告和索赔要求被否定。费用索赔有如下计算原则。

（1）实际损失原则。费用索赔都以赔（补）偿实际损失为原则。在费用索赔计算中，该原则体现在以下几方面。

1）实际损失，即干扰事件对承包商工程成本和费用的实际影响。这个实际影响即可作为费用索赔值。按照索赔原则，承包商不能因为索赔事件而受到额外的收益或损失，因此索赔对业主不具有任何惩罚性质。实际损失包括直接损失和间接损失两个方面：

a. 直接损失，即承包商财产的直接减少。在实际工程中，常常表现为成本的增加和实际费用的超支。

　　b. 间接损失，即可能获得的利益的减少。例如由于业主拖欠工程款，使承包商失去该笔工程款的存款利息收入。

　　2）所有干扰事件直接引起的实际损失，以及这些损失的计算，都应有详细、具体的证据，在索赔报告中必须出具这些证据。没有证据，索赔要求是不能成立的。证据通常包括各种费用支出的账单，工资表（工资单），现场用工、用料、用机的证明、财务报表，工程成本核算资料，甚至还包括承包商同期企业经营和成本核算资料等。

　　监理工程师或业主代表在审核承包商索赔要求时，常常要求承包商提供上述证据，并对证据进行全面审查。当干扰事件属于对方的违约行为时，如果合同中有违约条款，按照合同法原则，先用违约金抵充实际损失，不足的部分再赔偿。

　　（2）合同原则。费用索赔计算方法符合合同明确的规定。赔偿实际损失原则，并不能理解为必须赔偿承包商的全部实际费用超支和成本的增加。在实际工程中，许多承包商认为自己的实际生产值、实际生产效率、工资水平和费用开支水平计算索赔值，即为赔偿实际损失原则，实际上是误解，因为在索赔值的计算中还必须考虑下列要素：

　　1）扣除承包商自己责任造成的损失。即由于承包商自己管理不善、组织失误等原因造成的损失由他自己负责。

　　2）符合合同规定的赔补偿条件，扣除承包商应承担的风险。任何工程承包合同都有承包商应承担的风险条款，风险范围内的损失由承包商自己承担。如某合同规定，"合同价格是固定的，承包商不得以任何理由增加合同价格，如市场价格上涨、货币价格浮动、生活费用提高、工资基限提高、调整税法等"。则在该范围内的损失是不能提出索赔的。此外，超过索赔有效期提出的索赔要求无效。

　　3）合同规定的计算基础。合同是索赔的依据，也是索赔值计算的依据。合同中的人工费单价、材料费单价、机械费单价、各种费用的取值标准和各分部分项工程的合同单价都是索赔值的计算基础。当然有时按合同规定可以对上述费用进行调整，例如由于社会福利费增加造成人工工资基限提高，而合同规定可以调整，则可以提高人工费单价。

　　4）有些合同对索赔值的计算规定了计算方法、计算采用的公式、计算过程等。这些必须执行。

　　（3）合理性原则。

　　1）符合规定的或通用的会计核算原则。索赔值的计算是在成本计划和成本核算基础上，通过计划和实际成本对比进行的。实际成本的核算必须与计划成本（报价成本）的核算有一致性，而且符合通用的会计核算原则。例如采用正确的成本项目的划分方法、各成本项目的核算方法、工地管理费和总部管理费的分摊方法等。

　　2）符合工程惯例，即采用能为业主、调解人、仲裁人认可的，在工程中常用的计算方法。例如在我国，必须符合工程概预算的规定；在国际工程中应符合受到一致认可的典型案例所采用的计算方法。

　　（4）有利原则。如果选用不利的计算方法，会使索赔值计算过低，使自己的实际损失得不到应有的补偿，或失去可能获得的利益。通常索赔值中应包括下列几方面因素。

　　1）承包商所受的实际损失。它是索赔的实际期望值，也是最低目标。如果最后承包商通过索赔从业主处获得的实际补偿低于这个值，则导致亏本。甚至有时承包商希望通过索赔弥补自己其他方面的损失，如报价低、报价失误、合同规定风险范围内的损失、施工中管理失误造成的损失等。

2）对方的反索赔。在承包商提出索赔后，对方有可能采取各种措施进行反索赔，以抵销或降低承包商索赔值。例如：

a. 在承包商的索赔报告中寻找薄弱环节，以否定其索赔要求。

b. 抓住承包商工程中的失误或问题，向承包商提出罚款、扣款或其他索赔，以平衡承包商提出的索赔。

业主的管理人员（监理工程师或业主代表）需要对承包商提出的索赔值进行分析和反驳，降低承包商索赔的有效值。

3）最终解决中的让步。对重大的索赔，特别对重大的一揽子索赔，在最后解决中，承包商往往要做出让步，即在索赔值上打折扣，以争取对方对索赔的认可，使索赔的问题早日解决。

上述因素常常使得索赔报告中的费用赔偿要求与最终解决，即双方达成一致的实际赔偿值相差甚远。承包商在索赔值的计算中应考虑上述因素，留有余地。所以索赔要求应大于实际损失值，这样最终解决才会有利于承包商，但应在业主可接受的范围内。

7.3.3.2　综合费用索赔的计算方法

对于由许多单项索赔事件组成的综合费用索赔，可索赔的费用构成往往很多，可能包括直接费用和间接费用，一些基本费用的计算在 7.3.3.3 中有详细讲解。从总体思路上讲，综合费用索赔主要有以下计算方法。

（1）总费用法。总费用法的基本思路是将固定总价合同转化为成本加酬金合同，或索赔值按成本加酬金的方法来计算，以承包人的额外增加成本为基础，再加上管理费、利息甚至利润的附加费作为索赔值。承包商以自己的内容记录和文件，以及外部会计师事务所签署的支持文件确定实际的花费，与合同价格相比较，以差额作为索赔值。

总费用法在工程实践中使用不多，往往不易被业主、仲裁员或律师等认可。该方法在应用时应该注意以下几点：

1）工程项目实际发生的总费用应计算准确，合同生成的成本应符合普遍接受的会计原则，若需要分配成本，则分摊方法和基础选择要合理。

2）承包人的报价合理，符合实际情况，不能是采取低价中标策略后过低的标价。

3）合同总成本超支全是其他当事人行为所致，承包人在合同实施过程中没有任何失误，但这一般在工程实践中是不太可能的。

4）因为实际发生的总费用中可能包括了承包人的原因（如施工组织不善、浪费材料等）而增加的费用，同时投标报价估算的总费用由于想要中标而过低。所以该方法只有在难以按其他方法计算索赔费用时才使用。

5）采用该方法，往往是由于施工过程中受到严重干扰，多个索赔事件混杂在一起，导致难以准确地进行分项记录和收集资料、证据，也不易分项计算出具体的损失费用，只得采用总费用法进行索赔。

6）该方法要求必须出具足够的证据，证明其全部费用的合理性，否则其索赔款额很难被接受。如某工程原合同报价如下：总成本为（直接费＋工地管理费）＝3 800 000 元，公司管理费为（总成本×10％）＝380 000 元，利润为（总成本＋公司管理费）×7％＝292 600 元，合同价为 4 472 600 元。在实际工程中，由于完全非承包商原因造成实际总成本增加至 4 200 000 元。现用总费用法计算索赔值如下：总成本增加量为（4 200 000－3 800 000）＝

400 000（元），总部管理费为（总成本增量×10%）＝40 000元，利润（仍为7%）为30 800元，利息支付（按实际时间和利率计算）为4000元，索赔值为474 800元。

（2）修正的总费用法。修正的总费用法是对总费用法的改进，即在总费用计算的原则上，去掉一些不合理的因素，使其更合理。修正的内容如下：

1）将计算索赔款的时段局限于受到外界影响的时间，而不是整个施工期。

2）只计算受影响时段内的某项工作所受影响的损失，而不是计算该时段内所有施工工作所受的损失。

3）与该项工作无关的费用不列入总费用中。

4）对承包人投标报价费用重新进行核算。按受影响时段内该项工作的实际单价进行核算，乘以实际完成的该项工作的工作量，得出调整后的报价费用。

按修正后的总费用计算索赔金额的公式为

索赔金额 = 某项工作调整后的实际总费用 - 该项工作的报价费用(含弯更款)

修正的总费用法与总费用法相比，有了实质性的改进，已相当准确地反映出实际增加的费用。

（3）分项法。分项法是在明确责任的前提下，对每个引起损失的干扰事件和各费用项目单独分析计算索赔值，并提供相应的工程记录、收据、发票等证据资料，最终求和。这样可以在较短时间内进行分析、核实，确定索赔费用，顺利解决索赔事宜。该方法虽比总费用法复杂、困难，但比较合理、清晰，能反映实际情况，且可为索赔文件的分析、评价及其最终索赔谈判和解决提供方便，是承包人广泛采用的方法。表7-7所示为分项法的典型示例，可供参考。分项法计算通常分三步：

1）分析每个或每类索赔事件所影响的费用项目，不得有遗漏。这些费用项目通常应与合同报价中的费用项目一致。

2）计算每个费用项目受索赔事件影响后的数值，通过与合同价中的费用值进行比较即可得到该项费用的索赔值。

3）将各费用项目的索赔值汇总，得到总费用索赔值。分项法中索赔费用主要包括该项工程施工过程中所发生的额外人工费、材料费、施工机械使用费、相应的管理费，以及应得的间接费和利润等。由于分项法所依据的是实际发生的成本记录或单据，所以在施工过程中，对第一手资料的收集整理就显得非常重要。

表7-7中每一项费用又有详细的计算方法、计算基础和证据等，如因工程延误引起的费用损失计算如表7-8所示。

表7-7	分项法计算示例	
序号	索赔项目	金额（元）
1	工程延误	256 000
2	工程中断	166 000
3	工程加速	16 000
4	附加工程	26 000
5	利息支出	8000
6	利润（1+2+3+4）×15%	69 600
7	索赔总额	514 600

表7-8	工程延误的索赔额计算示例	
序号	索赔项目	金额（元）
1	机械设备停滞费	95 000
2	现场管理费	84 000
3	分包商索赔	4500
4	总部管理费分摊	16 000
5	保函手续费、保险费增加	6000
6	合计	205 500

例如某国际承包工程是由一条公路和跨越公路的人行天桥构成的。合同总价为 400 万美元，合同工期为 20 个月。施工过程中由于图纸出现错误，工程师指示一部分工程暂停 1.5 个月，承包人只能等待图纸修改后再继续施工；后来又由于原有的高压线路需等待电力部门迁移后才能施工，造成工程延误 2 个月；另外又因增加额外工程 12 万美元（已得到支付），经工程师批准延期 1.5 个月。承包人对此三项延误除要求延期外，还提出了费用索赔。承包人的费用索赔计算如下：

（1）因图纸错误的延误，造成 3 台设备停工损失 1.5 个月，具体为

汽车吊 45（美元/台班）×2（台班/日）×37（工作日）＝3330（美元）

空气压缩机 30（美元/台班）×2（台班/日）×37（工作日）＝2220（美元）

其他辅助设备 10（美元/台班）×2（台班/日）×37（工作日）＝740（美元）

小计 6290 美元；现场管理费（12%）754.8 美元；公司管理费分摊（7%）440.3 美元；利润（5%）314.5 美元；合计 7799.6 美元。

高压线路迁移损失 2 个月的管理费和利润为

$$每月管理费 = \frac{4000 万美元 \times 12\%}{20 月} = 24\,000（美元/月）$$

现场管理费增加为

$$24\,000（美元/月）\times 2 月 = 48\,000（美元）$$

公司管理费和利润为

$$48\,000 \times (7\% + 5\%) = 5760（美元）$$

合计 53 760 美元。

（2）新增额外工程使工期延长 1.5 个月，要求补偿现场管理费，现场管理费增加为

$$2400（美元/月）\times 1.5 月 = 36\,000（美元）$$

承包人的费用索赔汇总如表 7-9 所示。

表 7-9　　　　　　　　　　　　　　承包人费用索赔汇总

序号	索赔事件	金额（美元）	序号	索赔事件	金额（美元）
1	图纸错误延	7799.6	3	额外工程延长	36 000
2	高压线路迁移延误	53 760	4	索赔总额	97 559.6

经过工程师和计量人员的检查和核实，工程师原则上同意该三项费用索赔成立，但对承包人的费用计算有分歧。工程师的计算和分析介绍如下。

（1）图纸错误造成工程延误，有工程师暂停施工的指令，承包人仅计算受到影响的设备停工损失（而非全部设备）是正确的，但工程师认为不能按台班费计算，而应按租赁费或折旧率计算，故该项费用核减为 5200 美元（具体计算过程省略）。

（2）因高压线路迁移而导致的延误损失中，工程师认为每月管理费的计算是错误的，不能按总标价计算，应按直接成本计算，即扣除利润后总价为

$$4\,000\,000 \times (1 + 5\%) = 3\,809\,524（美元）$$

扣除公司管理费后的总成本为

$$3\,809\,524 \times (1 + 7\%) = 3\,560\,303（美元）$$

扣除现场管理费后的直接成本为

$$560\ 303 \times (1+12\%) = 3\ 178\ 842\ (美元)$$

每月现场管理费为

$$3\ 178\ 842 \times 12\%/20\ (月) = 19\ 073\ (美元/月)$$

2个月延误损失现场管理费为

$$19\ 073 \times 2 = 38\ 146\ (美元)$$

工程师认为，尽管由于业主或其他方面的原因造成了工程延误，但承包人采取了有力措施使工程仍在原定的工期内完成。因此承包人仍有权获得现场管理费的补偿，但不能获得利润和公司管理费的补偿。因此工程师同意补偿现场管理费损失38146美元。

（3）对于新增额外工程，工程师认为虽然是在批准延期的1.5个月内完成，但新增工程量与原合同中相应工程量和工期相比应为20×（12/400）=0.6（月），也就是说新增额外工程与原合同相比应在0.6个月内即可完成。

而新增工程量已按工程量表中的单价付款，按标书的计算方法，该单价中已包括了现场管理费、公司管理费和利润，亦即0.6个月中的上述三项费用已经支付给承包人。承包人只能获得其余0.9个月的附加费用，即每月现场管理费19 073美元/月，现场管理费补偿0.9×19 073 = 17 165（美元），公司管理费补偿17 165×7% = 1201.6（美元），利润（17 165+1201.6）×5% = 918.4（美元），合计19 285.7美元。

经过工程师审核，总共应付给承包人62 631.7美元，比承包商的计算减少34 927.9美元。考虑到工程师计算的合理性，承包人也同意了工程师计算的结果，并为自己获得6万多美元的补偿感到基本满意，这是一桩比较成功的索赔。

7.3.3.3　基本费用索赔的计算方法

费用索赔额的计算没有统一、共同认可的标准方法，但计算方法的选择却对最终索赔金额影响很大，估算方法选用不合理容易被对方驳回，这就要求索赔人员具备丰富的工程估价经验和索赔经验。

对于索赔事件的费用计算，一般是先计算与索赔事件有关的直接费，如人工费、材料费、机械费、分包费等，然后计算应分摊在该事件上的管理费、利润等间接费。每一项费用的具体计算方法基本与工程项目报价计算相似。

（1）人工费。人工费是可索赔费用中的重要组成部分，其计算方法为

$$C(L) = CL_1 + CL_2 + CL_3$$

式中　$C(L)$——索赔的人工费；

CL_1——人工单价上涨引起的增加费用；

CL_2——人工工时增加引起的费用；

CL_3——劳动生产率降低引起的人工损失费。

（2）材料费。材料费在工程造价中占据较大比重，也是重要的可索赔费用。材料费索赔包括材料耗用量增加和材料单位成本上涨两个方面。其计算方法为

$$C(M) = CM_1 + CM_2$$

式中　$C(M)$——可索赔的材料费；

CM_1——材料用量增加费；

CM_2——材料单价上涨导致的材料费增加。

（3）施工机械设备费。施工机械设备费包括承包人在施工过程中使用自有施工机械所发

生的机械使用费、使用外单位施工机械的租赁费，以及按照规定支付的施工机械进出场费用等。索赔机械设备费的计算方法为

$$C(E) = CE_1 + CE_2 + CE_3 + CE_4$$

式中　$C(E)$——可索赔的机械设备费；

CE_1——承包人自有施工机械工作时间额外增加费用；

CE_2——自有机械台班费率上涨费；

CE_3——外来机械租赁费（包括必要的机械进出场费）；

CE_4——机械设备闲置损失费用。

（4）分包费。分包费索赔的计算方法为

$$C(S) = CS_1 + CS_2$$

式中　$C(S)$——索赔的分包费；

CS_1——分包工程增加费用；

CS_2——分包工程增加费用的相应管理费（有时可包含相应利润）。

（5）利息。利息索赔额的计算方法可按复利计算法计算。至于利息的具体利率应是多少，可采用不同标准。主要有三种情况：按承包人在正常情况下的当时银行贷款利率，按当时的银行透支利率或按合同双方协议的利率。

（6）利润。索赔利润的款额计算通常与原报价单中的利润百分率保持一致。即在索赔款直接费的基础上，乘以原报价单中的利润率，即作为该项索赔款中的利润额。

7.3.3.4　管理费索赔的计算方法

在确定索赔事件的直接费用以后，还应提出应分摊的管理费。管理费金额较大，确认和计算都比较困难和复杂，常常会引起双方争议。管理费属于工程成本的组成部分，包括企业总部管理费和现场管理费。我国现行建筑工程造价构成中，将现场管理费纳入到直接工程费中，企业总部管理费纳入到间接费中。一般的费用索赔中都可以包括现场管理费和总部管理费。

（1）现场管理费。现场管理费的索赔计算一般有下列两种情况：

1）直接成本的现场管理费索赔。对于发生直接成本的索赔事件，其现场管理费索赔额一般可按该索赔事件直接费乘以现场管理费费率计算，而现场管理费费率等于合同工程的现场管理费总额除以该合同工程直接成本总额。

2）工程延期的现场管理费索赔。如果某项工程延误索赔不涉及直接费的增加，或由于工期延误时间较长，按直接成本的现场管理费索赔方法计算的金额不足以补偿工期延误所造成的实际现场管理费支出，则可按如下方法计算：用实际（或合同）现场管理费总额除以实际（或合同）工期，得到单位时间现场管理费费率，然后用单位时间现场管理费费率乘以可索赔的延期时间，可得到现场管理费索赔额；对于在可索赔延误时间内发生的变更令或其他索赔中已支付的现场管理费，应从中扣除。

（2）总部管理费。目前常用的总部管理费计算方法有以下几种：

1）按照投标书中总部管理费的比例（3%～8%）计算。

2）按照公司总部统一规定的管理费比率计算。

3）以工程延期的总天数为基础，计算总部管理费的索赔额。

对于索赔事件，选择总部管理费用的分摊方法非常重要。因为总部管理费金额较大，常

常会引起双方的争议，常用总部管理费分摊方法主要有以下两种。

1）总直接费分摊法。总部管理费一般首先在承包人的所有合同工程之间分摊，再在每一个合同工程的各个具体项目之间分摊。其分摊系数的确定与现场管理费类似，可以将总部管理费总额除以承包人企业全部工程的直接成本（或合同价）之和，据此比例即可确定每项直接费索赔中应包括的总部管理费。总直接费分摊法是将工程直接费作为比较基础来分摊总部管理费，具有简单易行、说服力强、运用面较宽的优点。其计算公式为

$$单位直接费的总部管理费率 = \frac{总部管理费总额}{合同期承包商完成的总直接费} \times 100\%$$

$$总部管理费总额 = 10\% \times 500 = 50(万元)$$

总直接费分摊法的不足之处在于：如果承包人所承包的各工程的主要费用比例变化很大，则误差就会很大。如有的工程材料费、机械费比重大，直接费高，分摊到的管理费就多，反之亦然。此外如果合同发生延期且无替补工程，则延误期内工程直接费较少，分摊的总部管理费和索赔额都较少，承包人会因此蒙受经济损失。

2）日费率分摊法。日费率分摊法又称 Eichleay 法，得名于 Eichleay 公司一桩成功的索赔案例。其基本思路是按合同额分配总部管理费，再用日费率法计算应分摊的总部管理费索赔值。其计算公式为

$$争议合同应分摊的总部管理费 = \frac{争议合同额}{合同期承包商完成的合同总额} \times 同期总部管理费总额$$

$$日总部管理费率 = \frac{争议合同应分摊的总部管理费}{合同履行天数}$$

$$总部管理费索赔额 = 日总部管理费率 \times 合同延误天数$$

例如某承包人承包某工程，合同价为 500 万元，合同履行天数为 720 天，该合同实施过程中因业主原因拖延了 80 天。在这 720 天中，承包人承包其他工程的合同总额为 1500 万元，总部管理费总额为 150 万元。则

$$争议合同应分摊的总部管理费 = \frac{500}{500 + 1500} \times 150 = 37.5(万元)$$

$$日总部管理费率 = \frac{37.5 万元}{720} = 520.8(元／天)$$

$$总部管理费索赔额 = 520.8 \times 80 = 41\ 664(元)$$

日费率分摊法的优点是简单、实用，易于理解，在实际运用中也得到一定程度的认可。存在的主要问题有：①总部管理费按合同额分摊与按工程成本分摊结果不同，后者通常在会计核算和实际工作中更容易被人理解；②"合同履行天数"中包括了"合同延误天数"，降低了日总部管理费率及承包人的总部管理费索赔值。

总之，总部管理费的分摊标准是灵活的，分摊方法的选用要能反映实际情况，既要合理，又要有利。

7.4　承包商预防和减少业主索赔的措施

在施工过程中，承包商完整的索赔管理应该包括索赔和预防索赔两个方面，两者密不可分，相互影响、相互作用。通过索赔可以追索损失，获得合理的补偿；通过预防索赔可以防

止损失的发生，保证工程项目的经济利益。

尽管在实际工程中，工程索赔以承包商向业主索赔为主，但是并不意味着不存在业主对承包商的索赔。因此，承包商在积极向业主进行索赔，从而获得工期和费用补偿的同时，也必须注意业主对自己的索赔要求。一些缺乏工程承包经验的承包人，由于对索赔工作的重要性认识不够，往往在工程开始时并不重视，等到被索赔时才匆忙研究合同中的索赔条款，搜集所需的数据和论证材料，但已经陷入被动局面，影响了自身的经济效益。

为了能够有效地预防和减少业主索赔，承包商可以采用以下措施：

(1) 严肃认真地对待投标报价。施工投标报价既决定了承包商中标与否，也决定了承包商在该项工程中的获利水平。因此，必须在投标报价环节就采取审慎的态度，选取恰当的投标报价策略，确定科学合理的工程造价总额。

(2) 注意签订合同时的协商与谈判。在工程项目的招标、投标和合同签订阶段，作为承包人应仔细研究工程所在国的法律、法规及合同条件。特别是关于合同范围、义务、付款、工程变更、违约及罚款、特殊风险、索赔时限和争议解决等条款，必须在合同中明确规定当事人各方的权利和义务，以便为将来可能的索赔提供合法的依据和基础。

(3) 加强合同执行阶段的企业自身管理。在合同执行阶段，承包商应严格履行合同义务，防止被对方索赔。主要体现在以下方面：

1) 加强施工质量管理。工程质量是工程合同最为关键的目标之一，是发包方向承包方支付工程款的核心要素，也是承包方可以获得企业声誉的载体。因此，在施工过程中，承包方必须遵守工程合同对工程质量的约定，严格控制工程质量。

2) 加强施工进度管理。工程施工进度管理不仅可以指导整个施工的进程和次序，而且可以通过计划工期与实际进度的比较、研究和分析，找出影响工期的各种因素，及时发现可能延误工期的干扰事件，分清各方责任。如果由于承包商自身原因导致工期延误，则应立即采取补救措施，以免被业主索赔。

3) 加强工程成本管理。成本管理的主要内容有编制成本计划、控制和审核成本支出、进行计划成本与实际成本的动态比较分析等。在施工中应严格遵循合同条款的相关规定，对形成工程成本的项目尽可能按照计划进行。如果与计划不符，要及时查明原因，分清责任。

4) 加强信息管理。应对业主索赔需要大量工程施工中的各种信息，包括图纸、订货单、会谈纪要、来往信件、变更指令、气象图表、工程照片等。承包商要对这些信息加以科学归档和管理，形成一个能清晰描述和反映整个工程全过程的数据库。信息的收集和分析不是一朝一夕能做好的，需要在日常工作中养成良好的信息管理习惯。

(4) 承包商应注意预防业主随意变更。业主的工程变更是承包商进行索赔的重要原因之一，但是频繁的工程变更也会打乱承包商的施工计划和后续工程安排。同时，如果承包商不能及时有效地对业主的工程变更进行索赔，反而会损害自己的经济利益。因此，承包商在施工工程中要尽力阻止业主随意进行工程变更的行为。

 本章复习思考题

1. 什么是索赔？索赔有哪些特征？

2. 索赔的分类有哪些？索赔的依据、证据主要包括什么？

3. 索赔文件包括哪些内容？

4. 工期索赔采用比例计算法存在什么问题？

5. 进行费用索赔时应遵守的"实际损失原则"的具体内容是什么？

6. 哪些施工现场条件变化会使承包商进行费用索赔？

7. 哪些项目构成承包商在采取加速施工措施时所形成的附加开支？

8. 列举十种能够引起工程延误的业主及工程师原因。

9. 某项施工合同在履行过程中，承包人因下述三项原因提出工期索赔 20 天，工程师应批准承包人展延工期多少天？

（1）由于设计变更，承包人等待图纸全部停工 7 天。

（2）在同一范围内承包人的工人在两个高程上同时作业，工程师考虑施工安全而下令暂停上部工程施工而延误工期 5 天。

（3）因雨影响填筑工程质量，工程师下令工程全部停工 8 天，等填筑材料含水量降到符合要求后再进行作业。

10. 某工程合同总价为 1000 万元，总工期为 24 个月，现业主指令增加额外工程 90 万元，则承包人提出工期索赔值为多少？

11. 在某工程施工中，业主推迟办公楼工程基础设计图纸的批准，使该单项工程延期 10 周。该单项工程合同价为 80 万美元，而整个工程合同总价为 400 万美元。则承包商提出工期索赔值为多少？

12. 某工程合同总价为 380 万元，总工期为 15 个月。现业主指令增加附加工程的价格为 76 万元，则承包商提出工期索赔值为多少？

本章案例

【案例 7-1】　索赔依据必须明确

某国一个输油码头的建设。某承包人在 1978 年 6 月 12 日向业主提出投标条件，8 月 7 日一个咨询公司代表业主发回一个信函，内容说业主有意接受该承包人 6 月 12 日的投标书，建议承包人考虑向有关厂商发出钢板桩的订货，并提出了钢板桩的具体尺寸。承包人在认为需要进入施工现场时可以随时进入。2 周以后承包人与钢板桩的厂商签订了合同并通知了业主，3 周以后，承包人将一些临时工棚及部分设备、小型翻铲和部分安装工人运进现场，并开始作业。12 周后，咨询公司突然代表业主通知承包人，业主决定放弃该石油码头的建设，要求承包人撤除、拆除现场已建的设施及设备，恢复原状。

承包人为此提出索赔，索赔项目如下：拆除费用 4826 美元，临时工棚、房屋租金 1200 美元，开办费 10 000 美元，钢板桩解除合同赔偿费 7295 美元（以上合计 23 321 美元），利润（按上述几项之和的 30% 计算）6996.3 美元，管理费 2500 美元，总索赔 32 817.3 美元。

双方提请仲裁，结果承包人索赔未能成功。承包人索赔失败的原因在于：

（1）中标前往来信函未构成准法律文件。

（2）咨询公司通知承包人只是有意接受而不是同意接受，而承包人又未向业主要求发出中标通知书（候补也有效，业主不答复属默认）。

（3）钢板桩订货也只是建议，考虑去订货而不是指示去订货。

（4）承包人进入现场也没有明确有法律效力的指示。

由于承包人没获有法律效力的文件，所以仲裁结果是业主不予赔偿。

【案例 7-2】　总包与分包有连带责任

案情摘要

某市服务公司因建办公楼与建设工程总公司签订了建筑工程承包合同。其后，经服务公司同意，建设工程总公司分别与市建筑设计院和某建筑工程公司签订了建设工程勘察设计合同和建筑安装合同。建筑工程勘察设计合同约定由市建筑设计院对服务公司的办公楼、水房、化粪池、给水排水及采暖外管线工程提供勘察、设计服务，做出工程设计书及相应施工图纸和资料。建筑安装合同约定由某建筑工程公司根据市建筑设计院提供的设计图纸进行施工，工程竣工时依据国家有关验收规定及设计图纸进行质量验收。合同签订后，建筑设计院按时做出设计书并将相关图纸资料交付建筑工程公司，建筑公司依据设计图纸进行施工。工程竣工后，发包人会同有关质量监督部门对工程进行验收，发现工程存在严重质量问题，是由于设计不符合规范所致。原来市建筑设计院未对现场进行仔细勘察即自行进行设计导致设计不合理，给发包人带来了重大损失。由于设计人拒绝承担责任，建设工程总公司又以自己不是设计人为由推卸责任，发包人遂以市建筑设计院为被告向法院起诉。法院受理后，追加建设工程总公司为共同被告，让其与市建筑设计院一起对工程建设质量问题承担连带责任。

案例评析

该案中，市服务公司是发包人，市建设工程总公司是总承包人，市建筑设计院和某建筑工程公司是分包人。对工程质量问题，建设工程总公司作为总承包人应承担责任，而市建筑设计院和建筑工程公司也应该依法分别向发包人承担责任。总承包人以不是自己勘察设计和建筑安装为理由企图不对发包人承担责任，以及分包人以与发包人没有合同关系为由不向发包人承担责任，都是没有法律依据的。

根据《合同法》第二百七十二条中"总承包人或者勘察、设计、施工承包人经发包人同意，可以将自己承包的部分工作交由第三人完成。第三人就其完成的工作成果与总承包人或者勘察、设计、施工承包人向发包人承担连带责任。承包人不得将其承包的全部建设工程转包给第三人或者将其承包的全部建设工程肢解以后以分包的名义分别转包给第三人"的规定，该案判决市建设工程总公司和市建筑设计院共同承担连带责任是正确的。

值得说明的是，依《合同法》该条及《建筑法》第二十八条、第二十九条的规定，禁止承包单位将其承包的全部工程转包给他人，施工总承包的建筑工程主体结构的施工必须由总承包单位自行完成。该案中建设工程总公司作为总承包人不自行施工，而将工程全部转包他人，虽经发包人同意，但违反禁止性规定，亦为违法行为。

【案例 7-3】　注重索赔证据的收集

在一起施工合同纠纷诉讼案件中，由于某工程承包公司采取了与国际惯例相接轨的管理方式，在施工过程中设立专职人员，根据签证和索赔的不同需求，按不同标准分类积累资料，做到所有的设计资料、图纸及设计变更通知均有原始的交接签收记录，由发包人、承包人双方及监理方参加的共 84 次周例会都有详细的书面记录及其各方负责人的签名。此外，施工中重大问题的会议纪要、双方信函往来，以及技术措施的确定、设备选型、造型改变和相关技术要求等都留有包括照片在内的书面资料。对提出的 102 项工程索赔都能配套提供原始设计图纸、设计变更资料、发包人书面指令、变更后发生的购料合同、发票，以及实物或现场照片等五六项相互说明的书面证据材料。这些严密、齐全的原始资料，成为一个能够清楚说明整个施工过程真实情况的资料库。根据这些证据他们不仅反驳了业主提出的质量与工期延误索赔款 66.5 万美元，而且还成功地索回工程欠款、签证增加款、索赔款及利息共计 161.56 万美元和 554.74 万人民币。

🔍 前沿探讨 ‖

量化计算法在景洪水电站工期索赔中的应用 （节选）

陈广森

0 引言

一个成功的项目必须对工期、造价进行严格有效的控制。根据美国 STANDISH-GROUP 管理咨询公司的调查，仅有 17% 的项目达到原目标，50% 的项目中途不得不变更项目目标，剩下 33% 的项目被取缔；在以往的项目实施中，大约有 25% 的项目在实施过程中以失败而告终，近 70% 的项目工期延误或超预算。

最近几年，我国继续加大基础设施，特别是电力工程项目的建设。这些项目的实施过程中，大多存在一种普遍现象——工期变更（一般为业主要求提前赶工），从而导致承包商费用索赔。如何量化计算该项费用，是合同双方争议的焦点。目前，项目理念仍在使用经验方法，本文介绍了一种基于数学模型技术、关键线路法和网络计划评审技术的工期索赔方法，并附以案例分析，可供工程实际参考。

该分析方法所涉及的技术知识有数学模型技术、数理统计、项目管理进度控制、项目管理费用控制、网络计划技术；涉及的计算机软件分析工具有 Project、SPSS、Excel。

1 基于 MMT、CPM&PERT 的计算方法

1.1 理论论述

数学模型技术（Mathematics Model Technology，MMT）是指借助数学模型来研究现实原型的功能特征及其内在规律的一种方法，通过分析研究现实原型的本质属性、结构特征到抽象概括建立数学模型的某种对应可以理解为一种映射关系。

关键线路法（Critical Path Method，CPM）是用来预测项目持续时间的一种网络分析技术，该技术是通过分析哪个工序具有最小进度安排的机动性实现的。

计划评审技术（Program Evaluationand Review Technique，PERT）是一种面向事件的网络分析技术，常用于因估算单个工作持续时间存在着较高程度的不确定性时的项目持续时间估算，PERT 把 CPM 应用到一个加权平均持续时间的估算中。

1.2 主要计算参数与指标

（1）计划工程量（Q_p）。无论是招投标还是议标选择承包商，均指合同工程量，该工程量一般为招标估算工程量。

（2）实际工程量（Q_a）。指实际实施或完成的工程量。对于本文而言，因计算索赔费用时该工程项目正在实施，也可指变更后重新预测计算出的工程量。计划工程量与实际工程量

的计量单位一致，所有定义的工程量（Q）均执行合同约定的计量单位或法定的计量单位。

（3）计划工期（T_p）。对于总体项目而言，计划工期指合同约定的总工期；对于某项作业而言，本文约定指不含自由时间的工期。本文的数学模型中将用"x"表示工期，以便与数学方程式中的自变量 x 一致，其计量单位可以是天、周、月，但同一一计算单位要一致。

（4）实际工期（T_a）。指完成工程项目实际花费的总时间段，对于本文而言，因计算索赔费用时该工程项目正在实施，也可指变更后重新预测计算出的工期。

（5）施工强度（D）。对于某项作业而言，指单位时间内完成的平均工程量，即某作业工程量与对应工期的比值，可表示为

$$D = Q/T \tag{1}$$

（6）实际修正工期（T_r）。工期变更事件可能伴随工程量变化，实际工期对应的工程量与计划工程量不一致，即计划施工强度与实际施工强度也不一致，需修正到同一施工强度水平进行对比。

（7）工期变化比（K_t）。指计划工期与实际修正工期之差占计划工期的百分比。如果工期被压缩则可定义为工期压缩比，否则为工期延长比。本文以计算赶工费为基础，下同。

（8）费用（C）。即工程投资，对于对应的某项作业而言，本文的数学模型中将用字母"y"表示，以便与数学方程式中的因变量 y 一致。

（9）费用变化比（K_y）。指计划工期与实际工期对应的投资差占计划工期对应投资的百分比。

1.3　计算步骤

（1）计算各工序或作业的工程量。各工序或作业的工程量包括计划工程量和实际工程量。对于电力工程项目而言，由于工程量清单中的作业项目较多，建议列表计算，以便使用专用程序。

（2）计算各工序或作业的计划工期。该工期不含自由时间，利用网络计划技术中的CPM 法进行工期计算，可参考使用 Microsoft Project 软件，具体软件使用方法和工期计算方法在此不再详述。

（3）计算实际修正工期。计算式为

$$T_r = (Q_p/Q_a)T_a \tag{2}$$

（4）计算工期变化比为

$$K_t = |T_p/T_r| T_p \tag{3}$$

（5）利用 MMT 技术建模。根据工程项目的计划工期数据及对应的投资数据，进行成组数据统计，根据数理统计中的假设检验方法，建立"工期—费用"数学模型，该模型可在专业统计软件中实现，本文参考使用 SPSS for Windows 软件，具体使用方法不再详述。建模时，根据不同项目投资特性选用不同的数学模型，也可根据曲线特征试着选择相应的数学模型，然后运用 SPSS for Windows 软件计算模型中的各数学参数，并进行检验。检验通过，说明该模型有效，否则校正所选的模型。模型经过假设检验后，通过各参数可写出模型的数学方程式，即

"工期—费用"的数学模型　　　　　　　　$\gamma = f(\chi)$ $\tag{4}$

（6）计算计划工期与实际工期对应的费用变化比（K_y）为

$$K_y = |(y_p - y_r)|/y_p \tag{5}$$

式中　y_p——计划工期对应的投资；

　　　y_r——实际修正工期对应的投资，也即实际工期对应的投资。

（7）计算人工费和机械使用费。对于工期压缩或延长而言，除周转性材料以外，其余的工程材料用量基本不变，赶工费仅计算多投入的人工费和机械使用费，即

$$C_L = \sum(Q_a \cdot C_{LP}) \tag{6}$$

$$C_M = \sum(Q_a \cdot C_{MP}) \tag{7}$$

式中　C_P、C_{LP}——人工费、单位工程量所含人工费；

　　　C_M、C_{MP}——机械使用费、单位工程量所含机械使用费。

（8）计算赶工费为

$$C_c = (C_L + C_M)K_y \tag{8}$$

对于工期压缩而言，以上公式计算的费用为赶工费；对于工期延长而言，计算出的费用为窝工费，有些工程承包协议已经约定了窝工的补偿方式，则按照合同约定计算。

（9）计算其他费用。对于赶工时段有特殊要求的作业，应单独计算费用，计算方法按正常的工程造价计算。

1.4　应注意的具体问题

1.4.1　假设条件

（1）中标方案合理性假设。中标方案是按照市场机制选择的最佳投标方案，在技术经济方面应是最优方案，即该方案是投标时期的最佳施工水平。基于该假设，压缩或延长合同有效工期均会导致合同费用增加。

（2）零成本压缩自由时间假设。对于非关键线路中的作业，其工作时间充裕，在资源投入上与其他任何作业均不发生冲突，有效工作时间可根据最佳工作强度进行计划，即非关键线路上有效工作时间对应的作业强度为最佳作业强度。由于非关键线路在资源投入上不干扰其他作业，在最佳作业强度的条件下无论如何安排施工时间均不多发生费用。

1.4.2　具体问题

（1）在"工期—费用"模型中不相关的必要赶工投入。对于目前通用的工程量清单报价方法，一般项目独立于工程实体单价之外单独报价，如与施工人员及设备相关的住房、进退场费用等。这些项目可以看成独立项目，在模型量化计算范围之外单独计量并按合同单价水平计算赶工费用。

（2）提前进场施工与压缩工期赶工的区别。对于某项作业，若是提前进场，则仅仅是开始时间和结束时间发生变化，工期不变；若是压缩工期赶工，则工期必然变化，压缩工期的天数也可以计算。对于业主方要求承包商提前进场施工且合同工期未压缩的，不予计算赶工费用，但要根据实际情况计算其他费用（本文不探讨）。

第8章 建设工程合同的争议管理

—— 本章摘要 ——

建设工程从立项到最终竣工验收，甚至到后期的保修阶段，形成多种合同关系，每类合同都涉及多个利益主体，各个利益主体间因对事件的看法不同，或是为了维护各自的利益，难免产生纷争。尤其是建设工程施工合同，因其投资额大、建设周期长、风险要素多，在合同履行过程中，发包方和承包方不可避免出现争议。合同争议的解决方法很多，本章以施工合同为主体，从合同争议产生的原因和争议的主要内容入手，主要介绍了协商、调解、仲裁、诉讼和争执审议委员会（DRB）等方法。

8.1 建设工程合同的主要争议

工程合同争议，是指工程合同订立至完全履行前，合同当事人因对合同的条款理解产生歧义或因当事人违反合同的约定，不履行合同中应承担的义务等原因而产生的纠纷。

8.1.1 建设工程合同的主要争议内容

产生工程合同纠纷的原因十分复杂，但常见的争议主要包括：工程价款支付主体争议、工程进度款支付与竣工结算及审价争议、工程工期拖延争议、加速施工赔偿争议、工程质量及保修争议、合同中止及终止争议等六种。

8.1.1.1 工程价款支付主体争议

因为工程价款延期支付，即承包人被拖欠巨额工程款现象在整个建设领域中普遍存在。在拖欠工程款的合同纠纷中，往往出现工程的发包人并非工程真正的建设单位，并非工程权利人的情况。在该种情况下，发包人通常不具备工程价款的支付能力，承包人该向谁主张权利，以维护其合法权益会成为争议的焦点。承包人应理顺关系，寻找突破口，向真正的发包人主张权利，以保证合法权利不受侵害。

【案例8-1】 1992年12月26日，上海某建设发展公司（下称A公司）与中国建筑工程局某建筑工程公司（下称建筑公司）签订了《工程施工合同》一份。合同约定：A公司受上海某商厦筹建处（下称筹建处）委托，并征得市建委施工处、市施工招标办的同意，采用委托施工的形式，择定建筑公司为某商厦工程的施工总承包单位。施工范围按某市建筑设计院所设计的施工图施工，内容包括土建、装饰及室外总体等。同时，合同就工程开竣工时间、工程造价及调整、预付款、工程量的核定确认和工程验收、决算等均做了具体约定。

合同签订后，建筑公司即按约组织施工，于1996年12月28日竣工，并在1997年4月3日通过上海市建设工程质量监督总站的工程质量验收。1997年11月，建筑公司与筹建处就工程总造价进行决算，确认该工程总决算价为人民币50 702 440元；同月30日，又对已付工程款做了结算，确认截止1997年11月30日，A公司尚欠建筑公司工程款人民币13 913 923.17元。后经建筑公司不断催讨，至1999年2月9日止，A公司尚欠建筑公司工程款人民币 950 万元。

在施工合同的履行过程中，A 公司曾于 1993 年 12 月致函建筑公司：《工程施工合同》的甲方名称更改为筹建处。但经查，筹建处未经上海市工商行政管理局注册登记备案，该商厦的实际业主为某上市公司（下称 B 公司），且已于 1995 年 12 月 14 日取得上海市外销商品房预售许可证。1999 年 7 月，建筑公司即以 A 公司为施工合同的发包人，B 公司为该商厦的所有人为由，将两公司作为共同被告向人民法院提起诉讼，要求两公司承担连带清偿责任。

庭审中，A、B 公司对于 950 万元的工程欠款均无任何异议。但 A 公司辩称：A 公司为代理筹建处发包，并于 1993 年 12 月致函建筑公司，施工合同甲方的名称已改为筹建处；之后，建筑公司一直与筹建处发生联系，事实上已承认了施工合同发包人的主体变更。同时 A 公司证实，筹建处为某局发文建立，并非独立经济实体，且筹建处资金来源于 B 公司。所以，A 公司不应承担支付 950 万元工程款项的义务。

B 公司辩称：B 公司与建筑公司无法律关系。施工合同的发包人为 A 公司；工程结算为建筑公司与筹建处间进行，与 B 公司不存在任何法律上的联系；筹建处有"筹建许可证"，系独立经济实体，应当独立承担民事责任。虽然 B 公司取得了预售许可，但 B 公司的股东已发生变化，故现在的公司对以前公司股东的工程欠款不应承担民事责任。庭审上，B 公司向法庭出示了一份"筹建许可证"，以证明筹建处依法登记至今未撤销。

建筑公司认为：A 公司虽接受委托，与建筑公司签订了施工合同，但征得了市建委施工处、市施工招标办的同意，该施工合同应当有效。而 A 公司作为施工合同的发包人，理应承担民事责任。而经查实，筹建处未经上海市工商行政管理局注册登记，不具备主体资格，所以无法取代 A 公司在施工合同中的甲方地位。对于 B 公司，虽非施工合同的发包人，但实际上已取得了该物业，是该商厦的所有权人，为真正的发包人，依法有承担支付工程款项的责任。

一审法院对原、被告出具的施工合同、筹建许可证、预售许可证及相关函件等证据进行了质证，认为：A 公司实质上为建设方的代理人，合同约定的权利义务应由被代理人承担，并判由 B 公司承担支付所有工程欠款的责任。

8.1.1.2　工程进度款支付、竣工结算及审价争议

尽管施工合同中已列出了工程量，约定了合同价款，但实际施工中会有很多变化，包括设计变更、工程师签发的变更指令、现场条件变化，以及计量方法等引起的工程量增减。这种工程量的变化几乎每天或每月都会发生，而且承包人通常在其每月申请工程进度款报表中列出，希望得到（额外）付款，但常因与工程师有不同意见而遭拒绝或拖延。这些实际已完成工作而未获得付款的金额，由于日积月累，在施工后期可能增到一个很大的数字，发包人更加不愿支付，因而造成更大的分歧和争议。

在整个施工过程中，发包人在按进度支付工程款时往往会根据工程师的意见，扣除那些他们未予确认的工程量或存在质量问题的已完工程的应付款项，这种未付款项累积起来也可能形成一笔很大的金额，使承包人感到无法承受而引起争议，而且这类争议在施工的中后期可能会越来越严重。承包人会认为由于未得到足够的应付工程款而不得不将工程进度放慢下来，而发包人则会认为在工程进度拖延的情况下更不能多支付给承包人任何款项，这就会形成恶性循环。

更主要的是，大量的发包人在资金尚未落实的情况下就开始工程建设，致使发包人千方百计要求承包人垫资施工、不支付预付款、尽量拖延支付进度款、拖延工程结算及工程审价进程，致使承包人的权益得不到保障，最终引起争议。

【案例 8-2】　某建筑公司承建一大型工程，工程竣工后，承发包双方几经交涉，最终对工程结算达成一致意见，双方签订了一份最终造价决算的书面协议。工程最终决算为 12 068 万元，发包人已付 10 928 万元，尚欠 1140 万元，双方均签字盖章。该份双方最终确认的造价证据对承包方较有利，但时隔不久，发包方对已确认的最终决算反悔，要求承包方再递交审价机构审价。这只是发包方的单方要求，只要承包方不同意，原有的决算完全有效。可是承包方的经办人员却同意重新递交审价，结果又被"审掉"250 多万元。由于承包方同意重新审价，双方原有的最终造价的确认就作废了，不再成为有利承包方的证据。

8.1.1.3　工程工期拖延争议

一项工程的工期延误，往往是由于错综复杂的原因造成的，要分清各方的责任往往十分困难。在许多合同条件中都约定了竣工逾期违约金。经常会出现发包人要求承包人承担工程竣工逾期的违约责任，而承包人则提出因诸多发包人的原因及不可抗力等，工期应相应顺延的情况，有时承包人还就工期的延长要求发包人承担停工窝工的费用。

【案例 8-3】　某大型路桥工程，采用 FIDIC 合同条件。中标合同价为 7825 万美元，工期为 24 个月，工期拖延罚款 95 000 美元/天。在桥墩开挖中，地质条件异常，淤泥深度比招标文件所述深得多，基岩高程低于设计图纸 3.5m，图纸多次修改。工程结束时，由于复杂的地质条件、修改设计、迟交图纸等原因，承包人可获得 1524 万美元和 4 个月工期索赔。

8.1.1.4　加速施工赔偿争议

【案例 8-4】　Y 公司承建一栋大型办公楼。承包人计划将基础开挖的松土倒在需要填高修建停车场的地方，但由于开工的前 8 个月当地下了大雨，土质非常潮湿，实际上无法采用该施工方法，承包人几次口头或书面要求发包人给予延长工期。如果延长工期，就可以等到土质干燥后再使用原计划以挖补填的方法。但发包人坚持在承包人提交来自"认可部门"（如气象局）的证明文件证明气候确实非常恶劣之前，不批准延期。为了按期完成工程，承包人只得将基础开挖的湿土运走，再运来干土填筑停车场。承包人因此而向发包人提出了额外成本索赔。

在承包人第一次提出延期要求的 16 个月以后，发包人同意因大雨和湿土而延长工期，但拒绝承包人的上述额外成本补偿索赔，因为合同中并没有保证以挖补填法一定是可行的。承包人坚持认为自己按发包人的要求进行了加速施工，所以提交仲裁。仲裁人考察了下列三个方面因素，同意承包人的意见：

（1）承包人遇到了可原谅延误。仲裁人判定的依据不是承包人提到的天气情况是否已经构成有理的延期因素，而是发包人最终批准了延期，从而承认了气候条件特别恶劣。

（2）承包人已经及时提出了延长工期的要求。仲裁人认为承包人的口头要求及随后与发包人的会议已满足这一要求，并且之后又提交了书面材料。

（3）承包人在投标时已将自己的施工方案列入投标书中，而发包人没有提出异议，则实际上已形成合同条件。现在遇到的情况实际上属于不可预料的情况，而承包人已及时通报发包人，因此引起的工期延长和额外费用的增加，发包人应给予赔偿。具体数额可按实际损失，双方协商解决。

（4）设计错误、发包人或工程师错误的指令或提供错误的数据等造成工程修改、停工、返工、窝工，发包人或工程师变更原合同规定的施工顺序，打乱了工程施工计划等，由于发包人和工程师原因造成的临时停工或施工中断，特别是根据发包人和工程师不合理指令造成了工效的大幅度降低，从而导致费用支出增加，承包人可提出索赔。

8.1.1.5 工程质量及保修争议

质量方面的争议包括工程中所用材料不符合合同约定的技术标准要求，提供的设备性能和规格不符，或者不能生产出合同规定的合格产品，或者通过性能试验不能达到规定的产量要求，施工和安装有严重缺陷等。该类质量争议在施工过程中主要表现为：工程师或发包人要求拆除和移走不合格材料，或者返工重做，或者修理后予以降价处置。对于设备质量问题，则常见于在调试和性能试验后，发包人不同意验收移交，要求更换设备或部件，甚至退货并赔偿经济损失。而承包人则认为缺陷是可以改正的，或者业已改正；对生产设备质量则认为是性能测试方法错误，或者制造产品投入的原料不合格或是操作方面的问题等，质量争议往往变成责任问题争议。

此外，在保修期内的缺陷修复问题往往是发包人和承包人争议的焦点，特别是发包人要求承包人修复工程缺陷而承包人拖延修复，或发包人未经通知承包人就自行委托第三人对工程缺陷进行修复。在此情况下，发包人要在预留的保修金扣除相应的修复费用，承包人则主张产生缺陷的原因不在承包人或发包人未履行通知义务且其修复费用未经其确认而不予同意。

【案例 8 - 5】 原告某房产开发公司与被告某建筑公司签订一施工合同，修建某一住宅小区。小区建成后，经验收质量合格。验收后 1 个月，房产开发公司发现楼房屋顶漏水，遂要求建筑公司负责无偿修理，并赔偿损失，建筑公司则以施工合同中并未规定质量保证期限，以工程已经验收合格为由，拒绝无偿修理要求。房产开发公司遂诉至法院。

法院判决施工合同有效，认为合同中虽然并没有约定工程质量保证期限，但依国务院 2000 年 1 月 10 日发布的《建设工程质量管理条例》第四十条规定：在正常使用条件下，屋面防水工程、有防水要求的卫生间、房间和外墙面的防渗漏的建设工程的最低保修期限为 5 年。因此本案中的建设工程交工后 2 个月内出现的质量问题，应由施工单位承担无偿修理并赔偿损失的责任，判令建筑公司应当承担无偿修理的责任。

8.1.1.6 合同中止及终止

（1）由于合同中止造成的双方当事人产生争议。由于合同中止造成的双方当事人产生争议包括：

1）承包人因这种中止造成的损失严重而得不到足够的补偿，发包人对承包人提出的就中止合同的补偿费用计算有异议。

2）承包人因设计错误或发包人拖欠应支付的工程款而造成困难提出中止合同，发包人不承认承包人提出的中止合同的理由，也不同意承包人的责难及其补偿要求等。

（2）由于合同终止造成的双方当事人产生争议。合同终止一般都会给某一方或者双方造成严重的损害。除不可抗力外，任何终止合同的争议往往是难以调和的矛盾造成的。如何合理处置合同终止后双方的权利和义务，往往是该类争议的焦点。合同终止可能有以下几种情况：

1）属于承包人责任引起的终止合同。例如，发包人认为并证明承包人不履约，承包人严重拖延工程并证明已无能力改变局面，承包人破产或严重负债而无力偿还致使工程停滞等。在这些情况下，发包人可能宣布终止与该承包人的合同，将承包人驱逐出工地，并要求承包人赔偿工程终止造成的损失，甚至发包人可能立即通知开具履约保函和预付款保函的银行全额支付保函金额；承包人则否定自己的责任，并要求取得其已完成工程的付款，要求发包人补偿其已运到现场的材料、设备和各种设施的费用，还要求发包人赔偿其各项经济损失，并退还被扣留的银行保函等。

2）属于发包人责任引起的终止合同。例如，发包人不履约、严重拖延应付工程款并被证明已无力支付欠款，发包人破产或无力清偿债务，发包人严重干扰或阻碍承包人的工作等。在这种情况下，承包人可能宣布终止与该发包人的合同，并要求发包人赔偿其因合同终止而遭受的严重损失。

3）不属于任何一方责任引起的终止合同。例如，由于不可抗力使任何一方不得不终止合同，大部分政治因素引起的履行合同障碍都属于此类。尽管一方可以引用不可抗力宣布终止合同，但如果另一方对此有不同看法，或者合同中没有明确规定该类终止合同的后果处理办法，双方应通过协商处理，若无法达成一致则按争议处理方式申请仲裁或诉讼。

4）任何一方由于自身需要而终止合同。例如发包人因改变整个设计方案、改变工程建设地点或者其他任何原因而通知承包人终止合同，承包人因其总部的某种安排而主动要求终止合同等。该类由于一方的需要而非对方的过失而要求终止合同，大都发生在工程的初期，而且要求终止合同的一方通常会认识到并且会同意给予对方适当补偿，但是仍然可能在补偿范围和金额方面发生争议。例如，在发包人因自身原因要求终止合同时，可能会承诺给承包人补偿的范围只限于其实际损失，而承包人可能要求还应补偿其失去承包其他工程机会而遭受的损失和预期利润。

【案例 8 - 6】　2003 年 8 月 28 日，广西某县采血站与中标单位 A 建筑工程公司签订了一份建设工程合同，约定将其投资建设的业务综合楼发包给 A 建筑公司承建。合同签订后，A 建筑公司进行了人工挖孔桩分部工程的施工，但由于自身原因，未能在合同约定的期限内完成人工挖孔桩的施工任务。2003 年 12 月 5 日，采血站向 A 建筑公司发出解除合同通知书，并于同日以 A 建筑公司严重违约致使合同无法履行为由向该县人民法院提起诉讼，请求解除双方签订的建设工程施工合同。

该县人民法院经审理后认定，A 建筑公司未能按合同约定的施工进度完成人工挖孔桩施工任务，已构成违约。但该违约属一般性违约，亦不属法定的合同解除事由，并不必然导致合同不能履行，故采血站以 A 建筑公司在履行合同中存在严重进度违约为由请求解除合同，其理由不能成立。但法院认为，根据《合同法》第 287 条的规定，《合同法》对建设工程合同没有规定的，可以适用承揽合同的有关规定，而《合同法》第 268 条赋予了定作人随时解除合同的权利，因此采血站可以随时解除合同，对其诉讼请求应予支持。但采血站应对解除合同给 A 建筑公司造成的合理损失给予赔偿。

2004 年 8 月 9 日，该县人民法院作出〔2003〕某民初字第 856 号民事判决，解除上述建设工程施工合同，同时判决采血站向 A 建筑公司支付已施工部分工程价款及赔偿招投标费用、留守人员工资、退场费等共计 74 718.77 元。

从法律上分析，发包人不能享有随时解除合同的权利。《合同法》第 123 条规定，"其他法律对合同另有规定的，依照其规定"。《建筑法》是专门为规范建筑活动而制定的法律，与

《合同法》相比，该法仍不失为特殊法，按照特殊法应予优先适用的原则，人民法院审理建设工程合同纠纷时，应当优先适用《建筑法》第 15 条第 2 款的规定："发包单位和承包单位应当全面履行合同约定的义务。不按照合同约定履行义务的，依法承担违约责任。"即要求发、承包双方均应严格履约，违约（当然包括擅自解除合同之情形）者须承担违约责任，包括支付违约金和赔偿损失。

8.1.2 建设工程合同争议的产生原因

在建设工程施工合同的履行过程中，不可避免地会出现一些违约事件，且双方对违约的性质、违约责任或违约结果难以达成共识。原因就在于建设工程施工合同涉及的问题比较广泛和复杂，包括地质勘探、工程测量、物资供应、现场施工、竣工验收、缺陷责任及保修等事项，每一项进程都可能包含劳务、质量、进度、监理、计量和付款等内容。这些内容都需要在合同中有明确的规定，并要求合同双方能够全面而严格地执行。

但是，由于建设工程的特殊性和建设过程的特殊性，大多数施工合同在执行过程中不发生任何变化是困难的。同时，建设工程施工合同履约期限长会导致合同双方在签订合同之初，难以对客观环境条件、法律条件、经济政策的变化完全预知并写入合同条款中，于是必然形成合同缺陷。此外，所有合同条款都与工程成本、价格、计量支付和双方的责任权利相关联，并最终影响双方的经济利益和社会声誉。

另外，由于合同双方的利益点不同，或者对实际变化带给合同条款及实际施工的改变的理解不一致，为了维护己方的利益，也难免发生争议。

8.2 建设工程合同争议处理的主要途径

我国《合同法》第 128 条规定：当事人可以通过和解或者调解解决合同争议。当事人不愿和解、调解或者和解、调解不成的，可以根据仲裁协议向仲裁机构申请仲裁。涉外合同的当事人可以根据仲裁协议向中国仲裁机构或者其他仲裁机构申请仲裁。当事人没有订立仲裁协议或者仲裁协议无效的，可以向人民法院起诉。当事人应当履行发生法律效力的判决、仲裁裁决、调解书；拒不履行的，对方可以请求人民法院执行。

在我国，合同争议解决的方式主要有工程师决定、和解、调解、仲裁和诉讼等几种。此外，在国际工程实践中，DRB（争端审议委员会）和 DAB（争端裁决委员会）方法在解决国际工程合同纷争中使用较多。

8.2.1 工程师的决定

无论在工程实施期间，还是在工程完工后，或者合同废弃与终止，如果业主与承包商之间对有关合同或起因于合同的工程实施过程存在任何争端，首先应该将争端的事实用书面形式提交给工程师，并给另一方复印一份。工程师在接到争端提交材料后的 42 天内，将自己的裁定通知业主和承包方。

在国际工程实践中，人们对目前常用的工程师裁决争执的方法提出批评。因为监理工程师作为第一调解人，在合同执行中决定价格的调整，以及工期和费用补偿。但由于以下原因，监理工程师的公正性常常不能保证：

（1）监理工程师受雇于业主，为业主服务，在争执解决中更倾向于业主。

（2）有些干扰事件直接是监理工程师责任造成的，例如下达错误的指令、工程管理失误、拖延发布图纸和批准等。则监理工程师从自身的责任和面子等角度出发会不公正地对待承包商的索赔要求。

（3）在许多工程中，前期工程咨询、勘察设计和监理由一个单位承担，可以保证项目管理的连续性，但会对承包商产生极为不利的影响，例如计划错误、勘察设计不全、出现错误或不及时，监理工程师有时会从自己的利益角度出发，不能正确对待承包商的索赔要求。

8.2.2　协商

8.2.2.1　协商解决的概念和特点

协商解决，是指在合同发生争议后，合同当事人在自愿互谅基础上，依照法律、法规的规定和合同的约定，自行协商解决合同争议。协商解决是解决任何争执首先采用的最基本，也是最常见、最有效的方法。

协商解决方法的特点是：简单，时间短，双方都不需额外花费，气氛平和。在承包商递交索赔报告后，对业主（或工程师）提出的反驳、不认可或双方存在分歧，可以通过谈判弄清干扰事件的实情，按合同条文辨明是非，确定各自的责任，经过友好磋商，互作让步，当事人双方在自愿、互谅的基础上，通过谈判达成解决争执的协议。这种解决办法通常对双方都有利，为将来进一步友好合作创造条件。在国际工程中，绝大多数争执都通过协商解决。即使在按 FIDIC 合同规定的仲裁程序执行前，首先必须经过友好协商阶段。

8.2.2.2　协商解决应遵循的原则

（1）合法原则。合法原则要求工程合同当事人在协商解决合同纠纷时，必须遵守国家法律、法规的要求，所达成的协议内容不得违反法律、法规的规定，也不得损害国家利益、社会公共利益和他人的利益。这是协商解决工程合同纠纷的当事人应当遵守的首要原则。如果违背了合法原则，双方当事人即使达成了和解协议也是无效的。

（2）自愿原则。自愿原则是指工程合同当事人对于采取自行协商解决合同纠纷的方式，是自己选择或愿意接受的，并非受到对方当事人的强迫、威胁或其他外界压力。同时，双方当事人协议的内容也必须是出于自愿，决不允许任何一方给对方施加压力，以终止协议等手段相威胁，迫使对方达成只有对方尽义务，没有自己负责任的"霸王协议"。

（3）平等原则。平等原则表现为在合同发生争议时，双方当事人在自行协商解决合同争议过程中的法律地位是平等的，不论当事人经济实力雄厚还是薄弱，也不论当事人是法人还是非法人的其他经济组织、个人，双方都应互相尊重、平等对待，都有权提出自己的理由和建议，都有权对对方的观点进行辩论。不允许以强欺弱，以大欺小，达成不公平的所谓和解协议。对于履行了合同义务的部分，应当坚持有得到偿付的权利；对于自己履行义务中的缺陷，应当同意予以改善，切忌采取"蛮不讲理"的态度；对于合同或事实中双方理解不一致者，则应通过耐心解释，特别是借用工程惯例予以处理。

（4）互谅互让原则。互谅互让原则就是工程合同双方当事人在如实陈述客观事实和理由的基础上，也要多从自身找找原因，认识在引起合同纠纷问题上自己应当承担的责任，而不能片面强调对自己有利的事实和理由而不顾及全部事实，或片面指责对方当事人，要求对方承担责任。即使自身没有过错，也不能得理不让人。这也是合同的协作履行原则在处理工程合同争议中的具体运用。

8.2.2.3　协商解决应注意的几个问题

（1）坚持原则。在工程合同争议的协商过程中，双方当事人既要互相谅解、以诚相待、勇于承担各自的责任，又不能进行无原则的协商，要杜绝在解决纠纷中损害国家利益和社会公共利益的行为。尤其是对解决合同争议中的行贿受贿行为，要进行揭发、检举；对于违约责任的处理，只要工程合同中约定的违约责任是合法的，就应当追究违约方的违约责任。违约方应当主动承担违约责任，受害方也应当积极向违约方追究违约责任，绝不能以协作为名，假公济私、慷国家之慨，中饱私囊。

（2）分清责任。协商解决工程合同争议的基础是分清责任。尤其是在市场竞争中，当事人都应保持良好的形象和信誉，明确各方的权利和责任。当事人双方要实事求是地分析争议产生的原因，不能一味地推卸责任，否则不利于争议的解决。应当以详细和可靠的证据材料证明事实依据，应当以相应的合同条款作为处理争议的法定依据。

（3）及时解决。双方当事人自愿采取协商方式解决工程合同争议时应当注意合同争议要及时解决。由于和解不具有强制执行的效力，容易出现当事人反悔。如果双方当事人在协商过程中出现僵局，争议迟迟得不到解决，就不应继续坚持协商解决的办法，否则会使合同争议进一步扩大。特别是一方当事人有故意不法侵害行为时，更应当及时采取其他方法解决。

（4）注意把握和解的技巧。首先要求当事人双方坚持协商的原则，诚实信用，以礼相待，处处表现出宽容和善意。其次，要求当事人在意思表达准确的同时，要恰当使用协商语言，不使用过激或模棱两可的语言。再次，在协商过程中，要摆事实、讲道理。讲道理时，一定要围绕中心，抓住主要问题，以使合同争议的主要问题及时得到解决。在某些场合下还要注意"得理让人"，对非原则问题，可以做一些必要的让步，以使对方当事人感到诚意，从而使问题及早得到彻底的解决。

任何协商都不是一蹴而就的，可能出现以下情况：

1）双方坚持不让，谈判陷入僵局，这时比较可行的办法是委托与双方都有关系的人员进行会外劝解，重新谈判，但第三人只在当事人之间起"牵线搭桥"的作用，并不实质上参与当事人之间的协商。

2）谈判达成谅解。这时应及时将谈判结果写成书面文件，并经双方正式签署。新的协议文件应有明确的处理方案和合理的期限，以利实施。

3）谈判破裂，在谈判已明显不可能达成妥协方案时，应当为采取其他解决争议的方式做好准备。

8.2.3 调解

8.2.3.1 调解的概念和特点

（1）调解的概念。如果合同双方经过协商谈判不能就争议的解决达成一致，则可以邀请中间人进行调解。

调解是指在合同发生争议后，在第三人的参加与主持下，以事实、合同条款和法律为根据，分清是非，说服劝导，向争议的双方当事人提出解决方案，促使双方在互谅互让的基础上自愿达成协议，由合同双方和调解人共同签订调解协议书，从而解决争议的活动。

（2）调解的特点。

1）积极的第三方角色。第三方提出建议，寻求新的解决方案，提出观点反对和支持每个或某个当事人的意见和要求，但其没有权力做出具有约束力的决定。

2）调解协议期限性。如果当事人一方对调解协议有反悔，则其必须在接到调解书之日起一定时间内，向仲裁委员会申请仲裁，也可直接向人民法院起诉。超过该期限，调解协议具有法律效力。

3）调解的自愿性。调解是在合同双方当事人自愿的基础上进行的，其结果无法律约束力。如合同一方对调解结果不满，可按合同关于争执解决的规定，在限定期限内提请仲裁或诉讼要求。如果调解书生效后，争执一方不执行调解决议，则被认为是违法行为。

（3）调解方法的优点。

1）提出调解能较好地表达承包商对谈判结果的不满意和争取公平合理解决索赔问题的决心。

2）由于调解人的介入，增加了索赔解决的公正性。业主要顾忌到自己的影响和声誉等，通常容易接受调解人的劝说和意见。而且由于调解决议是当事人双方选择的，所以一般比仲裁决议更容易执行。律师有时能作为调节人参与调节。

3）灵活性较大，有时程序上也很简单（特别是请工程师调解）。一方面双方可以继续协商谈判；另一方面，调解决定没有法律约束力，承包商仍有机会追求更高层次的解决方法。

4）节约时间和费用。

5）双方关系比较友好，气氛平和。

8.2.3.2　调解应遵循的原则

以调解的方式解决建设工程合同争议时，调解人必须站在公正的立场上，不偏袒或歧视任何一方，按照国家法令、政策和合同规定，在查清事实、分清责任、辨明是非的基础上，对争执双方进行说服，提出解决方案，调解结果必须公正、合理、合法。一般应遵循以下原则：

（1）自愿原则。工程合同争议的调解过程，是双方当事人弄清事实真相、分清是非、明确责任、互谅互让、提高法律观念、自愿取得一致意见并达成协议的过程。因此，只有在双方当事人自愿接受调解的基础上，调解人才能进行调解。如果争议当事人双方或一方根本不愿意用调解方式解决纠纷，那么就不能进行调解。另外，调解人的身份必须得到双方当事人的认可，调解协议也必须由双方当事人自愿达成。调解人在调解过程中必须充分尊重当事人的意愿，要耐心听取双方当事人和关系人的意见，并对这些意见进行分析研究，在查明事实、分清是非的基础上，对双方当事人进行说服教育，耐心劝导，促使双方当事人互相谅解，达成协议。调解人不能代替当事人达成协议，也不能把自己的意志强加给当事人。

（2）合法原则。合法原则首先要求工程合同双方当事人达成协议的内容必须合法，不得同法律、法规和政策相违背，也不得损害国家利益、社会公共利益和第三人的合法权益。此外，在任何情况下，都必须要求调解人在调解活动中坚持合法原则，否则难以保证调解协议内容的合法性。比如，调解活动不讲原则，一味强调让步，或违反法律而达成的协议，结果既损害了当事人的利益，所达成的调解协议也没有任何保障。合同当事人只有在法律法规允许的范围内，才可以自由地处分自己的权利，超越当事人可以自由处分的权利范围，调解人不能调解。

（3）公平原则。公平原则要求调解人秉公办事、不徇私情、平等待人，公平合理地解决问题。尤其是在承担相应责任方面，绝不能采用"和稀泥"、"各打五十大板"等无原则性的方式，而应该实事求是，采取权利与义务对等、责权利相一致的公平原则。这样才能取得双方当事人的信任，促使当事人自愿达成协议。如果偏袒一方压服另一方，只能引起当事人的反感，不利于争议的解决。

在合同实施过程中，日常合同争执的调解人为监理工程师。他作为中间人和了解实际情况的专家，对合同争执的解决起着重要作用。如果对争执不能通过协商达成一致，双方都可以请监理工程师出面调解。监理工程师在接受任何一方委托后，在一定期限内（FIDIC 规定为 84 天）给出调解意见，书面通知合同双方。如果双方认为这个调解是合理、公正的，双方都接受，在此基础可再进行协商，使争执得到满意解决。监理工程师了解工程合同，参与工程施工全过程，了解合同实施情况，其调解有利于争执的解决。但监理工程师的公正性往往难以保证，因为他一方面受雇于业主，另一方面承包商又千方百计对他施加影响。对于较大的索赔，可以聘请知名的工程专家、法律专家，或请对双方都有影响的人物做调解人。

8.2.3.3 常用的调解形式

在我国，建设工程合同争执的调解通常有三种形式：

（1）行政调解。由合同管理机关、工商管理部门、业务主管部门等作为调解人。是指当工程合同发生争议后，根据双方当事人的申请，在有关行政主管部门主持下，双方自愿达成协议的解决合同争议的方式。工程合同争议的行政调解人一般是一方或双方当事人的业务主管部门，因为业务主管部门对下属企业单位的生产经营和技术业务等情况比较熟悉和了解，能在符合国家法律政策的要求下，教育说服当事人自愿达成调解协议。这样既能满足各方的合理要求，维护其合法权益，又能使合同争议得到及时而彻底的解决。

（2）司法调解。是指在合同争议的诉讼或仲裁过程中，在法院或仲裁机构的主持和协调下，双方当事人进行平等协商，自愿达成协议，并经法院或仲裁机构认可从而终结诉讼或仲裁程序的活动。调解书经双方当事人签收后，即发生法律效力，当事人不得反悔，必须自觉履行。调解未达成协议或者调解书签收前当事人一方或双方反悔的，调解即告终结，法院或仲裁庭应当及时裁决而不得久调不决。调解书发生法律效力后，如果一方不履行，另一方当事人可以向人民法院申请强制执行。

（3）民间调解。是指合同发生争议后，当事人共同协商，请有威望、受信赖的第三人，包括人民调解委员会、企事业单位或其他经济组织、一般公民，以及律师、专业人士等作为中间调解人，双方合理合法地达成解决争议的协议。民间调解可以制作书面的调解协议，也可以双方当事人口头达成调解协议。无论是书面的还是口头的调解协议，均没有法律约束力，靠当事人自觉履行，以双方当事人的信誉、道德良心，以及主持人的人格力量、威望等来保证履行。

律师或专业人士主持调解争议可以在一定程度上弥补我国现有调解队伍人员不足的现象。由于律师和专业人士本身具有良好的素质、一定的专业知识和法律水平，熟悉政策与规范，更有利于说服当事人，从而使当事人双方的争议在更加合乎法律和情理的情况下解决，这样有助于加强法律的宣传和教育作用，提高当事人的法制观念。另外，律师和专业人士主持调解有利于缓解当事人之间的矛盾，减轻人民法院的负担。

8.2.3.4 采用行政调解或人民（民间）调解方式时应注意的问题

（1）选择合适的调解人。

1）调解人的资格。调解人可以是自然人临时组成的调解委员会或调解小组，也可以是较有声望的社会团体或组织，例如商会（工程师协会、律师协会等），还可以是专门的调解机构。有些国家或国际组织设有专门进行排解经济争议的调解中心，例如国际商会和斯德哥尔摩的商会，以及我国的国际商会、国际贸易促进委员会等，均有进行合同争议调解的专门机构，并有其调解程序和规则。由于工程合同的复杂性和技术争论问题较多，调解人除具有公正和独立的声誉外，还应当具有专业知识和经验，并有合同和法律知识。在调解委员会或调解小组中最好既有工程专家又有法律人士参加。

2) 调解人的中立、客观和公正态度。争议双方能够听信调解人的调解方案和意见，是出于对调解人的信赖，这种信赖就是相信调解人能够始终保持中立的立场，对事实认真调查核实，其结论公正和合理。因此，调解人应当与争议双方没有任何经济往来和利害关系。

3) 调解人必须双方都能接受。对于调解人的确定，可以由双方事先在合同条件中做出规定；如果没有事先规定，也可以在争议发生后，只要双方有调解意愿，则可由双方协商选定；也可以由当事人一方提出，另一方予以同意，但选定后应当补签协议，表明双方均自愿接受该调解人的调解。

(2) 实事求是，查明起因。调解必须以事实为根据。调解人要采取实事求是的态度，深入到有关方面，进行认真的调查研究，查清工程合同争议发生的时间、地点、原因、双方争执的经过和执行后产生的结果，以及证据和证据的来源。在处理合同争议时，要虚心听取各方面的意见，并加以深入分析和研究。涉及专业技术问题，还需委托有关部门做出技术鉴定或参加质量技术问题的座谈会，提出意见，判明是非和责任所在。

(3) 分清责任，依法调解。法律、法规、政策及工程合同是区分争议是非、明确责任的尺度和准绳。调解人要熟悉法律和合同的有关规定，依照法律和合同办事，分清责任，做到有法必依，公正调解，排除干扰，不徇私情。这样才能分清是非，明确责任，才能使当事人信服，顺利达成协议。

(4) 协调说服，互谅互让。工程合同争议一般涉及各方的经济利益，有些争议还涉及企业的声誉。一旦有了合同争议，不少当事人在调解过程中过分强调对方的过错，甚至隐瞒歪曲事实，谎报情况，这些都是对调解工作不利的因素。因此，调解人在调解工作中，要摆事实、讲道理，耐心地做好深入细致的说服教育疏导工作，协调好双方的关系；促使双方当事人相互谅解，保证调解工作的顺利进行。

(5) 及时调解，不得影响仲裁和诉讼。调解必须及时，这对于解决合同争议非常重要。如果争议得不到及时解决，就有可能使矛盾激化。同时，也要防止一方恶意利用调解使纠纷复杂化的问题。工程合同争议发生后，不论当事人申请调解还是不申请调解，也不论当事人在调解中没有达成协议还是达成协议后又反悔，均不影响当事人依照法律向仲裁委员会申请仲裁或向法院起诉。

8.2.4　仲裁

争执双方不能通过协商和调解达成一致时，可按合同仲裁条款的规定采用仲裁方式解决。仲裁作为正规的法律程序，其结果对双方都有约束力。在仲裁中可以对工程师所做的所有指令、决定、签发的证书等进行重新审议。

8.2.4.1　仲裁的概念和特点

(1) 仲裁的概念。仲裁是指由合同双方当事人自愿达成仲裁协议、选定仲裁机构对合同争议依法做出有法律效力的裁决的解决合同争议的方法。

在我国境内履行的工程合同，双方当事人申请仲裁的，适用 1995 年 9 月 1 日起施行的《中华人民共和国仲裁法》（以下简称《仲裁法》）。仲裁是仲裁委员会对合同争执所进行的裁决。仲裁委员会在直辖市和省、自治区人民政府所在地设立，也可在其他设区的市设立，由相应的人民政府组织有关部门和商会统一组建。仲裁委员会是中国仲裁协会会员。

(2) 仲裁的特点。

1) 仲裁具有灵活性。仲裁的灵活性表现在合同争议双方有许多选择的自由，只要是双方事先达成协议的，基本上都能得到仲裁庭的尊重，这包括双方当事人可以事先约定提交仲裁的争议范围，以此决定仲裁庭的管辖和裁决范围；双方可以事先选择适用的法律、仲裁机构、仲裁规则和仲裁地点及仲裁程序所使用的语言等；双方可以选择仲裁员，许多仲裁机构备有仲裁员名单，他们不仅有法律方面的专家和知名律师，还有许多行业中颇有经验的技术专家、教授和具有管理经验的德高望重的知名人士等。将较复杂的专业内容争议案件交给专家们仲裁，比法院由专门研究法律而相对缺少行业专门知识的法官审判更具有权威性和说服力。

2) 仲裁程序的保密性。仲裁程序一般都是保密的，从开始到终结的全过程中，双方当事人和仲裁员及仲裁机构的案件管理人员都负有保密的责任。除非双方当事人一致同意，仲裁案件的申理并不公开进行，不允许旁听或采访，当事人可以放心地将案件提交仲裁解决。但是，除涉及国家机密以外，当事人协议仲裁公开进行的，则可以公开进行。

3) 仲裁效率较高和费用较低。和司法程序相比较，仲裁的效率要高一些。由于许多国家的法律制度对民事案件诉讼采用多审制（二审终审制或三审终审制），时间花费较长，而且受到法律制度的程序限制，不可能加快进程。而仲裁则是一审终局的，无需上诉。总之，仲裁程序从立案到最终裁决的持续时间要短得多，而且争议各方可以指定熟悉专业的人士担任仲裁员，他们的专业知识有助于快捷地判断专业性较强的案件中的是非对错，从而可以加快审理和裁决进程。仲裁所花费用相比诉讼也要低一些。

8.2.4.2 仲裁应遵循的原则

(1) 独立的原则。仲裁委员会是由政府组织有关部门和商会统一组建的，但仲裁机关不是行政机关，也不是司法机关，而是属于民间团体。仲裁委员会独立行使仲裁权，与行政机关没有任何隶属关系，各个仲裁委员会之间也没有任何隶属关系，不存在级别管辖和地域管辖。仲裁机构在仲裁合同争议时，依法独立进行，不受行政机关、社会团体和个人的干涉。各个仲裁机构应严格依照法律和事实独立地对合同争议进行仲裁，做出公正的裁决，保护当事人的合法利益。

(2) 自愿的原则。仲裁必须是完全自愿的，这种自愿原则体现在许多方面。例如，是否选择仲裁的方式解决争议，选择哪一个仲裁机构进行仲裁，仲裁是否公开进行，在仲裁的过程中是否要求调解、是否进行和解、是否撤回仲裁申请等，都是由当事人自愿决定的，并且应该受到仲裁机构的尊重。任何仲裁机构或临时仲裁庭对案件的管辖权完全来自双方当事人的授权。如果双方当事人同意选择仲裁的方式解决争议，必须用书面的形式将这一意愿表达出来，即应在争议发生前或后达成仲裁协议。没有书面的仲裁协议，仲裁机构就无权受理对该争议的解决。

(3) 或裁或审的原则。《仲裁法》第5条规定："当事人达成仲裁协议，一方向人民法院起诉的，人民法院不予受理，但仲裁协议无效的除外。"《民事诉讼法》第111条第二款规定："依照法律规定，双方当事人对合同纠纷自愿达成书面仲裁协议向仲裁机构申请仲裁、不得向人民法院起诉的，告知原告向仲裁机构申请仲裁。"这两部法律均明确了合同争议实行或裁或审制度。因为仲裁和诉讼都是解决合同争议的方法，既然合同争议当事人双方自愿选择了仲裁方法解决合同争议，则仲裁委员会和法院都要尊重合同争议当事人的意愿。一方面，仲裁委员会在审查当事人申请仲裁符合仲裁条件时，应予受理；另一方面，法院依法告知因双方有有效的仲裁协议，应当向仲裁机构申请仲裁，法院不受理起诉。

（4）一裁终局的原则。《仲裁法》第 9 条规定："仲裁实行一裁终局制的制度。"一裁终局是指裁决做出之后，当事人就同一争议再申请仲裁或者向法院起诉的，仲裁委员会或者法院不应受理。但是当事人对仲裁委员会做出的裁决不服，并能够提出足够的证明、证据时，可以向法院申请撤销裁决，裁决被法院依法裁定撤销或者不予执行的，当事人可以就已裁决的争议重新达成仲裁协议申请仲裁或向法院起诉。如果撤销裁决的申请被法院裁定驳回，仲裁委员会做出的裁决仍然要执行。

（5）先行调解的原则。先行调解就是仲裁机构先于裁决之前，根据争议的情况或双方当事人自愿而进行说服教育和劝导工作，以便双方当事人自愿达成调解协议，解决合同争议。

8.2.4.3　仲裁的一般程序

仲裁的一般程序包括仲裁申请和受理、组成仲裁庭、开庭和裁决以及执行四个环节。

（1）仲裁申请和受理。申请和受理仲裁的前提是当事人之间要有仲裁协议。仲裁协议可以是在合同中订立的仲裁条款，或以其他形式在争执发生前后达成的请求仲裁的书面协议。仲裁申请和受理主要有以下三个重要环节：

1）仲裁协议。仲裁协议是指双方当事人自愿选择仲裁的方式解决可能发生的或者已经发生的合同争议的书面约定。只有当事人在合同内订立仲裁条款或以其他书面形式在争议发生前或者争议发生后达成了请求仲裁的协议，仲裁委员会才会受理仲裁申请。

仲裁协议应当具有以下主要内容：

a. 请求仲裁的意愿表示。即双方当事人应当明确表示将合同争议提交仲裁机构解决。

b. 仲裁事项。即双方当事人共同协商确定的提交仲裁的合同争议范围。如果在合同内订立了仲裁条款或在纠纷前以其他书面形式达成了仲裁协议，但还没有具体争议事件发生，仲裁事项应原则性地确定争议范围。

c. 选定的仲裁委员会。双方当事人应明确约定仲裁事项由哪一个仲裁机构进行仲裁。

导致仲裁协议无效的原因如下：

a. 约定的仲裁事项超出法律规定的范围。

b. 无民事行为能力的人或者限制行为能力的人订立的仲裁协议。

c. 一方采取胁迫手段，迫使对方订立仲裁协议。此外，仲裁协议对仲裁事项约定不明确的，当事人可以补充协议；达不成补充协议的，仲裁协议无效。

2）仲裁申请。申请是指当事人向仲裁委员会依照法律的规定和仲裁协议的约定，将争议提请约定的仲裁委员会予以仲裁。当事人申请仲裁必须符合的条件有：有仲裁协议；有具体的仲裁请求和事实、理由；属于仲裁委员会的受理范围。在申请仲裁时，应当向仲裁委员会提交仲裁协议、仲裁申请书及副本。仲裁申请书应当载明下列事项：

a. 当事人的姓名、性别、年龄、职业、工作单位和住所、法人或其他组织的名称、住所和法定代表人或者主要负责人的姓名、职务。

b. 仲裁请求和所根据的事实、理由。

c. 证据和证据来源、证人姓名和住所。

3）仲裁受理。受理是指仲裁委员会依法接受对争议的审理。仲裁委员会在收到仲裁申请书之日起 5 日内，认为符合受理条件的，应当受理，并通知当事人；认为不符合受理条件的，应当书面通知当事人不予受理，并说明理由。仲裁委员会在受理仲裁申请后，应当在仲裁规则规定的期限内将仲裁规则和仲裁员名册送达申请人，并将仲裁申请书的副本和仲裁规则、仲裁员名册送达被申请人。

被申请人收到仲裁申请书副本后，应在仲裁规则规定的期限内向仲裁委员会提交答辩书。仲裁委员会收到答辩书后，应当在仲裁规则规定期限内将答辩书副本送达申请人。

当事人申请仲裁后，仍可以自行和解，达成和解协议，申请人可以放弃或变更仲裁请求，被申请人可以承认或者反驳仲裁请求。

（2）组成仲裁庭。仲裁委员会受理仲裁申请后，应当组成仲裁庭进行仲裁活动。仲裁庭不是一种常设的机构，其组成的原则是一案一组庭。仲裁庭有下列两种组成方式：

1）合议制的仲裁庭，即仲裁庭由三名仲裁员组成。采用该方式，应当由当事人双方各自选择或者各自委托仲裁委员会主任指定一位仲裁员。第三名仲裁员即首席仲裁员由当事人共同选定或者共同委托仲裁委员会主任选定。

2）独任制的仲裁庭，即仲裁庭由一名仲裁员组成。这名仲裁员由当事人共同选定或者共同委托仲裁委员会主任指定。

在具体的仲裁活动中，采取上述两种方法中的哪一种，由当事人在仲裁协议中协商决定。当事人没有在仲裁规则规定的期限内约定仲裁庭的组成方式或者选定仲裁员的，由仲裁委员会主任指定。仲裁庭组成后，仲裁委员会应当将仲裁庭的组成情况书面通知当事人。组成仲裁庭的仲裁员，符合《仲裁法》规定需要回避的应当回避，当事人也有权提出回避申请。

（3）开庭和裁决。开庭是指仲裁庭按照法定的程序，对案件进行有步骤有计划的审理。《仲裁法》第 39 条规定："仲裁应当开庭进行"。也就是当事人共同到庭，经调查和辩论后进行裁决。同时，该条还规定："当事人协议不开庭的，仲裁庭可以根据仲裁申请书、答辩书以及其他材料做出裁决。"

在开庭审理以前，仲裁委员会应当在仲裁规则规定的期限内将开庭日期通知双方当事人；经书面通知后，申请人无正当理由不到庭或者未经仲裁庭许可中途退庭的，可以视为撤回仲裁申请。经书面通知后，被申请人无正当理由不到庭或者未经仲裁庭许可中途退庭的，可以缺席裁决。

仲裁的具体事宜应按投标书附录中的规定裁决。在仲裁过程中，原则上应由当事人承担对其主张的举证责任。当事人可以提供证据，仲裁庭可以进行调查，收集证据，也可以进行专门鉴定。证据应当在开庭时出示，当事人可以质证。当事人在仲裁过程中有权进行辩论。辩论终结时，首席仲裁员或者独任仲裁员应当征询当事人的最后意见。

仲裁庭在做出裁决前，可以先行调解。当事人自愿调解的，仲裁庭应当调解；当事人不愿调解或调解不成的，仲裁庭应当进行裁决。当事人申请仲裁后，可以自行和解。调解达成协议的，仲裁庭应当制作调解书，调解书应当写明仲裁请求和当事人协议的结果。调解书由仲裁员签名，加盖仲裁委员会印章，送达双方当事人。调解协议与仲裁书具有同等法律效力。

仲裁裁决是指仲裁机构经过当事人之间争议的审理，依据争议的事实和法律，对当事人双方的争议做出的具有法律约束力的判定。仲裁裁决应当按照多数仲裁员的意见做出，少数仲裁员的不同意见可以记入笔录；仲裁庭不能形成多数意见时裁决按照首席仲裁员的意见做出。裁决应当制作裁决书，裁决书应当写明仲裁请求、争议事实、裁决结果、仲裁费用的负担和裁决日期。裁决书由仲裁员签名加盖仲裁委员会印章，仲裁书自做出之日起发生法律效力。

工程竣工之前或之后均可开始仲裁，但在工程进行过程中，合同双方与争执裁决委员会各自的义务不得因正在进行仲裁而改变。

（4）执行。仲裁裁决做出后，当事人应当履行裁决。如果当事人不履行，另一方可以依照民事诉讼法规定向人民法院申请执行。

涉外合同的当事人可以根据仲裁协议向我国仲裁机构或其他仲裁机构申请仲裁。

8.2.4.4　法院对仲裁的协助和监督

（1）法院对仲裁活动的协助。

1）财产保全。财产保全是指为了保证仲裁裁决能够得到实际执行，以免利害关系人的合法利益受到难以弥补的损失，在法定条件下所采取的限制另一方当事人、利害关系人处分财物的保障措施。财产保全措施包括查封、扣押、冻结以及法律规定的其他方法。

2）证据保全。证据保全是指在证据可能毁损、灭失或者以后难以取得的情况下，为保存其证明作用而采取一定的措施加以确定和保护的制度。证据保全是保证当事人承担举证责任的补救方法，在一定意义上也是当事人取得证据一种手段。证据保全的目的是保障仲裁的顺利进行，确保仲裁庭做出正确裁决。

3）强制执行仲裁裁决。仲裁裁决具有强制执行力，对双方当事人都有约束力，当事人应该自觉履行。但由于仲裁机构没有强制执行仲裁裁决的权力，所以为了保障仲裁裁决的实施，防止负有履行裁决义务的当事人逃避或者拒绝仲裁裁决确定的义务，我国《仲裁法》规定，一方当事人不履行仲裁裁决的，另一方当事人可以依照民事诉讼法的有关规定向人民法院申请执行，受申请的人民法院应当执行。这时，法院将只审查仲裁协议的有效性、仲裁协议是否承认仲裁裁决是终局的，以及仲裁程序的合法性等，而不审查实体问题。许多国家的法律制度最大限度地减少对仲裁的司法干预，以保证仲裁程序的独立公正、实际和迅速地进行，并确认仲裁裁决的终局性和提供执行的便利。

（2）法院对仲裁的监督。为了提高仲裁员的责任心，保证仲裁裁决的合法性、公正性，保护各方当事人的合法权益，我国《仲裁法》规定了法院对仲裁活动予以司法监督的制度。规定表明，对仲裁进行司法监督的范围是有限的而且是事后的。如果当事人对仲裁裁决没有异议，不主动申请司法监督，法院对仲裁裁决采取不干预的做法；司法监督的实现方式主要是允许当事人向法院申请撤销仲裁裁决和不予执行仲裁裁决。

1）撤销仲裁裁决。当事人提出证据证明裁决有下列情形之一的，可以在自收到仲裁裁决书之日起6个月内向仲裁委员会所在地的中级人民法院申请撤销仲裁裁决：没有仲裁协议的；裁决的事项不属于仲裁协议的范围或者仲裁委员会无权仲裁的；仲裁庭的组成或者仲裁的程序违反法定程序的；裁决所根据的证据是伪造的；对方当事人隐瞒了足以影响公正裁决证据的；仲裁员在仲裁该案时有索贿受贿、徇私舞弊、枉法裁决行为的。以上规定表明，当事人申请撤销裁决应当在法律规定的期限内向法院提出，并应提供证明有以上情形的证据。同时，并非任何法院都有权受理撤销仲裁裁决的申请，只有仲裁委员会所在地的中级人民法院对此享有专属管辖权。

此外，法院认定仲裁裁决违背社会公共利益的应当裁定撤销。法院应当在受理撤销裁决申请之日起 2 个月内做出撤销裁决或者驳回申请的裁定。法院裁定撤销裁决的，应当裁定终止执行；撤销裁决的申请被裁定驳回的，法院应当裁定恢复执行。

2）不予执行仲裁裁决。在仲裁裁决执行过程中，如果被申请人提出证据证明裁决有下列情形之一的，经法院组成合议庭审查核实，裁定不予执行该仲裁裁决：

a. 当事人在合同中没有订立仲裁条款或者事后没有达成书面仲裁协议的。

b. 裁决的事项不属于仲裁协议的范围或者仲裁机构无权仲裁的。

c. 仲裁庭的组成或者仲裁的程序违反法定程序的。

d. 认定事实和主要证据不足的。

e. 适用法律有错误的。

f. 仲裁员在仲裁该案时有贪污受贿、徇私舞弊、枉法裁决行为的。

仲裁裁决被法院裁定不予执行的，当事人之间的争议并没有得到解决，当事人就该争议可以根据双方重新达成的仲裁协议申请仲裁，也可以向法院起诉。

8.2.4.5　国际工程仲裁

除合同中另有规定外，国际工程合同争议一般按照国际商会仲裁和调解章程裁决。合同也可以指明按照其他国际组织的仲裁规则。

（1）国际仲裁机构的形式。国际仲裁机构通常有临时性仲裁机构和国际性常设的仲裁机构两种形式。

1）临时性仲裁机构。它的产生过程由合同规定。一般合同双方各指定一名人士做仲裁员，再由这两位仲裁员选定另一人作为首席仲裁员。三人成立一个仲裁小组，共同审理争执，以少数服从多数原则做出裁决。仲裁人的公正性对争执的最终解决影响很大。

2）国际性常设的仲裁机构，如伦敦仲裁院、瑞士苏黎世商会仲裁院、瑞典斯德哥尔摩商会仲裁院、中国国际经济贸易仲裁委员会、罗马仲裁协会等。

（2）国际工程仲裁地点。国际工程仲裁地点通常有以下几种情况：

1）在工程所在国仲裁，这是较为常见的。许多第三世界国家，特别是中东一些国家规定，承包合同在本国实施，则只准使用本国法律，在本国进行仲裁，或由本国法庭裁决。裁决结果要符合本国法律，拒绝其他第三国或国际仲裁机构裁决。

在这种情况下，如果发生争执，应尽一切努力在非正式场合，通过双方协商或请人调解解决。否则，争执一经交上当地法庭，解决结果就难以预料。

2）在被诉方所在国仲裁。仲裁地点的选择是比较灵活的。例如在我国实施的某国际工程中，业主为英国投资者，承包商为我国的一建筑企业。总承包合同的仲裁条款规定：如果业主提出仲裁，则仲裁地点在中国上海；如果中方提出仲裁，则仲裁地点在新加坡。

3）在指定的第三国仲裁，特别是可在所选定的常设的仲裁机构所在国（地）进行。

（3）国际工程仲裁的效力。国际工程仲裁的效力，即仲裁决定是否为终局性的。如果合同一方或双方对裁决不服，是否还可以提起诉讼；或说明裁决对当事人（特别是业主）有无约束力，是否可以强制他执行。在某国际工程施工合同中对仲裁的效力做了如下规定：争执只能在当地（工程所在地），按当地的规则和程序仲裁；不能够借助仲裁结果强迫业主履行其职责。

在国际工程中，仲裁（特别选择常设仲裁机构）过程的时间往往很长，从提交仲裁到裁决可能需要一年甚至几年时间。仲裁花费也很大，不仅要支付仲裁员费用和其他人工、服务、管理费用，双方还需聘请律师。因此，若非重大的索赔或侵权行为，一般建议不提请仲裁。

（4）国际仲裁存在的问题。

1）仲裁时间太长，程序过于复杂。资料表明，在巴黎进行国际仲裁平均要 18 个月，而土木工程仲裁案例时间更长。

2）费用很高。不仅需要仲裁费用，还需花费代理和律师费用，以及相关的取证、资料、交通等费用，使得最终索赔解决费用一般都超过索赔要求的 25% 以上。甚至有人说，争执一经提交国际仲裁，常常只有律师是赢家。

3）仲裁人员对工程的实施过程，对合同的签订过程、工程的许多细节不很熟悉，常常仅凭各种书面报告（如索赔报告、反索赔报告）裁决。如果要仲裁人员了解工程过程，则又要花费许多时间和费用。

8.2.5　诉讼

8.2.5.1　诉讼的概念和特点

（1）诉讼的概念。诉讼是指合同当事人按照民事诉讼程序向法院对一定的人提出权益主张并要求法院予以解决和保护的请求。诉讼是运用司法程序解决争执，由人民法院受理并行使审判权，对合同双方的争执做出强制性判决。

（2）诉讼的特点。

1）提出诉讼请求的一方，是自己的权益受到侵犯和他人发生争议，请求的目的是使法院通过审判，保护受到侵犯和发生争议的权益。任何一方当事人都有权起诉，而无须征得对方当事人的同意。

2）当事人向法院提起诉讼，适用民事诉讼程序解决；诉讼应当遵循地域管辖、级别管辖和专属管辖的原则。在不违反级别管辖和专属管辖的原则的前提下，可以依法选择管辖法院。

3）法院审理合同争议案件，实行二审终审制度。当事人对法院做出的一审判决、裁定不服的，有权上诉。对生效判决、裁定不服的，也可向人民法院申请再审。

8.2.5.2　法院受理合同争执诉讼的情况

（1）合同双方没有仲裁协议，或仲裁协议无效，当事人一方向人民法院提出诉讼。

（2）虽有仲裁协议，当事人向人民法院提出起诉，未声明有仲裁协议；人民法院受理后另一方在首次开庭前对人民法院受理案件未提异议，则该仲裁协议被视为无效，人民法院继续受理。

（3）仲裁决定被人民法院依法裁定撤消或不予执行。当事人向人民法院提出起诉，人民法院依据《民事诉讼法》（对经济犯罪行为则依据《刑事诉讼法》）审理该争执。

8.2.5.3　诉讼参加人

诉讼参加人是指与案件有直接利害关系并受法律判决约束的当事人，以及与当事人地位相似的第三人及其代理人。诉讼参加人可以是自然人、法人或其他组织。

（1）当事人（原告、被告）。是指因合同争议而以自己的名义进行诉讼，并受法院裁判约束，与案件审理结果有直接利害关系的人。在第一审程序中，提起诉讼的一方称为原告，被诉的一方称被告。原、被告都享有委托代理人、申请回避、提供证据、进行辩论、请求调解、提出上诉、申请保全或执行等诉讼权利，同时也必须承担相应的诉讼义务，包括举证、遵守庭审秩序、履行发生法律效力的判决、裁定和调解协议等。

（2）第三人。是指对他人争议的诉讼标的有独立请求权，或者虽然没有独立请求权，但案件的处理结果与其有法律上的利害关系，因而自己请求或根据法院的要求参与到已经开始的诉讼中进行诉讼的人。有独立请求权的第三人享有原告的一切诉讼权利，无独立请求权的第三人不享有原、被告的诉讼权利，只享有维护自己权益所必需的诉讼权利。

（3）诉讼代理人。是指在诉讼中，受当事人的委托以当事人名义在其授予的代理权限内实施诉讼行为的人。在工程合同争议诉讼中，诉讼代理人的代理权大多数是由委托授权而产生的。

8.2.5.4　诉讼程序

诉讼程序包括第一审普通程序、简易程序和第二审程序三类。

（1）第一审普通程序。

1）起诉与受理。起诉是指合同争议当事人请求法院通过审判保护自己合法权益的行为。起诉必须符合的条件包括：原告是与案件有直接利害关系的公民、法人和其他组织；有明确的被告；有具体的诉讼请求和事实、理由；请求的事由属于法院的收案范围和受诉法院管辖；原、被告之间没有约定合同仲裁条款或达成仲裁协议。起诉应在诉讼时效内进行。起诉原则上是用书面形式，即原告向人民法院提交起诉状。

起诉状是原告表示诉讼请求和事实根据的一种诉讼文书。起诉状中应记明的事项包括：当事人的基本情况；诉讼请求和所根据的事实和理由；证据和证据来源、证人姓名和住处。此外，起诉状还应说明受诉法院的名称、起诉的时间，最后由起诉人签名或盖章。

受理是指法院对符合法律条件的起诉决定立案审理的诉讼行为。法院接到起诉状后，经审查认为符合起诉条件的，应当在7日内立案，并通知当事人；认为不符合起诉条件的，应当在接到起诉状之日起6日内裁定不予受理；原告对裁定不服的，可以提起上诉。

2）审理前的准备。法院应当在立案之日起5日内将起诉状副本送达被告；被告在收到之日起15日内提出答辩状。法院在收到被告答辩状之日起5日内将答辩状副本送达原告，被告不提出答辩状的，不影响审判程序的进行。如被告对管辖权有异议，也应在提交答辩状期间提出，逾期未提出的，视为被告接受受诉法院管辖。

法院受理案件后应当组成合议庭，合议庭至少由三名审判员或至少由一名审判员和两名陪审员组成，不包括书记员。合议庭组成后，应当在三日内将合议庭组成人员告知当事人。

其他准备工作有：发送受理案件通知书和应诉通知书，告知当事人的诉讼权利义务；告知合议庭组成人员，确定案件是否公开审理；审核诉讼材料，调查收集必要的证据；追加诉讼第三人；试行调解等。

3）开庭审理。开庭审理是指在法院审判人员的主持下，在当事人和其他诉讼参与人的参加下，法院依照法定程序对案件进行口头审理的诉讼活动，开庭审理是案件审理的中心环节。审理合同争议案件，除涉及国家机密或当事人的商业机密外，均应公开开庭审理。

宣布开庭，法院应在3日前将通知送达当事人及有关人员。对公开审理的案件3日前应贴出公告。开庭前，由书记员查明当事人和其他诉讼参与人是否到达法庭及其合法身份，同时宣布法庭纪律。开庭审理时，由审判长或独任审判员宣布开始，同时核对当事人并告知当事人诉讼权利和义务。

法庭调查。这是开庭审理的核心阶段，主要任务是审查、核对各种证据，以查清案情，认定事实。其顺序是：当事人陈述，先由原告陈述，再由被告陈述；证人做证，法庭应告知证人的权利义务，对未到庭的证人应宣读其书面证言；出示书证、物证和视听资料；宣读鉴定结论；宣读勘验笔录。当事人在法庭上可以提供新证据，可以要求重新调查、鉴定或勘验，是否准许由法院决定。

法庭辩论。法庭辩论是由当事人陈述自己的意见，通过双方的言词辩论，使法院进一步查明事实，分清是非。其顺序是：原告及其诉讼代理人发言；被告及其诉讼代理人答辩；第三人及其诉讼代理人发言或者答辩；互相辩论。法庭辩论终结，由审判长按照原告、被告、第三人的先后顺序征询各方最后意见。

评议审判。法庭辩论结束后，由合议庭成员退庭评议，按照少数服从多数原则做出判决。评议中的不同意见，必须如实记入笔录。评议除对工程合同争议案件做出处理决定外，还应对物证的处理、诉讼费用的负担做出决定。判决当庭宣告的，在合议庭成员评议结束重新入庭就座后，由审判长宣判，并在 10 日内向当事人发送判决书。定期宣判的，审判长可当庭告知双方当事人定期宣判的时间和地点，也可以另行通知。定期宣判后，立即发给判决书。宣判时应当告知当事人上诉权利、上诉期限和上诉法院。

法院的生效判决在法律上具有多方面的效力，主要体现在以下方面：

a. 判决对人的支配力。判决具有确认某一主体应当为一定行为或不应当为一定行为的效力。

b. 判决对事的确定力。判决一经生效，当事人不得以同一事实和理由提起诉讼，对实体权利义务也不得争执或随意改变。

c. 判决的执行力。判决具有作为执行根据、从而进行强制执行的效力。

4）法院调解。经过法庭调查和法庭辩论后，在查清案件事实的基础上，当事人愿意调解的，可以当庭进行调解，当事人不愿调解或调解不成的，法院应当及时裁决。当事人也可以在诉讼开始后至裁决做出之前，随时向法院申请调解，法院认为可以调解时也可以随时调解。当事人自愿达成调解协议后，法院应当要求双方当事人在调解协议上签字，并根据情况决定是否制作调解书。对不需要制作调解书的协议，应当记入笔录，由争议双方当事人、审判人员、书记员签名或盖章后，即具有法律效力。多数情况下，法院应当制作调解书，调解书应当写明诉讼请求、案件的事实和调解结果。调解书应由审判人员、书记员签名，加盖法院印章，送达双方当事人。

根据民事诉讼法的有关规定，第一审普通程序审理的案件应从立案之日起 6 个月内审结。有特殊情况需要延长的，由法院院长批准，可以延长 6 个月。还需要延长的，报请上级法院批准。

（2）简易程序。基层法院及其派出法庭收到起诉状经审查立案后，认为事实清楚、权利义务关系明确、争议不大的简单合同争议案件，可以适用简易程序进行审理。在简易程序中可以口头起诉、口头答辩。原被告双方同时到庭的，可以当即进行审理，当即调解。可以用简便方式传唤另一当事人到庭；简易程序中由审判员一人独任审判，不用组成合议庭，在开庭通知、法庭调查、法庭辩论上不受普通程序有关规定的限制。适用简易程序审理的合同争议案件，应当在立案之日起 3 个月内审结。

（3）第二审程序。第二审程序是指诉讼当事人不服第一审法院判决、裁定，依法向上一级法院提起上诉，由上一级法院根据事实和法律，对案件重新进行审理的程序。其审理范围为上诉请求的有关事实和适用的法律。上诉期限，不服判决的为 15 日，不服裁定的为 10 日。逾期不上诉的，原判决、裁定即发生法律效力。当事人提起上诉后至第二审法院审结前，原审法院的判决或裁定不发生法律效力。

第二审法院应当组成合议庭开庭审理，但合议庭认为不需要开庭审理的，也可以直接进行判决、裁定。第二审法院对上诉或者抗诉的案件，经审理后依不同情况分别处理。

1）原判决认定事实清楚、适用法律正确的，判决驳回上诉，维持原判。

2）原判决适用法律错误的，依法改判。

3）原判决认定事实错误，或者原判决认定事实不清、证据不足，裁定撤销原判决，发回原审法院重审，或者查清事实后改判。

4）原判决违反法定程序，可能影响案件正确判决的，裁定撤销原判决，发回原审法院重审。当事人对重审案件的判决、裁定，可以上诉。

第二审法院做出的判决、裁定是终审判决、裁定，当事人没有上诉权。二审法院对判决、裁定的上诉案件，应当分别在案件立案之日起 3 个月内和 1 个月内审结。

第二审法院可以对上诉案件进行调解。调解达成协议的，应当制作调解书，调解书送达后，原审法院的判决即视为撤销。调解不成的，依法判决。

8.2.5.5　审判监督程序

审判监督程序是指法院对已经发生法律效力的判决、裁定，发现确有错误需要纠正而进行的再审程序。它是保证审判的正确性，维护当事人合法权益，维护法律尊严的一项重要补救程序。可以提起再审的，只能是享有审判监督权力的机关和公职人员。具体有以下三种情况：

（1）各级法院院长对本院已经发生法律效力的判决、裁定，发现确有错误，认为需要提起再审的，应当提交审判委员会讨论决定。决定再审，即做出裁定撤销原判，另组成合议庭再审。

（2）最高法院对地方各级法院已经发生法律效力的判决、裁定，发现确有错误，有权提审或指令下级法院再审。

（3）上级法院对下级法院已经发生法律效力的判决、裁定，发现确有错误，有权提审或指令下级法院再审。

按照审判监督程序决定再审的案件，应做出中止执行原判决、原裁定的裁定，通知执行人员中止执行。当事人对已经生效的判决、裁定认为有错误，可以向原审法院或上级法院申诉，要求再审，但不停止原判决、裁定的执行。当事人的申请符合下列情形之一的，法院应当再审：

（1）有新的证据，足以推翻原判决、裁定的。

（2）原判决、裁定认定事实的主要证据不足的。

（3）原判决、裁定适用法律确有错误的。

（4）法院违反法定程序，可能影响案件正确判决、裁定的。

（5）审判人员在审理该案件时有贪污受贿、徇私舞弊、枉法裁判行为的。

此外，当事人对已经发生法律效力的调解书，提出证据证明调解违反自愿原则或者调解协议的内容违反法律的，可以申请再审，经法院查证属实，应当再审。

法院审理再审案件，应当另行组成合议庭，如果发生法律效力的判决、裁定是由第一审法院做出的，再审按第一审普通程序进行，所做出的判决、裁定当事人可以上诉；如果发生法律效力的判决、裁定是由第二审法院做出，或者由上级法院按照审判监督程序提审的，按第二审程序进行，所做出的判决、裁定，即为生效的判决、裁定，当事人没有上诉权。

8.2.5.6　执行程序

执行是法院依照法律规定的程序，运用国家强制力，强制当事人履行已生效的判决和其他法律文书所规定的义务的行为，又称强制执行。对于已经发生法律效力的判决、裁定、调解书、支付令、仲裁裁决书、公证债权文书等，当事人应当自动履行。一方当事人拒绝履行的，另一方当事人有权向法院申请执行，也可以由审判员移送执行员执行。申请执行的期限，双方或一方当事人是公民的为一年，双方是法人或其他组织的为六个月，从法律文书规定履行期限的最后一日起计算。

执行中，双方当事人自行和解达成协议的，执行员应当将协议内容记入笔录，由双方当事人签名或盖章。一方当事人不履行和解协议的，经对方当事人申请恢复对原生效法律文书的执行，执行中被执行人向法院提供担保并经申请执行人同意的，法院可以决定暂缓执行及暂缓执行的期限。被执行人逾期仍不履行的，法院有权执行被执行人的担保财产或者担保人的财产。

依照《民事诉讼法》规定，强制执行措施有：法院有权扣留、提取被执行人应当履行义务部分的收入；有权向银行等金融机构查询被执行人的存款情况，冻结、划拨被执行人的存款，但不得超出被执行人应履行义务的范围；查封、扣押、冻结、拍卖、变卖被执行人应当履行义务部分的财产；对被执行人隐匿的财产进行搜查；执行特定行为等。

8.2.6　其他解决争议的方式

最近十几年来，欧美许多国家对工程合同争议的解决提出了许多新的方式，并取得了很好的效果。除上述谈判、调解、仲裁和诉讼外，还有例如微型谈判（Minitrial）、争端审议委员会、争端裁决委员会、雇佣法官（Rent-a-judge）、专家解决（Expertresolution）、法庭指定导师（Court-appointedmaster）等。

这些形式共同的特点在于：

（1）给双方提供一个非对抗的环境解决合同争议的机会。

（2）时间短，费用少。

（3）不损害双方的合作关系，更为公平合理，更符合专业性特点。

8.2.6.1　争端审议委员会（Disputes Review Board，DRB）

争端审议委员会方法，在国际工程中应用较多，已在 FIDIC 合同条件中明确规定。

在工程承包中，如何处理业主与承包商之间的争端，一直是非常困难和复杂的问题。由于工程施工合同与货物销售合同不同，不仅履约期间特别长，而且有大量的技术问题与商务问题、法律问题缠绕在一起，使争端的解决变得十分棘手。特别是在漫长的履约过程中不断出现的纠纷，必须及时解决，否则不仅影响工程的进展，而且拖到后来往往会使争端金额变成一个庞大的数字，即使最后提交仲裁或诉讼，也可能会变成为费时和费钱的疑难案件。工程界都希望寻求一种能在合同执行过程中随时排除纠纷和解决争端的方式。争端审议是一种在工程承包的实践活动中出现、总结和发展起来的新的解决争端方式。

争端审议委员会处理承包工程争端的方式是 20 世纪 70 年代在美国的隧道工程中发展起

来的，在美国科罗拉多州的艾森豪威尔隧道工程中第一次使用。该隧道的土建、电气和装修三个合同（价值1.28亿美元）都采用了争端审议委员会解决争端方式，在4年多的工期中，对其28次不同的争端进行了听证和评审，争端审议委员会提出的处理意见都得到争端各方的尊重和执行，从未发生仲裁或诉诸法院解决。

我国的水利水电施工项目借鉴国际工程经验，逐步引入合同争议的评审机制，并在一些大型施工项目上如二滩水电站等开始运用。在《水利水电土建工程施工合同条件》（GF-2000-0208）中，规定水利水电工程建设应建立合同争议调解机制，当监理单位的决定无法使合同双方或其中任一方接受而形成争议时，可通过由双方在合同开始执行时聘请的争议调解组或行业争议调解机构进行争议评审和调解，以得到合理、公正的解决。

（1）争端审议的概念与特点。争端审议是指争端双方通过事前的协商，选定独立公正的第三人对其争端做出决定，并约定双方都愿意接受该决定的约束的一种解决争端的程序。

争端审议是近年来在国际工程合同争端解决中出现的一种新的方式，其特点介于调解与仲裁之间，但与两者又有所不同，效力如何在我国尚无讨论。具体而言，DRB的特点如下：

1）由于DRB小组成员为工程专家，与合同各方没有关系，同时他们又在一定程度上介入工程过程，所以争执的解决比较公正，更有说服力，容易为双方接受。

2）采用DRB方式能增加双方的信任感，降低投标中的风险。同时这种争执解决方式不影响双方的合作关系，对双方的影响（如企业形象和声誉）极小。

3）时间短，一般争执的解决不超过两个月。

4）DRB方式有一定的费用开支。如果没有争执发生，DRB小组在现场能够起到咨询的作用，对可能的争执起防范作用。如果有争执发生，这笔费用比仲裁费用少得多。

5）DRB小组由工程专家组成，他们在工程现场时能起到咨询作用，对防止争执、提高管理水平有很大益处，所以其费用开支即使没有争执也是值得的。

（2）争端审议委员会的人选。一般按照工程的规模和复杂程度，争端审议委员会的人选可以为一人、三人、五人、七人不等。DRB的成员一般为工程技术和管理的专家，而不是法律专家。

一般有两种形式确定争端审议委员会的人选：

1）双方事先商定并在合同中指明。

2）在合同生效后28天内双方共同协商任命。

例如英法海底隧道争端审议委员会的成员为5名，某国际机场建设工程争端审议委员会的成员为7人。在我国的小浪底工程中也采用该争执解决方法。

争端审议委员会的人员任命应遵守下列条件：

1）列入国际咨询工程师联合会出版的范例条款。

2）要求每位成员在被任命期间独立于合同任何一方。

3）要求裁决委员会行为公正，并遵守合同。

4）双方（相互及对争执裁决委员会）应保证在任何情况下，成员如果违背所接受任命的职责和合同则应承担责任；合同双方应保证委员会各成员与所裁决的索赔无关。

（3）争端审议委员会的机制。

1）DRB的机制与仲裁相似，如果为5人小组，则合同双方各推举2人。人选要征得对方同意。最后一人由双方共同协商决定。

2）DRB 成员不是合同任何一方的代表，与业主、监理、承包商没有任何经济利益及业务上的联系，与工程及所调解的争执无任何联系，甚至有时要求不同国籍。DRB 成员必须公正行事、遵守合同。

3）在工程过程中，DRB 小组每隔 3～5 个月进入现场一次，进行调查研究，了解合同实施过程。DRB 小组有责任对将发生或可能发生的争执提出预警，要求对方采取措施避免或预防。采用该方式对减少争执、提高工程管理水平会有很大的帮助。

4）如果发生争执，DRB 小组召集听证会，同时结合自己的调查了解做出判断，在一定时间内（FIDIC 规定为 8 周，而一般工程规定为 2 周内）向合同双方提出解决意见。如果合同双方对 DRB 小组的解决意见不满意，则仍可以提请仲裁解决。

5）报酬由业主、承包商及委员会成员在协商上述任命条件时商定。如果存在分歧，则每位成员的报酬应包括合理开支的补偿费、按规定的计日工酬金，以及相当于计日酬金三倍的月聘任费。酬金由双方各付一半，若一方未能支付应付酬金，则另一方有权代表违约方付款，并相应地从违约方收回此笔款项。

（4）DRB 解决争端的基本程序。如果业主和承包人直接由于合同或工程实施产生争端（包括任一方对工程师的决定有异议），应将争端提交 DRB。争端评审委员会的一般工作程序如下：

1）提交争端。如果合同一方对另一方或工程师的决定持有反对意见，则可向另一方提出一份书面的"争端通知"，详细说明争端的缘由，并抄送工程师。收到"争端通知"的另一方应对此加以考虑，并于收到之日后 14 天之内给予书面答复。若收到回复的一方在 7 天之内没有以书面方式提出反对意见，则该回复是对此事项最终的、决定性的解决方式。若双方仍有较大的分歧，则任一方均可以书面"建议书申请报告"的方式将争端提交给 DRB 全体委员、合同的另一方和工程师。

2）听证会和审议。当争端提交至 DRB 时，DRB 应决定何时举行听证会，并应要求双方在听证会之前将书面文件和论点交给各委员。在听证会期间，业主、承包人和工程师应分别有足够的机会被听取申诉和提供证明。听证会通常在现场或其他方便的地点举行。听证会期间，任何审议委员不能就一方论点的正确与否发表意见。

3）解决争端的建议书。听证会结束后，DRB 将单独开会并制订其建议书，会上所有审议委员的个人观点应严格保密。建议书应在 DRB 主席收到"建议书申请报告"后的若干天（一般是 42 天）内尽快以书面形式交给业主、承包人和工程师。建议书的制订应以相关的合同条款、适用的法律、法规以及争端相关的事实为基础。DRB 应尽力达到一个一致通过的建议书。如果无法一致通过，多数方将做出决定，持有异议的成员可准备一份书面报告交给合同各方和工程师。

4）各方收到 DRB 建议书后 14 天内，如均未提出要求仲裁的通知，则该建议书即成为对合同各方均有约束力的最终决定。如合同任一方既未提出要求仲裁的通知，又不执行建议书的有关建议，则另一方可要求仲裁。如合同任一方对建议书不满，或 DRB 主席收到申请报告后在规定的时间内未能签发建议书，合同任一方均可在此之后 14 天内，向另一方提出争端仲裁意向通知书并通知工程师，否则不能予以仲裁。

5）仲裁。当任何 DRB 的建议书未能成为最终决定和具有约束力时，则应采用仲裁解决争端。合同中任何一方及工程师在仲裁过程中均不受以前向 DRB 提供证据的限制。仲裁过程中，审议委员均可作为证人或提供证据。

我国《水利水电土建工程施工合同条件》（GF-2000-0208）通用条款中，对合同争端评审和调解做了如下规定：

1) 争端调解组。发包人和承包人应在签订合同协议书后的 84 天，共同协商成立争端调解组，并由双方与争端调解组签订协议。争端调解组由 3（或 5）名有合同管理和工程实践经验的专家组成，专家的聘请方法可由发包人和承包人共同协商确定，也可请政府主管部门推荐或通过行业合同争端调解机构聘请，并经双方认可。争端调解组成员应与合同双方均无利害关系。争端调解组的各项费用由发包人和承包人平均分担。

2) 争端的提出。发包人和承包人或其中任一方对监理人做出的决定有异议，又未能在监理人的协调下取得一致意见而形成争端，任一方均可以书面形式提请争端调解组解决，并抄送另一方。在争端尚未按"争端的评审"的规定获得解决之前，承包人仍应继续按监理人的指示认真施工。

3) 争端的评审。①合同双方的争端，应首先由主诉方向争端调解组提交一份详细的申诉报告，并附有必要的文件、图纸和证明材料，主诉方还应将上述报告的一份副本同时提交给被诉方。②争端的被诉方收到主诉方申诉报告副本后的 28 天内，也应向争端调解组提交一份申辩报告，并附有必要的文件、图纸和证明材料，同时将报告的一份副本提交给主诉方。③争端调解组收到双方报告后的 28 天内，邀请双方代表和有关人员举行听证会，向双方调查和质询争端细节；若需要，争端调解组可要求双方提供进一步的补充材料，并邀请监理人参加听证会。④在听证会结束后的 28 天内，争端调解组应在不受任何干扰的情况下，进行独立和公正的评审，将全体专家签名的评审意见提交给发包人和承包人，并抄送监理人。⑤若发包人和承包人接受争端调解组的评审意见，则可由监理人按争端调解组的评审意见，拟定争端解决议定书，经争端双方签字后作为合同的补充文件，并遵照执行。⑥若发包人和承包人任一方不接受争端调解组的评审意见，并要求提交仲裁，则任一方均可在收到上述评审意见后的 28 天内将仲裁意向通知另一方，并抄送监理人。若在上述 28 天期限内双方均未提出仲裁意向，则争端调解组的评审意见为最终决定，双方均应遵照执行。

争议评审一般应有较具体的程序。由于我国缺乏具体的争议评审人主持争议评审的程序规定，如果争议双方愿意采用争议评审的方式解决争议，最好在合同中做出某些规定。特别是对如何指定争议评审人、争议评审的范围、争议评审人做出决断的有效性等应有明确的规定。争议评审的程序规则，可以参考某些仲裁规则，并力求简化。选择争议评审人可能较为困难，一些组织如监理工程师协会、律师协会等可以联合提供有资格的争议评审人名单和其他服务。

（5）DRB 解决争端方式的优点。在业已采用 DRB 处理争端方式的项目中，建设主管部门、业主、承包商和贷款金融机构等各方面的反映都是良好的。归纳起来，争端评审方式具有以下优点：

1) 有技术专家参与，处理方案符合实际。由于争端评审委员会成员都是具有施工和管理经验的技术专家，比起将争端交给仲裁或诉讼中的法律专家、律师和法官，仅凭法律条款去处理复杂的技术问题更令人放心，即其处理结果更符合实际，并有利于执行。

2) 节省时间，解决争端便捷。由于争端评审委员会成员定期到现场考察情况，他们对争端起因和争端引起的后果了解得更为清楚，无需准备大量文字材料和费尽口舌向仲裁庭或法院解释和陈述；争端评审委员会的决策很快，可以节省很多时间。因为争端评审委员会可以在工程施工期间直接在现场处理大量常见争端，避免了争端的拖延而导致工期延误；也可防止由于争端的积累而使之扩大化、复杂化，是一种事前预防纠纷产生、扩大的合同控制方法。

3）争端评审方式的成本比仲裁和诉讼更低。不仅总费用较少，而且所花费用由争端双方平均分摊。而在仲裁或诉讼中，则任何一方都有可能要承担双方为处理争端而花费的一切费用的风险。

4）DRB 并不妨碍再进行仲裁或诉讼。即使争端评审委员会的建议不具有终局性和约束力，或者一方不满意而不接受该建议，仍然可以再诉诸仲裁或诉讼。

8.2.6.2　争端裁决委员会（Disputes Adjudication Board，DAB）

从 1999 年开始，在国际工程承包的许多标准合同条件均写入了新的解决合同争端的组织措施——建立"争端裁决委员会"。在 FIDIC1999 年版的 4 个标准合同条件文本中，均提出了建立 DAB 的规定。DAB 是 DRB 的继承和发展，在很多方面具有类似的地方。二者之间细微的差别如表 8-1 所示。

表 8-1　　　　　　　　　　　　　　　**DRB 与 DAB 方式的比较**

内容	DRB	DAB
1. 委员的选定	（1）在中标通知书签发日期 28 天内，双方各推选 1 名委员，再由此 2 人推选第 3 人，但必须征得双方同意。 （2）如推选有困难或对方未批准，由投标书附录中指定的权威机构选定委员	（1）在投标函规定的时间内，双方向推选 1 名委员，对方批准，由双方与这 2 名委员协商推选第 3 人作为主席。 （2）如推选有困难，由专用条件中指定的机构或官方与双方协商后任命委员，该类任命具有约束力
2. 工作程序	（1）合同一方将工程师未能解决，而与合同另一方也不能协商解决的争端，以"建议书申请报告"的形式提交 DRB。 （2）DRB 在收到报告后应于 56 天内提出"解决争端的建议书"。 （3）合同双方收到"建议书"后 14 天内未要求仲裁，应立即执行。 （4）如任何一方对建议书不满或 DRB 在 56 天内不能提出建议书，则可在 14 天内提出仲裁要求。 （5）没有 DRB 要求友好解决的规定	（1）合同任何一方净争端以书面方式提交 DAB 主席，合同双方应立即提交可能要求的附加资料。 （2）DAB 收到提交的争端后，应于 84 天内做出决定。 （3）合同双方收到 DAB 决定后，28 天内未要求仲裁，应立即执行。 （4）如任何一方对决定不满或 DAB 在 84 天内未能做出决定，则可在 28 天内提出仲裁要求。 （5）收到仲裁函 56 天后才开始仲裁，在此期间应争取友好解决
3. 委员报酬	（1）月聘请费：等于《解决投资争端国际中心（ICSID）管理和财务规则》不定期制定的仲裁员日薪的 3 倍，或业主和承包人以书面形式商定的其他聘请费。 （2）日薪：等于 ICSID 仲裁员日薪或业主和承包人可能书面商定的日薪。该日薪仅指审议委员住地到现场或会议地点的日程，以及在现场或开会日期应按日计付的薪金。 （3）旅行费、通信费等均凭发票报销。 （4）委员的税金。 （5）以上费用由业主和承包人各承担一半	（1）月聘请费：按"争端裁决协议书"中规定。 （2）日薪：委员从住地到现场路费以及现场工作和准备听证会审阅文件时间的日薪，按"争端裁决协议书"中规定。 （3）旅行费、通信费等报销。 （4）委员的税金。 （5）以上费用由业主和承包人各承担一半

续表

内容	DRB	DAB
4. 委员工作的终止	（1）最后一个缺陷责任期已结束；或业主已将承包人逐出现场。不论上述任一情况，DRB应将对一切争端的建议书送交双方和工程师。 （2）如DRB已终止日常工作，但仍留下来处理合同任一方的争端申请，按表中第3项的(2)、(3)、(4)、(5)支付报酬	（1）在业主和承包人双方同意下才能终止对DAB的委任，在结清单生效时，或在合同双方商定的其他时间DAB任期终止。 （2）DAB任期终止后则任何争端均直接通过仲裁解决。 （3）未提及日常工作后留下来处理争端的支付方法

本章复习思考题

1. 建设工程合同的主要争议集中在哪些方面？
2. 什么是工程合同争议的协商解决？协商解决的原则是什么？
3. 常用的调解形式有哪些？调解应遵循哪些原则？不同调解形式的主要区别是什么？
4. 仲裁具有什么特点？仲裁的一般程序是什么？国际仲裁机构的形式有哪些？
5. 什么是工程合同争议的争端审议？具有哪些特点？
6. DRB解决争端的基本程序有哪些？
7. DRB与DAB方式在委员选择和工作程序方面有哪些区别？

 本章案例

【案例8-7】　DRB争议解决方式在某国际土建项目的应用

对于业主所要求的赶工，承包商采用的方法往往是"总费用法"。该方法的特点在于，由于赶工费的主要组成是资源，如设备、材料和人员，所以承包商从实际总资源数量/总费用中扣除的部分，是承包商基线计划已考虑的资源数量/总费用。但其实质是一致的。

这些索赔的计算方法也是业主最反对的，因为"总费用"法的基本假设是：①承包商对所有实际发生的额外费用都没有责任，或者说，业主对所有的额外费用都应承担责任；②实际发生的费用是合理的；③承包商的投标价是现实的、合理的。

以此类推，"总时间法"的前提是：①承包商对所有实际发生的延误都没有责任，或者说，业主对所有的延误都应承担责任；②实际发生的延误并不是不合理的（即与业主责任是符合的）；③承包商的投标基线计划中的进度安排是现实的、合理的。对于这些假设，业主肯定不能接受。

在工程的导流洞和赶工索赔中，承包商就采取该方法，遭到了工程师和业主的坚决拒绝。

为了解决双方之间的争议，工程的DRB提出了"But-For"（要不是）的基本处理原则，即考虑假如没有业主责任（如没有不可预见条件或要求赶工）情况下，承包商所能达到的实

际进度和实际成本，以此作为确定业主应补偿的延期和/或费用的基础。这一方法较好地解决了"总时间法"和"总费用法"中存在的问题，消除了双方之间主要的争议。

"总时间法"和"总费用法"的主要问题在于，在实际中，由一方负全部责任的情况是很少。即使业主承担全部责任，仍要扣除实际费用中的不合理部分，以及承包商的低标价因素，或承包商基线计划过于乐观所带来的风险。扣除实际费用中的不合理部分较为容易，但核定承包商的低于合理标价部分，或确定其基线计划过于乐观以致不切实际，却不容易。根据 "But-For" 的原则，DRB 为解决上述问题提出了一种具体的核定方法，称为 "Measured-Mile" 法（"标准尺度"法），即根据承包商实际的进度或费用来确立一个标准（而不是承包商的基线计划或投标价），以此为基础衡量承包商的额外费用或延期。具体来说，在确定符合合同中 "12.2 款条件" 索赔的 "实际合理费用" 时，可以按以下步骤：

（1）将工程划分为施工内容和工序基本类似的小单元，如果是开挖直径一致的隧洞，则可以 "每米" 或 "每10m" 为一个单元。

（2）确定那些未受 "12.2 款条件" 影响、承包商正常施工的所有 "单元" 施工过程中，承包商所发生的实际费用。根据这一费用，得到每个单元的平均费用，可称为 "典型单元费用"（即 "MM"）。

（3）将该 "典型单元费用"，乘以受到 "12.2 款条件" 影响的所有单元数，可以得到假如承包商没有遇到 "12.2 款条件" 影响，承包商应该发生的费用。

（4）根据现场记录，统计承包商在受到 "12.2 款条件" 影响的所有的单元中发生的实际费用。

（5）上述第（4）项费用扣除第（3）项费用，就是承包商由于受到 "12.2 款条件" 影响所引起的额外费用，或称为 "实际合理费用"。

这一方法，既否定了 "总费用法"，又补偿了 "实际合理费用"；该方法首先将实际总费用界定在 "12.2 款条件" 适用的部位，而不是整个工程或项目，然后又剔除了 "总费用" 中不合理或不应由业主承担的费用，包括承包商的低标价风险，以及承包商实际效率未达到计划效率所产生的额外费用。这些应扣除的费用，已包含在上述第（2）条 "典型单元费用" 中。因此，业主和承包商之间的主要分歧得以解决，这一方法也得到了双方的认可。

对于 "赶工" 费用，同样可以采用这一方法的原则进行分析。关于由 "12.2 款条件" 影响引起的工期延误［在合同中一般称为 "可原谅延误"（Excusable Delay），即由业主责任引起的延误］，在采用这一方法时，需要将以上 "费用" 的单位改为 "时间" 单位。

"总费用法" 和 "总时间法" 作为承包商通常采用的一种方法，也是最易引起争议的方法，往往致使索赔迟迟得不到解决，对业主和承包商双方都是极其不利的。DRB 所建议的上述方法为解决业主和承包商之间的争议找出了一条合理的途径。

【案例 8 - 8】　工程工期拖延争议

某大型公共道路桥梁工程，跨越平原区河流。桥梁所在河段水深经常在 5m 以上，河床淤泥层较深。工程采用 FIDIC 标准合同条件，中标合同价为 7825 万美元，工期 24 个月。

工程建设开始后，在桥墩基础开挖过程中，发现地质情况复杂，淤泥深度比文件资料中所述数据大很多，岩基高程较设计图纸高程降低 3.5m。咨询工程师多次修改施工图纸，而且推迟交付图纸。因此，在工程将近完工时，承包商提出索赔，要求延长工期 6.5 个月，补偿附加开支约 3645 万美元。

业主与咨询工程师对该工程进行了分析，原来据业主自行计算，工程造价为 8350 万美元，工期 24 个月，承包商为了中标，将造价报为 7825 万美元，报价偏低（8350－7825）＝525 万美元，工期仍为 24 个月。

根据实际情况来看，该工程实际所需工期为 28 个月，造价约为 9874 万美元。本来 9874－8350＝1524（万美元）为承包商可以索赔的上限，但在投标中承包商少报了 525 万美元，可视为承包商自愿放弃。因此，1524－525＝999（万美元）为目前承包商可以索赔的上限，工期补偿为 28－24＝4（个月）。承包商工期超过合同工期 6.5 个月，其中 2.5 个月应当由业主反索赔，根据原合同，承包商每逾期一天的"误期损害赔偿金"为 9.5 万美元。经业主与承包商反复洽商，最后达成索赔与反索赔协议：

（1）业主批准给承包商支付索赔款 999 万美元，批准延长工期 4 个月。

（2）承包商向业主支付误期损害赔偿款 9.5 万美元×76 天＝722 万美元。

（3）索赔款与反索赔款两相抵偿后，业主一次向承包商支付索赔款 277 万美元。

【案例 8-9】 工程款支付主体争议

2004 年 4 月 16 日，A 公司中标某公路改建工程；同年 5 月 5 日，A 公司委托陈某与公路改建工程指挥部签订中标工程的施工承包合同；同年 10 月 5 日，陈某与李某签订承包合同。合同主要内容为：甲方（陈）将 A 公司承建的公路土石方开挖工程全部交由李某施工，甲方在合同签订之日起 5 日内支付给乙方启动资金 5 万元，挖土石方单价甲方按 5.66 元/m³ 结算给乙方（税费等由甲方负责），填方及其他按甲方承包合同价以实际发生计，工程款每月一结，支付比例按完成工程造价的 50%拨付，前期已完成的工程量第 1 个月按 50%拨付，第 2 个月按 30%拨付，所有款项工程完工后 2 个月内付清；工程结束后，甲方在 1 个月内组织结算，过期视为认可；工程款不得拖欠，发生拖欠需给李某拖欠额的银行同期贷款利息 2 倍作为补偿，直至付清为止。该合同签订前李某就已在施工，合同签订后李某仍继续施工，A 公司均未提出异议。2005 年 3 月 18 日李某施工结束，所完成的工程量为：挖土方 122 993m³（其中前期 78 456m³、后期 44 537m³）、挖石方 52 724m³（其中前期 33 624m³、后期 19 100m³）、本庄利用填方 5141m³（其中前期 2037m³、后期 3104m³）、远运利用填方 22 952m³（后期）、弃方超运 40 694m³（其中前期 16 488m³、后期 24 206m³）、清场 23 861m²、砍树 985 棵、挖根 985 棵、塌方及刷坡土石方 10 100m³。按照双方合同中约定的单价，李某所完成的工程应得工程款为：挖土方 696 140.38 元（122 993m³×5.66 元）、挖石方 298 417.84 元（52 724m³×5.66 元）、本庄利用填方 25 088.08 元（5141m³×4.88元）、远运利用填方 151 483.20 元（22 952m³×6.6 元）、弃方超运 154 637.20 元（40 694m³×3.8 元）、清场 10 260.23 元（23 861m²×0.43 元）、砍树 3940 元（985 棵×4 元）、挖根 3940（985 棵×4 元）、塌方及刷坡 57 166 元（10 100m³×5.66 元），合计 1 401 072.90 元。施工过程中，A 公司共支付给李某工程款 681 000 元，为李某支付油款 7800 元，扣除已支付的款项外，A 公司实欠李某工程款 712 272.90 元。2007 年 3 月 28 日李某提起诉讼，请求判令 A 公司支付工程款 842 031.01 元及利息 583 178.60 元。

原审法院认为，李某为 A 公司中标承建的部分工程进行施工应得工程款总额为 1 401 072.90 元的事实，有承包合同、工程量核量单、工程中间计量支付月报表、水毁报告等证据予以证实，虽然上述证据中的发包方均为陈某签名，且没有 A 公司的授权，但陈某受 A 公司的委托与建设方签订施工承包合同后，以自己的名义与李某签订承包合同，将 A 公司所承包的部分工程承包给李某施工，以及以该工程的项目部负责人身份向李某付工程款、核工程量等行为直至工程结束，A 公司均未提出过异议，说明 A 公司是认可陈某的行为的。因此，陈某的行为应视为 A 公司的行为，所产生的法律后果应由 A 公司承担，A 公司主张陈某的行为是其个人行为与事实不符，不予支持。李某要求 A 公司支付工程款的请求成立，予以支持。由于在李某施工过程中 A 公司已支付工程款 681 000 元，为李某支付油款 7800 元，A 公司实欠李某的工程款应为 712 272.90 元。根据《中华人民共和国民法通则》第一百零八条关于债务应当清偿的规定，A 公司应将所欠工程款支付给李某，同时按双方的约定支付所欠款额的相应利息，因双方于 2006 年 1 月 21 日才对工程量进行确认，利息应按合同约定从该时间起 2 个月后（即 2006 年 3 月 21 日）计算至李某起诉时止，利息按中国人民银行公布的同期贷款利率的 2 倍计算，应支付的利息为 86 251.36 元。A 公司主张应从工程款中扣除李某使用其油料、机械费用的问题，李某使用过是事实，但由于双方在使用前约定不明确，庭审中对使用的数量、单价各持己见，又未提交充分证据，就在案证据无法查清使用的具体数量、单价及总价值，因此在本案中不做认定和处理。据此，依照《中华人民共和国民法通则》第八十四条、第一百零八条及《中华人民共和国民事诉讼法》第一百三十九条的规定，判决："一、由被告于本判决生效后 30 日内支付给原告工程款 712 272.90 元、利息 86 251.36 元，合计 798 524.26 元；二、驳回原告的其他诉讼请求。如果未按本判决指定的期间履行给付金钱义务，应当依照《中华人民共和国民事诉讼法》第二百三十二条之规定，加倍支付迟延履行期间的债务利息。诉讼费 17 626.00 元，由原告承担 5841.00 元，被告承担 11 785.00 元。"

一审判决宣判后，A 公司不服，向省高院提起上诉，其上诉的主要理由及请求为：李某无施工资质，陈某作为公司代理人不能以个人的名义代表公司签订合同，且合同没有公司法定代表人授权也未加盖公司印章，其合同对土石方单价 5.66 元/m³ 高于中标价 5.116 元/m³，损害公司利益，陈某与李某签订的施工合同无效。被上诉人李某施工是事实，但只能按上诉人中标价进行结算，并扣除相应的税费。被上诉人李某在上诉人中标以前利用特权关系完成大量的工程量（具体数额是明确的），是上诉人合同前的份外工程，其工程量不应由上诉人承担。陈某与李某所核工程量错误，陈某虽然作为工程管理人员，但无权就工程量进行认定，涉及建设方核定的方量到目前为止建设方也没有与上诉人核定。在施工过程中，上诉人供给李某的油料及使用机械台班费用应由李某承担，油料有当时的市场价发票，机械台班有明确的使用时间及市场价。就工程欠款扣除李某前期款项后，上诉人不欠被上诉人工程款，更不应承担利息。请求撤销一审判决，重新做出公正判决。

被上诉人李某口头答辩称：上诉人一审提交的支付被上诉人工程款 681 000 元付款凭证，证明上诉人对陈某的行为予以确认，陈某的行为是代表上诉人的行为。油料、机械台班费没有李某的签名不予认可。一审认定事实清楚，适用法律正确，应予维持。

经省高院审理，对一审法院认定的事实，上诉人提出异议认为，前期的工程量是上诉人中标前，被上诉人就已施工的工程量，一审法院未界定清楚。工程量中清场、砍树、挖根、塌方及刷坡的工程量需待建设方核定后才能作为双方结算依据。其余的事实双方无异议。

二审查明的事实与一审认定的一致，对其事实省高院予以确认。

二审诉讼中，被上诉人李某提交 2007 年 6 月 25 日建设方《证明》一份，欲证明陈某代表 A 公司对李某等 4 个施工组前期工程（A 公司中标前）全部进行了接收，并作为已完成工程量和计量拨款依据。工程量已于 2004 年 10 月 25 日在工程中间计量支付月报表中已计量上报并得到支付，工程指挥部所拨的款含有前期各施工队的工程款，工程量清单中的 202-1 清理与挖除不能变更，按清单中的数量支付。

上诉人 A 公司认为，该证明没有法人签名，也没有出证人签名，部分内容不真实。前期工程仅是以上诉人名义结算的，上诉人将前期的工程量纳入上报待工程款支付后再转付，并不是上诉人每次上报建设方都足额支付，其证明的内容不予认可。

省高院认为，建设方 2007 年 6 月 25 日出具的《证明》主要内容为：①为保证工程建设的完整性和连续性，陈某代表 A 公司对李某等 4 个施工组的前期工程全部进行了接收，并作为其完成工程量和计量拨款依据。②工程量已于 2004 年 10 月 25 日在工程中间计量计付月报表中计量上报并得到支付。③指挥部拨付的工程款已包含前期工程款。④工程量清单中 202-1 清理与挖除不能变更，按清单中的数量支付，以上证明内容，省高院予以确认。

双方当事人争议的焦点是：陈某的行为是否能代表 A 公司；A 公司是否应支付李某工程款及数额是多少。

上诉人 A 公司认为，陈某与李某签订的合同，因李某无相应施工资质，陈某是以个人名义签订合同，且约定的挖土石方的单价高于中标价，损害了上诉人的利益，合同无效。陈某与李某结算时，结算单上 3.4.5.6 项注明待建设方核定后作为结算依据。因工程有质量问题，建设方与上诉人至今未结算，陈某与李某所核工程量错误。上诉人中标前被上诉人就已进行施工，其前期完成的工程量，不应由上诉人承担。被上诉人李某使用上诉人的油料及机械台班是事实，应在工程款中扣除，上诉人已不欠被上诉人的工程款更不应承担利息。

被上诉人李某认为，上诉人从一审至今都认为陈某是公司的工作人员，陈某的行为得到上诉人的确认，上诉人 2004～2006 年间向被上诉人支付工程款，李某所完成的是挖土石方的劳务分包不需要资质。油料及机械台班费无李某签名，不予认可。

省高院认为，上诉人 A 公司中标取得了施工承包权，上诉人的代理人陈某将该合同段的土石方开挖工程交由被上诉人李某负责施工，并于 2004 年 10 月 5 日签订《承包合同》，工程完工后，陈某与李某对工程量进行了结算。在履行《承包合同》期间，上诉人从 2004 年 11 月起至 2007 年 2 月期间共向被上诉人李某支付工程款 681 000 元，有上诉人提交的收款收据予以佐证，该付款行为证明上诉人认可其委托代理人陈某与被上诉人李某签订的《承包合同》的内容，因此，该《承包合同》所产生的法律后果应由上诉人 A 公司承担。关于合同的效力，依照建设部《专业承包企业资质等级标准》的相关规定，李某无相应的劳务施工资质，其与陈某签订《承包合同》无效，但鉴于被上诉人李某已实际进行了施工，工程已于 2005 年 3 月 18 日验收合格，根据最高人民法院《关于审理建设工程施工合同纠纷案件适用法律问题的解释》第二条"建设工程施工合同无效，但建设工程经验收合格，承包人请求参照合同约定支付工程价款，应予支持"的规定，李某所完成的工程量应参照《承包合同》约定的内容支付工程价款。关于李某完成的工程量确认问题，2006 年 1 月 21 日陈某与李某进行了结算：挖土方 122 993m³（其中前期 78 456m³、后期 44 537m³）、挖石方 52 724m³（其中前期 33 624m³、后期 19 100m³）、本庄利用填方 5141m³（其中前期 2037m³、后期 3104m³）、远运利用填方 22 952m³。（后期）、弃方超运 40 694m³（其中前期 16 488m³、后期 24 206m³），双方签字认可，省高院予以确认。在该结算单上陈某注明，清场 23 861m²、砍树 985 棵、挖根 985 棵、塌方及刷坡土石方量 16 241m³ 待建设方核定后做双方结算量。对上述暂不确定的工程量，二审中上诉人提交了 2007 年 6 月 25 日建设方的《证明》及 2004 年 10 月 25 日上诉人上报建设方的工程中间计量支付月报表共同证实双方结算时暂不确定的工程量（清场 23 861m²、砍树 985 棵、挖根 985 棵）已得到了确认。因此，对于被上诉人李某完成的清场 23 861m²、砍树 985 棵、挖根 985 棵工程量，省高院予以确认。对于建设方尚未确认的塌方及刷坡土石方量，被上诉人李某表示不在本案中做处理，待建设方核定后另案解决，该意思表示符合法律规定，省高院予以准许。至于上诉人主张不应承担中标前被上诉人李某已施工的工程量的问题，但陈某与李某签订的《承包合同》对李某前期完成的工程量予以认可，并约定了付款的期限，且双方结算时陈某对李某前期完成的工程量进行了确认，同时建设方拨付给上诉人的工程款已包含被上诉人前期施工的工程款，故上诉人该上诉理由不能成立，省高院不予支持。关于上诉人主张柴油、机械台班费应予扣除的问题，除双方认可 2005 年 2 月 5 日上诉人为被上诉人垫付柴油款 7800 元及 2005 年 1 月 7 日被上诉人加柴油 230 升，单价 3.95 元，两项合计 8708.5 元，省高院予以确认外，其余上诉人主张的柴油款因提供的油品加油单无李某签名又无其他证据相印证，省高院不予确认。机械台班使用的时间也是上诉人单方记录，亦无其他证据相印证，被上诉人李某也不予认可，且双方结算时对上述两项内容均未涉及，上诉人主张的该两项费用因证据不充分，省高院不予确认。关于利息的问题。双方于 2006 年 1 月 21 日对工程量进行结算时，部分工程量需待建设方审定后才能作为双方结算量，而建设方对部分工程量的审定是在二审诉讼期间，因此，结算时应付的工程款是不确定的，原审法院从结算后的 2 个月起计算利息不当。利息应从起诉之日起（2007 年 3 月 28 日）计算。

综上所述，被上诉人李某所完成的工程量，按照合同约定的单价，其工程价款为：挖土方 696 140.38 元（122 993m³×5.66 元）、挖石方 298 417.84 元（52 724m³×5.66 元）、本庄利用填方 25 088.08 元（5141m³×4.88 元）、远运利用填方 151 483.20 元（22 952m³×6.6 元）、弃方超运 154 637.20 元（40 694m³×3.8）、清场 10 260.23 元（23 861m³×0.43 元）、砍树 3940 元（985 棵×4 元）、挖根 3940 元（985 棵×4 元），合计 1 343 906.93 元，扣除上诉人 A 公司已支付的工程款 681 000 元及为被上诉人垫付的柴油款 8708.5 元，上诉人 A 公司尚欠被上诉人李某工程款 654 198.43 元，上诉人 A 公司应履行支付的义务并承担从起诉之日起（2007 年 3 月 28 日）按中国人民银行同期贷款利率计算的利息。原判认定事实清楚，但适用法律不当。据此，依照《中华人民共和国民事诉讼法》第一百五十三条第一款第（二）项及《中华人民共和国民法通则》第八十四条、第一百零八条之规定，判决如下：

（1）驳回原告的其他诉讼请求。

（2）撤销原判决中"由被告于本判决生效后 30 日内支付给原告工程款 712 272.90 元，利息 86 251.36 元，合计 798 524.26 元"。

（3）由 A 公司于本判决生效后 30 日内支付李某工程款 654 198.43 元及利息（利息从 2007 年 3 月 28 日起，按中国人民银行同期贷款利率计算）。

一审案件受理费 17 626 元，由 A 公司承担 10 575.6 元，李某承担 7050.4 元；二审案件受理费 17 626 元，由 A 公司承担 10 575.6 元，李某承担 7050.4 元。

本判决为终审判决。

本判决送达后即发生法律效力。如 A 公司未按本判决指定期间履行给付金钱义务，应当依照《中华人民共和国民事诉讼法》第二百三十二条规定，加倍支付迟延履行期间的债务利息。若 A 公司不自动履行本判决，李某可在本判决规定履行期限届满后一年内，向法院申请执行。

【案例 8 - 10】　工程进度款支付、竣工结算及审价争议

某施工单位与某办事处于 1985 年 5 月 18 日签订了一份施工合同，工程项目为办事处建造 8 层楼的招待所，总造价 207 万元。后由于设计变更，建筑面积扩大，装修标准提高，双方于 1986 年 2 月 21 日又签订了补充合同，将造价条款约定为"预计 257 万元"。施工单位按合同约定的时间完工，办事处前后共支付了工程进度款 205 万元，随后正式进行了竣工验收。双方将施工单位的结算书报送建行审定，办事处在送审的结算书上写明："坚持按 1985 年 5 月 18 日合同，变更项目按规定结算，其他文件待后协商。"经建行审定，该工程最终造价为 289 万元，施工单位要求办事处按审定数目支付剩余的工程款，并承担从竣工日到支付日未付款项的利息作为违约金。办事处对审价结果有异议，并拒绝支付余下的工程款，施工单位遂向人民法院起诉。

该案经法院一、二审，均以拖欠工程款为案由，判决办事处败诉，要求办事处支付剩余款项的本金和利息。办事处不服，继续申诉，省高级人民法院认为该案确有不当之处，予以提审。高院判决书中认为：该案按工程款拖欠纠纷为案由审理不当，因按第一份合同，办事处已支付完工程款，不存在拖欠。至于工程设计修改后，造价增加，对增加部分双方有分歧，在最终数量未定之前，不能算办事处违约，只能算工程款结算纠纷，该案案由应定为工程款结算纠纷，是确认之诉，不是给付之诉，所以违约金不能从竣工之日起算，只能从法院确认之日起算。最后高院将违约金计算时间定为从法院确认造价之日到办事处支付之日，判决办事处在此基础上支付施工余款本息。

【案例 8 - 11】　安全损害赔偿争议

某房地产开发公司 A 在某一旧式花园洋房的东南方新建高层，将工程发包给施工企业 B。与此同时，该洋房的正东面已有房地产开发公司 C 新建成一多层住宅。在 C 建设中，该洋房的墙壁出现开裂、地基不均匀下沉。B 施工以后，墙壁开裂加剧，洋房明显倾斜。该洋房的业主以 B、C 为共同被告诉至法院，请求判令被告修复房屋并予赔偿；诉讼过程中又将 A 追加为被告。

审理过程中，法院主持进行了技术鉴定，查明该洋房裂缝产生的原因是地基不均匀沉降：C 已建房屋地基不均匀沉降带动相邻的地基，已产生不利影响；而在其地基尚未稳定的情形下，A 新建房屋由 B 承包后开挖地基，此行为又雪上加霜，使该花园洋房损坏加剧。故最后判决由三企业分别承担部分赔偿责任。

【案例 8 - 12】　工程质量及保修争议

某单位（发包人）为建职工宿舍楼，与市建筑公司（承包人）签订一份施工合同，合同约定：建筑面积为 6000m²，高 7 层，总价格 150 万元，由发包人提供建材指标，承包人包

工包料，主体工程和内外承重墙一律使用国家标准红机砖，每层有水泥圈梁加固，并约定了竣工日期等其他事项。

承包人按合同约定的时间竣工，在验收时，发包人发现工程 2～5 层所有内承重墙体裂缝较多，要求承包人修复后再验收；承包人拒绝修复，认为不影响使用。2 个月后，发包人发现这些裂缝越来越大，最大的裂缝能看到对面的墙壁，方提出工程不合格，系危险房屋，不能使用，要求承包人拆除重新建筑，并拒付剩余款项；承包人提出，裂缝属于砖的质量问题，与施工技术无关。双方协商不成，发包人诉至法院。

经法院审理查明：该案建筑工程实行大包干的形式，发包人提供建材指标，承包人为节省费用，在采购机砖时，只采购了外墙和主体结构的红机砖，而对内承重墙则使用了价格较低的烟灰砖，而烟灰砖因为干燥、吸水、伸缩性大，当内装修完毕待干后，导致裂缝出现。经法院委托市建筑工程研究所现场勘察、鉴定，认为：烟灰砖不能适用于高层建筑和内承重墙，强度不够红机砖标准，建议所有内承重墙用钢筋网加水泥砂浆修复加固后方可使用。经法院调解，双方达成协议，承包人将 2～5 层所有内承重墙均用钢筋网加固后再进行内装修，所需费用由承包人承担，竣工验收合格后，发包人在 10 日内将工程款一次结清给承包人。

🔍 *前沿探讨*

DAB 与国内法定建设工程合同争议解决方式的比较分析 （节选）

1. 引言

建设工程合同履行过程中争议众多，如何解决争议及解决的结果不仅对工程项目及各相关方的利益影响重大，而且对有关各方基于合同而建立起来的合作关系的维系和稳定同样具有重大影响。随着建设工程项目规模的扩大、专业技术的复杂化和参与方的多样化，以及争议解决机制和模式自身的制度性缺陷，我国现行法律制度环境下的合同争议解决机制和解决模式越来越难以适应建设工程合同争议解决的高效性、专业性、公平性与和谐性的要求，难以成为有效解决建设工程合同争议的核心机制和模式。

通过争议评审委员会（DRB）和争端裁决委员会（DAB）解决争议，作为建设工程合同争议解决方式，在国际工程建设领域中已经得到广泛应用并取得良好效果。北美地区的数据显示，近几年应用 DRB 的工程数量直线上升，截止到 2004 年，采用这一方式的合同金额已达 900 多亿美元。DRB 和 DAB 的主要优势都在于能为争议的双方提供一个最大限度符合实际状况的、专业性的解决方案，这对于解决建设工程合同争议这类专业性极强的争议无疑是十分有利的。虽然 DRB 给出的争议解决方案是建议性的，对争议双方不具有约束力，但对仲裁、诉讼等终局性的争议解决方式却具有十分重要的参考价值。基于大多数英、美、法系国家完善的司法制度、专业性法律制度和专业性法律服务体系，DRB 在这些国家工程建设领域解决建设工程合同争议的高成功率是顺理成章的。相比较而言，国内目前的司法制度、专业性法律制度和专业性法律服务体系相对不完善且司法资源有限，难以有效支撑DRB 在解决建设工程合同争议方面获得较高的成功率。而 DAB 给出的建设工程合同争议解决方案同样具有专业性和参考性，而且决议满足特定条件时（争议当事人双方在特定时限内对方案与决议没有异议）对建设工程合同争议双方具有约束力。这种专业性参考性加之约束力，能在较大程度上使双方不再寻求其他争议解决途径而愿意接受 DAB 的解决方案。这也是本文对 DAB 研究的切入点。

2. DAB 与国内法定建设工程合同争议解决方式的比较分析

DAB 是用以处理建设工程合同当事人争端纠纷的临时性组织，由 1 名或 3 名具有相当资格的成员组成。具体实行程序如图 8-1 所示。

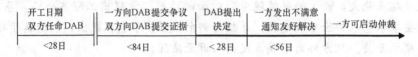

开工日期 双方任命DAB	一方向DAB提交争议 双方向DAB提交证据	DAB提出 决定	一方发出不满意 通知友好解决	一方可启动仲裁
<28日	<84日	<28日	<56日	

图 8-1　DAB 工作程序

《中华人民共和国合同法》规定合同争议的解决方式包括和解、调解、仲裁、诉讼。这四种方式因其各自的特点，在时间、费用、专业性等方面与 DAB 相比各有优势与不足。

2.1　建设工程合同争议解决方式所需时间比较分析

就 DAB 而言，其成员属于当事人以外的第三方，与和解方式相比，需要核实情况、综合各方意见与答辩再予以决断，一般情况下时间花费将超过和解方式。与调解相比，DAB 自建设工程项目开始就持续跟进项目，减少了对建设工程合同争议始末的初步调查了解时间，且 DAB 成员均具有建设工程背景，可以节省临时学习或咨询工程专业知识的时间，从这方面来说比调解方式耗时少。但另一方面，DAB 有一定的程序要求，而调解程序无硬性要求，两者在程序上花费的时间难以比较。与仲裁或诉讼方式相比，DAB 方式解决争议的流程简单，少于一般的仲裁或诉讼程序，时间优势显而易见，是在双方提交争端及证据材料后的 84 天或双方约定的期限内即有具约束力的处理方案。因此，与仲裁或诉讼方式相比，DAB 解决建设工程合同争议所需时间较少，具有明显的效率优势。

2.2　建设工程合同争议解决所需费用比较分析

DAB 的费用是由工程合同争议双方共同承担的，总费用较低。美国的统计资料显示，在整个建设工程合同履行期间，DAB 的所有费用大约为合同总额的 0.04%～0.51%，平均为 0.17%。这个比率显然低于仲裁或诉讼的费率。以国际仲裁的费用为例，标的额为 100 万美元的案件，仲裁费用可高达标的额的 4.45%，标的额为 500 万美元的案件仲裁费用可达标的额的 1.77%，况且实际上争议双方除仲裁费外还要支付诸如律师费、交通费等其他费用。

由以上的比较分析可以看出，解决工程建设合同争议的 DAB 方式与仲裁或诉讼方式相比，花费要低得多，费用方面优势明显。

2.3　建设工程合同争议解决的专业性比较分析

FIDIC 合同在《争议裁决协议书一般条件》中强调委任 DAB 成员时，对其有下述要求：具有实施合同工程的经验；熟悉工程所适用的合同文件；能流利使用合同文件所规定的语言。可见 DAB 成员必须具有工程专业背景。专业性能够赋予 DAB 以足够的权威，根据国际工程实践情况来看，建设工程合同当事人为了更高效合理地解决合同争议，在组建 DAB 时也往往倾向于邀请在法律与技术方面都比较精通的经验丰富的专家，甚至是这一方面的技术或学术权威。因此，DAB 成员是双方针对特定建设工程项目和建设工程合同争议解决所选择的专业人士，与前面四种方式相比，在兼顾建设工程合同争议解决的专业能力方面具有显著的优势。

2.4　建设工程合同争议解决结果的约束力比较分析

DAB 决议本身不具有强制执行力，但可以认为其具有一种间接的强制执行力。一方若不履行，另一方可将其不执行决议的行为提交 FIDIC 施工合同条件第 20.6 款中规定的仲裁，并且此时进行的仲裁不再对 DAB 的决议进行实体审查，而只需要进行程序上的审查，如果 DAB 未有程序上的违法或违约，则仲裁应维持 DAB 的决议。即为条件成就后 DAB 决议具有受法律保护的约束力，当事人必须执行，否则另一方可以通过仲裁或诉讼进行权利主张，用仲裁裁决或诉讼判决的方式强制其按照决议执行，这是强制执行力的一种延伸。总体来说，DAB 决议具有受法律保护的合同约束力，经过一定的法定程序，最终能够具有强制执行力。这也是 DAB 区别于 DRB 的最重要特点。

2.5　建设工程合同争议解决过程与结果对双方合同关系影响的比较分析

DAB 方式与调解相似，由争议当事人以外的第三方介入，在平等友好的前提下，按照一定程序进行，最终形成合意的争议解决方案。这一方式的侧重点在于实现双方共赢，关注工程进展，使工程建设处于有效的控制与管理状态，是一种有利于当事人维持友好合作关系的争议解决方式。在对建设工程合同双方关系的影响方面，DAB 优势依然很明显，相比仲裁和诉讼的对抗性，DAB 要温和得多。与和解调解一样，DAB 是一种和谐的解决建设工程合同争议的方式，对双方基于合同的合作关系影响较小。

3. 结论

DAB 在解决建设工程合同争议所具有的优势体现在高效率、缓解司法压力、兼顾建设工程合同争议的专业性、灵活性、和谐性和早期介入等方面，且费用成本低。DAB 及类似方式在国际工程界应用广泛，为工程合同争议解决提供了一种新的思路，值得国内借鉴和推行。当然 DAB 方式在国内推行可能涉及观念转变、法律地位、人员选择等一些相关问题，还需要进一步深入研究。

第9章 建设工程合同总体策划

──── 本章摘要 ────

建设工程合同总体策划是项目管理总体策划的重要组成部分，主要确定合同战略问题，即在项目实施前对整个合同管理方案预先做出科学合理的安排和设计。建设工程合同总体策划对整个项目的计划、组织、控制有决定性的影响。

本章主要介绍建设工程合同总体策划的概念、主要内容、档案管理等。合同总体策划中涉及的具体相关知识点在其他章节中已经详细论述，本章只介绍合同总体策划的整体框架。

建设工程合同总体策划是事先对整个工程合同框架的决策，以此来指导工程项目的合同拟定、签署和实施，需要具有高度系统的思维能力、创新能力和对项目整体目标把握能力。按照常规逻辑关系，本章内容应设置于本书的开始部分。但考虑到本章知识的学习和理解难度，可以根据实际情况选择是否教学。

9.1 建设工程合同总体策划概述

工程项目建设是一个极为复杂的社会生产过程，分别经历可行性研究、勘察设计、工程施工和运行等阶段。由于现代的社会化大生产和专业化分工，参加一个工程建设的单位少则十几个、几十个，多则成百上千，它们之间以合同为纽带形成各式各样的经济关系。所以在一个工程中，相关的合同可能有几份、几十份、几百份甚至几千份，形成一个复杂的合同体系。

在现实的工程建设过程中，因为存在着诸如业主或者承包方的企业规模和实力大小不同，建设工程项目大小不同，建设工程项目性质和紧急程度不同等原因，并不是所有工程建设参与方对所有建设工程项目都进行合同总体策划。但是，对于一个大型的建设工程项目而言，必须进行合同总体策划，才能保证合同履行的顺利。尤其是建立工程合同总体策划意识，对所有参与方都是必不可少的。

9.1.1 建设工程合同总体策划概念

建设工程合同总体策划过程涉及项目管理的各方面工作，在分析项目风险的基础上，确定建设工程项目的目标、总体实施计划、项目结构分解、项目组织设计等。具体包括：建设工程承包方式和范围的划分，合同种类的选择，招标方式的确定，合同条件的选择和重要合同条款的确定等方面。

在建设工程项目实施前进行的合同总体策划工作，就是对一些决定项目能否成功完成的问题研究、决策，这些关键问题主要指：

（1）将整个项目工作分解成几个独立的合同？每个合同有多大的工程范围？即工程合同体系的策划，也被称为工程承发包策划，或工程分标策划。

（2）采用什么样的合同种类？

（3）如何通过合同分配风险？

（4）工程项目相关的各个合同在内容上、时间上、组织上、技术上的协调等。

9.1.2　建设工程合同总体策划作用

在工程项目建设过程中，业主是通过合同分解项目目标，委托项目任务，并实施对项目的控制的。合同总体策划确定对工程项目有重大影响的合同问题。它对整个项目的顺利实施有重要作用。

（1）合同总体策划决定着项目的组织结构及管理体制，决定合同各方面责任、权力和工作的划分，所以对整个项目管理产生根本性的影响。

（2）合同总体策划是起草招标文件和合同文件的依据。策划的结果具体地通过合同文件体现出来。

（3）通过合同总体策划摆正工程过程中各方面的重大关系，防止由于这些重大问题的不协调或矛盾造成工作上的障碍造成的重大损失。

（4）合同是实施项目的手段。正确的合同总体策划能够保证圆满地履行各个合同，促使各个合同达到完善的协调，减少矛盾和争执，并顺利地实现工程项目的整体目标。

9.2　建设工程合同总体策划主要内容

建设工程合同总体策划是为了保证项目所有合同的顺利履行，减少履约过程总的合同争议和纠纷，最终保证整个项目目标的实现。对于一个建设工程项目，业主和承包方的目标是不完全一致的。因此，在进行合同总体策划时，双方进行策划的目标、考虑要素和策划重点都有差别。

9.2.1　业主的建设工程合同总体策划

建设工程项目是业主实现利润的核心载体，对于业主而言，建设工程项目在预定的投资约束下，按照预计的时间以预计的质量实现其使用功能是最终目标。因此，业主进行建设工程合同总体策划的目标在于对合同进行总控制，为合同实施创造条件。

业主进行建设工程合同总体策划时需要考虑的主要要素包括：

（1）预期目标。业主对项目的目标以及目标的确定性；业主对该项目设定的实施策略。

（2）管理现状。业主的资信情况；现有管理风格、管理水平和具有的管理力量；业主的管理模式。

（3）资金状况。业主的资金供应能力；融资渠道；融资模式。

（4）现场管理。业主期望对现场管理的介入深度；业主对工程师和承包商的信任程度等。

基于业主在合同总体策划过程中考虑的关键要素，业主方的建设工程合同总体策划内容至少包括下列内容：

（1）建设工程项目合同管理组织机构及人员配备。

（2）建设工程项目合同管理责任及其分解体系。

（3）建设工程项目合同管理方案设计。

1）发包模式的选择。

2）合同类型的选择。

3）项目分解结构及编码体系。

4）合同结构体系（合同打包、分解或者合同标段划分）。

5）招标方案设计。

6）招标文件设计。

7）合同文件设计。

8）主要合同管理流程设计。包括投资控制流程、工期控制流程、质量控制流程、设计变更流程、支付与结算管理流程、竣工验收流程、合同索赔流程、合同争议处理流程等。

上述建设工程合同总体策划的主要内容在前面章节中分别进行了详细讨论，本章只讨论合同总体策划的框架。

9.2.2 承包方的建设工程合同策划

虽然在建设工程项目中，业主方和承包方是一种合作关系，而且建设工程项目是双方利益的共同载体，但是承包方与业主的根本利益是不同的。因此，承包方在对同一建设工程项目进行合同总体策划时，考虑的要素、目标及结构框架与业主有区别。

相比较业主进行合同总体策划，承包方在进行建设工程合同总体策划时，会侧重于建设工程实施的技术、现场组织、与业主和监理方的沟通等方面。承包方的工程合同总体策划目标包括组织投标报价、合同谈判、合同实施以及解决合同矛盾等。

承包方进行建设工程合同总体策划时需要考虑的主要要素包括：

（1）预期目标。承包方在项目中的目标与动机；承包方的企业经营战略和长期发展动机。

（2）管理现状。承包方的施工能力；企业资信；企业规模；管理风格和水平；管理模式。

（3）风险承受状况。承包方目前的经营状况；承包方承受和抗御风险的能力。

（4）现场经验。承包方过去参与同类工程的施工经验等。

基于承包方在合同总体策划过程中考虑的关键要素，承包方的建设工程合同总体策划内容至少包括下列内容：

（1）建设工程项目合同管理组织机构及人员配备。

（2）建设工程项目合同管理责任及其分解体系。

（3）建设工程项目合同管理方案设计。

1）合同结构体系（合同打包、分解或者合同标段划分）。

2）投标方案设计。

3）投标文件设计。

4）合同文件设计。

5）主要合同管理流程设计。包括投资控制流程、工期控制流程、质量控制流程、设计变更流程、变更资料管理流程、工程款结算管理流程、竣工验收流程、合同索赔流程、合同争议处理流程等。

尽管在目前建设工程项目普遍采用的招投标制度下，工程合同的设计主要由业主方根据国家有关法律法规及合同示范文本进行，但是这并不意味着承包方对工程合同条款只能接受而无所作为。事实上，承包方和业主方一样可以在签订合同前，主动进行合同总体策划。只是承包方与业主方的合同总体策划目标和重点不同。

9.3　建设工程合同档案管理

建设工程合同档案管理是一项重要的工作，是合同管理工作的重要组成部分。合同档案资料既是业主方进行合同管理和项目管理的重要信息，也是承包方进行施工管理和企业管理的关键，同时还是工程师进行协调和现场管理的主要监理依据。合同资料文档管理的好坏直接影响着工程管理的水平和效果。

因此，不仅在工程实施阶段必须做好合同资料的文档管理工作，在建设工程合同总体策划过程中也要体现对合同档案管理的计划。

所谓合同资料文档管理，一般是指对包括合同文件在内的、与工程项目相关资料的收集整理、加工处理、储存和提供等。

9.3.1　合同资档案管理的内容

（1）合同文件资料的收集整理。建设工程合同文件由合同协议书、中标书、投标书、合同条件、图纸等构成。并且，随着工程建设过程开始，不可避免会发生合同变更，从而产生很多新的合同文件补充资料，如变更单、估价调整表、各类报告及批复、会议记录、信件等。这些资料均需要进行收集，有些资料则是与其他文件资料相联系的，就需要在已收集的资料基础上进一步整理，弄清其与相关资料的关系，做出相应的标注，以利于资料的加工处理。

（2）合同文件资料的加工处理。收集到的资料必须进行加工处理，使其便于存储和提取使用。一般常见的加工处理方法有信息处理、数学处理、逻辑判断等。信息处理包括建立索引、排序、插入和删除等项目；数学处理包括数值计算、数值分析和数值统计等项目；逻辑判断包括确定资料的真实性和准确性。

（3）合同文件资料的储存和提供。经加工处理的资料，应有目的、有秩序地存储，以提供给有关人员使用。存储的方式有文书、胶片、磁盘和光盘等数字化介质存储。

9.3.2　合同资档案管理的方法

合同文件资料文档管理的方法有传统的手工方法和借助于电子计算机的计算机管理方法。在计算机管理中，目前应用较多的是数据库技术。但无论是哪种管理方法，都应包括以下工作内容。

（1）合同编码。合同编码便于合同管理和合同文件检索，编码应具有较强的表达能力，使使用者或查阅者根据编码即可了解该部分合同资料的大致内容。一般合同文件的编码系统应具有下列功能：

1）能包含所有合同资料的统一的编码系统。

2）能直接区分合同资料的类别和功用。

3）能与足够的扩展余地。

4）能同时适用于人工管理和计算机管理的需要。

同一个项目中，业主对外签订的合同文件、合同、协议都应使用同一套合同编码体系进行编码。

通常，合同资料编码可由字母和数字构成。字母一般依据其英文或汉语拼音的含义取用，以便于识别。如土建合同类以"T"开头，设备系统合同类以"S"开头，勘察设计服务合同类以"X"开头，其他以"Q"开头等。任何一个建设工程项目的合同资料编码都根据其构成的复杂程度分为几个级别编码。在分级编码中要体现表示合同分类和主合同号的编码、表示子（分）合同号和子（分）合同分类的编码和表示年份及合同签订时间的顺序号的编码。如某市的地铁东西线一号线工程的合同编码前加"D1-"，而一号线东延线合同编码前加"D1E-"，以此类推。每级编码之间加"-"表示分隔。具体而言，合同资料的编码一般反映以下内容：

1）资料的内容范围。如该资料属于某项目。

2）资料的种类。如图纸、文件、会议记录。

3）资料的具体内容。如属于工程的哪一部分。

4）日期和序号。

整个编码填写应位于合同文件封面的右上角，以设置了三级编码的某市地铁工程一号线，2013 年签订的第一个标段 1 土建施工合同第二个分包合同第三份补充协议的合同资料编码为例，其编号为 D1-TA01-0203-1301。编码中："D1"表示地铁一号线合同资料；其后的一级编码前两位"TA"表示该合同类型为土建施工合同，后两位"01"表示主标段号；二级编码前两位"02"表示第二个土建分包合同，后两位"03"表示第三个补充协议；三级编码的前两位"13"表示年份，即 2013 年签订的合同，后两位"01"为时间顺序号，即2013 年签订的第一个该类合同。

合同档案资料编码是理解合同层次、掌握工程脉络的必不可少且卓有成效的工具，在进行工程合同总体策划时必须编制该工程合同体系的"合同编码体系表"。

（2）索引系统。"合同编码体系表"是一个复杂、多层次、多节点的体系，在"合同编码体系表"的基础上，还需要建立索引系统以便于快速使用、查阅工程合同档案资料。因此，建立索引系统是建设工程合同资料文档管理的一项重要内容，它类似于书刊资料的索引，可以方便使用。

建设工程合同档案资料的索引一般可采用表格形式，不同的资料应分类建立索引。如使用计算机对合同档案资料管理，可建立如表 9 - 1 所示的专门数据库系统。

表 9 - 1　　　　　　　　　　　　　　　数 据 库 系 统

序号	资料名称存放地址	收到日期	序号	资料名称存放地址	收到日期
94000106	设计变更 1	A_1	94000308	设计变更 3	A_3
94000209	设计变更 2	A_2	94000409	设计变更 4	A_4

通过访问这样的数据库，就可以了解到文件资料的全部情况，以便迅速查找所需文件。

本章复习思考题

1. 什么是建设工程合同总体策划？

2. 论述建设工程合同总体策划的作用。

3. 业主方在进行建设工程合同总体策划时的主要内容包括哪些？

4. 承包方在进行建设工程合同总体策划时主要内容包括哪些？

5. 分析业主方进行建设工程合同总体策划时需要考虑哪些主要要素。

6. 分析承包方进行建设工程合同总体策划时需要考虑哪些主要要素。

7. 建设工程合同档案管理的主要内容是什么？

8. 建设工程合同档案管理的作用是什么？

9. 建设工程合同档案管理有哪些方法？

10. 合同文件的编码系统具有哪些功能？反映了哪些内容？

本章案例

【案例 9-1】 建设工程合同总体策划案例分析（框架）

1. 工程概况

1.1　工程简介

某酒店整个建筑群呈"L"形，由 1 栋 15 层酒店主楼及 19 栋 3 层附楼组成。该项目在建成后将成为该市的一个标志性建筑。

酒店定位为东南亚风格休闲度假及会议型酒店。其中酒店主楼地下 1 层，地面 15 层；建筑总高度（至构筑物）为 62.0m；规划建筑高度（至女儿墙顶）为 59.4m；消防建筑高度（至屋面楼板）为 57.9m。附楼为 3 层低层酒店。

工程的主要功能为酒店，环保方面除对特殊的建筑设备进行噪声控制、生活污水处理达标外，还要进行油烟污染和娱乐用房噪声控制处理。工程的消防设计按一类高层综合楼进行设计，地下一层的车库按平战结合的甲类六级二等人员掩蔽民防工程进行设计，在抗震设防设计方面按七度设防第一组（0.15g）进行设计。主体建筑通过对主路足够距离的退让及绿化带的隔离，较好地避免了主路的噪声与污染，创造出一个安逸、舒适的休闲度假及会议酒店的氛围，酒店主楼和附楼均有海景视野朝向。

1.2　工程规模

酒店主楼 1～3 层为酒店餐饮、娱乐、会议配套用房，设有餐饮部，其中包括中餐、西餐、风味餐厅和包厢。酒店还设有游泳池、大型 SPA、KTV、健身俱乐部、桑拿等娱乐健身配套服务。建筑 4～15 层为酒店客房。附楼为 3 层酒店客房。共有 270 套客房（包括单人间、套间、商务豪华房）。其余 20 余幢为 3 层高风格各异的别墅。区域内共有 238 个停车位，其中高层酒店部分有 200 个停车位（地下停车 99 个，地面停车 101 个），满足五星级酒店停车及评分要求和规划要求，酒店附楼部分设有 38 个停车位。酒店主要技术经济指标如表 9-2 所示。

表 9-2　　　　　　　　　　　　　酒店主要经济指标

一级指标	二级指标	三级指标	数值
总用地面积			40 152.22m²
总建筑面积			51 456.2m²
	地上建筑面积		40 131.9m²
	许容建筑面积		40 000m²
		主楼面积	32 411.8m²

一级指标	二级指标	三级指标	数值
		附楼面积	7588.2m²
		架空面积（不计容）	131.9m²
	地下建筑面积		11 324.3m²
		酒店部分	8215.0m²
		附楼部分	3109.3m²
占地面积			9638.0m²
绿地率			41.0%
建筑密度			24.0%
容积率			1.0
客房数			270套
停车位			238个
	酒店部分		200个
	附楼部分		38个

1.3　工程的建设和运营方式

（1）资金来源和资本结构描述。

（2）业主拟采用的承发包方式。

（3）项目建成后的运营方式和目标（业主的营销方案）。

1.4　项目的总体环境和限制条件分析

该项目临近主干道，面临西海域，交通便利，房间具有海景视野，令该酒店项目具有很大的升值潜力。

2.工程总目标

投资：围绕业主的投资总目标，实现业主工程的增值；实现业主预定的投资回报率。

质量：满足业主功能要求和质量要求（ISO 9000标准）。

进度：按照项目进度计划目标完成该项目。

成本：在项目预算范围内完成该项目健康、安全、环保等综合目标（ISO 14000标准）标志性形象工程，得到良好声誉。

3.服务范围

3.1　进行结构设计和优化。

3.2　施工图设计。

3.3　提供材料、设备、劳务采购服务。

3.4　施工。保证工程质量能让业主满意；施工管理是指对工程进度、工程费用和工程质量进行管理和控制，确保工程按期保质保量完工。

3.5　提供驻现场工程师。协助业主在现场处理有关问题。

3.6　对业主的其他承（分）包商管理。

3.7　运营期。维修、运营管理；协助业主进行租售、推广等事宜，协助建立物业管理体系。

3.8　其他。如协助业主取得项目建设所需的政府批文、证、照等。

4. 工程承发包和项目组织模式分析

5. 合同计价方式

该酒店项目按承包合同的计价方式有四种方式可以考虑：

（1）固定总价合同。

（2）可调总价合同。

（3）目标合同。

（4）两阶段的总价合同方式。

参 考 文 献

[1] 成虎，虞华. 工程合同管理. 2 版. 北京：中国建筑工业出版社，2011.

[2] 李启明. 土木工程合同管理. 2 版. 南京：东南大学出版社，2008.

[3] 刘志杰. 工程招投标与合同管理. 大连：大连理工大学出版社，2009.

[4] 雷俊卿，杨平. 土木工程合同管理与索赔. 武汉：武汉理工大学出版社，2003.

[5] 顾永才，田元福. 招投标与合同管理. 北京：科学出版社，2006.

[6] 吴芳，冯宁. 工程招投标与合同管理. 北京：北京大学出版社，2010.

[7] 朱宏亮，成虎. 工程合同管理. 北京：中国建筑工业出版社，2006.

[8] 成虎. 工程项目管理. 北京：中国建筑工业出版社，2001.

[9] 冯为民，王月明. 建设项目管理. 武汉：武汉理工大学出版社，2006.

[10] 王延树. 建设工程项目管理. 北京：中国建筑工业出版社，2007.

[11] 朱晓轩，张植莉. 建设工程招投标与施工组织合同管理. 北京：电子工业出版社，2009.

[12] 成虎. 工程全寿命期管理. 北京：中国建筑工业出版社，2011.

[13] 赵浩. 建设工程索赔理论与实务. 北京：中国电力出版社，2006.

[14] Stuart H. Bartholomew. Construction Contracting Business and Legal Principles. 北京：中国建筑工业出版社，2006.

[15] 成虎. 建设工程合同管理与索赔. 南京：东南大学出版社，2008.

[16] 刘芳，王恩广. 建筑工程合同管理. 北京：北京理工大学出版社，2009.

[17] 武育秦，景星蓉. 建设工程招标投标与合同管理. 北京：中国建筑工业出版社，2011.

[18] 梅阳春，邹辉霞. 建设工程招标投标与合同管理. 武汉：武汉大学出版社，2012.

[19] 吴岩. CM 模式在工程项目管理中应用的可行性分析 [J]. 建筑，2013.（7）：25-28.

[20] 王茂欣，任宏. 基于造价控制的最优承发包模式选择 [J]. 工程管理学报，2013. 4：1-5.

[21] 金东元，曹清海. 建设工程组织管理 CM 模式在我省水利工程的应用探讨 [J]. 黑龙江水利科技，2010.（4）：113-114.

[22] 王学通. 总承包工程交易模式特征比较研究 [J]. 工程管理学报. 2011.（2）：5-10.

[23] 杨秋波，陈勇强. DB 与 DBB 交易方式下工程项目绩效比较研究 [J]. 国际经济合作，2010.（2）：56-60.

[24] 龙鹏程，马锦明. 设计-施工总承包在工程中应用研究 [J]. 低温建筑技术，2011.（6）：139-148.

[25] 杨宇，张婕. DAB 与国内法定建设工程合同争议解决方式的比较分析 [J]. 建筑经济，2012.（6）：51-54.

[26] 陈广森. 量化计算法在景洪水电站工期索赔中的应用 [J]. 水利水电工程造价，2010.（1）：11-15.